"十四五"职业教育国家规划教材

"十二五"职业教育国家规划教材

首届全国机械行业职业教育优秀教材

液压与气压传动

第 4 版

主　编　张群生
副主编　吴　飞　徐　凯　倪炳林（企业）
参　编　李国强　姚彩虹　林德智
主　审　任有志　李卫光（企业）

机械工业出版社

本书是根据教育部颁布的《国家职业教育改革实施方案》精神和《高等职业学校专业教学标准》，同时参考相关职业资格标准，在第3版的基础上修订而成的。

本书以液压传动为主，气压传动为辅，共十一章，主要包括液压和气压传动基础知识，液压和气压元件，液压和气压基本回路，液压和气压系统的安装、使用及设备的调试和故障诊断，典型液压和气压系统的工作原理、调试和故障分析，液压伺服系统，液压系统设计，每章后均附有学习要求和习题，附录中有大部分习题参考答案。

本书可供高等职业院校、高等专科院校和成人高等学校机电设备技术、智能制造装备技术、数控技术等机电类专业使用，也可作为中等职业学校机械类专业的教学用书，对有关工程技术人员解决一些疑难问题，也具有很高的参考价值。

本书配套资源丰富，主要有多媒体课件（含课堂教学、视频教学、单元测试、动画库）、教学PPT、习题解答、电子教案、模拟试题、模拟试题解答、常用液压气压元件视频库、液压气压元件动画库等教学资源，选用本书作为教材的教师可登录机械工业出版社教育服务网（www.cmpedu.com）注册后免费下载。

图书在版编目（CIP）数据

液压与气压传动/张群生主编. —4版. —北京：机械工业出版社，2019.9（2025.7重印）

"十二五"职业教育国家规划教材修订版　首届全国机械行业职业教育优秀教材

ISBN 978-7-111-63876-6

Ⅰ.①液… Ⅱ.①张… Ⅲ.①液压传动-职业教育-教材②气压传动-职业教育-教材　Ⅳ.①TH138②TH137

中国版本图书馆CIP数据核字（2019）第213356号

机械工业出版社（北京市百万庄大街22号　邮政编码100037）
策划编辑：王英杰　责任编辑：王英杰
责任校对：刘志文　封面设计：鞠　杨
责任印制：任维东
河北鑫兆源印刷有限公司印刷
2025年7月第4版第15次印刷
184mm×260mm·19.5印张·480千字
标准书号：ISBN 978-7-111-63876-6
定价：55.00元

电话服务　　　　　　　　　网络服务
客服电话：010-88361066　　机　工　官　网：www.cmpbook.com
　　　　　010-88379833　　机　工　官　博：weibo.com/cmp1952
　　　　　010-68326294　　金　书　网：www.golden-book.com
封底无防伪标均为盗版　　　机工教育服务网：www.cmpedu.com

关于"十四五"职业教育国家规划教材的出版说明

为贯彻落实《中共中央关于认真学习宣传贯彻党的二十大精神的决定》《习近平新时代中国特色社会主义思想进课程教材指南》《职业院校教材管理办法》等文件精神，机械工业出版社与教材编写团队一道，认真执行思政内容进教材、进课堂、进头脑要求，尊重教育规律，遵循学科特点，对教材内容进行了更新，着力落实以下要求：

1. 提升教材铸魂育人功能，培育、践行社会主义核心价值观，教育引导学生树立共产主义远大理想和中国特色社会主义共同理想，坚定"四个自信"，厚植爱国主义情怀，把爱国情、强国志、报国行自觉融入建设社会主义现代化强国、实现中华民族伟大复兴的奋斗之中。同时，弘扬中华优秀传统文化，深入开展宪法法治教育。

2. 注重科学思维方法训练和科学伦理教育，培养学生探索未知、追求真理、勇攀科学高峰的责任感和使命感；强化学生工程伦理教育，培养学生精益求精的大国工匠精神，激发学生科技报国的家国情怀和使命担当。加快构建中国特色哲学社会科学学科体系、学术体系、话语体系。帮助学生了解相关专业和行业领域的国家战略、法律法规和相关政策，引导学生深入社会实践、关注现实问题，培育学生经世济民、诚信服务、德法兼修的职业素养。

3. 教育引导学生深刻理解并自觉实践各行业的职业精神、职业规范，增强职业责任感，培养遵纪守法、爱岗敬业、无私奉献、诚实守信、公道办事、开拓创新的职业品格和行为习惯。

在此基础上，及时更新教材知识内容，体现产业发展的新技术、新工艺、新规范、新标准。加强教材数字化建设，丰富配套资源，形成可听、可视、可练、可互动的融媒体教材。

教材建设需要各方的共同努力，也欢迎相关教材使用院校的师生及时反馈意见和建议，我们将认真组织力量进行研究，在后续重印及再版时吸纳改进，不断推动高质量教材出版。

机械工业出版社

第4版前言

本书是根据教育部颁布的《国家职业教育改革实施方案》精神和《高等职业学校专业教学标准》，同时参考相关职业资格标准，在第3版的基础上修订而成的。

本书第3版作为"十二五"职业教育国家级规划教材，自2015年出版以来，得到了全国很多高职院校相关专业以及培训机构使用本书的师生的一致好评，2017年被机械职业教育教学指导委员会评为首届全国机械行业职业教育优秀教材。

随着对职业教育规律和高素质技术技能人才成长规律的不断探索以及专业建设和教育教学改革的不断深化，按照专业设置与产业需求对接、课程内容与职业标准对接、教学过程与生产过程对接的要求，本编写团队针对该课程在专业中的应用要求进行了深入的研究和探讨，确定了学生掌握该课程的理论点、知识点和能力要求，调整课程的内容，突出教学重点，及时吸收行业发展的最新成果，在第3版的基础上进行修订。本次修订保留了第3版的结构和特色，力求教学内容更加贴近生产和工程实际。本次修订的特点如下：

（1）按照高等职业学校机电设备技术、智能制造装备技术及数控技术等专业教学标准中对液压与气压传动课程要求进行修订，注重按照国家职业资格标准和1+X等职业技能标准要求，将相关内容融入教材。

（2）进一步充分体现职业教育的特色，采用GB/T 17446—2012《流体传动系统及元件 词汇》、GB/T 786.1—2021《流体传动系统及元件 图形符号和回路图 第1部分：图形符号》、GB/T 786.2—2018《流体传动系统及元件 图形符号和回路图 第2部分：回路图》等现行国家标准规范全书的用词和用图。

（3）体现行业特色，本书及时反映生产中的新知识、新技能、新材料、新技术、新工艺、新方法，深刻理解国家对产业结构优化升级、科技创新、全方位人才培养与教育的关系，删除落后元件的内容，采用工程应用中有代表性的液压和气压传动元件，使本书内容与现代生产实践相结合。

（4）贯彻实施科教兴国战略，强化现代化建设人才支撑，落实产教融合、科教融汇、优化职业教育类型教育定位，校企"双元"合作共同研究人才培养方案，聘请相关工程技术专家参加教材修订工作，使教材进一步适应职业岗位要求。同时，注重将行业企业实际施工标准引入教材，将规范化、标准化的工艺流程、操作规范引入教材。

（5）建构以学生为本位的思维，配合理实一体化、项目式等教学模式，将素养提升、环保、5S管理等理念引入教学（在配套资源中），培养学生艰苦奋斗和创新创业的精神，提升学生的职业素养。

（6）进一步完善了本书配套的教学资源，引入互联网+新形态教材等理念。本书配套资源丰富，主要有多媒体课件（含课堂教学、视频教学、单元测试、动画库）、习题解答、电子教案、模拟试题、模拟试题解答、常用液压气压元件视频库、液压气压元件动画库等教学资源。常用液压气压元件的微课视频可通过本书扫二维码学习。

（7）充分发挥互联网的作用，由于现在使用的大多数计算机不配光驱，因此将第3版教材配套光盘中的多媒体课件和习题解答经修订后直接放在机械工业出版社教育服务网上，可注册后免费下载应用。

本书由广西机电职业技术学院张群生任主编，重庆航天职业技术学院吴飞、广西机电职业技术学院徐凯、柳州五菱汽车工业有限公司设备总监倪炳林高级工程师任副主编，参加编写的还有浙江机电职业技术学院李国强，广西机电职业技术学院姚彩虹、林德智。河北科技大学任有志、广西弘升机械设备有限公司高级工程师李卫光任主审。

本书为机电设备技术、智能制造装备技术及数控技术等专业教材，适用于高等职业院校、高等专科院校和成人高等学校机电类、机制类专业使用，也可作为中等职业学校机械类专业的教学用书，对有关工程技术人员解决一些疑难问题，也可起到重要的指导作用。

由于编者水平有限，书中难免存在错漏之处，敬请广大读者批评指正。

编 者

第3版前言

本书是根据机械职业教育机电设备维修与管理专业教学指导委员会审定的"液压与气压传动"教学大纲编写而成的。

本书共十一章,主要包括液压和气压传动基础知识,液压和气压元件,液压和气压基本回路,液压和气压系统的安装、使用及设备的调试和故障诊断,典型液压和气压系统的工作原理、调试和故障分析,液压伺服系统,液压系统设计。每章后均附有学习要求和习题,附录中有主要习题参考答案。教材配有多媒体课件。

本书自2002年出版以来,用于全国很多高职院校相关专业教学以及培训机构的培训,得到了师生的一致好评。本书2006年被评为普通高等教育"十一五"国家级规划教材(高职高专部分),分别获得2004—2007年、2010—2012年机械工业出版社畅销教材。本书配套课件于2007年荣获第六届广西高等教育教学软件大赛评比优秀奖。经进一步修订,本书第2版于2008年出版,并于2011年荣获2006—2008年广西高等学校优秀教材一等奖。

为了进一步适应职业教育规律和高端技能型人才成长规律,加强专业建设和教育教学改革,体现行业发展特点,对接职业标准和岗位要求,本书编写团队针对该课程在专业中的应用要求进行了深入的研究和探讨,确定了学生掌握该课程的知识点和能力要求,调整课程的内容,突出教学重点,及时吸收本行业发展的最新成果,对《液压与气压传动》第2版进行了修订。主要修订特点如下:

(1)充分体现职业教育的特色,采用GB/T 17446—2012《流体传动系统及元件 词汇》、GB/T 786.1—2009《流体传动系统及元件图形符号和回路图 第1部分:用于常规用途和数据处理的图形符号》、GB/T 7631.1—2008《润滑剂、工业用油和有关产品(L类)的分类 第1部分:总分组》等最新国家标准规范全书的用词和用图。

(2)教材及时反映生产中的新知识、新技术、新工艺、新方法,采用工程应用中比较常见、有代表性的液压和气压传动元件,使教材内容与现代生产实践相结合。

(3)进一步精选了教材内容,突出高职学生的教学重点及能力结构,删除了一些不必要的公式推导。

(4)充分依托行业、企业,聘请相关行业专家参加教材修订,使教材更好地适应职业岗位要求。

(5)进一步完善了教材配套的教学资源库,如图片库、动画库、视频库等。

本书由广西机电职业技术学院张群生主编,参加编写的还有浙江机电职业技术学院毛全有,四川工程职业技术学院邹俊,广西弘升机械设备有限公司高级工程师李卫光,广西机电职业技术学院徐凯、姚彩虹。本书由河北科技大学任有志、四川工程职业技术学院李登万任主审。

本书可作为高等职业院校、高等专科学校和成人高等学校机电类、机制类专业及机电设备维修与管理专业教材,也可作为中等职业学校机械类专业的教学用书。此外,本书对解决有关工程技术人员遇到的疑难问题,也具有很高的参考价值。

由于编者水平有限,书中难免存在错漏之处,敬请广大读者批评指正。

编 者

第2版前言

本书为普通高等教育"十一五"国家级规划教材，是根据机械职业教育机电设备维修与管理专业教学指导委员会审定的高职"液压与气压传动"教学大纲和编写提纲而编写的。

全书共十一章，主要内容包括液压和气压传动基础知识，液压和气压元件，液压和气压基本回路，液压和气压系统的安装、使用及设备的调试和故障诊断，典型液压和气压系统的工作原理及调试和故障分析，液压伺服系统，液压系统设计。

本书在编写过程中，以职业岗位技能要求为出发点，以液压为主线，力求理论联系实际，着重基本概念和原理阐述，突出理论知识的应用，加强针对性和实用性，在较全面阐述液压传动与气压传动基本内容的基础上，着重分析了各类元件的工作原理、结构、常见故障和排除方法，阐明了液压和气压系统的安装、使用及设备的调试、故障诊断；有针对性地对典型液压设备的工作原理、调试及故障分析和排除进行了详细的阐述，以提高读者的液压设备调试能力和故障分析、排除能力。本书还着重反映基本原理在现代工业技术上的应用，以典型的数控机床、加工中心等机电设备为例，力求反映我国液压与气动行业的最新情况。为了便于读者加深理解和巩固所学的内容，每章后均附有学习指导和习题，其中习题包含填空、判断、选择、问答和分析计算等题型。全书采用国家最新标准。

本书在第1版的基础上经过教学实践，在保持原书内容体系特色的基础上，做出了一些具有创新意义的改进和调整。修订后力求突出以下特色：

1. 本书提供的知识面适当加宽，在教学内容的设计上，更注重技术应用能力的培养。
2. 本书在内容上做了适当的调整和补充，更加突出了综合职业能力的培养和新技术的应用，如增加了液压CAD、动压支承技术、静压支承技术、真空元件等新技术的应用内容。
3. 为了方便教学，本书配有多媒体课件，复杂的原理图用动画的形式演示，便于学生学习和理解。
4. 为了便于学生学习，本书中附有习题参考答案。

本书由广西机电职业技术学院张群生主编，参加编写的有张群生（第一、五、六、七章）、浙江机电职业技术学院毛全有（第二、八、九章）、张家界职业技术学院于兴华（第三、四章）、四川工程职业技术学院邹俊（第十、十一章）。河北科技大学任有志、四川工程职业技术学院李登万为本书主审。

本书可作为高等职业院校、高等专科院校和成人高等学校机电类、机制类专业，以及中等职业学校机械类专业教学用书。本书对有关工程技术人员解决一些疑难问题，也可起到重要的指导作用。

由于编者水平有限，书中难免存在错漏和不妥之处，敬请广大读者批评指正。

编 者

第1版前言

本书是根据机械职业教育机电设备维修与管理专业教学指导委员会于 2000 年工作会议审定的高职"液压与气压传动"教学大纲和编写提纲而编写的。

全书共十一章,主要内容包括液压和气压传动基础知识,液压和气压元件,液压和气压基本回路,液压和气压系统的安装、使用及设备的调试和故障诊断,典型液压和气压系统的工作原理及调试和故障分析,液压系统设计,液压伺服系统。

本书在编写过程中,以职业岗位技能要求为出发点,以液压为主线,力求理论联系实际,着重基本概念和原理的阐述,突出理论知识的应用,加强针对性和实用性。本书在较全面阐述液压传动与气压传动基本内容的基础上,着重分析了各类元件的工作原理、结构、常见故障和排除方法,阐述了液压和气压系统的安装、使用及设备的调试、故障诊断;有针对性地对典型液压设备的工作原理、调试及故障分析和排除进行了详细的阐述,以提高读者的液压设备调试能力和故障分析、排除能力。本书着重反映基本原理在现代工业技术上的应用,以典型的数控机床、加工中心等机电设备为实例,力求反映我国液压与气动行业的最新情况,如介绍了叠加阀、插装阀、电液比例阀、电液数字阀以及新型高压液压阀等。为了便于读者加深理解和巩固所学的内容,每章后均附有学习要求和习题,其中习题包含填空、判断、选择、问答和分析计算题。全书采用国家最新标准。

本书由张群生主编。参加编写的有广西机电职业技术学院张群生(第一、五、六、七章),浙江机电职业技术学院毛全有(第二、八、九章),张家界职业技术学院于兴华(第三、四章),四川工程职业技术学院邹俊(第十、十一章)。四川工程职业技术学院李登万为本书主审。本书于 2001 年 3 月在桂林审稿会议上进行了集体审阅和修改。

本书为机电设备维修与管理专业教材,适用于高等职业院校、高等专科院校和成人高等学校机制类专业及机电专业,也可作为中专机制类专业教学用书,对有关工程技术人员解决一些疑难问题,亦可起到重要的指导作用。

在本书编写过程中,浙江机电职业技术学院严鹤峰、陈晓英,四川工程职业技术学院赵长旭,山东工程技术学院苏杭,张家界职业技术学院刘坚等同志提出了许多有益的建议,曾得到柳州塑料机械总厂、秦川机械发展有限公司等有关工厂和兄弟学校的大力支持和帮助,编者在此一并表示感谢。

由于编者水平有限,加之编写时间仓促,书中难免存在错误和不妥之处,敬请广大读者批评指正。

编 者

主要符号表

1. 主要物理量符号

A——面积
$B(b)$——宽度
C_q——流量系数
$D(d)$——直径
$°E$——恩氏黏度
e——偏心距
F——作用力
f——摩擦因数
g——重力加速度
h——深度
h_w——单位液体的能量损失
K——液体体积模量；系数
$L(l)$——长度
m——质量；齿轮模数；指数
n——指数；转速
P——功率
p——压力
q——流量（标准术语符号为体积流量 q_V，本书为使用简便，均简化为流量 q）
R——半径；水力半径
Re——雷诺数
r——半径
T——转矩

t——时间
u——流速
V——体积；排量
v——平均流速
x——湿周
z——齿轮齿数；叶片（柱塞）数
W——重力
α——动能修正系数
β——动量修正系数
Δ——粗糙度
δ——厚度；节流缝隙
ε——相对偏心率
ζ——局部阻力系数
η——效率
μ——动力黏度
θ——角度
κ——压缩率
λ——沿程阻力系数
ν——运动黏度
ρ——密度
τ——切应力
ω——角速度

2. 主要下标符号

o——液面
a——大气
L——管路；负载
M——液压马达
m——机械
y——液压
p——泵

s——弹簧
t——理论
V——容积
n——公称

例如：q_t 表示理论流量，p_p 表示泵的输出压力，η_{Mm} 表示液压马达的机械效率。

常用物理量的法定计量单位及其换算

  我国过去通常使用的是米制工程单位制（MKFS），现在使用法定计量单位。计量单位应按国务院1984年发布的《中华人民共和国法定计量单位》和GB 3100~3102—1993《量和单位》执行。本书采用法定计量单位。为了便于学习，现将常用物理量的法定计量单位和米制工程单位之间的换算关系列于下表。

法定计量单位和米制工程单位的换算关系表

物理量			法定计量单位		米制工程单位		换算关系
	名称	符号	名称	代号	名称	代号	
基本量	长度	l, L	米	m	米	m	
	时间	t	秒	s	秒	s	
	质量	m	千克(公斤)	kg			
导出量	力	F	牛[顿]	N	千克力	kgf	1kgf = 9.81N 1N = 0.102kgf
	压力	p	帕[斯卡]	Pa(N/m²)	千克力每平方厘米	kgf/cm²	1kgf/cm² = 10⁵Pa = 0.1MPa
	密度	ρ	千克每立方米	kg/m³			
	动力黏度	η, μ	帕[斯卡]秒	Pa·s	千克力秒每平方米	kgf·s/m²	1kgf·s/m² = 9.81Pa·s
	运动黏度	ν	二次方米每秒	m²/s	斯[托克斯]	St	1St = 10⁻⁴m²/s 1cSt = 10⁻⁶m²/s = 1mm²/s
	能,功	E, W	焦[耳]	J(N·m)	千克力米	kgf·m	1kgf·m = 9.81J
	功率	P	瓦[特]	W(J/s)	千克力米每秒	kgf·m/s	1kgf·m/s = 9.81W
	速度	v	米每秒	m/s	沿用单位 m/min 等		
	体积流量	q_V	立方米每秒	m³/s	沿用单位 L/min 等（1L = 10⁻³m³）		

目　　录

第4版前言
第3版前言
第2版前言
第1版前言
主要符号表
常用物理量的法定计量单位及其换算

第一章　液压传动基础 …… 1
第一节　液压技术的应用和发展 …… 1
第二节　液压传动的工作原理和系统组成 …… 2
第三节　液压传动的优缺点 …… 4
第四节　液压油 …… 5
第五节　液体静力学 …… 11
第六节　液体动力学 …… 14
第七节　液体流动中的压力损失 …… 18
第八节　液体流经小孔及缝隙的流量 …… 19
学习要求和习题 …… 22

第二章　液压泵和液压马达 …… 28
第一节　概述 …… 28
第二节　齿轮泵 …… 31
第三节　叶片泵 …… 37
第四节　柱塞泵 …… 44
第五节　液压泵的选用 …… 48
第六节　液压马达 …… 49
学习要求和习题 …… 51

第三章　液压缸 …… 55
第一节　液压缸的类型及其特点 …… 55
第二节　液压缸的结构 …… 60
第三节　液压缸的安装、调整、维护与常见故障分析 …… 65
学习要求和习题 …… 70

第四章　液压辅助装置 …… 73
第一节　蓄能器 …… 73
第二节　过滤器 …… 75
第三节　油管与管接头 …… 79
第四节　压力表与压力表开关 …… 83
第五节　油箱 …… 84
第六节　液压泵站 …… 85
学习要求和习题 …… 85

第五章　液压控制阀和液压基本回路 …… 87
第一节　方向控制阀和方向控制回路 …… 87
第二节　压力控制阀和压力控制回路 …… 99
第三节　流量控制阀和节流调速回路 …… 113
第四节　容积调速回路和容积节流调速回路 …… 122
第五节　其他控制回路 …… 127
第六节　新型液压元件及其应用 …… 137
学习要求和习题 …… 146

第六章　典型液压系统 …… 154
第一节　YT4543型动力滑台液压系统 …… 154
第二节　M1432B型万能外圆磨床液压系统 …… 160
第三节　YA32-200型四柱万能液压机液压系统 …… 169
第四节　SZ-250/160型塑料注射成型机液压系统 …… 172
第五节　数控车床液压系统 …… 176
第六节　加工中心液压系统 …… 178
学习要求和习题 …… 182

第七章　液压系统的安装和使用及设备的调试和故障分析 …… 184
第一节　液压系统的安装与调试 …… 184
第二节　液压系统的使用与维护 …… 188
第三节　液压系统故障诊断方法 …… 189
第四节　液压系统常见故障及排除 …… 192
学习要求和习题 …… 196

第八章　液压系统设计 …… 199
第一节　液压系统设计的步骤 …… 199
第二节　明确设计要求，进行工况分析 …… 199
第三节　拟订液压系统原理图 …… 202
第四节　液压元件的计算和选择 …… 204
第五节　液压系统的性能验算 …… 205
第六节　绘制工作图和编制技术文件 …… 207
第七节　液压CAD简介 …… 207

第八节 液压系统设计计算举例……………… 208
学习要求和习题…………………………… 214
第九章 液压伺服系统及其他液压技术的应用………………………………… 216
第一节 液压仿形刀架的工作原理…………… 216
第二节 液压伺服系统基本形式及实例……… 218
第三节 其他液压技术及应用………………… 224
学习要求和习题…………………………… 229
第十章 气压传动……………………………… 231
第一节 气压传动基本知识…………………… 231
第二节 气源装置及辅助元件………………… 232
第三节 气动执行元件………………………… 238
第四节 气动控制元件………………………… 241
第五节 真空元件及其应用…………………… 249
第六节 气动基本回路………………………… 251
第七节 气动系统实例………………………… 256
学习要求和习题…………………………… 258

第十一章 气动系统的使用、维护与故障分析………………………………… 261
第一节 气动系统的安装与调试……………… 261
第二节 气动系统的使用与维护……………… 262
第三节 气动系统主要元件的常见故障及排除方法……………………………… 265
学习要求和习题…………………………… 269

附录……………………………………………… 270
附录A 常用流体传动系统及元件图形符号新旧标准对照…………………… 270
附录B 习题（部分）参考答案……………… 284
附录C 液压与气压传动实训指导书………… 290

参考文献………………………………………… 299

第一章 液压传动基础

第一节 液压技术的应用和发展

如果从世界上第一台水压机问世算起,液压传动至今已有200余年的历史,然而,液压传动直到20世纪30年代才真正推广使用。

在第二次世界大战期间,军事工业对反应快、精度高、功率大的液压传动装置的迫切需要推动了液压技术的发展;战后,液压技术迅速转向民用,在机床、工程机械、农业机械、汽车等行业中逐步得到推广。20世纪60年代以后,随着原子能技术、空间技术、计算机技术的发展,液压技术也得到了很大发展,并渗透到各个工业领域。当前液压技术正向着高压、高速、大功率、高效率、低噪声、长寿命、高度集成化、复合化、小型化及轻量化等方向发展;同时,新型液压元件和液压系统的计算机辅助设计(CAD)、计算机辅助测试(CAT)、计算机直接控制(CDC)、机电一体化技术、计算机仿真和优化设计技术、可靠性技术以及污染控制等方面,也是当前液压技术发展和研究的方向。

我国的液压工业开始于20世纪50年代。液压元件最初应用于机床和锻压设备,后来又用于拖拉机和工程机械。1964年,我国从国外引进一些液压元件生产技术,同时开始自行设计液压产品,经过20多年的艰苦探索和发展,特别是20世纪80年代初期引进美国、日本、德国的先进技术和设备,我国的液压技术水平有了很大的提高。目前,我国的液压件已从低压到高压形成系列,并生产出许多新型的元件,如插装式锥阀、电液比例阀、电液伺服阀、电液数字控制阀等。液压传动在机械行业中的应用见表1-1。我国机械工业在认真消化、推广国外引进的先进液压技术的同时,大力研制、开发国产液压件新产品,加强产品质量可靠性和新技术应用的研究,积极采用国际标准,合理调整产品结构,对一些性能差且不符合国家标准的液压件产品,采取逐步淘汰的措施。随着科学技术的迅猛发展,液压技术还将获得进一步发展,在各种机械设备上的应用也将更加广泛。

表1-1 液压传动在机械行业中的应用

行业名称	应用场合举例
机床工业	磨床、铣床、刨床、拉床、压力机、自动机床、组合机床、数控机床、加工中心等
工程机械	挖掘机、装载机、推土机等
汽车工业	自卸式汽车、平板车、高空作业车等
农业机械	联合收割机的控制系统、拖拉机的悬架装置等
轻工机械	打包机、注塑机、校直机、橡胶硫化机、造纸机等
冶金机械	电炉控制系统、轧钢机控制系统等
起重运输机械	起重机、叉车、装卸机械、液压千斤顶等
矿山机械	开采机、提升机、液压支架等
建筑机械	打桩机、平地机等
船舶港口机械	起货机、锚机、舵机等
铸造机械	砂型压实机、加料机、压铸机等

第二节　液压传动的工作原理和系统组成

一、液压传动的工作原理

现以液压千斤顶为例，简述液压传动的工作原理。图 1-1 所示为液压千斤顶的工作原理图，它主要由杠杆 1、泵体 2、活塞 3、单向阀 4 和 7 组成的手动液压泵和活塞 8、缸体 9 等组成的举升液压缸构成。其工作过程如下：提起杠杆 1，活塞 3 上升，泵体 2 下腔的工作容积增大，形成局部真空，于是油箱 12 中的油液在大气压力的作用下，推开单向阀 4 进入泵体 2 的下腔（此时单向阀 7 关闭）；当压下杠杆 1 时，活塞 3 下降，泵体 2 下腔的容积缩小，油液的压力升高，打开单向阀 7（单向阀 4 关闭）；泵体 2 下腔的油液进入缸体 9 的下腔（此时截止阀 11 关闭），使活塞 8 向上运动，把重物顶起。反复提压杠杆 1，就可以使重物不断上升，达到起重的目的。当工作完毕，打开截止阀 11，使缸体 9 下腔的油液通过管路 10 直接流回油箱，活塞 8 在外力和自重的作用下实现回程。

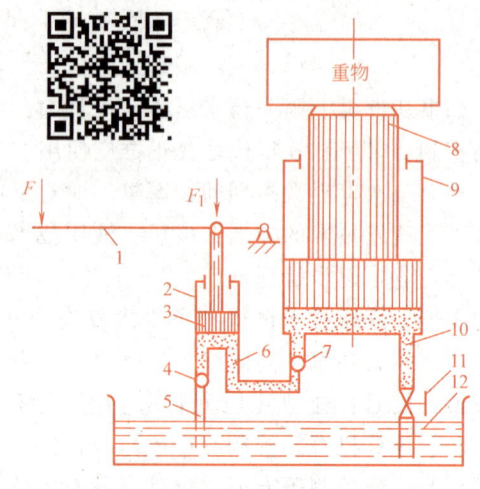

图 1-1　液压千斤顶的工作原理图

1—杠杆　2—泵体　3、8—活塞　4、7—单向阀　5—吸油管　6、10—管路　9—缸体　11—截止阀　12—油箱

由上例可见，液压传动是以液体为传动介质，利用液体的压力能来实现运动和力传递的。它具有以下特点：

1）以液体为传动介质来传递运动和动力。
2）液压传动必须在密闭的容器内进行。
3）依靠密封容积的变化传递运动。
4）依靠液体的静压力传递动力。

二、液压传动系统的组成

图 1-2a 所示为简化了的机床工作台液压传动系统，液压泵 3 由电动机带动从油箱 1 中吸油，并将油液送往系统，经节流阀 6 至换向阀 7，当换向阀两端的电磁铁均不通电而使阀芯处于中间位置时，油口 P、A、B、T 均不相通，使液压缸左、右两腔均不通压力油，工作台停止运动。若换向阀 7 左端电磁铁通电，其阀芯被推至右侧，处于图 1-2b 所示位置，此时油口 P 和 A 相通、B 和 T 相通，压力油经油口 P、换向阀 7、油口 A 流入液压缸 8 的左腔；由于液压缸的缸体固定，活塞 9 在压力油推动下，通过活塞杆带动工作台向右运动，同时，液压缸 8 右腔的油液经油口 B、换向阀 7、油口 T 流回油箱 1。当换向阀 7 右侧电磁铁通电时，其阀芯被推至左侧，处于图 1-2c 所示位置，这时压力油经油口 P、换向阀 7、油口 B 流入液压缸 8 的右腔，推动工作台向左移动，此时，液压缸 8 左腔的油液经油口 A、换向阀 7、油口 T 流回油箱 1。若分别控制换向阀 7 左、右两端的电磁铁，可以使换向阀 7 的阀芯左、右移动，从而改变压力油的通路，使工作台按照所需要的方向运动。

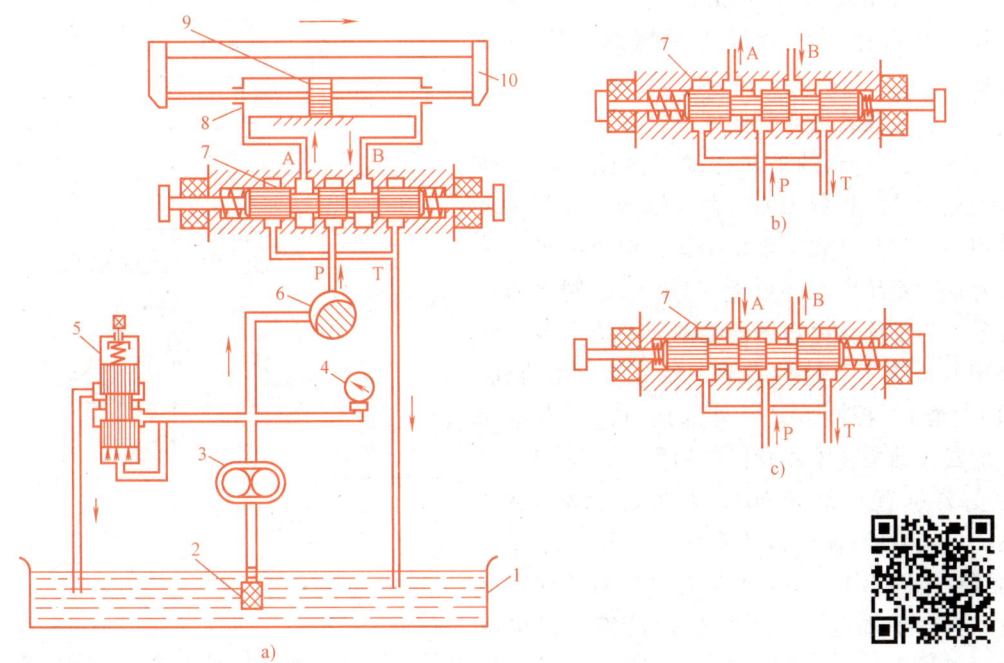

图 1-2 简化了的机床工作台液压传动系统图及两个阀芯位置
1—油箱　2—过滤器　3—液压泵　4—压力表　5—溢流阀　6—节流阀
7—换向阀　8—液压缸　9—活塞　10—工作台

工作台工作时，其运动速度必须根据需要来调整。工作台运动速度的调节是由节流阀 6 和溢流阀 5 配合实现的。节流阀就像自来水龙头一样，可以开大，也可以关小。当它开大时，经节流阀 6 进入系统的油液增多，工作台运动速度就加快，同时经溢流阀 5 流回油箱的油液就相应减少；当它关小时，工作台运动速度就减慢，同时经溢流阀 5 溢回油箱的油液就相应地增加，从而控制工作台的速度。工作台运动时还存在一定的阻力，如切削阻力和摩擦阻力等，这些阻力由液压泵输出油液的压力来克服。根据工作时阻力的不同，要求液压泵输出的油液压力应能进行调节，这个功能是由溢流阀 5 来实现的。当油液压力对溢流阀的阀芯作用力略大于溢流阀中弹簧对阀芯的作用力时，阀芯才能移动，阀口打开，油液经溢流阀溢流回油箱，压力不再升高。此时，泵出口处的油液压力是由溢流阀决定的。

由以上例子可以看出，液压传动系统由以下几个部分组成：

（1）动力元件　液压泵，是系统的能量输入装置，它将原动机输入的机械能转换成液体的压力能，向液压系统提供压力油。

（2）执行元件　液压缸或液压马达，是系统的能量输出装置，它把液体的压力能转换为机械能，克服负载，带动机械完成所需的动作。

（3）控制元件　各种控制阀，如压力阀、流量阀、方向阀等，用来控制液压系统所需的压力、流量、方向和工作性能，以保证执行元件实现各种不同的工作要求。

（4）辅助元件　指各种管接头、油管、油箱、过滤器、蓄能器、压力表等，起连接、输油、储油、过滤、储存压力能、测量等作用，它们对保证液压系统可靠和稳定地工作具有非常重要的作用。

(5) 工作介质 液压油,是传递能量的介质,它直接影响着液压系统的性能和可靠性。

三、液压传动系统的图形符号

图 1-2a 所示的液压传动系统图,是一种半结构式的工作原理图,称为结构原理图。这种原理图直观性强、容易理解,但绘制起来比较麻烦,系统中元件数量较多时,绘制更加不方便。为了简化原理图的绘制,系统中各元件可用符号表示,这些符号只表示元件的职能(即功能)、控制方式及外部接口,不表示元件的具体结构和参数及接口的实际位置和元件的安装位置。我国 2021 年制订标准 GB/T 786.1—2021《流体传动系统及元件 图形符号和回路图第 1 部分:图形符号》对元件图形符号进行了规定。图 1-2a 所示的液压系统用图形符号表示时(图 1-3),可使系统图绘制起来更加方便,更加简单明了。按照规定,液压元件符号均以元件的初始状态表示,有些液压元件无法采用图形符号表示时,仍允许采用结构原理图表示。

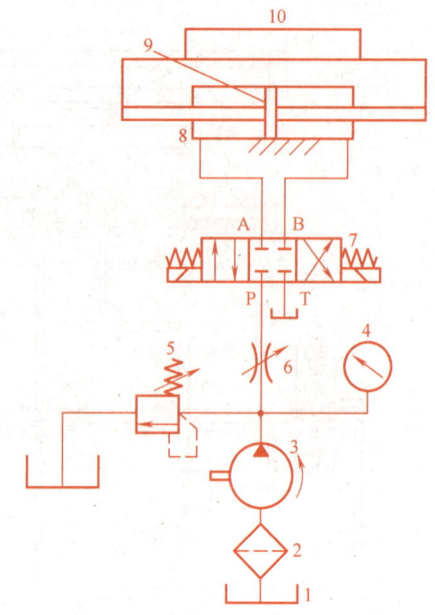

图 1-3 简单机床的液压传动系统图
1—油箱 2—过滤器 3—液压泵 4—压力表
5—溢流阀 6—节流阀 7—换向阀
8—液压缸 9—活塞 10—工作台

第三节 液压传动的优缺点

液压传动能得到如此迅速的发展和广泛的应用,是由于它与机械传动、电气传动、气压传动相比具有以下优点:

1) 单位功率的重量轻,即在输出同等功率的条件下,液压传动设备体积小、重量轻、惯性小、结构紧凑、动态特性好等。例如轴向柱塞泵的重量只是同功率直流发电机重量的 10%~20%,前者的外形尺寸只有后者的 12%~13%。

2) 液压传动能方便地实现无级调速,并且调速范围大。

3) 液压传动装置工作平稳、反应快、冲击小,能快速起动、制动和频繁换向。

4) 液压传动装置的控制、调节比较简单,操纵比较方便、省力,易于实现自动化。当机、电、液配合使用时,易实现较复杂的自动工作循环。

5) 液压传动易获得很大的力和力矩,可以使传动结构简单。

6) 液压系统易于实现过载保护,同时,因采用油液作为传动介质,相对运动表面间能自行润滑,故元件的使用寿命长。

7) 由于液压元件已实现了标准化、系列化和通用化,所以液压系统的设计、制造和使用都比较方便。液压元件的排列布置也具有较大的机动性。

液压传动的主要缺点如下:

1）液压传动是以液体为工作介质的，在相对运动表面间不可避免地存在泄漏；同时，液体又是可压缩的。因此，不宜在传动比要求严格的场合采用液压传动，如螺纹和齿轮加工机床的内传动链系统。

2）液压传动在工作过程中有较多的能量损失，如摩擦损失、泄漏损失等，故不宜用于远距离传动。

3）液压传动对油温的变化比较敏感，油温变化会影响运动的稳定性。因此，在低温和高温条件下，采用液压传动有一定的困难。

4）为了减少泄漏，液压元件的制造精度要求较高。因此，液压元件的制造成本较高，而且对油液的污染比较敏感。

5）液压系统故障的诊断比较困难，因此对维修人员提出了更高的要求，既需要系统地掌握液压传动的理论知识，又要具有一定的实践经验。

6）随着高压、高速、高效率和大流量化，液压元件和系统的噪声日益增大，这也是需要解决的问题。

总而言之，液压传动的优点是突出的，随着科学技术的进步，液压传动的缺点将得到克服，液压传动将日臻完善，液压技术与电子技术及其他传动方式的结合将得到更加广泛的应用。

第四节 液 压 油

一、液压油的性质

（一）液体的黏度

当液体在外力作用下流动时，由于液体与固体壁面的附着力及液体本身分子之间内聚力的存在，液体内部各处的速度产生差异。如图1-4所示，液体在管路中流动时的速度并不相等，紧贴管壁的液体速度为零，管路中心处的速度最大。我们可将管路中液体的流动看成是许多无限薄的同心圆筒形的液体层的运动，运动较慢的液体层阻滞运动较快的液体层，而运动较快的液体层又带动运动较慢的液体层，这种液体层之间的作用类似于固体之间的摩擦，因而在液体之间产生摩擦力。由于这种摩擦力发生在液体内部，所以称为内摩擦力。液体在外力作用下流动时在其内部产生内摩擦力的性质，称为液体的黏性。黏性所起的作用只能延缓液体内部相互滑动的过程，而不能消除这种滑动。液体只有流动时，才会呈现黏性，静止的液体不呈现黏性。黏性是液体一个非常重要的特性，其大小可用黏度来衡量。

1. 动力黏度

实验表明（牛顿内摩擦定律），液体流动时相邻液体层间的内摩擦力 F_f 与液体层接触面积 A、液体层间的速度梯度 dv/dy 成正比，如图1-5所示，可用式（1-1）表示

$$F_f = \mu A \frac{dv}{dy} \tag{1-1}$$

若用单位面积上的摩擦力（切应力）来表示，则式（1-1）可改写成

$$\tau = \mu \frac{dv}{dy} \tag{1-2}$$

式中 μ——比例系数，称为动力黏度（Pa·s）。

动力黏度 μ 以前（CGS制中）使用的单位是 $dyn·s/cm^2$（达因秒每二次方厘米），又称

为 P（泊）。$1Pa \cdot s = 10P = 10^3 cP$（厘泊）。

由式（1-2）可知，液体动力黏度 μ 的物理意义是：当速度梯度等于 1 时，接触液体层

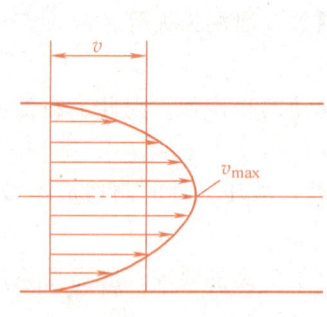

图 1-4 液体在管路内的速度分布

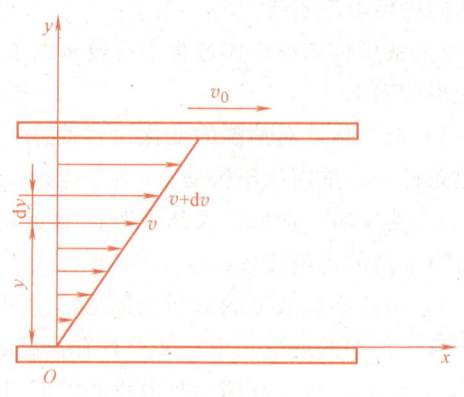

图 1-5 液体黏性示意图

间单位面积上的内摩擦力为 τ。

2. 运动黏度

动力黏度 μ 和液体密度 ρ 的比值称为液体的运动黏度 ν。即

$$\nu = \frac{\mu}{\rho} \tag{1-3}$$

式中　μ——动力黏度（$Pa \cdot s$）；

ρ——液体密度（kg/m^3）；

ν——运动黏度（m^2/s）。

工程单位制使用的运动黏度单位还有 cm^2/s，通常称为 St（斯），工程中常用 cSt（厘斯）来表示，$1m^2/s = 10^4 St = 10^6 cSt$。运动黏度 ν 虽没有明确的物理意义，但习惯上常用它来标志液体的黏度，如各种矿物油的牌号就是该种油液在 40℃ 时的运动黏度 ν（单位为 cSt）的平均值。

3. 相对黏度

相对黏度又称条件黏度，它是采用特定的黏度计在规定的条件下测出的液体黏度。我国、德国、苏联等国家采用恩氏黏度 $°E$，美国采用赛氏黏度 SSU，英国则采用雷氏黏度 RS。

恩氏黏度用恩氏黏度计测定：将 200mL、温度为 t（单位为℃）的被测液体装入恩氏黏度计的容器内，由其下部直径为 $\phi 2.8mm$ 的小孔流出，测出液体流尽所需的时间 t_1（s），再测出 200mL、温度为 20℃ 的蒸馏水在同一黏度计中流尽所需的时间 t_2（标定值，一般 $t_2 = 50 \sim 52s$）。这两个时间的比值便是该液体在温度为 t 时的恩氏黏度：$°E = t_1/t_2$。一般以 20℃、40℃、50℃ 及 100℃ 作为测定液体黏度的标准温度，由此而得到的恩氏黏度分别用 $°E_{20}$、$°E_{40}$、$°E_{50}$ 和 $°E_{100}$ 来标记。

液体黏度可用旋转黏度计或运动黏度测定器直接测定，也可以先测出液体的相对黏度，然后再根据关系式换算出动力黏度或运动黏度。恩氏黏度与运动黏度 ν 间的换算关系式为

$$\nu = \left(7.31°E - \frac{6.31}{°E}\right) \times 10^{-6}$$

液体黏度随液体压力和温度的变化而变化。对液压油而言，压力增大，黏度增大，但其

变化量很小，在一般的中、低压系统中可以忽略不计。液压油的黏度对温度的变化十分敏感，温度升高，则液体中分子间的内聚力减小，黏度降低。液压油的黏度随温度变化的关系称为液压油的黏温特性。液压油黏度的变化直接影响液压系统的性能和泄漏量。因此，希望黏度随温度的变化越小越好，即黏温特性要好。黏温特性可用黏度指数 $V \cdot I$ 表示。黏度指数 $V \cdot I$ 是用被测油液黏度随温度变化的程度同标准油液黏度变化程度比较的相对值。$V \cdot I$ 值越高，表示液压油黏度随温度变化越小，即黏温特性越好。对于普通的液压传动系统，一般要求 $V \cdot I \geqslant 90$。

（二）液体的可压缩性

液体受压力作用发生体积变化的性质称为液体的可压缩性。压力为 p_0 时体积为 V_0 的液体，当压力增大 Δp 时，由于液体的可压缩性，体积要减小 ΔV。液体的可压缩性用压缩率 κ 表示

$$\kappa = -\frac{1}{\Delta p} \frac{\Delta V}{V_0} \tag{1-4}$$

液体压缩率 κ 的物理意义是：单位压力变化下的体积相对变化率。常用液压油的 $\kappa = (5 \sim 7) \times 10^{-10} \mathrm{m^2/N}$。液体压缩率的倒数称为液体的体积弹性模量，简称体积模量，用 K 来表示，其值为

$$K = \frac{1}{\kappa}$$

一般液压油的体积模量为 $(1.4 \sim 1.9) \times 10^3 \mathrm{MPa}$，而钢的体积模量为 $(2 \sim 2.1) \times 10^5 \mathrm{MPa}$，可见液压油的可压缩性是钢的 100~150 倍。在一般情况下，由于压力变化引起液体体积的变化很小，液压油的可压缩性对液压系统性能的影响不大，所以一般可认为液体是不可压缩的。但是在压力变化较大或有动态特性要求的高压系统中，应考虑液体可压缩性对系统的影响。当液体中混入空气时，其可压缩性将显著增加，并严重影响液压系统的性能，故应将液压系统中油液中的空气含量减少到最低限度。

（三）其他性质

作为传动介质的液压油还需要有其他一些性质，如热稳定性、氧化稳定性、抗泡沫性、抗乳化性、防锈性、润滑性以及相容性（标志它和密封材料、涂料等起作用的程度）等。这些性质都对液压油的选择和使用有重要的影响，需通过在精炼的矿物油中加入各种添加剂来获得。

二、液压油的分类

在 GB/T 498—2014 中，将润滑剂和有关产品规定为 L 类产品。在 GB/T 7631.1—2008 中，又将 L 类产品按照应用场合分为 18 个组，其中 H 组用于液压系统，其主要产品见表 1-2。在 GB/T 3141—1994 中，将工业液体润滑剂按照 40℃时运动黏度的中心值分为 20 个黏度等级，见表 1-3。

三、对液压传动介质的要求和选用

1. 对液压传动介质的要求

在液压传动中，液压油既是传动介质，又兼作润滑油，因此对它的要求比一般润滑油的要求更高。对液压油的要求为：

表 1-2　GB/T 7631.2—2003 润滑剂、工业用油和相关产品（L 类）的分类　第 2 部分：H 组（液压系统）

组别符号	总应用	特殊应用	更具体的应用	组成和特性	产品符号 L—	典型应用	备注
H	液压系统	流体静压系统	液压导轨系统	无抑制剂的精制矿油	HH		比全损耗系统用油质量高
				精制矿油，并改善其防锈和抗氧化性	HL		通用机床工业润滑油
				HL 油，并改善其抗磨性	HM	有大负载部件的一般液压系统	抗磨液压油
				HL 油，并改善其黏温特性	HR		
				HM 油，并改善其黏温特性	HV	建筑和船用设备	低温液压油
				无特定难燃性的合成液	HS		合成低温液压油
				甘油三酸酯	HETG	一般液压系统(可移动式)	每个品种的基础液的最小含量应不少于 70%（质量分数）
				聚乙二醇	HEPG		
				合成酯	HEES		
				聚 α 烯烃和相关烃类产品	HEPR		
				HM 油，并具有黏-滑性好的特点	HG	液压和滑动轴承导轨润滑系统合用的机床,在低速下使振动或间断滑动(黏-滑)减为最小	液压-导轨油
		需要难燃液的场合		水包油型乳化液	HFAE		含水大于 80%（质量分数）
				化学水溶液	HFAS		含水大于 80%（质量分数）
				油包水乳化液	HFB		含水小于 80%（质量分数）
				含聚合物水溶液	HFC		
				磷酸酯无水合成液	HFDR		选择本产品时应小心，因其可能对环境和健康有害
				其他成分的无水合成液	HFDU		
	流体动力系统	自动传动系统			HA		与这些应用有关的分类尚未进行详细的研究，以后可以增加
		偶合器和变矩器			HN		

注：在本分类标准中，各产品名称是采用统一的方法命名的。例如

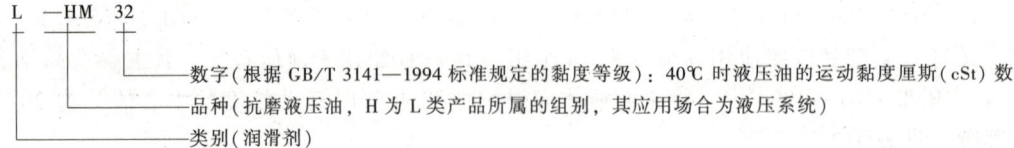

1) 要有适宜的黏度和良好的黏温特性，一般液压系统所选用的液压油的运动黏度为 $(13 \sim 68) \times 10^{-6} \mathrm{m}^2/\mathrm{s}$（40℃）。

2) 具有良好的润滑性，以减少液压元件中相对运动表面的磨损。

3) 具有良好的热稳定性和抗氧化稳定性。

表 1-3 工业液体润滑剂的黏度等级与旧牌号的对照

黏度等级 (GB/T 3141—1994)	中间点运动黏度(40℃) /(mm²/s)	运动黏度范围(40℃) /(mm²/s)	按50℃运动黏度划分的旧牌号	按100℃运动黏度划分的旧牌号
2	2.2	1.98~2.42	2*	
3	3.2	2.88~3.52		
5	4.6	4.14~5.06	4*、5*	
7	6.8	6.12~7.48	5*、6*	
10	10	9.00~11.0	7*、10*	
15	15	13.5~16.5	10*	
22	22	19.8~24.2		
32	32	28.8~35.2	20*	5*、6*
46	46	41.4~50.6	30*	
68	68	61.2~74.8	40*、50*	9*
100	100	90.0~110	60*、70*	13*
150	150	135~165	80*、90*	19*
220	220	198~242	100*、150*	19*
320	320	288~352	200*	24*
460	460	414~506	250*、300*	24*
680	680	612~748	400*	38*
1000	1000	900~1100	500*	52*
1500	1500	1350~1650	600*、700*	65*
2200	2200	1980~2420		
3200	3200	2880~3520		

4)具有较好的相容性,即对密封件、软管、涂料等无溶解的有害影响。

5)质量要纯净,不含或含有极少量的杂质、水分和水溶性酸碱等。

6)要具有良好的抗泡沫性,抗乳化性好,腐蚀性小,防锈性好。液压油乳化其润滑性会降低,酸值增加,使用寿命缩短。液压油中产生泡沫会引起气穴现象。

7)液压油用于高温场合时,为了防火安全,闪点要求高;在温度低的环境下工作时,凝点要求低。

8)对人体无害,成本低。

2. 液压传动介质的选用

液压传动介质的合理选用实质上就是液压油品种和牌号的选择。

(1)液压油品种的选择 石油基液压油的品种较多,由于制造容易、来源多、价格较低,故几乎90%以上的液压设备中使用的是石油基液压油;难燃液压油既有抗燃特性,又符合节省能源与控制污染的要求,故受到各国的普遍重视,是一种具有很大潜力的液压油。因此,应从设备中液压系统的特点、工作环境和液压油的特性等出发,来选择液压油的品种。表1-4可供选择液压油时参考。

表 1-4 液压油品种选择参考

液压设备液压系统举例	对液压油的要求	可选择的液压油品种
低压或简单机具的液压系统	抗氧化稳定性和抗泡沫性一般,无抗燃要求	HH 无HH时可选HL
中、低压精密机械等液压系统	要求有较好的抗氧化稳定性,无抗燃要求	HL 无HL时可选HM
中、低压和高压液压系统	要求抗氧化稳定性、抗泡沫性、防锈性、抗磨性好	HM 无HM时可选HV、HS
环境变化较大和工作条件恶劣(指野外工程和远洋船舶等)的低、中、高压系统	除上述要求外,要求凝点低、黏度指数高、黏温特性好	HV、HS

（续）

液压设备液压系统举例	对液压油的要求	可选的液压油品种
环境温度变化较大和工作条件恶劣（野外工程和远洋船舶等）的低压系统	要求凝点低，黏度指数高	HR 对于有银部件的液压系统，北方选用 L—HR 油，南方用 HM 油或 HL 油
液压和导轨润滑合用的系统	在 HM 油基础上改善黏-滑性（防爬行性好）	HG
煤矿液压支架、静压系统和其他不要求回收废液和不要求有良好润滑的情况，但要求有良好的抗燃性。使用温度为 5~50℃	要求抗燃性好，并具有一定的防锈性、润滑性和良好的冷却性，价格便宜	L—HFAE
冶金、煤矿等行业的中压和高压、高温和易燃的液压系统。使用温度为 5~50℃	抗燃性、润滑性和防锈性好	L—HFB
需要难燃液的低压液压系统和金属加工等机械。使用温度为 5~50℃	不要求低温性、黏温特性和润滑性，但抗燃性要好，价格要便宜	L—HFAS
冶金和煤矿等行业的低压和中压液压系统。使用温度为 -20~50℃	低温性、黏温特性和对橡胶的适用性好，抗燃性好	HFC
冶金、火力发电、燃气轮机等高温高压下操作的液压系统。使用温度为 -20~100℃	要求抗燃性好，抗氧化稳定性和润滑性好	HFDR

（2）液压油牌号的选择 在液压油的品种已定的情况下选择液压油的牌号时，最先考虑的应是液压油的黏度。如果黏度太低，会使泄漏增加，从而降低效率，降低润滑性，增加磨损；如果液压油的黏度太高，液体流动的阻力就会增大，磨损增大，液压泵的吸油阻力增大，易产生吸空现象（也称气穴现象，即油液中产生气泡的现象）和噪声。因此，要合理选择液压油的黏度。选择液压油时要注意以下几点：

1) 工作环境。当液压系统工作环境温度较高时，应采用较高黏度的液压油；反之则采用较低黏度的液压油。

2) 工作压力。当液压系统工作压力较高时，应采用较高黏度的液压油，以防泄漏；反之采用较低黏度的液压油。

3) 运动速度。当液压系统工作部件运动速度高时，为了减少功率损失，应采用较低黏度的液压油；反之采用较高黏度的液压油。

4) 液压泵的类型。在液压系统中，不同的液压泵对润滑的要求不同，选择液压油时应考虑液压泵的类型及其工作环境，见表 1-5。

表 1-5 各类液压泵推荐用的液压油

液压泵类型		油液黏度 $\times 10^{-6}$（40℃时）/（m^2/s）		适用液压油的种类和产品符号
		液压系统温度 5~40℃	液压系统温度 40~80℃	
叶片泵	7MPa 以下	30~50	40~75	L—HM32、L—HM46、L—HM68
	7MPa 以上	50~70	55~90	L—HM46、L—HM68、L—HM100
齿轮泵		30~70	95~165	中、低压时用 L—HL32、L—HL46、L—HL68、L—HL100、L—HL150
径向柱塞泵		30~50	65~240	中、高压时用 L—HM32、L—HM46、L—HM68、L—HM100、L—HM150
轴向柱塞泵		30~70	70~150	

(3) 合理使用液压油的要点

1) 换油前要清洗液压系统；液压系统首次使用液压油前，必须彻底清洗干净；在更换同一品种液压油时，也要用新换的液压油冲洗 1~2 次。

2) 液压油不能随意混用。一种牌号的液压油，未经设备生产厂家同意和没有科学依据时，不得随意与不同牌号的液压油混用，更不得与其他品种的液压油混用。

3) 保持液压系统密封性良好。液压系统必须保持严格的密封，防止泄漏和外界各种尘土、杂物和水等混入。

4) 加入新油时，必须按要求过滤。

5) 根据换油指标及时更换液压油。

第五节　液体静力学

液体静力学主要讨论液体静止时的平衡规律以及这些规律的应用。所谓液体静止，指的是液体内部质点间没有相对运动，至于盛装液体的容器，不论它是静止的或是运动的，都没有关系。

一、液体的静压力及其特性

在非惯性系统中，液体处于静止状态时，作用在液体上的力有质量力和表面力。质量力作用在液体的所有质点上，如重力和惯性力等。单位质量液体受到的质量力称为单位质量力，在数值上就等于加速度。表面力作用在液体的表面上，它是由其他物体（如容器）作用在液体上的力，也可以是一部分液体作用在另一部分液体上的力。单位面积上作用的表面力称为应力，它可以分为法向应力和切向应力。由于液体是静止的，质点间没有相对运动，不存在内摩擦，即不呈现黏性。因此，静止液体的表面力只有法向力。液体内某点处单位面积上所受到的法向力就称为液体的静压力，即在面积 ΔA 上作用有法向力 ΔF，则液体内某点处的压力定义为

$$p = \lim_{\Delta A \to 0} \frac{\Delta F}{\Delta A} \tag{1-5}$$

若法向力 F 均匀地作用于面积 A 上，则压力可表示为

$$p = \frac{F}{A} \tag{1-6}$$

由此可见，液体的静压力是指液体处于静止状态下单位面积上所受到的法向作用力，在物理学中称为压强，在工程实际中习惯上称为压力。由于液体质点间的内聚力很小，不能受拉，只能受压，所以液体的静压力具有如下两个重要的特性：

1) 液体静压力的方向总是承压面的内法线方向。

2) 静止液体内任一点的液体静压力在各个方向上都相等。

二、压力的表示方法及其单位

压力的表示方法有两种：一种是以绝对真空（零压力）为基准所表示的压力，称为绝对压力；另一种是以大气压力为基准所表示的压力，称为相对压力。由于大多数测压仪表所测得的压力都是相对压力，故相对压力也称为表压力。当绝对压力低于大气压时，习惯上称为具有真空，而绝对压力小于大气压的那部分压力值称为真空度。绝对压力、相对压力与

真空度（图 1-6）的关系式为

绝对压力 = 大气压力 + 相对压力

真空度 = 大气压力 − 绝对压力（$p < p_a$ 时）

由于作用于物体上的大气压力一般是自成平衡的，因而在进行各种力的分析时，往往只考虑外力而不再考虑大气压力。

压力的单位是 Pa 或 N/m²。由于此单位太小，在工程上使用不方便，所以常用 kPa、MPa、GPa。工程单位制使用的单位有 kgf/cm²、bar（巴）、at（工程大气压）、atm（标准大气压）、液柱高度等，它们之间的关系是

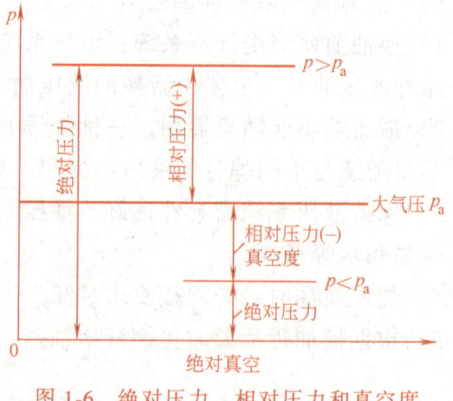

图 1-6　绝对压力、相对压力和真空度

$$1\text{MPa} = 10^3 \text{kPa} = 10^6 \text{Pa} = 10\text{bar}$$

$$1\text{atm} = 0.101325\text{MPa}$$

$$1\text{at} = 1\text{kgf/cm}^2 = 9.8 \times 10^4 \text{Pa} \approx 1 \times 10^5 \text{Pa}$$

三、液体静力学基本方程式

如图 1-7a 所示，静止液体所受的力有重力、液面上的压力 p_0、容器壁面对液体的压力。如要计算离液面深度为 h 处某点 A 的压力时，可以在液体内取出一个底面通过该点、底面积为 ΔA 的垂直小液柱，如图 1-7b 所示，这个小液柱的重量为 $G = \rho g h \Delta A$。由于小液柱在重力、液面上的压力及周围液体的压力作用下处于平衡状态，于是有

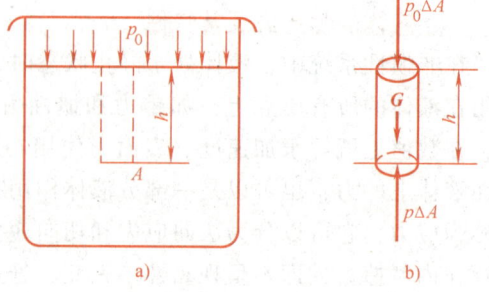

图 1-7　重力作用下静止的液体

$$p\Delta A = p_0 \Delta A + \rho g h \Delta A$$

等式两边同除以 ΔA，则得

$$p = p_0 + \rho g h \tag{1-7}$$

式（1-7）即为静力学基本方程。p、p_0 既可用绝对压力，也可用相对压力，但在同一式中应一致。由此可得出如下结论：

1) 静止液体内任一点的压力由两部分组成，一部分是液面上的压力 p_0，另一部分是液体自重所引起的压力 $\rho g h$。

2) 静止液体内，由于液体自重而引起的那部分压力随深度 h 的增加而增大。

3) 连通容器内同一液体中，深度相同处各点的压力均相等。由压力相等的点组成的面称为等压面。在重力作用下静止液体的等压面是一个水平面。

四、压力的传递

由静力学基本方程可知，静止液体中任意一点的压力都包含了液面上的压力 p_0。这说明在密闭容器中，由外力作用所产生的压力可以等值地传递到液体内所有各点。这就是帕斯卡原理，或称静压力传递原理，液压传动就是在这个原理的基础上建立起来的。

在液压传动系统中，通常由外力产生的压力要比液体自重产生的压力 $\rho g h$ 大得多。因此，把式（1-7）中的 $\rho g h$ 项略去不计，则液体内部各点的压力就处处相等。这个概念很重

要，在以后分析液压阀和液压系统的工作原理时常用到它。

以图 1-8 所示为例来说明液压系统压力的形成。图 1-8 中大、小活塞的面积分别为 A_2、A_1，在小活塞上加一外力 F_1，在大活塞上有重力 W，则小液压缸中液体的压力为

$$p_1 = \frac{F_1}{A_1}$$

大液压缸中液体的压力为

$$p_2 = \frac{W}{A_2}$$

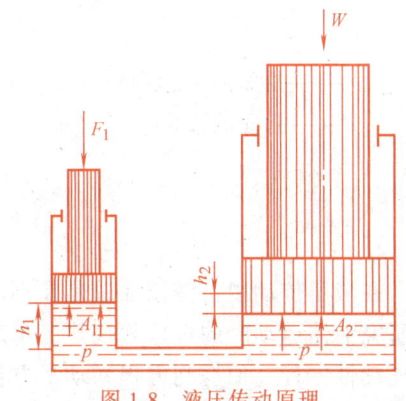

图 1-8 液压传动原理

根据帕斯卡原理 $p_1 = p_2$，则有

$$\frac{F_1}{A_1} = \frac{W}{A_2} \tag{1-8}$$

由 $p_2 = W/A_2$ 可知，若重力 $W = 0$，则 $p_2 = 0$。根据帕斯卡定律，这时 p_1 必须为零，F_1 力施加不上去，即负载为零时系统建立不起压力。这说明，液压系统中的压力取决于负载，这是液压传动中的一个重要概念。

从式（1-8）可以看出，若 F_1 一定，两个活塞面积 A_2/A_1 的值越大，使大活塞抬起的作用力就越大。也就是说，在小活塞上施加较小的力，就可以在大活塞上产生较大的作用力。液压千斤顶就是利用这个原理来进行起重工作的。

五、静止液体对容器壁面上的作用力

静止液体和固体壁面相接触时，固体壁面上各点在某一方向上所受静压作用力的总和，便是液体在该方向上作用于固体壁面上的力。

当固体壁面为一个平面时，如图 1-9 所示，压力 p 作用在活塞上的推力 F 为

$$F = pA = p\frac{\pi}{4}D^2$$

式中　A——活塞的面积（m^2）；
　　　D——活塞直径（m）。

当固体壁面为一个曲面时，如图 1-10 所示的球面和圆锥面，液体作用在固体壁面上某一方向的作用力 F 等于液体的静压力 p 和曲面在该方向的投影面积 A 的乘积。即

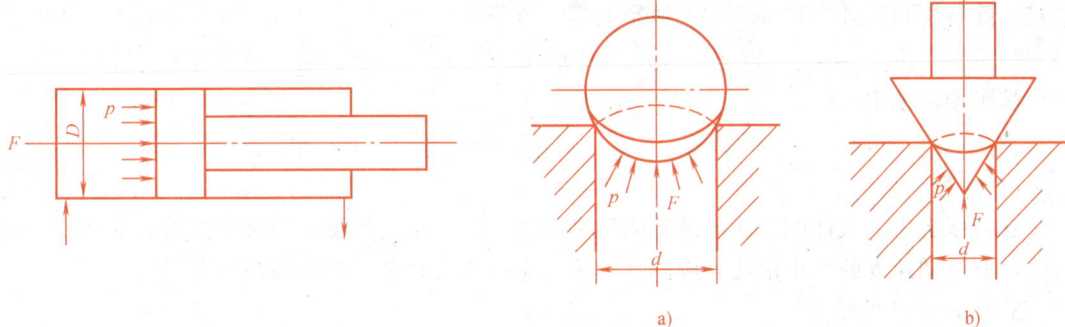

图 1-9　压力作用在活塞上的力　　　　图 1-10　压力作用在曲面上的力

$$F = pA = p\frac{\pi}{4}d^2$$

式中　A——曲面的投影面积（m^2）；

　　　d——曲面的投影直径（m）。

第六节　液体动力学

在液压传动中，液压油总是在不断地流动着，因此，除了研究静止液体的性质外，还必须研究液体运动时的现象和规律。本节主要介绍描述液体流动时力学规律的三个基本方程，即连续性方程、伯努利方程和动量方程。

一、基本概念

1. 理想液体和稳定流动

前面已经讨论过液体是有黏性的，也是可以压缩的。有黏性的液体流动时就要产生内摩擦力，如果研究时把液体的黏性、可压缩性考虑进去，会使问题复杂化。为了分析问题方便，开始研究时可以假设液体既没有黏性又不可压缩，得出初步结论后再考虑黏性的影响，根据实验结果对结论进行补充和修正。这种假定的既无黏性又无可压缩性的液体称为理想液体，而实际上具有黏性和可压缩性的液体称为实际液体。

液体流动时，若液体中任何一点的压力、速度和密度都不随时间而变化，则这样的流动称为稳定流动。如果在压力、速度和密度中有一个量随时间变化，这种流动就称为不稳定流动。稳定流动与时间无关，研究比较方便，而不稳定流动研究起来比较复杂。因此，在研究液压系统的静态性能时，往往将一些不稳定流动问题适当简化，作为稳定流动问题来处理。本书主要研究稳定流动。

2. 流量和平均流速

流量和平均流速是描述液体流动的两个主要参数。液体在管道中流动时，垂直于液体流动方向的截面积称为通流截面，或称过流断面。

单位时间内通过某过流断面的液体的体积，称为流量。流量常用 q 表示，单位为 m^3/s，实际中常用的单位为 L/min 或 mL/s。

在实际中，由于液体在管道中流动时的速度分布规律为抛物面（图1-4），计算较为困难。为了便于计算，现假设过流断面上流速是均匀分布的，且以均布流速 v 流动，流过断面 A 的流量等于液体实际流过该断面的流量。流速 v 称为过流断面上的平均流速，以后所指的流速，除特别指出外，均按平均流速来处理。于是有

$$q = vA$$

故平均流速为

$$v = \frac{q}{A} \tag{1-9}$$

在液压缸中，液体的流速与活塞的运动速度相同，由此可见，当液压缸的有效面积一定时，活塞运动速度的大小由输入液压缸的流量来决定。这是一个重要的概念。

3. 流动液体的压力

静止液体内任意点处的压力在各个方向都是相等的，但在流动液体内，由于惯性和黏性

的影响,任意点处在各个方向上的压力并不相等。因为数值相差甚微,所以流动液体内任意点处的压力在各个方向上的数值可以看作是相等的。

4. 液体的流动状态

英国物理学家雷诺通过大量实验,发现了液体在管路中流动时有层流和紊流两种流动状态。在层流时,液体质点沿管路做直线运动,互不干扰,没有横向运动,即液体做分层流动,各层间的液体互不混杂,如图 1-11a 所示。在紊流时,液体质点除了沿管路运动外,还有横向运动,呈紊乱混杂状态,如图 1-11b 所示。

大量试验证明,圆管中液体的流动状态与液体的流速 v、管路的直径 d 以及油液的运动黏度 ν 有关。真正能判定液体流动状态的则是这三个参数所组成的一个无量纲的雷诺数 Re,即

图 1-11 层流和紊流

a) 层流 b) 紊流

$$Re = \frac{vd}{\nu} \tag{1-10}$$

液体流动时,由层流变为紊流的雷诺数和由紊流变为层流的雷诺数是不同的,后者数值小,所以一般工程中用后者作为判别液体流动状态的依据,称为临界雷诺数,记作 $Re_临$。光滑金属圆管的 $Re_临 = 2000 \sim 2300$,橡胶软管的 $Re_临 = 1600 \sim 2000$,圆柱形滑阀阀口的 $Re_临 = 260$,锥阀阀口的 $Re_临 = 20 \sim 100$。当液流实际流动时的雷诺数小于临界雷诺数时,液流为层流;反之,液流为紊流。

对于非圆截面的管路而言,Re 可用式(1-11)计算

$$Re = \frac{4vR}{\nu} \tag{1-11}$$

式中 R——过流断面的水力半径(m),它等于液流的有效截面积 A(单位 m²)和它的湿周(过流断面上与液体接触的固体壁面的周长)x(单位 m)之比,即

$$R = \frac{A}{x}$$

v——液流平均流速(m/s);

ν——液体黏度(m²/s)。

水力半径的大小对管路通流能力的影响很大。水力半径大,表示液流与管壁接触少,通流能力大;水力半径小,表示液流与管壁接触多,通流能力小,容易堵塞。

二、流动液体的连续性方程

液体的可压缩性很小,在一般情况下,可认为是不可压缩的,即密度 ρ 为常数。液体又是连续的,不可能有空隙存在。因此,根据质量守恒定律可知,管内流动液体的质量不会增多也不会减少,在单位时间内流过管路各截面的液体质量必然相等。如图 1-12 所示,若管路的两个通流断面分别为 A_1、A_2,液体流速分别为 v_1、v_2,液体的密度为 ρ,则有

$$\rho v_1 A_1 = \rho v_2 A_2 = 常量$$

即
$$v_1 A_1 = v_2 A_2 = q \quad (1\text{-}12)$$

或
$$\frac{v_1}{v_2} = \frac{A_2}{A_1} \quad (1\text{-}13)$$

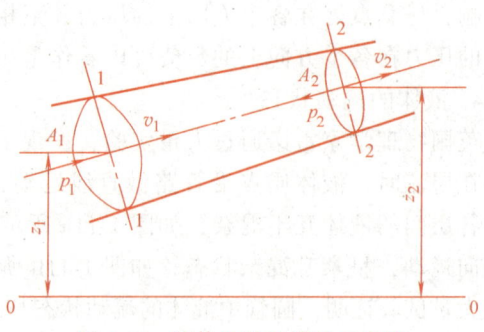

图 1-12 液体的流动情况示意图

式（1-12）和式（1-13）均称为液流的连续性方程，它说明液体在管路中做稳定流动时，单位时间内通过任何截面的流量都是相等的，而液流的流速与过流断面的面积成反比。因此，流量一定时，管路细的地方流速大，管路粗的地方流速小。

三、伯努利方程

伯努利方程就是能量守恒定律在流动液体中的表现形式。为了讨论问题方便，先讨论理想液体的流动情况，然后再扩展到实际液体的流动情况。

1. 理想液体的伯努利方程

理想液体在管内做稳定流动时没有能量损失。在流动过程中，由于它具有一定的速度，所以除了具有位置势能和压力能外，还具有动能。如图 1-12 所示，取该管上的任意两截面 1—1 和 2—2，假定截面积分别为 A_1、A_2，两截面上液体的压力分别为 p_1、p_2，速度分别为 v_1、v_2，由基准 0—0 算起的标高分别为 z_1、z_2。质量为 m 的液体分别在截面 1—1、2—2 处具有的能量见表 1-6，根据能量守恒定律有

$$\frac{1}{2}mv_1^2 + mgz_1 + mg\frac{p_1}{\rho g} = \frac{1}{2}mv_2^2 + mgz_2 + mg\frac{p_2}{\rho g}$$

若等式两边同除以 m，即可得单位质量液体的能量方程

$$\frac{v_1^2}{2} + z_1 g + \frac{p_1}{\rho} = \frac{v_2^2}{2} + z_2 g + \frac{p_2}{\rho} \quad (1\text{-}14)$$

表 1-6 液体在不同截面的能量

能量	截面 1—1	截面 2—2
动能	$\frac{1}{2}mv_1^2$	$\frac{1}{2}mv_2^2$
位置势能	mgz_1	mgz_2
压力能	$mg\dfrac{p_1}{\rho g}$	$mg\dfrac{p_2}{\rho g}$

式（1-14）即为理想液体的伯努利方程，它表明了流动液体各质点的位置、压力和速度之间的关系。其物理意义为：在管内做稳定流动的理想液体具有动能、位置势能和压力能三种能量，在任一截面上的这三种能量都可以互相转换，但其和都保持不变。由此可见，静压力基本方程是伯努利方程（流速为零时）的特例。

2. 实际液体的伯努利方程

式（1-14）是理想液体的伯努利方程，但实际液体具有黏性，在过流断面上各点的速度是不同的，所以方程中 $v^2/2$ 这一项要进行修正，其修正系数为 a，称为动能修正系数。一般，液体处于层流流动时，取 $a=2$；液体处于湍流流动时，取 $a=1$。另外，由于液体有黏性，会产生内摩擦力，因而造成能量损失。若单位质量的实际液体从一个截面流到另一截面的能量损失用 gh_w 表示，则实际液体的伯努利方程为

$$\frac{a_1 v_1^2}{2} + z_1 g + \frac{p_1}{\rho} = \frac{a_2 v_2^2}{2} + z_2 g + \frac{p_2}{\rho} + gh_w \quad (1\text{-}15)$$

例 1-1 计算液压泵吸油腔的真空度或液压泵允许的最大吸油高度。

解 如图 1-13 所示，设液压泵的吸油口比油箱液面高 h，取油箱液面 1—1 和液压泵进口处截面 2—2 列伯努利方程，并取截面 1—1 为基准平面，则有

$$\frac{a_1 v_1^2}{2}+\frac{p_1}{\rho}=\frac{a_2 v_2^2}{2}+\frac{p_2}{\rho}+hg+h_w g$$

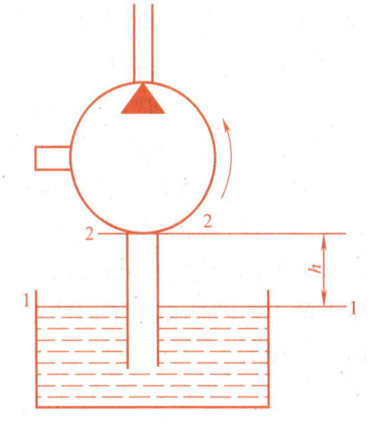

图 1-13 液压泵从油箱吸油的示意图

式中 p_1——油箱液面的压力（Pa），一般油箱液面与大气接触，故 $p_1=p_a$；

v_2——液压泵吸油口的速度（m/s），一般取吸油管流速；

v_1——油箱液面流速（m/s），由于 $v_1 \ll v_2$，故 v_1 可忽略不计；

p_2——液压泵吸油口处的绝对压力（Pa）；

$h_w g$——单位质量液体的能量损失（$\rho g h_w = \Delta p$）。

上式可简化为

$$\frac{p_a}{\rho}=\frac{p_2}{\rho}+hg+\frac{a_2 v_2^2}{2}+gh_w$$

液压泵吸油口处的真空度为

$$p_a-p_2=\rho gh+\rho\frac{a_2 v_2^2}{2}+\rho gh_w=\rho gh+\rho\frac{a_2 v_2^2}{2}+\Delta p \tag{1-16}$$

由式（1-16）可知，液压泵吸油口的真空度由三部分组成：①把油液提升到一定高度 h 所需的压力；②产生一定流速所需的压力；③吸油管内的压力损失。液压泵形成真空度的能力，表示泵自吸性能的好坏，但液压泵吸油口真空度不能太大，即泵吸油口处的绝对压力不能太低，否则就会产生气穴现象，造成液压泵的噪声过大。因此，在实际使用中 h 一般应小于 0.5m，并且采用较大直径的吸油管，使管路尽可能短些，以减小液体流速 v 和压力损失 Δp。有时为使吸油条件得到改善，采用浸入式或倒灌式安装，即使液压泵的吸油高度小于零。有时为了改善吸油条件，也可以采用在油液表面加压的密封油箱。

通过以上例题分析，可将应用伯努利方程解决实际问题的一般方法归纳如下：

1) 选取适当的截面作为基准平面。

2) 在缓变流动处选取两个计算截面，不考虑两截面之间的流动状态，一个截面设在所求参数处，另一个截面设在已知参数处。

3) 按照液体的流动方向列出伯努利方程。

4) 若未知数的数量多于方程数，则必须列出其辅助方程（如连续性方程、动量方程等）联合求解。

四、动量方程

动量方程可用来计算流动液体作用于限制其流动的固体壁面上的总作用力。它是刚体力学中动量定理在流体力学中的具体应用。液体稳定流动时的动量方程为

$$\Sigma \boldsymbol{F}=\rho q\beta_2 \boldsymbol{F}_2-\rho q\beta_1 \boldsymbol{F}_1 \tag{1-17}$$

式中 $\Sigma \boldsymbol{F}$——作用于控制液体体积上的全部外力之和（N），矢量；

β_2、β_1——动量修正系数，在湍流时取 $\beta=1$，层流时取 $\beta=1.33$，为了简化计算，常取 $\beta=1$；

q——通过控制体积的液体流量（m^3/s）；

ρ——液体的密度（kg/m^3）；

F_2——流出控制体积的液体速度（m/s），矢量；

F_1——流入控制体积的液体速度（m/s），矢量。

式（1-17）为矢量表达式，应用时可根据问题的具体情况，向指定方向投影，列出该指定方向上的动量方程，从而求出作用在液体上的力在该方向上的分量。由于固体壁面作用在液体上的力与液体作用于固体壁面上的力大小相等、方向相反，故即可求得流动液体对固体壁面的作用力。

第七节 液体流动中的压力损失

实际液体具有黏性，在流动时就有阻力，为了克服阻力，必须要消耗能量，这样就有能量损失。在液压传动中，能量损失主要表现为压力损失。

液压系统中的压力损失分为两类：一类是由液压油沿等径直管流动时所产生的压力损失，称为沿程压力损失，它是由液体流动时液体内部、液体和管壁间的摩擦力以及湍流流动时质点间的互相碰撞所引起的；另一类是液压油流经局部障碍（如弯管、接头、管道截面突然扩大或收缩）时，由于液流的方向和速度突然变化，在局部形成漩涡引起液压油质点间及质点与固体壁面间互相碰撞和剧烈摩擦而产生的压力损失，称为局部压力损失。

一、沿程压力损失

液体在直管中流动时的沿程压力损失可用达西公式确定

$$\Delta p_\lambda = \lambda \frac{l}{d} \frac{\rho v^2}{2} \tag{1-18}$$

式中 Δp_λ——沿程压力损失（Pa）；

l——管路长度（m）；

v——液流速度（m/s）；

d——管路内径（m）；

ρ——液体密度（kg/m^3）；

λ——沿程阻力系数。

液体在不同的流动状态下，沿程阻力系数 λ 不同。在层流时，λ 只与 Re 的值有关，理论上 $\lambda = 64/Re$；而在实际计算中，液压油在金属圆管中流动时，常取 $\lambda = 75/Re$，在橡胶软管中流动时，取 $\lambda = 80/Re$。在紊流时，λ 不仅与 Re 的值有关，而且与管壁的相对粗糙度 Δ/d 相关，其中 Δ 为管子内壁的平均绝对粗糙度，d 为管路的内径。在计算时，用试验的方法确定沿程阻力系数 λ。

液体层流时，黏性力起主导作用，液体质点受黏性的约束，不能随意运动。将 λ 代入式（1-18）可得，层流的压力损失 Δp 与流速 v 成正比。即

$$\Delta p = \frac{32\mu l v}{d^2} \tag{1-19}$$

式中 μ——液体的动力黏度（Pa·s），其他字母含义同式（1-18）。

将 $v=q/A$、$A=\pi d^2/4$ 代入式（1-19），整理得

$$q=\frac{\pi d^4}{128\mu l}\Delta p \tag{1-20}$$

液体湍流时，惯性力起主导作用，黏性力已不能约束它。湍流时的压力损失 Δp 与流速 v 的 1.75~2 次方（$v^{1.75}$~v^2）成正比。由此可见，湍流流动时的能量损失比层流流动时的能量损失大得多。因此，在液压系统中应尽可能使液体在管路中做层流运动。

二、局部压力损失

液体经过局部障碍处的流动现象是十分复杂的。其压力损失一般由试验求得，可用式（1-21）计算

$$\Delta p_\zeta=\zeta\frac{\rho v^2}{2} \tag{1-21}$$

式中　Δp_ζ——局部压力损失（Pa）；
　　　ζ——局部阻力系数，由试验求得，具体数据可查阅有关液压传动设计计算手册；
　　　v——液流流速（m/s），一般情况下均指局部阻力后部的流速；
　　　ρ——液体密度（kg/m³）。

对于液流通过各种阀时的局部压力损失，可在阀的产品样本中直接查得，或查得在公称流量 q_n 时的压力损失 Δp_n。若实际通过阀的流量 q 不是公称流量 q_n，且压力损失又是与流量有关的阀类元件，如换向阀、过滤器等，则压力损失可按式（1-22）计算

$$\Delta p=\Delta p_n\left(\frac{q}{q_n}\right)^2 \tag{1-22}$$

三、管路中的总压力损失

液压系统的管路通常由若干段管道组成，其中每一段又串联诸如弯头、控制阀、管接头等局部阻力装置，因此管路系统总的压力损失等于直管中的沿程压力损失 Δp_λ 及所有局部压力损失 Δp_ζ 的总和。即

$$\Delta p=\Sigma\Delta p_\lambda+\Sigma\Delta p_\zeta=\Sigma\lambda\ \frac{l}{d}\ \frac{\rho v^2}{2}+\Sigma\zeta\frac{\rho v^2}{2} \tag{1-23}$$

在液压传动中，管路一般都不长，而控制阀、弯头、管接头等的局部阻力则较大，沿程压力损失比局部压力损失小得多。因此，大多数情况下总的压力损失只计算局部压力损失和长管的沿程损失。

压力损失过大，功率损耗增加，油液发热，泄漏增加，效率降低，液压系统性能变坏。因此，在液压技术中，研究压力损失的目的是正确估算压力损失的大小和找出减少压力损失的途径。从式（1-23）可以看出，减小流速、缩短管路长度、减少管路截面的突然变化、提高管路内壁的加工质量等，都可以减少压力损失，其中以液流速度的影响最大。

第八节　液体流经小孔及缝隙的流量

本节主要介绍液体流经小孔及缝隙的流量计算公式。前者是节流调速和液压伺服系统工作原理的基础，后者则是计算和分析液压元件及系统泄漏的根据。

一、液体流经小孔的流量

当小孔的通流长度 l 和孔径 d 之比 $l/d\leq 0.5$ 时，此小孔称为薄壁小孔；当 $l/d>4$ 时，此

小孔称为细长孔；当 $0.5<l/d\leqslant 4$ 时，此小孔称为短孔。

1. 流经薄壁小孔的流量

图1-14所示为液体在薄壁小孔中的流动。当液体流经薄壁小孔时，左边过流断面1—1处的液体均向小孔汇集，因 $D\gg d$，过流断面1—1处的流速较低，流经小孔时液体质点突然加速，在惯性力作用下，通过小孔后的液流形成一个收缩截面 c—c，然后再扩散。这一收缩和扩散过程会造成很大的能量损失，即压力损失。

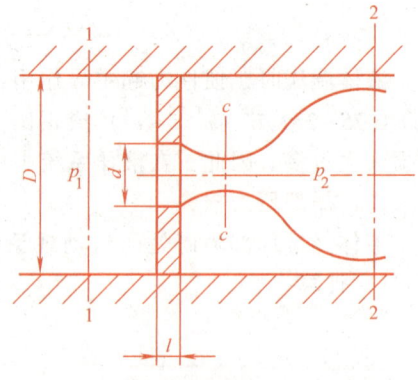

图1-14 液体在薄壁小孔中的流动

液流收缩的程度取决于雷诺数、孔口及其边缘的形状、孔口离管路侧壁的距离等因素。当管路直径 D 与小孔直径 d 的比值 $D/d>7$ 时，收缩作用不受管路侧壁的影响，此时称为完全收缩；反之，管路侧壁对收缩的程度有影响，就称为不完全收缩。

对于图1-14所示流动，由伯努利方程推导出通过薄壁小孔的流量公式为

$$q = C_q A \sqrt{\frac{2}{\rho}\Delta p} \tag{1-24}$$

式中 C_q——流量系数，当液流完全收缩时，$C_q = 0.60 \sim 0.62$，当不完全收缩时，$C_q = 0.7 \sim 0.8$；

A——过流小孔的横截面面积（m^2）；

Δp——小孔前、后的压力差（Pa），$\Delta p = p_1 - p_2$。

2. 液体流经短孔和细长孔的流量

液体流经短孔的流量可按薄壁小孔的流量公式计算，但流量系数 C_q 不同，一般取 $C_q = 0.82$。短孔比薄壁小孔制造容易，适合作固定节流元件用。

液体流经细长孔时，一般都是层流，用式（1-20）计算流量。

为了分析问题方便起见，可将式（1-20）和式（1-24）综合后表示为

$$q = KA\Delta p^m \tag{1-25}$$

式中 K——由节流孔形状和液体性质决定的系数，对于薄壁小孔和短孔，$K = C_q\sqrt{2/\rho}$，对于细长孔，$K = d^2/(32\mu l)$；

A——孔口面积（m^2）；

Δp——节流口前、后的压力差（Pa）；

m——孔口形状决定的系数，薄壁小孔 $m = 0.5$，细长孔 $m = 1$。

由式（1-24）可知，流经薄壁小孔的流量 q 和小孔前、后的压力差 Δp 的平方根以及小孔的面积 A 成正比，而与黏度无关。试验也证明，其流量受油温变化的影响很小，这是薄壁小孔的一个优良特性。因此，液压系统中常采用薄壁小孔作为节流元件。

二、液体流经缝隙的流量

液压元件内各零件间要保持正常的相对运动，就必须有适当的间隙。间隙太小，会使零件卡死；间隙过大，会使泄漏增大，系统效率降低等。产生泄漏的原因有两个：一个是间隙两端存在压力差，此时的流动称为压差流动；二是组成间隙的两配合表面有相对运动，此时

的流动称为剪切流动。实际实用中,这两种流动同时存在的情况较为常见。

(一)流经平行平板间隙的流量

1. 剪切流动

如图 1-15 所示,油液充满两平板之间,平板宽度为 b,间隙为 h。当一平板不动,另一平板以速度 v_0 做相对运动时,由于油液存在黏度,紧贴相对运动的平板上的油液以 v_0 速度运动,紧贴于不动平板上的油液则保持静止,中间液体的速度呈线性分布,液体做剪切流动,其平均流速 $v = v_0/2$。于是平板运动而使液体通过平板间的间隙的泄漏流量为

$$q = vA = \frac{v_0}{2}bh \tag{1-26}$$

2. 压差流动

图 1-16 所示为液体在两平行平板无相对运动而两端具有压力差 $\Delta p = p_1 - p_2$ 作用时的流动状态,其泄漏流量为

$$q = \frac{bh^3}{12\mu l}\Delta p \tag{1-27}$$

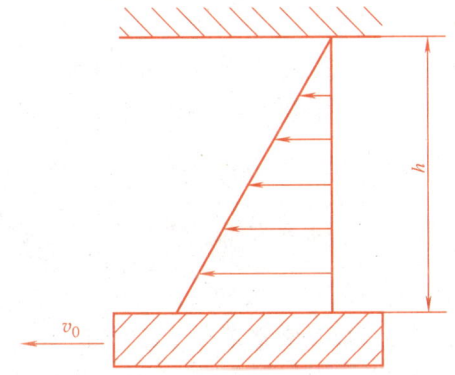

图 1-15 剪切流动泄漏流量的计算简图

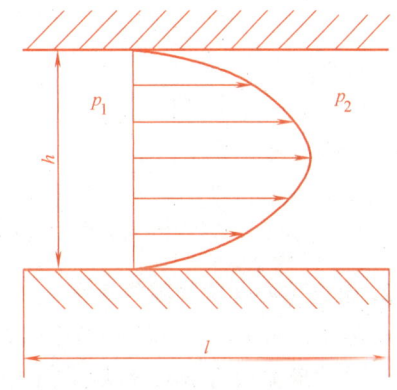

图 1-16 压差流动泄漏流量的计算简图

3. 压差和剪切流动

图 1-17 所示为液体在平行平板间既有压差流动,又有剪切流动时的流动状态。其中,图 1-17a 所示为剪切流动和压差流动方向相同,其泄漏流量相加;图 1-17b 所示为剪切流动和压差流动方向相反,其泄漏流量相减。其流量为

$$q = \frac{bh^3}{12\mu l}\Delta p \pm \frac{v_0}{2}bh \tag{1-28}$$

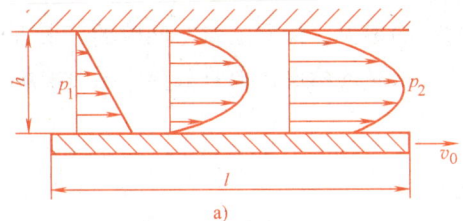

a)

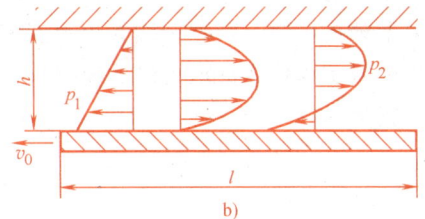

b)

图 1-17 压差和剪切流动泄漏流量的计算简图

（二）流经环状间隙的流量

由内、外两圆柱围成的间隙，称为圆柱环状间隙。液压元件中液压缸的缸体与活塞之间的间隙、阀体与阀芯之间的间隙等均属于圆柱环状间隙。

1. 通过同心环状间隙的流量

图 1-18 所示为同心环状间隙间的流动状态。由于液压元件内配合间隙较小，可以将环状间隙间的流动近似看作平行平板间隙内的流动，只要将 $b=\pi d$ 代入式（1-28）即可

$$q = \frac{\pi d h^3}{12\mu l}\Delta p \pm \frac{\pi d h}{2}v_0 \tag{1-29}$$

式中，第一项为压差流动的流量；第二项为纯剪切流动的流量；"+"号和"-"号的确定同式（1-28）。

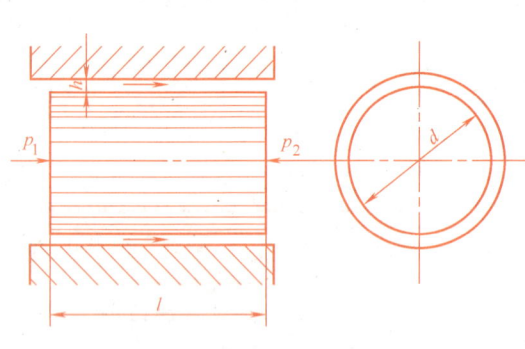

图 1-18　同心环状间隙泄漏流量的计算简图

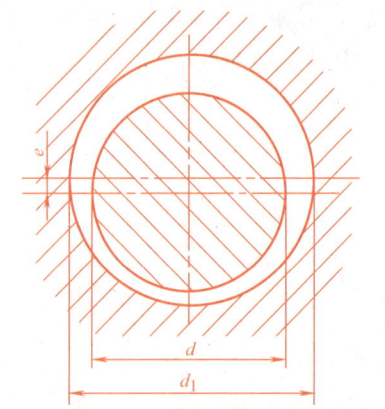

图 1-19　偏心环状间隙泄漏流量的计算简图

2. 通过偏心环状间隙的流量

实际上，形成环状间隙的两个圆柱表面很难完全同心，而是常常带有一定的偏心量。图 1-19 所示的横截面为偏心环状间隙的横截面，其泄漏流量为

$$q = \frac{\pi d h_0^3}{12\mu l}\Delta p(1+1.5\varepsilon^2) \pm \frac{\pi d h_0 v_0}{2} \tag{1-30}$$

式中，第一项为压差流动的流量；第二项为剪切流动的流量；当长圆柱表面相对于短圆柱表面的运动方向与压差流动方向一致时取"+"号，反之取"-"号；ε 为相对偏心率，$\varepsilon = e/h_0$，其中 h_0 为同心时的间隙。

由式（1-30）可知，当 $\varepsilon = 0$ 时，间隙为同心环状间隙；当偏心量达到最大值时，有 $e = h_0$，则 $\varepsilon = 1$，其流量为同心环状间隙的 2.5 倍（压差流动）。因此，在液压元件中，为了减小流经间隙的泄漏，应使其配合件尽量处于同心状态。

从以上分析可知，间隙 h 的大小对泄漏流量的影响很大，泄漏流量与间隙的三次方成正比。这也说明了为什么液压元件的配合尺寸要求具有很高的精度，而且装配质量对泄漏流量的影响也很大。

学习要求和习题

一、学习要求

1. 掌握液压传动的工作原理。

2. 掌握液压传动的特点。
3. 熟悉液压传动系统的组成及各组成部分的作用。
4. 了解液压元件的图形符号及规定。
5. 了解液压传动的发展概况、应用情况及优点、缺点。
6. 了解液压油的分类，学会选择液压油。
7. 理解液体的黏性、可压缩性概念，掌握黏性的三种表示方法及相互间的换算关系。
8. 熟悉液压油的命名方法。
9. 掌握液体静压力的概念及其特性。
10. 掌握压力的表示方法及其单位换算。
11. 会熟练使用液体静力学方程解决问题，理解压力的传递原理和等压面的概念。
12. 理解压力的形成，熟悉液体对固体壁面上作用力的计算。
13. 掌握流量和平均流速的概念，学会判别液体的流动状态。
14. 理解连续性方程和伯努利方程的物理意义，并学会应用。
15. 学会应用沿程压力损失、局部压力损失公式计算压力损失。
16. 熟悉液体流经小孔的流量公式，掌握各种孔口的流量特性。
17. 了解影响泄漏的因素。
18. 了解液压冲击和空穴现象。

二、例题

例 1-2 如图 1-20 所示，液压缸直径 $D=160\times 10^{-3}\mathrm{m}$，柱塞直径 $d=100\times 10^{-3}\mathrm{m}$，液压缸中充满油液。作用力 $F=50000\mathrm{N}$，不计油液、活塞（或缸体）的自重所产生的压力，不计活塞和缸体之间的摩擦力，求液压缸中液体的压力。

解 在图 1-20a、b 中，有效作用面积相等，所以

$$p=\frac{F}{\frac{\pi}{4}d^2}=\frac{50000}{\frac{\pi}{4}(100\times 10^{-3})^2}\mathrm{Pa}=6.37\times 10^6\mathrm{Pa}=6.37\mathrm{MPa}$$

例 1-3 如图 1-21 所示，容器 A 中的液体密度 $\rho_A=850\mathrm{kg/m^3}$，容器 B 中的液体密度 $\rho_B=1000\mathrm{kg/m^3}$，$z_A=100\mathrm{mm}$，$z_B=80\mathrm{mm}$，$h=50\mathrm{mm}$。U 形管中的测压介质为汞（$\rho=13.6\times 10^3\mathrm{kg/m^3}$）。试求 A、B 之间的压力差。

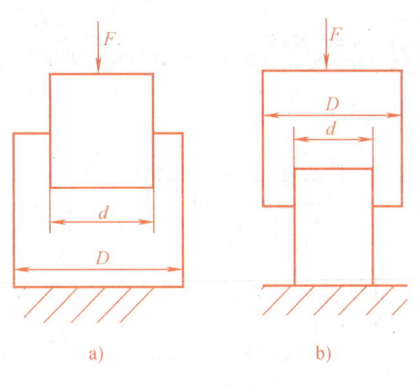

图 1-20 例 1-2 图

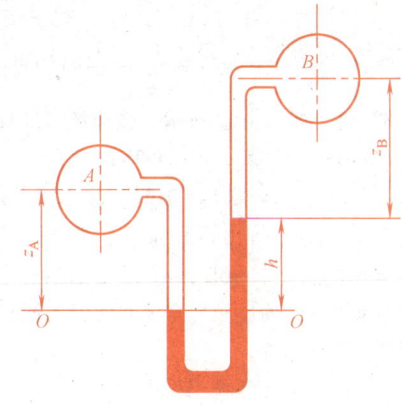

图 1-21 例 1-3 图

解 O—O 面为等压面，据题意有

$$p_A+\rho_A g z_A = p_B+\rho_B g z_B+\rho g h$$

故

$$p_A-p_B = \rho_B g z_B+\rho g h-\rho_A g z_A$$

$$= 1000 \times 9.8 \times 80 \times 10^{-3} \text{Pa} + 13.6 \times 10^3 \times 9.8 \times 50 \times 10^{-3} \text{Pa} - 850 \times 9.8 \times 100 \times 10^{-3} \text{Pa}$$
$$= 6615 \text{Pa}$$

例 1-4 如图 1-22 所示，液压泵的流量 $q=25\text{L/min}$，吸油管内径 $d=25\text{mm}$，液压泵的吸油口距液面高度 $h=0.4\text{m}$，过滤器的压力降 $\Delta p_\zeta = 1.5 \times 10^4 \text{Pa}$，油液的密度 $\rho = 900 \text{kg/m}^3$，油液的牌号为 L—HM32，工作温度为 40℃。求液压泵吸油口处的真空度。

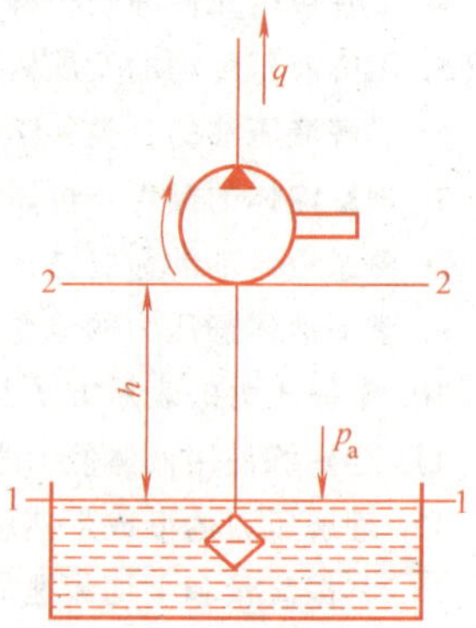

解 （1）吸油管内油液的流速为

$$v = \frac{q}{A} = \frac{4q}{\pi d^2} = \frac{4 \times 25 \times 10^{-3}/60}{\pi \times 0.025^2} \text{m/s} = 0.85 \text{m/s}$$

（2）判断吸油管内油液的流动状态

$$Re = \frac{vd}{\nu} = \frac{0.85 \times 0.025}{32 \times 10^{-6}} = 664 < Re_{临}$$

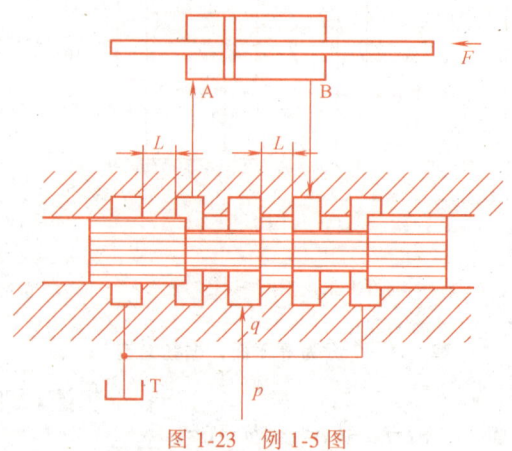

图 1-22 例 1-4 图

故油液的流动状态为层流，动能修正系数为 2。

（3）列截面 1—1、2—2 的伯努利方程有

$$\frac{p_1}{\rho} + z_1 g + \frac{a_1 v_1^2}{2} = \frac{p_2}{\rho} + z_2 g + \frac{a_2 v_2^2}{2} + h_w g$$

因为 $z_1 = 0$，$z_2 = h$，$p_1 = p_a$，$v_1 \approx 0$，$v_2 = v = 0.85 \text{m/s}$，$a_1 = a_2 = 2$，$h_w = (\Delta p_\lambda + \Delta p_\zeta)/\rho g$，$\Delta p_\lambda = \lambda \frac{l}{d} \frac{\rho v^2}{2}$，$l = h$，$\lambda = \frac{64}{Re}$，所以

$$\frac{p_a}{\rho} = \frac{a_2 v_2^2}{2} + hg + \frac{p_2}{\rho} + h_w g$$

（4）求真空度　液压泵吸油口处的真空度为

$$\text{真空度} = p_a - p_2 = \frac{a_2 \rho v_2^2}{2} + \rho gh + \frac{\Delta p_\lambda + \Delta p_\zeta}{\rho g} \rho g$$

$$= \frac{a_2 \rho v_2^2}{2} + \rho gh + \lambda \frac{l}{d} \frac{\rho v^2}{2} + \Delta p_\zeta$$

$$= \frac{2 \times 900 \times 0.85^2}{2} \text{Pa} + 900 \times 9.8 \times 0.4 \text{Pa} + \frac{64}{664} \times \frac{0.4}{0.025} \times \frac{900 \times 0.85^2}{2} \text{Pa} + 1.5 \times 10^4 \text{Pa} = 19680 \text{Pa}$$

例 1-5 如图 1-23 所示，已知液压缸有效面积 $A = 50 \text{cm}^2$，负载 $F = 12500\text{N}$，滑阀直径 $d = 20\text{mm}$，同心径向间隙 $h_0 = 0.02\text{mm}$，配合长度 $L = 5\text{mm}$，油液黏度 $\nu = 10 \times 10^{-6} \text{m}^2/\text{s}$，密度 $\rho = 900 \text{kg/m}^3$，泵的供油量 $q = 10\text{L/min}$。若考虑油液流经滑阀的泄漏，试按同心和完全偏心两种不同情况计算活塞的运动速度。

解　（1）确定系统工作压力 p

$$p = \frac{F}{A} = \frac{12500}{50 \times 10^{-4}} \text{Pa} = 2.5 \times 10^6 \text{Pa}$$

（2）确定缝隙前后的压力差 Δp

$$\Delta p = p = 2.5 \times 10^6 \text{Pa}$$

图 1-23 例 1-5 图

（3）计算同心圆环缝隙的泄漏量 Δq

$$\Delta q = 2\frac{\pi d h_0^3}{12\nu\rho L}\Delta p$$

$$= 2\frac{\pi\times 0.02\times 0.02^3\times 10^{-9}}{12\times 10\times 10^{-6}\times 900\times 5\times 10^{-3}}\times 2.5\times 10^6 \text{m}^3/\text{s} = 4.65\times 10^{-6}\text{m}^3/\text{s}$$

故

$$v = \frac{q-\Delta q}{A} = \frac{10\times 10^{-3}/60 - 4.65\times 10^{-6}}{50\times 10^{-4}}\text{m/s} = 0.0324\text{m/s} = 194.4\text{cm/min}$$

（4）计算完全偏心时的泄漏量 $\Delta q'$、

$$\Delta q' = 2.5\Delta q = 2.5\times 4.65\times 10^{-6}\text{m}^3/\text{s} = 11.625\times 10^{-6}\text{m}^3/\text{s}$$

$$v = \frac{q-\Delta q'}{A} = \frac{10\times 10^{-3}/60 - 11.625\times 10^{-6}}{50\times 10^{-4}}\text{m/s} = 0.0310\text{m/s} = 186\text{cm/min}$$

三、习题

（一）填空题

1. 液压传动是以_____为传动介质，利用液体的_____来实现运动和动力传递的一种传动方式。
2. 液压传动必须在_____进行，依靠液体的_____来传递动力，依靠_____来传递运动。
3. 液压传动系统由_____、_____、_____、_____和_____五部分组成。
4. 在液压传动中，液压泵是_____元件，它可将输入的_____能转换成_____能，它的作用是向系统提供_____。
5. 在液压传动中，液压缸是_____元件，它将输入的_____能转换成_____能。
6. 各种控制阀用以控制液压系统所需的_____、_____和_____，以保证执行元件实现各种不同的工作要求。
7. 液压元件的图形符号只表示元件的_____、_____及_____，不表示元件的_____、_____及接口的实际位置和元件的_____。
8. 液压元件的图形符号在系统中均以元件的_____表示。
9. 液体流动时，_____的性质，称为液体的黏性。其大小用_____表示，常用的黏度为_____、_____和_____。
10. 液体的动力黏度 μ 与其密度 ρ 的比值称为_____，用字母_____表示。
11. 各种矿物油的牌号就是该种油液在40℃时的_____的平均值。
12. 液压油的黏度随温度变化的关系称为液压油的_____，可用_____来表示，对于普通的液压系统，一般要求_____。
13. 液体受压力作用发生体积变化的性质称为液体的_____，一般可认为液体是_____，在_____和_____时，应考虑液体的可压缩性。液体中混入空气时，其可压缩性将_____。
14. 当液压系统的工作压力高、环境温度高或运动速度较慢时，为了减少泄漏，宜选用黏度较_____的液压油；当工作压力低、环境温度低或运动速度较大时，为了减少功率损失，宜选用黏度较_____的液压油。
15. 液体处于静止状态下，其单位面积上所受的法向力，称为_____，用字母_____表示。其国际单位为_____，常用单位为_____。
16. 液压系统的工作压力取决于_____。
17. 液体作用于曲面某一方向上的力，等于液体压力与_____的乘积。
18. 在研究流动液体时，将既_____又_____的假想液体称为理想液体。
19. 单位时间内流过某过流断面液体的_____称为_____，其国际单位为_____，常用单位为_____。
20. 流过某过流断面的流量与面积之比称为过流断面上的_____。

21. 当液压缸的有效面积一定时，活塞的运动速度由_____决定。
22. 液体的流动状态用_____来判断，其大小与管内液体的_____、_____和管道的_____有关。
23. 要使液压泵吸油口处的真空度不会过大，应减小_____、_____和_____。一般情况下，应采用_____吸油管，泵的安装高度不大于_____。
24. 流经环形缝隙的流量，在最大偏心时为其同心缝隙流量的_____倍。
25. 在液压元件中，为了减小流经间隙的泄漏，应将其配合件尽量处于_____状态。

（二）判断题
1. 液压传动不易获得很大的力和转矩。   （   ）
2. 液压传动装置工作平稳，能方便地实现无级调速，但不能快速起动、制动和频繁换向。（   ）
3. 液压传动与机械、电气传动相配合时，易实现较复杂的自动工作循环。（   ）
4. 液压传动适宜在传动比要求严格的场合采用。   （   ）
5. 液压系统故障诊断方便、容易。   （   ）
6. 液压传动适宜于远距离传动。   （   ）
7. 液压油的可压缩性是钢的100~150倍。   （   ）
8. 液压系统的工作压力一般是指绝对压力值。   （   ）
9. 液压油能随意混用。   （   ）
10. 作用于活塞上的推力越大，活塞运动的速度就越快。   （   ）
11. 在液压系统中，液体自重产生的压力一般可以忽略不计。   （   ）
12. 液体在变径的管道中流动时，管道截面积小的地方，液体流速高，而压力小。（   ）

（三）问答题
1. 静压力的特性是什么？
2. 静压力传递原理是什么？
3. 试分析减少平行平板间隙泄漏量的主要措施，其中最有效的措施是什么？

（四）计算题
1. 用恩氏黏度计测得200mL某液压油（$\rho = 850 \text{kg/m}^3$）在40℃时流过的时间为$t_1 = 153\text{s}$；20℃时200mL的蒸馏水流过的时间为$t_2 = 51\text{s}$。问该液压油在40℃时的恩氏黏度°E、运动黏度ν和动力黏度μ各为多少？

2. 如图1-24所示，一具有一定真空度的容器用一根管子倒置于一液面与大气相通的水槽中，液体在管中上升的高度$h = 1\text{m}$。设液体的密度为$\rho = 10^3 \text{kg/m}^3$，试求容器内的真空度。

3. 如图1-25所示，有一直径为d、质量为m的活塞浸在液体中，并在力F的作用下处于静止状态。若液体的密度为ρ，活塞浸入深度为h，试确定液体在测压管内的上升高度x。

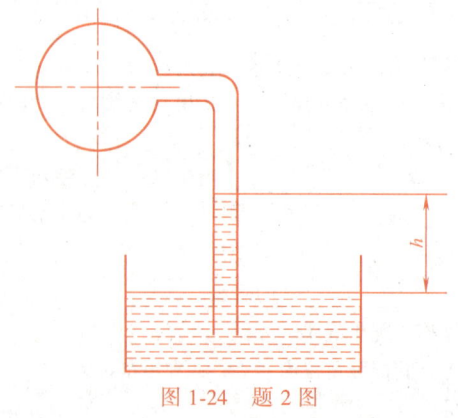

图1-24 题2图

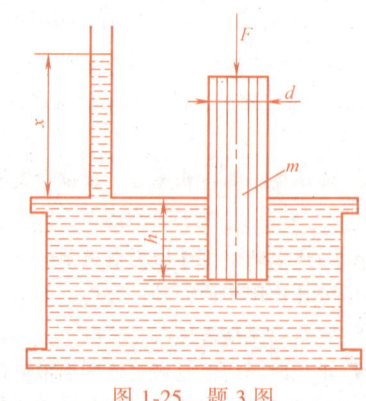

图1-25 题3图

4. 如图 1-21 所示，容器 A 中的液体密度 $\rho_A = 900\text{kg/m}^3$，容器 B 中的液体密度 $\rho_B = 1200\text{kg/m}^3$，$z_A = 200\text{mm}$，$z_B = 180\text{mm}$，$h = 600\text{mm}$，U 形管中的测压介质为汞（$\rho = 13.6 \times 10^3 \text{kg/m}^3$）。试求 A、B 之间的压力差。

5. 如图 1-26 所示，水平截面是圆形的容器上端开口，求液体作用在容器底面的力。若在开口端加一活塞，作用力为 30kN（含活塞重量在内），问液体作用在容器底面的总作用力为多少？（$\rho = 850\text{kg/m}^3$）

6. 如图 1-27 所示，一抽吸设备水平放置，其出口与大气相通，细管处截面积 $A_1 = 3.2 \times 10^{-4} \text{m}^2$，出口处管路截面积 $A_2 = 4A_1$，$h = 1\text{m}$。求开始抽吸时，水平管中必须通过的流量 q。（取 $a = 1$，不计损失）

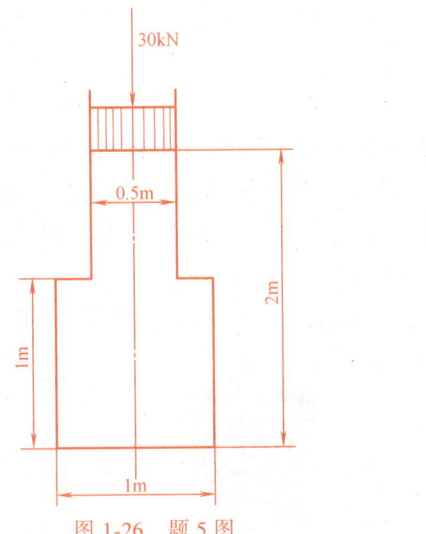

图 1-26 题 5 图

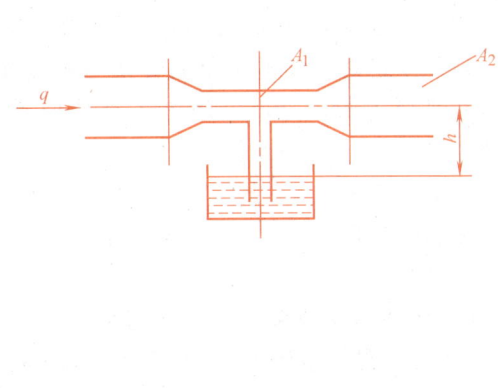

图 1-27 题 6 图

7. 如图 1-28 所示，液压泵的流量 $q = 32\text{L/min}$，液压泵吸油口距离液面高度 $h = 500\text{mm}$，吸油管直径 $d = 20\text{mm}$，过滤器的压力降为 0.01MPa，油液的密度 $\rho = 900\text{kg/m}^3$，油液的运动黏度为 $\nu = 20 \times 10^{-6} \text{m}^2/\text{s}$。求液压泵吸油口处的真空度。

8. 有一薄壁节流小孔，通过的流量 $q = 25\text{L/min}$ 时，压力损失为 0.3MPa，油液的密度为 $\rho = 900\text{kg/m}^3$。设流量系数为 $C_q = 0.61$，试求节流孔的通流面积。

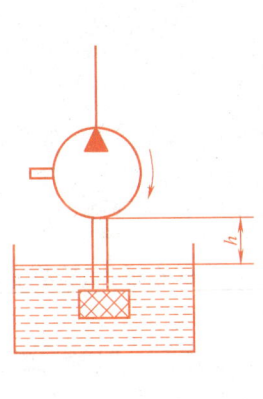

图 1-28 题 7 图

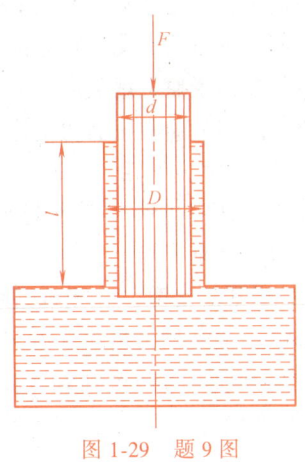

图 1-29 题 9 图

9. 如图 1-29 所示，柱塞受 $F = 40\text{N}$ 的固定力作用而下落，缸中油液从缝隙中挤出，缸套直径 $D = 20\text{mm}$，长度 $l = 70\text{mm}$，柱塞直径 $d = 19.9\text{mm}$，油液牌号是 L—HL46（$\rho = 850\text{kg/m}^3$）。在 40℃时，试求当柱塞和缸孔同心时，下落 0.1m 所需时间是多少？当柱塞和缸孔为全偏心时，下落 0.1m 所需时间是多少？

第二章 液压泵和液压马达

第一节 概述

一、液压泵和液压马达的工作原理

液压泵是将电动机（或其他原动机）输入的机械能转换为液体压力能的能量转换装置。液压马达是将液体压力能转换为机械能的能量转换装置。从原理上讲，液压泵和液压马达是可逆的。当用电动机带动其转动时为液压泵，反之，当通入压力油时为液压马达。

液压泵和液压马达的结构基本相同，但由于功用不同，它们的实际结构是有差别的。而且，并非所有的液压泵与液压马达都可逆，详细情况将在后面内容中介绍。

1. 液压泵的工作原理

图 2-1 所示为简单单柱塞液压泵的工作原理图。柱塞 2 安装在泵体 3 内，柱塞在弹簧 4 的作用下与偏心轮 1 接触。当偏心轮不停地转动时，柱塞做左右往复运动。柱塞向右运动时，柱塞和泵体所形成的密封容积 V 增大，形成局部真空，油箱中的油液在大气压力的作用下通过单向阀 6 进入泵体密封腔，即液压泵吸油。柱塞向左运动时，密封容积 V 减小，由于单向阀 6 封住了吸油口，避免密封腔油液流回油箱，于是密封腔的油液经单向阀 5 流向系统，即液压泵压油。偏心轮不停地转动，液压泵便不断地吸油和压油。从上述泵的工作过程可以看出，液压泵能够吸油和压油的条件是：

图 2-1 简单单柱塞液压泵的工作原理图
1—偏心轮 2—柱塞 3—泵体
4—弹簧 5、6—单向阀

1) 液压泵密封容积 V 的变化是吸油、压油的根本原因，所以这种依靠密封容积变化工作的泵统称为容积式液压泵。

2) 对于常压油箱，在吸油过程中，必须使油箱与大气接通，这是吸油的必要条件；在压油过程中，油液压力取决于油液从单向阀 5 压出时遇到的阻力。

3) 单向阀 5、6 将吸油和压油隔开，保证吸油时密封腔与油箱接通，同时切断密封腔与系统供油管道；压油时，密封腔与油液流向系统的管道相通而与油箱断开。单向阀 5、6 又称为配油装置。配油装置有多种形式，是液压泵工作必不可少的组成部分。

2. 液压马达的工作原理

液压系统中使用的液压马达也是容积式马达，从原理上讲是把容积式液压泵逆用，即输入压力油，输出转矩和转速。

二、液压泵和液压马达的分类

液压泵和液压马达的类型很多。液压泵和液压马达按照其排量能否调节可分为定量泵和定量马达、变量泵和变量马达两类;按照结构形式又可分为齿轮式液压泵(马达)、叶片式液压泵(马达)和柱塞式液压泵(马达)三大类,其中每类还有很多种形式,如齿轮泵有外啮合式和内啮合式,叶片泵有单作用式和双作用式,柱塞泵有径向式和轴向式,柱塞马达有轴向柱塞式(高速、小转矩马达)和径向柱塞式(低速、大转矩马达)等。除此之外,还有一些形式其他的液压泵和液压马达,如螺杆式液压泵和液压马达。

液压泵和液压马达的图形符号如图2-2所示。

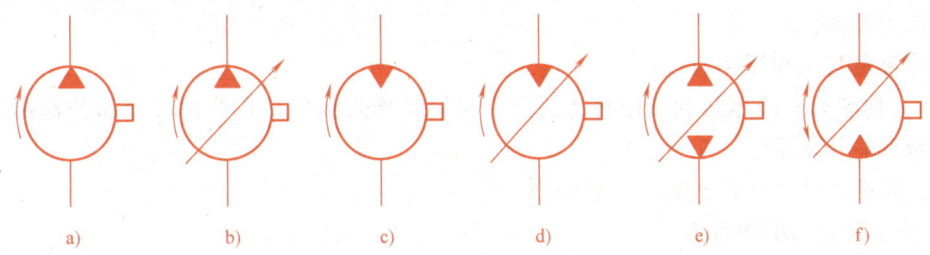

图 2-2 液压泵和液压马达的图形符号

a) 单向定量液压泵 b) 单向变量液压泵 c) 单向定量马达 d) 单向变量马达
e) 双向变量液压泵 f) 双向变量马达

三、液压泵和液压马达的压力和流量

1. 液压泵和液压马达的压力

(1) 工作压力 p 液压泵的工作压力是指它的输出压力,其大小由负载决定。当负载增加时,液压泵的压力升高。如果负载无限制增加,液压泵的工作压力也无限制地升高,直到液压泵工作机构的密封性和零件被破坏。因此,在液压系统中应设置溢流阀来限制泵的最大工作压力,起过载保护作用。

液压马达的工作压力是指它的输入压力。

(2) 公称(额定)压力 液压泵和液压马达的公称(额定)压力是指其在使用中允许达到的最大工作压力,超过此值就是过载。液压泵和液压马达的公称压力应符合国家标准GB/T 2346—2003的规定。液压气动系统及元件的公称压力系列常用值见表2-1。

表 2-1 液压气动系统及元件的公称压力系列常用值(GB/T 2346—2003)(摘录)

(单位:MPa)

1.0	(1.25)	1.6	(2)	2.5	(3.15)	4.0	(5)	6.3	(8.0)
10.0	12.5	16.0	20.0	25.0	31.5	40.0	50.0	63.0	80.0

注:括号内公称压力值为非优先选用值。

(3) 最高压力 液压泵和液压马达的最高压力是指其在短时间内过载时所允许的极限压力,由液压系统中的溢流阀限定。溢流阀的调定值不允许超过液压泵和液压马达的最高压力。

2. 液压泵和液压马达的排量和流量

(1) 排量 V 液压泵的排量是指泵轴每转一周,由其密封容积几何尺寸变化计算出的排出液体的体积。液压马达的排量是指马达轴每转一周,由其密封容积几何尺寸变化计算出的输入液体的体积。公称排量应符合国家标准的规定。

(2) 流量 q

1) 理论流量 q_t。液压泵的理论流量是指泵在单位时间内由其密封容积的几何尺寸变化计算出的排出液体的体积。液压马达的理论流量是指马达在单位时间内达到指定转速,由其密封容积的几何尺寸变化计算出的输入液体的体积。

理论流量等于排量与其转速的乘积,与工作压力无关,即

$$q_t = Vn \tag{2-1}$$

2) 实际流量 q。液压泵的实际流量是指泵工作时实际输出的流量,等于理论流量减去因泄漏损失的流量。液压马达的实际流量是指马达工作时实际输入的流量,等于理论流量加上因泄漏损失的流量。

实际流量与工作压力有关。

3) 公称流量。液压泵和液压马达的公称流量是指泵和马达在公称转速和公称压力下的输出流量和输入流量。

四、液压泵和液压马达的功率和效率

1. 液压泵的功率和效率

(1) 泵的输入功率 P_m 驱动泵轴的机械功率称为泵的输入功率,即

$$P_m = 2\pi Tn \tag{2-2}$$

式中 T——泵轴上的实际输入转矩（N·m）;

n——泵轴的转速（r/min）。

(2) 泵的机械效率 η_m 由于泵内存在各种摩擦损失（机械摩擦、液体摩擦）,泵的实际输入转矩 T 总是大于其理论转矩 T_t。其机械效率 η_m 为

$$\eta_m = \frac{T_t}{T} \tag{2-3}$$

式中 T_t——泵轴上的理论转矩（N·m）, $T_t = \frac{pV}{2\pi}$;

p——泵的工作压力（Pa）;

V——泵的排量（m^3/r）。

(3) 泵的容积效率 η_V 由于泵存在泄漏,泵的实际输出流量 q 总是小于其理论流量 q_t。其容积效率 η_V 为

$$\eta_V = \frac{q}{q_t} \tag{2-4}$$

将式（2-1）代入式（2-4）得

$$\eta_V = \frac{q}{Vn} \tag{2-5}$$

(4) 泵的输出功率 P_y 泵输出的液压功率称为泵的输出功率,即

$$P_y = pq \tag{2-6}$$

(5) 泵的总效率 η 由于泵在能量转换时有能量损失（机械摩擦损失、泄漏流量损失）,泵的输出功率 P_y 总是小于输入功率 P_m。其总效率 η 为

$$\eta = \frac{P_y}{P_m} = \eta_m \eta_V \tag{2-7}$$

即泵的总效率 η 等于机械效率 η_m 和容积效率 η_V 的乘积。

2. 液压马达的功率和效率

（1）液压马达输入功率 P_{My}　液压马达输入的功率称为液压功率，即

$$P_{My} = p_M q_M \tag{2-8}$$

式中　p_M——液压马达的输入压力（Pa）；

　　　q_M——液压马达的输入流量（m^3/s）。

（2）液压马达的容积功率 η_{MV}　由于液压马达存在泄漏，液压马达的理论流量 q_{Mt} 总是小于液压马达的输入流量 q_M。其容积效率 η_{MV} 为

$$\eta_{MV} = \frac{q_{Mt}}{q_M} \tag{2-9}$$

将式（2-1）代入式（2-9）得

$$\eta_{MV} = \frac{V_M n_M}{q_M} \tag{2-10}$$

液压马达的实际转速 n_M 为

$$n_M = \frac{q_M}{V_M} \eta_{MV} \tag{2-11}$$

（3）液压马达的机械效率 η_{Mm}　由于液压马达有各种摩擦损失，液压马达的实际输出转矩 T_M 总是小于其理论转矩 T_{Mt}。其机械效率 η_{Mm} 为

$$\eta_{Mm} = \frac{T_M}{T_{Mt}} \tag{2-12}$$

式中　T_{Mt}——液压马达的理论转矩（N·m），$T_{Mt} = \dfrac{p_M V_M}{2\pi}$；

　　　p_M——液压马达的输入压力（Pa）；

　　　V_M——马达的排量（m^3/r）。

液压马达的输出转矩为

$$T_M = \frac{p_M V_M}{2\pi} \eta_{Mm} \tag{2-13}$$

（4）液压马达的输出功率 P_{Mm}　液压马达对外做功的机械功率称为液压马达的输出功率 P_{Mm}

$$P_{Mm} = 2\pi T_M n_M \tag{2-14}$$

（5）液压马达的总效率 η_M　由于液压马达在能量转换时有能量损失（泄漏流量损失、机械摩擦损失），液压马达的输出功率 P_{Mm} 总是小于马达的输入功率 P_{My}。其总效率 η_M 为

$$\eta_M = \frac{P_{Mm}}{P_{My}} = \eta_{MV} \eta_{Mm} \tag{2-15}$$

即液压马达的总效率 η_M 等于容积效率和机械效率的乘积。

第二节　齿　轮　泵

齿轮泵广泛地应用在各种液压机械上。它的主要优点是结构简单、紧凑，体积小，重量

轻，转速高，自吸性能好，对油液污染不敏感，工作可靠，寿命长，便于维修以及成本低等；缺点是流量和压力脉动较大，噪声较大（内啮合齿轮泵较小），排量不可变。

一般齿轮泵分为外啮合齿轮泵和内啮合齿轮泵两种。两者对比，外啮合齿轮泵工艺简单，加工方便，所以目前渐开线直齿圆柱齿轮的外啮合齿轮泵用得比较多，以下主要介绍该种齿轮泵。

一、齿轮泵的工作原理和结构

1. 齿轮泵的工作原理

齿轮泵的工作原理如图 2-3 所示。两个相互啮合的齿轮、泵体和端盖（两个）是组成齿轮泵的主要零件。密封的工作容积由泵体、端盖和两个齿轮形成，它以相互啮合的齿轮开始接触的啮合线为界，被分隔成左右两个密封的空腔，即 a 腔和 b 腔，分别与吸油口和压油口相通。当主动轴 3 带动齿轮 2 按照图示方向旋转时，在 a 腔中，啮合的两轮齿逐渐脱开，工作容积逐渐增大，形成局部真空，油箱中的油液在大气压力作用下经吸油口进入 a 腔，故 a 腔为吸油腔；然后，被吸到齿间的油液随齿轮转动沿带尾箭头所示的流向进入右侧 b 腔。在 b 腔中，两齿轮的轮齿逐渐啮合，工作容积逐渐减小，b 腔的油液被挤压，经压油口输出，故 b 腔为压油腔。齿轮不停地转动，吸油腔不断地从油箱中吸油，压油腔不断地排油，这就是齿轮泵的工作原理。

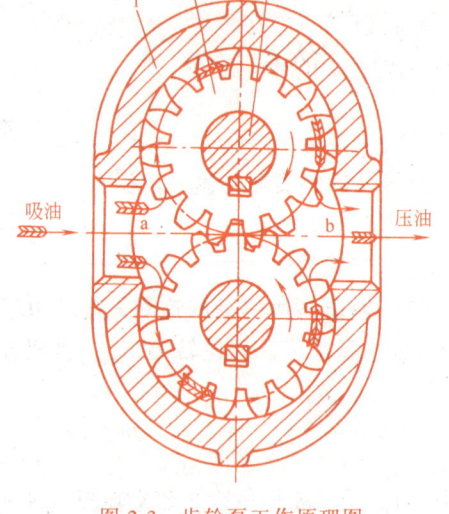

图 2-3 齿轮泵工作原理图
1—泵体 2—齿轮 3—主动轴

2. 齿轮泵的结构性能分析

（1）困油现象 为了保证齿轮泵的齿轮平稳地啮合运转，吸、压油腔严格地隔开，必须使齿轮啮合的重合度 $\varepsilon>1$，即在前一对轮齿尚未脱开啮合前，后一对轮齿必须进入啮合。在这段时间内，有两对轮齿同时啮合，这两对轮齿之间形成一个和吸、压油腔均不相通的单独的闭死容积 V，如图 2-4a 所示。齿轮连续转动时，这一闭死容积便逐渐减小，到两啮合点 A、B 处于中心线两侧的对称位置时（图 2-4b），闭死容积最小。齿轮再继续转动，闭死容积逐渐增大，直到图 2-4c 所示位置时，容积变为最大。在闭死容积减小时，被困油液受到挤压，压力急剧上升，轴承承受很大的冲击载荷，使泵剧烈振动，这时高压油从所有可能泄漏的缝隙中挤出，造成功率损失、油液发热等；当闭死容积增大时，由于没有油液补充，因此形成局部真空，原来溶解于油液中的气体分离出来，形成气泡，引起噪声、气蚀等。这就是齿轮泵的困油现象。困油现象对齿轮泵的工作平稳性和使用寿命影响极其严重。

为了减轻困油现象的影响，一般采用在齿轮泵的端盖上开卸荷槽的方法。虽然卸荷槽的结构形式多种多样，但其卸荷原理是相同的，即在保证吸、压油腔互不连通的前提下，设法使闭死容积与吸油腔或压油腔相通。

常用的卸荷槽以中心线为基准：①对称双矩形卸荷槽，如图 2-5a 所示，其中 $b=a/2$。HY01 型齿轮泵及 CB 型中、高压齿轮泵均采用该种卸荷槽。②不对称双矩形卸荷槽，如图

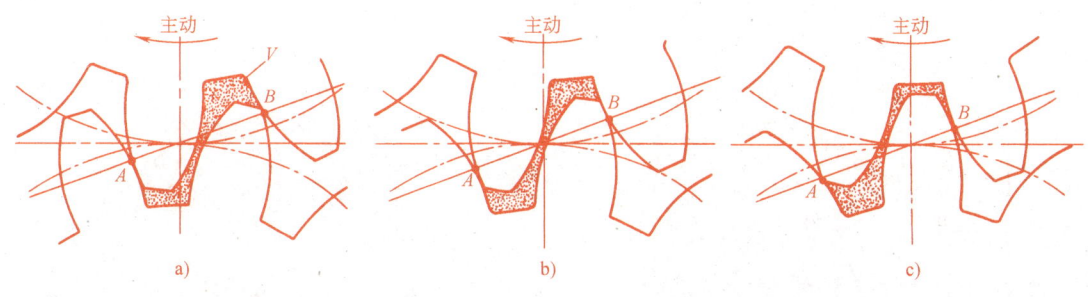

图 2-4 齿轮泵的困油现象

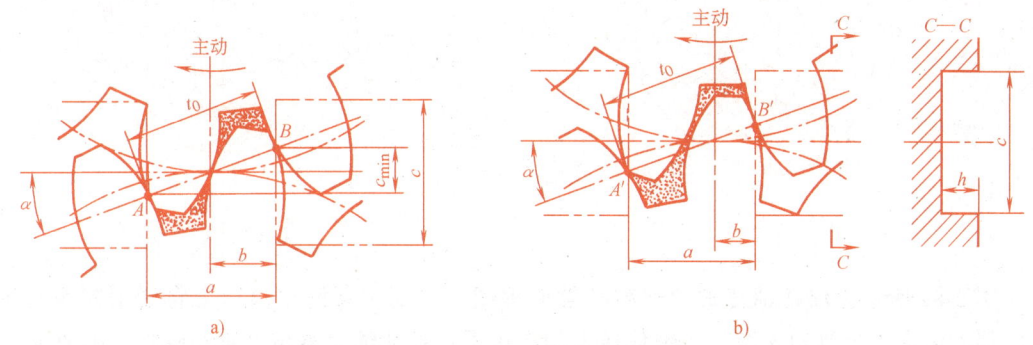

图 2-5 齿轮泵的困油卸荷槽

2-5b 所示。CB-B 型低压齿轮泵采用该种卸荷槽（$b=0.8m$），两槽间的距离 a 必须保证在任何时候都不能使吸油腔和压油腔相互连通。

当两齿轮的中心距为标准值（mz）、$\alpha=20°$ 时，卸荷槽的主要尺寸为：两卸荷槽间的距离 $a=2.78m$；卸荷槽宽度 $c\geq 2.5m$；卸荷槽深度 $h>0.8m$。其中，m 为齿轮模数。

（2）不平衡的径向力　齿轮泵工作时，如图 2-6 所示，泵的左侧为吸油腔，油压力小，一般稍低于大气压力；右侧为压油腔，油压力大，通常为泵的工作压力。由于泵体内表面与齿顶圆面间有径向间隙，故在此间隙中由压油腔到吸油腔的油压力是逐步分级降低的，这些力的合力就是齿轮和轴承受到的不平衡的径向力。泵的工作压力越高，不平衡的径向力就越大，其结果是不仅加速了轴承的磨损、降低了轴承的寿命，甚至使轴变形，造成齿顶和泵体内表面摩擦等。

解决径向力不平衡问题的方法有：①缩小压油口，以减少高压区接触的齿数，从而使不平衡的径向力减小。②开径向力平衡槽，如图 2-7 所示。该结构可使作用在轴承上的径向力大大减小，但会使内泄漏增加，容积效率下降。③加大齿轮轴和轴承的承载能力等。

（3）泄漏　齿轮泵内部从高压区向低压区泄漏有三条途径：①通过齿轮端面与盖板之间的轴向间隙产生泄漏。由于其泄漏的途径多，封油长度短，轴向间隙泄漏约占总泄漏的75%～80%，是目前影响齿轮泵压力提高的主要原因。②通过齿顶圆和泵体内孔间的径向间隙产生泄漏，这种径向间隙泄漏占总泄漏的 15%～20%。③齿轮啮合处的泄漏，很少，一般不予考虑。

在中、高压齿轮泵中，为了减小轴向间隙泄漏，常采用轴向间隙自动补偿装置，如图 2-8 所示。

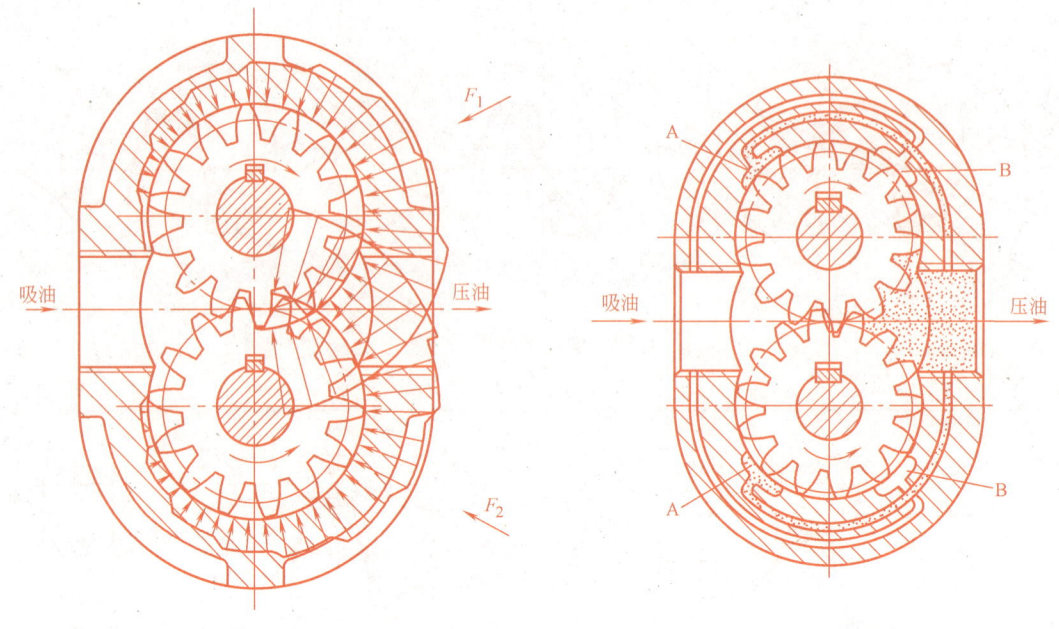

图 2-6 齿轮泵的径向力分布图　　　　图 2-7 齿轮泵径向力平衡槽

图 2-8a 所示为浮动轴套式的间隙补偿原理图。它利用泵的出口压力将油引到齿轮轴 3 上的浮动轴套 1 外侧的 A 腔，在液体压力的作用下，浮动轴套紧贴齿轮的侧面，因而可以消除间隙并可补偿齿轮侧面和轴套间的磨损量。在泵起动时，由弹簧 4 来产生预紧力，以保证轴向间隙的密封。

图 2-8b 所示为浮动侧板式的间隙补偿原理图。它也是将泵的出口压力油引到浮动侧板 5 的背面，使浮动侧板紧贴于齿轮的端面，消除并补偿间隙。起动时，浮动侧板靠密封圈来产生预紧力。CB-L 型齿轮泵采用该结构补偿装置，工作压力可达 16MPa。

图 2-8c 所示为挠性侧板式的间隙补偿原理图。它同样是利用泵的出口压力将油引到挠性侧板 6 的背面，靠挠性侧板自身的变形来补偿间隙。挠性侧板较薄，但耐磨。CB-F_B 型齿轮泵采用该结构补偿装置，工作压力可达 20MPa。

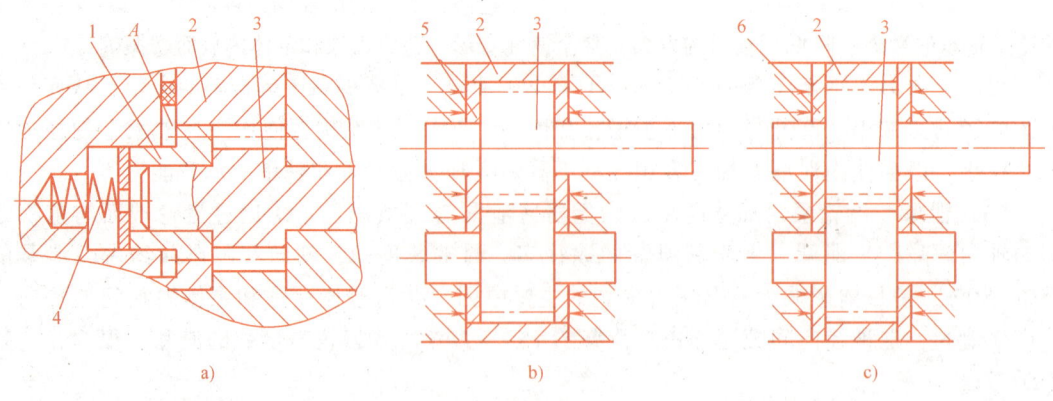

图 2-8 轴向间隙补偿原理图

1—浮动轴套　2—泵体　3—齿轮轴　4—弹簧　5—浮动侧板　6—挠性侧板

3. 齿轮泵的典型结构

（1）低压齿轮泵　CB-B 型泵属于低压齿轮泵。其公称压力为 2.5MPa，排量为 2.5~125mL/r，转速为 1450r/min，主要用于机床（自动车床、磨床）及各种补油、润滑和冷却系统。

CB-B 型低压齿轮泵的结构如图 2-9 所示，是由泵体和左、右端盖组成的分离三片式结构。一对齿轮 7、9 装在泵体 2 中，由主动轴 6 带动啮合。左、右端盖 1、3 装在泵体的两侧，用六个螺钉 13 连接，并用定位销 10 定位。带有保持架的滚针轴承 12 分别装在左、右端盖中，支承主动轴 6 和从动轴 8。右端盖 3 上压有套 4，其内孔中嵌装着密封圈 5，以防止油液向外泄漏及空气进入工作腔内。

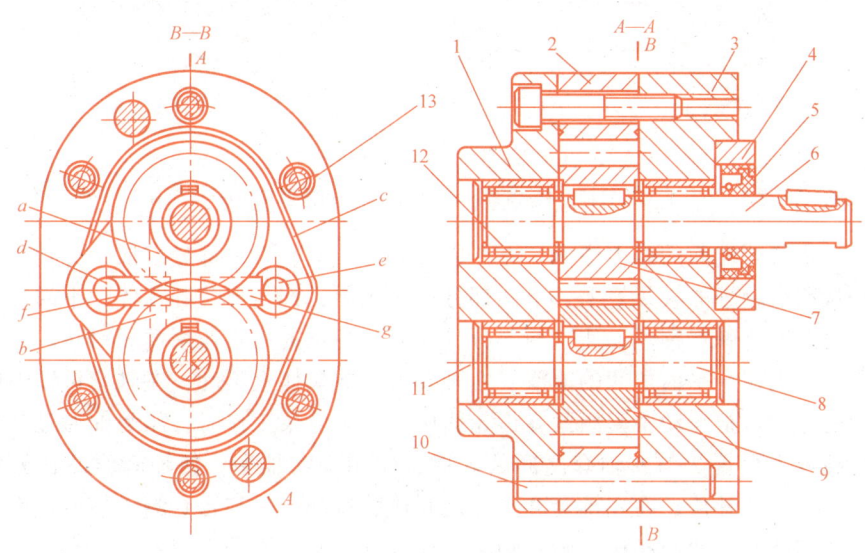

图 2-9　CB-B 型低压齿轮泵

1—左端盖　2—泵体　3—右端盖　4—套　5—密封圈　6—主动轴　7—主动齿轮　8—从动轴
9—从动齿轮　10—定位销　11—压盖　12—滚针轴承　13—螺钉

CB-B 型低压齿轮泵采用内泄漏结构，左、右端盖上都铣有槽（a 和 b），使轴向泄漏的油液经通道 a 和 b 流回吸油腔，泵体两端面上还铣有压力卸荷槽 c，由侧面泄漏的油液经卸荷槽流回吸油腔，这样可以降低泵体与端盖接合面间泄漏油的压力，以减小螺钉的拉力。为了消除困油现象，在左、右端盖上各铣有两个不对称矩形卸荷槽 f 和 g；同时，为了减小径向不平衡力、改善轴承受力情况，采用了缩小压油腔的措施。

CB-B 型低压齿轮泵由于困油卸荷槽不对称分布，进、出油口的大小不同等因素而不能反转用，也不能作液压马达用。

（2）中、高压齿轮泵　CB 系列中、高压齿轮泵，采用浮动轴套式轴向间隙自动补偿装置，公称压力为 10MPa，排量为 32~100mL/r，转速为 1450r/min。它们广泛用于工程机械和各种拖拉机液压系统上。

CB 系列中、高压齿轮泵结构如图 2-10 所示。在泵体 5 内装有主动齿轮轴 1、从动齿轮轴 3、轴套 4、卸压片 7、密封圈 8 及弹簧钢丝 6 等。

该泵采用左、右轴套，轴套用耐磨青铜制成，内孔中开有螺旋润滑槽。轴套既是齿轮轴

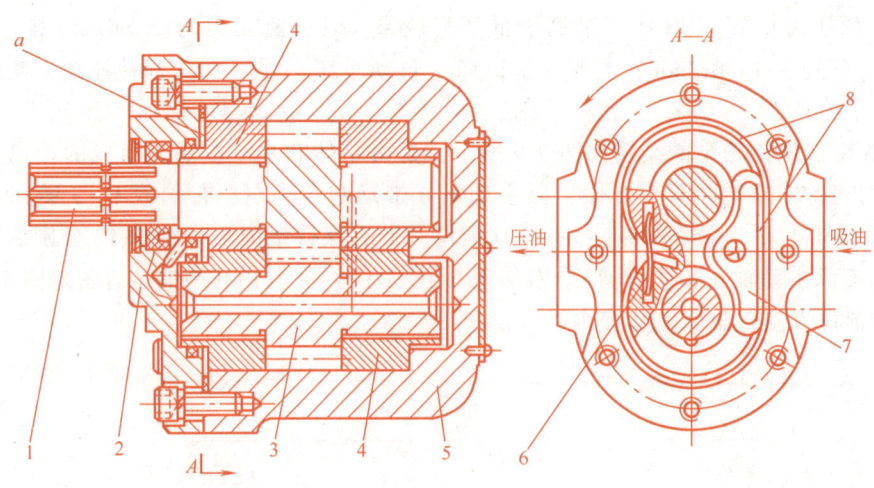

图 2-10 CB 系列中、高压齿轮泵

1—主动齿轮轴 2—泵盖 3—从动齿轮轴 4—轴套 5—泵体 6—弹簧钢丝 7—卸压片 8—密封圈

颈的滑动轴承,又是齿轮端面的推力轴承。左、右轴套均由上、下两部分组成,分别用来支承主动齿轮轴和从动齿轮轴的轴颈。上、下两部分形状相同,都是部分圆柱体,平面部分相互接触,而轴套之间穿有弹簧钢丝,使这两部分受到方向相反的力矩作用而相对转动,从而使接触两平面贴紧,以减少平面之间的泄漏。右轴套安装在泵体上不动,左轴套可以轴向浮动,通过密封圈的弹力可把浮动轴套压紧在齿轮侧面。当齿轮泵工作时,压力油通过泵体与左轴套之间的空隙进入泵盖 2 与左轴套之间的 a 腔,作用于左轴套,使轴套紧贴在齿轮侧面,实现轴向间隙的自动补偿。在左轴套和泵盖之间还装有卸压片和密封圈,使所包围的面积通过卸压片上的圆孔与吸油腔相通,则左轴套受压基本平衡,不会出现倾斜,在任何工作压力下都能贴紧齿轮,使轴套端面磨损均匀。

该泵为了减小径向不平衡力,也采用了缩小压油口的措施,因此这种泵不能反转用,也不能作液压马达用。

二、齿轮泵的常见故障及排除方法

齿轮泵的常见故障及排除方法见表 2-2。

表 2-2 齿轮泵的常见故障及排除方法

故障现象	产生原因	排除方法
泵噪声过大	(1)吸油管路或过滤器部分堵塞 (2)吸油口连接处密封不严,有空气进入 (3)吸油高度太大,油箱液面低 (4)泵轴油封处有空气进入 (5)端盖螺钉松动 (6)泵与联轴器不同轴或松动 (7)液压油黏度太大 (8)吸油口过滤器的通流能力小 (9)转速太高 (10)齿形精度不高或接触不良,泵内零件损坏 (11)轴向间隙过小,齿轮内孔与端面垂直度超差或泵盖上两孔中心线平行度超差 (12)溢流阀阻尼孔堵塞 (13)管路振动	(1)除去污物,使吸油管路畅通 (2)加强密封,紧固连接件 (3)降低吸油高度,向油箱加油 (4)更换油封 (5)适当拧紧螺钉 (6)重新安装,使两者同轴,紧固连接件 (7)更换黏度适当的液压油 (8)更换通流能力较大的过滤器 (9)使转速降至允许最高转速以下 (10)研磨修整或更换齿轮,更换损坏零件 (11)检查并修复有关零件 (12)拆卸、清洗溢流阀 (13)采取隔离消振措施

(续)

故障现象	产生原因	排除方法
泵输出流量不足,甚至完全不排油	(1) 电动机转向不对 (2) 油箱液面过低 (3) 吸油管路或过滤器堵塞 (4) 电动机转速过低 (5) 油液黏度过大 (6) 泵内零件间磨损,间隙过大	(1) 纠正转向 (2) 补油至油标线 (3) 疏通吸油管路,清洗过滤器 (4) 使转速到液压泵的最低转速以上 (5) 检查油质,更换黏度适合的液压油或提高油温 (6) 更换或重新配研零件
泵输出油压力低或没有压力	(1) 溢流阀失灵 (2) 侧板和轴套与齿轮端面严重摩擦 (3) 泵端盖螺钉松动	(1) 调整、拆卸、清洗溢流阀 (2) 修理或更换侧板和轴套 (3) 拧紧螺钉
泵温升过高	(1) 压力过高,转速太快 (2) 油黏度过大 (3) 油箱散热条件差 (4) 侧板和轴套与齿轮端面严重摩擦 (5) 油箱容积太小	(1) 调整压力阀,降低转速到规定值 (2) 合理选用黏度适宜的油液 (3) 加大油箱容积或增加冷却装置 (4) 修理或更换侧板和轴套 (5) 加大油箱,扩大散热面积
外泄漏	(1) 密封圈损伤 (2) 密封表面不良 (3) 泵内零件间磨损,间隙过大 (4) 组装螺钉过松	(1) 更换密封圈 (2) 检查修理 (3) 更换或重新配研零件 (4) 拧紧螺钉

第三节 叶 片 泵

叶片泵在机床液压系统中应用最广。其主要优点是结构紧凑、外形尺寸小、运转平稳、流量均匀以及噪声小等,缺点是结构复杂、吸油特性差、对油液的污染较敏感。

叶片泵按照其排量是否可变分为定量叶片泵和变量叶片泵两类;按照每转吸、排油次数和轴承上所受径向力的情况,又分为单作用非卸荷式叶片泵和双作用卸荷式叶片泵两类。一般叶片泵的公称压力为6.3MPa,随着结构和工艺材料的不断改进,叶片泵也逐步向中、高压方向发展,有些产品的公称压力高达28MPa。

一、双作用叶片泵

(一) 双作用叶片泵的工作原理

图2-11所示为双作用叶片

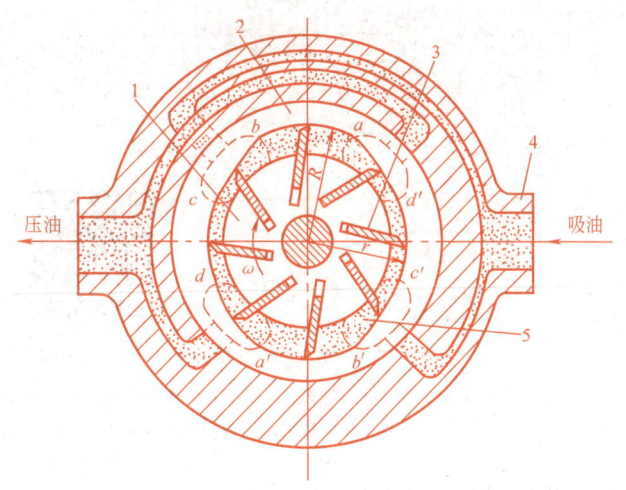

图2-11 双作用叶片泵的工作原理图

1—转子 2—定子 3—叶片 4—泵体 5—配油盘

泵的工作原理图。双作用叶片泵主要由转子1、定子2、叶片3、泵体4及配油盘5等组成。转子和定子同心安放。定子内表面轮廓近似椭圆，由两段长半径R圆弧、两段短半径r圆弧以及四段过渡曲线组成。转子上开有均布槽，矩形叶片安装在转子槽内，并可在槽内滑动。当转子旋转时，叶片在自身的离心力和根部压力油（当叶片泵建立压力后）的作用下，紧贴定子内表面，起密封作用。这样，在转子、定子、叶片和配油盘之间就形成了若干个密封的工作容积。当两叶片由短半径r处向长半径R处转动时，两叶片间的工作容积逐渐增大，形成局部真空而吸油；当两叶片由长半径R处向短半径r处转动时，两叶片间的工作容积逐渐减小而压油。转子转一周，两叶片间的工作容积完成两次吸油和压油，所以称为双作用叶片泵。这种泵有两个对称的吸油腔和压油腔，作用在转子上的径向液压力互相平衡，因此也称为双作用卸荷式叶片泵。为了使径向力完全平衡，工作油腔数（叶片数）应当是偶数。双作用卸荷式叶片泵一般做成定量泵。

（二）双作用叶片泵的结构

1. YB_1型叶片泵

YB_1型叶片泵的结构如图2-12所示，它由前、后泵体7、6，左、右配油盘1、5，定子4，转子12等组成。为了便于装配和使用，两个配油盘与定子、转子和叶片可组装成一个部件。两个长螺钉13为组件的紧固螺钉，其头部作为定位销插入后泵体的定位孔内，以保证配油盘上吸、压油窗口的位置能与定子内表面的过渡曲线相对应。转子上开有12条狭槽，叶片11安装在槽内，并可在槽内自由滑动。转子通过内花键与主动轴相配合，主动轴由两个滚珠轴承2和8支承，以使其工作可靠。骨架式密封圈9安装在盖板10上，用来防止油液泄漏和空气渗入。

图2-12　YB_1型叶片泵的结构

1—左配油盘　2、8—滚珠轴承　3—主动轴　4—定子　5—右配油盘　6—后泵体　7—前泵体
9—密封圈　10—盖板　11—叶片　12—转子　13—长螺钉

YB_1叶片泵的结构特点如下：

1）配油盘如图2-13所示。上、下两个凹口b为吸油口，两个腰形孔a为压油槽。在腰形孔端部开有三角槽e，其作用是使叶片间的密封工作容积逐步与高压腔相通，不致产生液

压冲击。

2）为了使叶片顶部和定子内表面紧密接触，在配油盘 5（图 2-12）上对应于叶片根部的位置开有一环形槽 c，如图 2-13 所示。在环形槽内开有两个小孔 d 与配油盘另一侧的压油槽 a 相通，使压力油能通过小孔进入环形槽 c，然后引入叶片根部，以保证叶片顶部和定子内表面间的可靠密封。但叶片处于吸油区时，因为叶片顶部与吸油腔相通，没有压力，所以叶片对定子的压紧力过大，使定子吸油区过渡曲线部位磨损严重。减少叶片厚度可减小叶片底部的作用力，但这种做法受到叶片强度的限制，叶片不能过薄。这往往成为提高叶片泵工作压力的障碍。在高压叶片泵中采用了各种结构来减小叶片对定子的压紧力。

3）定子内表面曲线由两段大圆弧和两段小圆弧及四段过渡曲线组成，过渡曲线采用等加速、等减速曲线。

4）为了减小叶片对转子槽侧面的压紧力和磨损，将叶片相对转子旋转方向向前倾斜一角度 θ，通常取 $\theta = 13°$。

5）泵在装配后旋转方向是固定的。如欲反转则必须将定子、转子、叶片和配油盘组件翻转 180°再重新装配。由于结构上的原因，它不能作液压马达用。

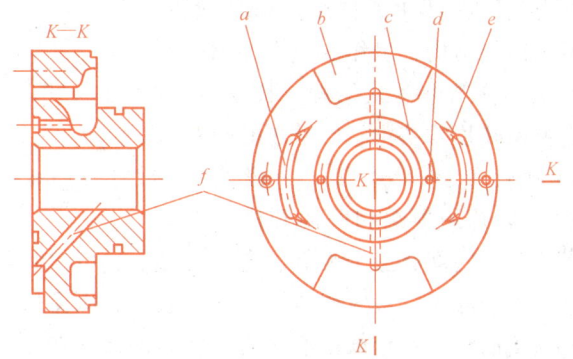

图 2-13 叶片泵配油盘

YB_1 叶片泵属于中压泵，其公称压力为 6.3MPa，排量为 2.5~100mL/r，转速为 960~1450r/min。该泵噪声低、容积效率高、寿命长、装配维修方便，常用在机床液压系统中。

2. 双联叶片泵

双联叶片泵的结构如图 2-14 所示。它由两套单级叶片泵的转子、定子、叶片和配油盘组件装在一个泵体内，由同一根传动轴带动旋转。泵体有一个共同的吸油口、两个各自独立的出油口。两个泵的流量可以相同，也可以不同。

3. 高压叶片泵

高压叶片泵存在的最主要的问题，就是低压区叶片对定子压紧力过大。在高速运动下叶片、定子很快磨损，影响泵的使用寿命。减小叶片对定子压紧力的方法有两大类：一类是平衡法，即使叶片的顶部和底部油压力基本保持平衡，如双叶片结构和弹簧叶片式结构等；另一类是通过减少低压区叶片底部的供油面积来减小叶片对定子的压紧力，如母

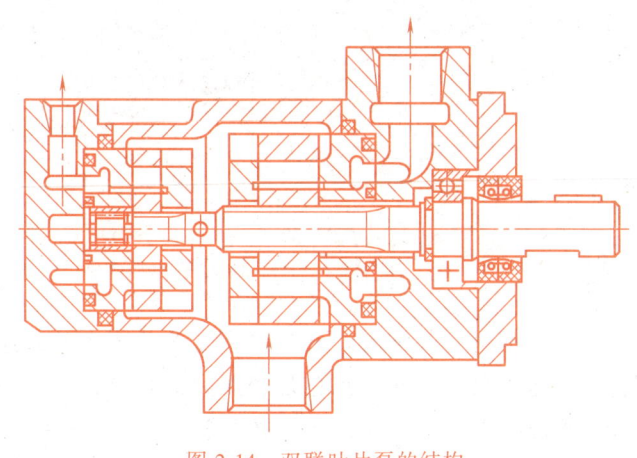

图 2-14 双联叶片泵的结构

子叶片结构，或通过在低压区内减压供油，如带减压阀的叶片泵。

（1）双叶片结构　图2-15所示为双叶片结构。在转子2的叶片槽内装有两片叶片1，叶片顶端和两侧面倒角，两叶片侧面的倒角构成了V形通道，油液能够通过此通道由叶片底部进到叶片与定子之间的接触处。当叶片在圆弧区和高压区时，其底部与配油盘上的排油槽相通；在低压区时与吸油槽相通。这样，不论在高压区还是在低压区，叶片上、下两端均受压力相同的油压力作用。YB-E型叶片泵采用该结构，工作压力为16MPa。

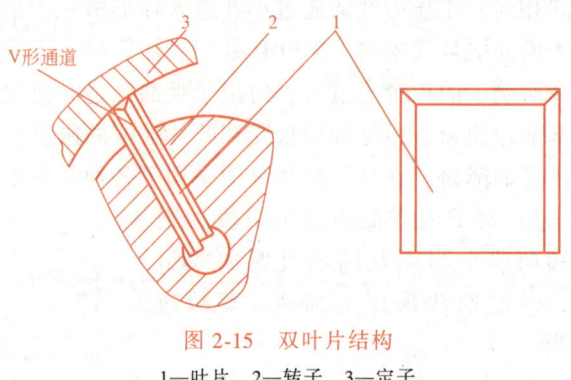

图2-15　双叶片结构

1—叶片　2—转子　3—定子

（2）弹簧叶片式结构　图2-16所示为弹簧叶片式结构。转子3的叶片槽内装有较厚的叶片2（一般为6～7mm），叶片的顶端和两侧开槽，中间有通油孔，底部有三个弹簧。在配油盘上，引向叶片底部的高压油槽分成四段，使叶片底部在定子1的低压窗口区域与低压油接通，高压窗口区域与高压油接通，在圆弧过渡区既不和高压油接通，也不和低压油接通，从而保证了在任何位置的叶片两端油压基本平衡。叶片贴紧定子力的大小由叶片的离心力和弹簧力决定。采用该结构的叶片泵已有生产，工作压力为16MPa。

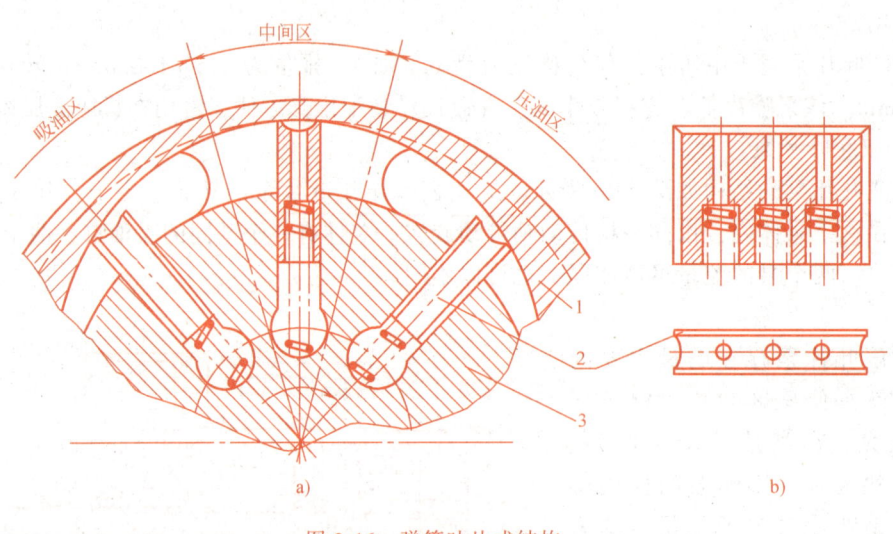

图2-16　弹簧叶片式结构

1—定子　2—叶片　3—转子

（3）母子叶片式结构　图2-17所示为母子叶片式结构。叶片分为母叶片2和子叶片3两部分。通过配油盘使K腔总是和压力油相通，压力油被引入母、子叶片间的小腔C内。母叶片根部的L腔，经转子4上虚线所示的油孔始终与顶部油压相通。当叶片经过吸油腔时，母叶片根部不受高压油作用，只受C腔的高压油作用而压向定子。由于C腔面积不大，所以定子所受的压紧力也不大。YB_1-E 型叶片泵采用该结构，公称压力为 16MPa。

（4）减压供油装置　该装置是在泵配油部分设置一个减压阀，使减压后的油液进入吸油腔叶片的根部，减小叶片对定子的压紧力。这种方法较好，但泵结构复杂。

二、单作用叶片泵

（一）单作用叶片泵的工作原理

图 2-18 所示为单作用叶片泵的工作原理图。单作用叶片泵主要由转子 3、定子 4、叶片 5、配油盘 1、传动轴 2 及泵体等组成。转子和定子偏心安放，偏心距为 e。定子具有圆柱形的内表面。转子上有均布槽，矩形叶片安放在转子槽内，并可在槽内滑动。当转子旋转时，叶片在自身离心力的作用下，紧贴定子内表面起密封作用。这样，在转子、定子、叶片和配油盘之间就形成了若干个密封的工作容积。当转子按照图示方向旋转时，右边的叶片逐渐伸出，相邻两叶片间的工作容积逐渐增大，形成局部真空，从配油盘上的吸油窗口吸油；左边的叶片被定子的内表面逐渐压进槽内，两相邻叶片间的工作容积逐渐减小，将工作油液从配油盘上的压油窗口压出；在吸油窗口和压油窗口之间有一段封油区，把吸油腔和压油腔隔开，这是

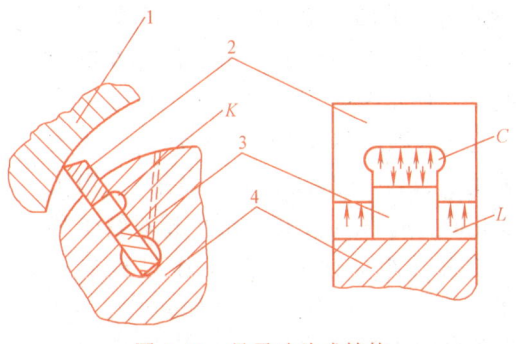

图 2-17　母子叶片式结构
1—定子　2—母叶片　3—子叶片　4—转子

图 2-18　单作用叶片泵的工作原理图
1—配油盘　2—传动轴　3—转子　4—定子　5—叶片

过渡区。转子转一周，两叶片间的工作容积完成一次吸油和压油，所以称为单作用式叶片泵。它的转子受到来自压油腔的径向单向力，使轴承所受载荷较大，因此也称为单作用非卸荷式叶片泵。它一般不宜用在高压场合。

若在结构上把转子和定子的偏心距 e 做成可调节的，液压泵就成为变量泵。在实际应用中，单作用叶片泵往往做成变量泵。

（二）变量叶片泵

变量叶片泵通过改变转子和定子间的偏心距 e，来改变泵输出流量的大小。偏心距 e 的调节方法有手动调节和自动调节两种。自动调节有限压式、恒流量式和恒压式三类。下面介绍常用的限压式变量叶片泵。

1. YBX 限压式变量叶片泵的工作原理

图 2-19 所示为 YBX 型限压式变量叶片泵工作原理图。转子 1 的中心 O_1 是固定的，定子 2 可以左右移动，在右端限压弹簧 3 的作用下，定子被推向左端，靠紧在活塞 6 右端面上，使定子中心 O_2 和转子中心 O_1 之间有一原始偏心距 e_0，它决定了泵的最大流量。e_0 的

大小可用流量调节螺钉 7 调节。泵的出口压力油经泵体内的通道作用于活塞 6 的左端面上，使活塞对定子 2 产生一作用力 p_A，它平衡限压弹簧 3 的预紧力 kx_0（k 为弹簧刚度，x_0 为弹簧的预压缩量）。当负载变化时，p_A 发生变化，定子相对转子移动，使偏心距 e 改变，其工作过程如下所述。

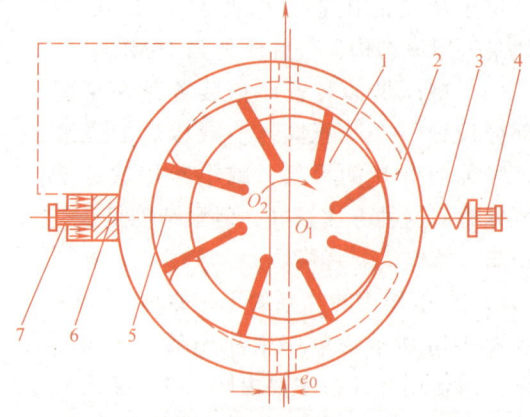

图 2-19　YBX 型限压式变量叶片泵工作原理图
1—转子　2—定子　3—限压弹簧　4—调压螺钉
5—配油盘　6—活塞　7—流量调节螺钉

当泵的工作压力 p 小于限定压力 p_B 时，$p_A < kx_0$，此时，限压弹簧的预压缩量不变，定子不做移动，原始偏心距 e_0 保持不变，泵输出流量为最大。

当泵的工作压力升高而大于限定压力 p_B 时，$p_A \geqslant kx_0$，此时限压弹簧被压缩，定子右移，偏心距减小，泵输出流量也减小。泵的工作压力越高，偏心距越小，泵输出流量也越小。工作压力达到某一极限值 p_C（截止压力）时，定子移到最右端位置，偏心距减至最小，使泵内偏心所产生的流量全部用于补偿泄漏，泵的输出流量为零。此时，不管外负载如何增大，泵的输出压力也不会再升高，所以这种泵被称为限压式变量叶片泵。

限压式变量叶片泵的 p-q 特性曲线如图 2-20 所示。图中 AB 段表示工作压力小于限定压力 p_B，此时流量最大而且基本保持不变。B 点为拐点，p_B 表示泵输出最大流量时可达到的最高工作压力，其大小可由限压弹簧 3 来调节。图中 BC 段表示工作压力超过限定压力 p_B 后，输出流量开始变化，即流量随压力升高而自动减小，直到 C 点。这时，输出流量为零，压力为截止压力 p_C。

2. YBX 型限压式变量叶片泵的结构

图 2-21 所示为 YBX 型限压式变量叶片泵结构。转子 7 固定在传动轴 2 上，传动轴支承在两个滚针轴承 1 上做逆时针方向回转运动。转子的中心是不变的，定子 6 可以上下移动。滑

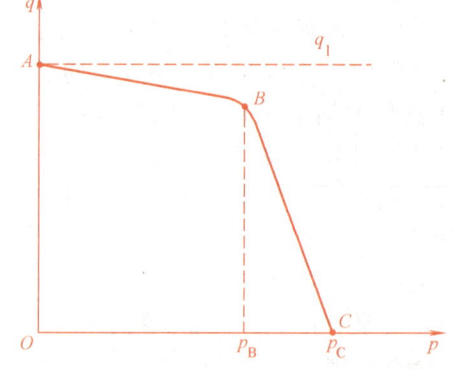

图 2-20　限压式变量叶片泵的 p-q 特性曲线

块 8 用来支承定子，并承受压力油对定子的作用力。当定子移动时，滑块随定子一起移动。为了提高定子对油压变化时反应的灵敏度，滑块支承在滚针 9 上。在限压弹簧 4 的作用下，通过弹簧座 5 将定子推向下面，紧靠在活塞 11 上，使定子中心和转子中心之间有一个偏心距 e。偏心距的大小可用流量调节螺钉 10 来调节。螺钉调定后，在这一工作条件下，定子的偏心距为最大，则液压泵输出流量最大。液压泵出口的压力油经孔 a 引到活塞 11 的下端，使其产生一个改变偏心距 e 的反馈力。通过调压螺钉 3 可调节限压弹簧对定子的作用力，从而改变液压泵的限定工作压力 p_B。

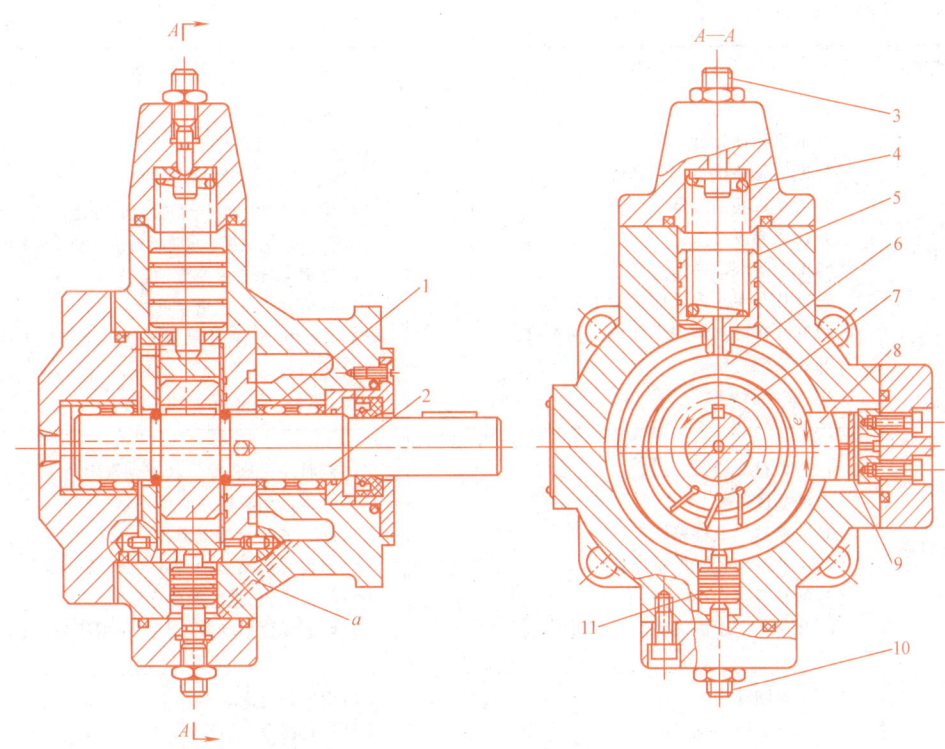

图 2-21 YBX 型限压式变量叶片泵结构

1—滚针轴承 2—传动轴 3—调压螺钉 4—限压弹簧 5—弹簧座 6—定子 7—转子
8—滑块 9—滚针 10—流量调节螺钉 11—活塞

在变量叶片泵中,叶片上下的液压力是平衡的,叶片向外运动主要依靠叶片旋转时离心力的作用。因此,叶片相对转子旋转方向向后倾斜一角度(倾角为 24°)更有利于保证叶片甩出。

三、叶片泵的常见故障及排除方法

叶片泵的常见故障及排除方法见表 2-3。

表 2-3 叶片泵的常见故障及排除方法

故障现象	产生原因	排除方法
泵噪声过大	(1)吸油管路或过滤器部分堵塞 (2)吸油口连接处密封不严,有空气进入 (3)吸油高度太大,油箱液面低 (4)泵与联轴器不同轴或松动 (5)连接螺钉松动 (6)液压油黏度太大,吸油口过滤器的通流能力小 (7)定子内表面拉毛 (8)定子吸油区内表面磨损 (9)个别叶片运动不灵活或装反	(1)除去污物,使吸油管路畅通 (2)加强密封,紧固连接件 (3)降低吸油高度,向油箱加油 (4)重新安装,使其同轴,紧固连接件 (5)适当拧紧螺钉 (6)更换黏度适当的液压油,更换通流能力较大的过滤器 (7)抛光定子内表面 (8)将定子翻转装入 (9)逐个检查、重装,对不灵活叶片重新研配

(续)

故障现象	产生原因	排除方法
泵输出流量不足甚至完全不排油	(1)电动机转向不对 (2)油箱液面过低 (3)吸油管路或过滤器堵塞 (4)电动机转速过低 (5)油液黏度过大 (6)配油盘端面磨损 (7)叶片与定子内表面接触不良 (8)叶片在叶片槽内卡死或移动不灵活 (9)连接螺钉松动 (10)溢流阀失灵	(1)纠正转向 (2)补油至油标线 (3)疏通吸油管路,清洗过滤器 (4)使转速达到液压泵的最低转速以上 (5)检查油质,更换黏度适合的液压油或提高油温 (6)修磨端面或更换配油盘 (7)修磨接触面或更换叶片 (8)逐个检查,对移动不灵活的叶片重新研配 (9)适当拧紧 (10)调整、拆卸、清洗溢流阀
泵温升过高	(1)压力过高,转速太快 (2)油黏度过大 (3)油箱散热条件差 (4)配油盘与转子严重摩擦 (5)油箱容积太小 (6)叶片与定子内表面磨损严重	(1)调整压力阀,降低转速到规定值 (2)合理选用黏度适宜的油液 (3)加大油箱容积或增加冷却装置 (4)修理或更换配油盘或转子 (5)加大油箱,扩大散热面积 (6)修磨或更换叶片、定子,采取措施,减小磨损
外泄漏	(1)密封圈损伤 (2)密封表面不良 (3)泵内零件间磨损、间隙过大 (4)组装螺钉过松	(1)更换密封圈 (2)检查修理 (3)更换或重新配研零件 (4)拧紧螺钉

第四节 柱 塞 泵

柱塞泵是利用柱塞在缸体的柱塞孔中做往复运动时产生的密封工作容积变化来实现泵的吸油和压油的。由于柱塞和柱塞孔都是圆形零件,因此加工方便,配合精度高,密封性能好,在高压下工作仍有较高的容积效率;同时,它可通过改变柱塞的工作行程达到改变泵的流量,故易于实现流量调节及液流方向的改变;此外,其主要零件均为受压,材料强度性能得到充分利用。因此,柱塞泵的主要优点是结构紧凑、压力高、效率高及流量调节方便等,其缺点是结构复杂、价格高、对油液的污染敏感。它常用于压力高、流量大及流量需要调节的液压机、工程机械、大功率机床等的液压系统中。

柱塞泵按照柱塞排列方向的不同,分为径向柱塞泵和轴向柱塞泵两大类。

一、径向柱塞泵工作原理

图 2-22 所示为径向柱塞泵工作原理图。泵由转子 1、定子 2、柱塞 3、配油铜套 4 和配油轴 5 等主要零件组成。

柱塞沿径向均匀地安装在转子上。配油铜套和转子紧密配合,并套装在配油轴上,配油轴是固定不动的。转子连同柱塞由电动机带动一起旋转。柱塞靠离心力(有些结构是靠弹簧或低压补油作用)紧压在定子的内壁面上。由于定子和转子间有一偏心距 e,所以当转子按照图示方向旋转时,柱塞在上半周内向外伸出,其底部的密封容积逐渐增大,产生局部真空,于是通过固定在配油轴上的窗口 a 吸油。当柱塞处于下半周时,柱塞底部的密封容积逐渐减小，通过配油轴窗口 b 把油液排出。转子转一周，每个柱塞各吸、压油一次。若改变定子和转子的偏心距 e，则泵的输出流量也改变，即为径向柱塞变量泵；若偏心距 e 从正值变为负值，则进油口和排油口互换，即为双向径向柱塞变量泵。

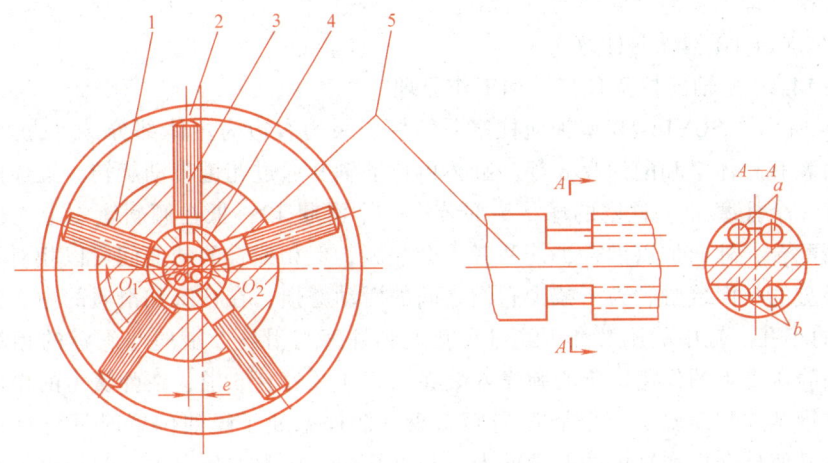

图 2-22　径向柱塞泵工作原理图

1—转子　2—定子　3—柱塞　4—配油铜套　5—配油轴

二、轴向柱塞泵

（一）轴向柱塞泵工作原理

轴向柱塞泵的柱塞平行于缸体轴线，并均布在缸体的圆周上。泵的工作原理如图 2-23 所示。它主要由柱塞 5、缸体 7、配油盘 10 和斜盘 1 等零件组成。斜盘法线和缸体轴线间的交角为 γ。内套筒 4 在弹簧 6 作用下通过压板 3 而使柱塞头部的滑履 2 和斜盘靠牢；同时，外套筒 8 使缸体 7 和配油盘 10 紧密接触，起密封作用。当缸体转动时，由于斜盘和压板的作用，迫使柱塞在缸体内做往复运动，通过配油盘的配油窗口进行吸油和压油。当缸孔自最低位置向前上方转动（相对配油盘作逆时针方向转动）时，柱塞转角在 $0 \rightarrow \pi$ 范围内，柱塞

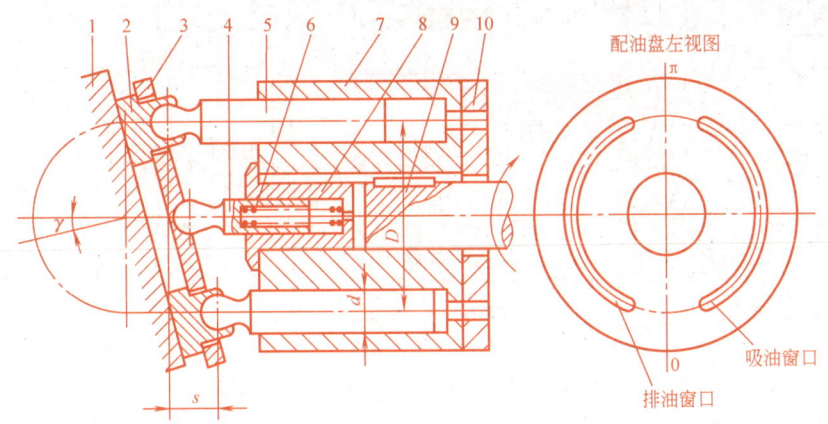

图 2-23　轴向柱塞泵工作原理图

1—斜盘　2—滑履　3—压板　4—内套筒　5—柱塞　6—弹簧　7—缸体
8—外套筒　9—传动轴　10—配油盘

向左运动，柱塞端部和缸体形成的密封容积增大，通过配油盘吸油窗口进行吸油；柱塞转角在 $\pi \to 0$ 范围内，柱塞被斜盘逐步压入缸体，柱塞端部容积减小，泵通过配油盘排油窗口排油。若改变斜盘倾角 γ 的大小，则泵的输出流量改变；若改变斜盘倾角 γ 的方向，则进油口和排油口互换，即为双向轴向柱塞变量泵。

（二）SCY14-1B 型轴向柱塞泵

1. SCY14-1B 型轴向柱塞泵结构和工作原理

图 2-24 所示为 SCY14-1B 型轴向柱塞泵结构。泵的右边为主体部分，左边为变量机构。在主泵体内装有缸体 7 和配油盘 8 等。缸体由传动轴 9 通过花键带动旋转。缸体的七个轴向孔中各装有一个柱塞 11，柱塞的球状头部装有一个滑履 12，抵在倾斜盘 1 上。柱塞头部和滑履用球面配合，外面加以铆合，使两者不会脱离，但相配合的球面间可以相对转动。滑履的端面和斜盘的平面接触，为了减少它们之间的滑动磨损，在柱塞和滑履的中心都加工有直径为 1mm 的小孔。缸中的压力油可经过小孔通到柱塞与滑履及滑履与斜盘的相对滑动表面之间，起到静压支承的作用。定心弹簧 6 装在内套 4 和外套 5 中，在弹簧力的作用下，一方面内套通过钢球 3 和压盘 2 将滑履压向倾斜盘，使柱塞处于吸油位置时具有自吸能力；同时，弹簧力又使外套压在缸体的左端面上，与缸孔内的压力油作用力一起使缸体与配油盘接触良好、密封可靠，并在缸体和配油盘磨损后得到自动补偿，从而提高了泵的容积效率。当传动轴带动缸体回转时，柱塞就在缸孔中做往复运动，于是密封容积发生变化，这时油液通过缸孔底部月牙形的通油孔、配油盘上的配油窗口，以及前泵体的进、出油孔，完成吸、压

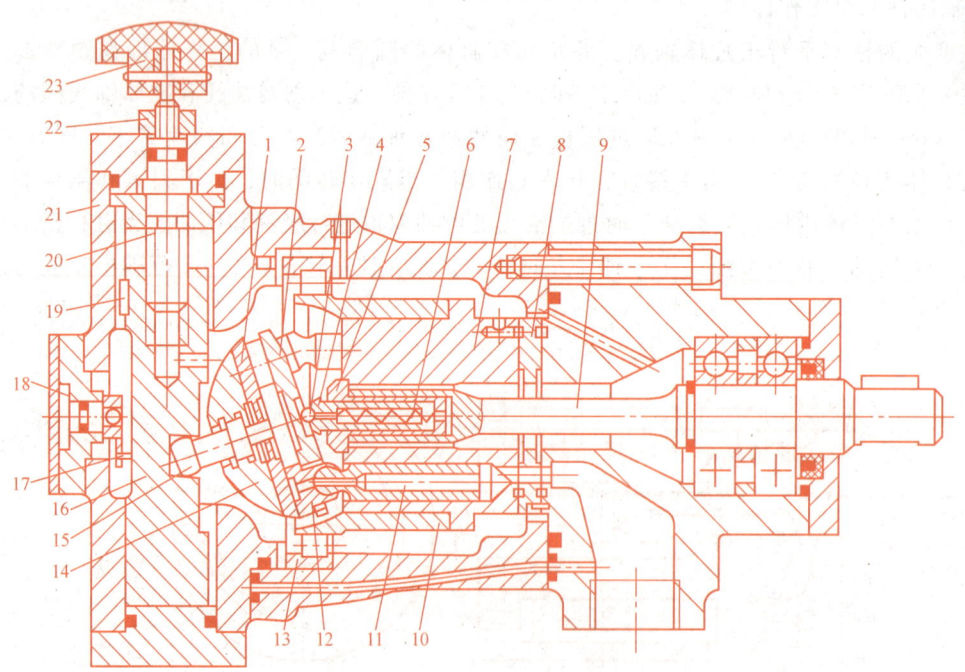

图 2-24 SCY14-1B 型轴向柱塞泵的结构

1—倾斜盘 2—压盘 3—钢球 4—内套 5—外套 6—定心弹簧 7—缸体 8—配油盘
9—传动轴 10—钢套 11—柱塞 12—滑履 13—滚子轴承 14—变量头 15—轴销
16—变量柱塞 17—销 18—刻度盘 19—导向键 20—螺杆
21—变量壳体 22—锁紧螺母 23—手轮

油工作。

缸体用铝铁青铜制成，外面镶有钢套10，装在滚子轴承13上，以支承倾斜盘作用在缸体上的径向分力。

柱塞泵的配油盘如图2-25所示。两个配油窗口 a 和 c 分别与前泵体中的吸油口和压油口相通。外圈的环形槽 d 为卸荷槽，与回油腔相通。两个通孔 b 的作用与 YB_1 型叶片泵配油盘上的三角槽一样，起减小液压冲击、降低噪声的作用。其余四个小不通孔起储存润滑油的作用。配油盘下面的缺口 e 是定位槽，用来保证配油盘在泵体中的正确位置。

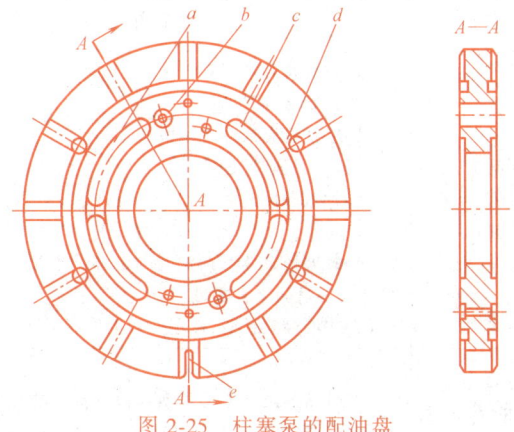

图 2-25 柱塞泵的配油盘

2. SCY14-1B 型轴向柱塞泵变量机构

轴向柱塞泵的一个很大优点就是容易做成变量泵。只要改变倾斜盘的倾角就能改变液压泵的排量。下面仅介绍手动变量机构的结构和工作原理。

如图2-24所示，SCY14-1B 型轴向柱塞泵的左边部分为手动变量机构。转动手轮23，使螺杆20转动，带动变量柱塞16做轴向移动（因导向键19的作用，变量柱塞不能转动，只能做轴向移动）。通过变量头14与轴销15，使支承在变量壳体21上的倾斜盘1绕钢球3的中心摆动，从而改变倾斜盘的倾角，也就改变了泵的流量。同时，当变量柱塞移动时，还通过装在柱塞上的销17和拨叉带动左端的刻度盘18旋转，从而知道所调节流量的大小。调节好流量后，用锁紧螺母22锁紧。

三、柱塞泵的常见故障及排除方法

柱塞泵的常见故障及排除方法见表2-4。

表 2-4 柱塞泵的常见故障及排除方法

故障现象	产生原因	排除方法
泵噪声过大	(1) 吸油管路或过滤器部分堵塞 (2) 吸油口连接处密封不严，有空气进入 (3) 吸油高度太大，油箱液面低 (4) 泵轴油封处有空气进入 (5) 泵与联轴器不同轴或松动 (6) 油箱上的通气孔堵塞 (7) 液压油黏度太大 (8) 吸油口过滤器的通流能力小 (9) 转速太高 (10) 溢流阀阻尼孔堵塞 (11) 管路振动	(1) 除去污物，使吸油管路畅通 (2) 加强密封，紧固连接件 (3) 降低吸油高度，向油箱加油 (4) 更换油封 (5) 重新安装，使其同轴，紧固连接件 (6) 清洗油箱上的通气孔 (7) 更换黏度适当的液压油 (8) 更换通流能力较大的过滤器 (9) 使转速降至允许最高转速以下 (10) 拆卸、清洗溢流阀 (11) 采取隔离消振措施

（续）

故障现象	产生原因	排除方法
泵输出流量不足甚至完全不排油	(1) 电动机转向不对 (2) 油箱液面过低 (3) 吸油管路或过滤器堵塞 (4) 电动机转速过低 (5) 油液黏度过大 (6) 柱塞与缸体或配油盘与缸体间磨损,引起缸体与配油盘间失去密封 (7) 中心弹簧折断,柱塞回程不够或不能回程	(1) 纠正转向 (2) 补油至油标线 (3) 疏通吸油管路,清洗过滤器 (4) 使转速达到液压泵的最低转速以上 (5) 检查油质,更换黏度适合的液压油或提高油温 (6) 更换柱塞,修磨配油盘与缸体的接触面,保证接触良好 (7) 检查或更换中心弹簧
泵输出油压力低或没有压力	(1) 溢流阀失灵 (2) 柱塞与缸体或配油盘与缸体间严重磨损,引起缸体与配油盘间失去密封 (3) 变量机构倾角太小	(1) 调整、拆卸、清洗溢流阀 (2) 更换柱塞,修磨配油盘与缸体的接触面,保证接触良好 (3) 检查变量机构,纠正其调整误差
泵温升过高	(1) 压力过高、转速太快 (2) 油黏度过大 (3) 油箱散热条件差 (4) 柱塞与缸体运动不灵活,甚至卡死,柱塞球头折断,滑靴脱落、磨损严重 (5) 油箱容积太小	(1) 调整压力阀,降低转速到规定值以下 (2) 合理选用黏度适宜的油液 (3) 加大油箱容积或增加冷却装置 (4) 修磨柱塞与缸体的接触面,保证接触良好,更换磨损零件 (5) 加大油箱,扩大散热面积
外泄漏	(1) 密封圈损伤 (2) 密封表面不良 (3) 组装螺钉过松	(1) 更换密封圈 (2) 检查修理 (3) 拧紧螺钉

第五节　液压泵的选用

在液压系统中,应根据设备的工作压力、流量、工作性能、工作环境来合理选择液压泵的类型和规格,同时还应考虑功率的合理利用和系统发热、经济性等的要求。

一般从结构复杂程度、自吸能力、抗油液污染能力和价格等方面考虑,齿轮泵最好。从结构考虑,柱塞泵最为复杂,对油液清洁度要求最高。从工作精度和平稳性考虑,叶片泵最好。从承载能力考虑,重载高压系统常用柱塞泵、叶片泵。从工作环境考虑,齿轮泵适合较差的工作环境,如野外作业。

常用液压泵的性能比较及应用见表2-5。

表2-5　常用液压泵的性能比较及应用

项目＼类型	齿轮泵	双作用叶片泵	限压式变量叶片泵	轴向柱塞泵	径向柱塞泵
工作压力/MPa	<20	6.3~21	<7	20~35	10~20
转速范围/(r/min)	300~7000	500~4000	500~2000	600~6000	700~1800
容积效率(%)	0.70~0.95	0.80~0.95	0.80~0.90	0.90~0.98	0.85~0.95
总效率(%)	0.60~0.85	0.75~0.85	0.70~0.85	0.85~0.95	0.75~0.92
功率质量比	中等	中等	小	大	小
流量脉动率	大	小	中等	中等	中等

(续)

项目 \ 类型	齿轮泵	双作用叶片泵	限压式变量叶片泵	轴向柱塞泵	径向柱塞泵
自吸特性	好	较差	较差	较差	差
对油的污染敏感性	不敏感	敏感	敏感	敏感	敏感
噪声	大	小	较大	大	大
寿命	较短	较长	较短	长	长
单位功率造价	最低	中等	较高	高	高
应用范围	机床、工程机械、农业机械、航空、船舶、一般机械	机床、注塑机、工程机械、起重运输机械、液压机、飞机	机床、注塑机	工程机械、锻压机械、起重机械、矿山机械、船舶、飞机、冶金机械	机床、液压机、船舶机械

第六节 液压马达

液压马达按照其额定转速可分为高速液压马达（额定转速高于 500r/min）和低速液压马达（额定转速低于 500r/min）两大类。液压马达和液压泵在结构上是基本相同的。上面介绍的液压泵在原理上都可以作液压马达使用。实际上，除了个别型号的齿轮泵和柱塞泵可作液压马达使用外，其他一些泵由于结构上的原因，是不能直接作为液压马达使用的。有些低速、大转矩的液压马达则更有其独特的结构。下面介绍轴向柱塞式液压马达和叶片式液压马达的工作原理。

一、轴向柱塞式液压马达

图 2-26 所示为轴向柱塞式液压马达的工作原理图。斜盘 1 和配油盘 4 固定不动，缸体 3 及其上的柱塞 2 可绕缸体的水平轴线旋转。当压力油经配油盘通入缸孔进入柱塞底部时，柱塞受油压作用而向外顶出，紧紧压在斜盘面上，这时斜盘对柱塞的反作用力为 F。由于斜盘有一倾斜角 γ，所以 F 可分解为两个分力：一个是轴向分力 F_x，平行于柱塞轴线，并与柱塞底部油压力平衡；另一个分力是 F_y，垂直于柱塞轴线。它们的计算值分别为

$$F_x = p \frac{\pi}{4} d^2 \tag{2-16}$$

$$F_y = F_x \tan\gamma = p \frac{\pi}{4} d^2 \tan\gamma \tag{2-17}$$

分力 F_y 对缸体轴线产生力矩，带动缸体旋转。缸体再通过主轴（图中未标明）向外输出转矩和转速，成为液压马达。由图可见，处于压油区（半周）内每个柱塞上的 F_y 对缸体产生的瞬时转矩 T' 为

$$T' = F_y h = F_y R \sin\alpha \tag{2-18}$$

式中 h——F_y 与缸体轴心线的垂直距离（mm）；
　　　R——柱塞在缸体上的分布圆半径（mm）；
　　　α——压油区内柱塞对缸体轴心线的瞬时方位角（°）。

液压马达的输出转矩等于处在压油区（半周）内各柱塞瞬时转矩 T' 的总和。由于柱塞的瞬时方位角是变量，T' 也按照正弦规律变化，所以液压马达输出的转矩也是脉动的。

二、叶片式液压马达

图 2-27 所示为叶片式液压马达的工作原理图。当压力油进入压油腔后，在叶片 1、3 的

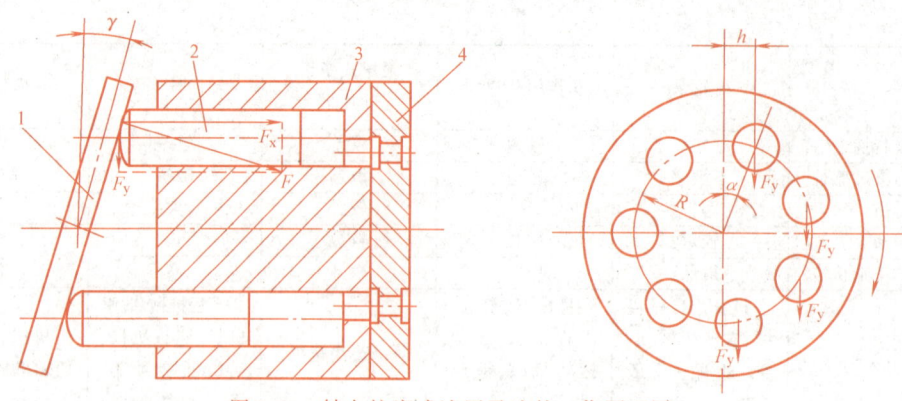

图 2-26 轴向柱塞式液压马达的工作原理图
1—斜盘 2—柱塞 3—缸体 4—配油盘

一面作用有压力油,另一面为低压回油。由于叶片 3 伸出的面积大于叶片 1 伸出的面积,所以液体作用于叶片 3 上的作用力大于作用于叶片 1 上的作用力,从而由于作用力不等而使叶片带动转子作逆时针方向旋转。

由于液压马达一般都要求能正、反转,所以叶片式液压马达的叶片要径向放置。为了使叶片根部始终通有压力油,在回、压油腔通入叶片根部的通路上应设置单向阀。为了确保叶片式液压马达在压力油通入后能正常起动,必须使叶片顶部和定子内表面紧密接触,以保证良好的密封。因此,在叶片根部应设置预紧弹簧。

图 2-27 叶片式液压马达的工作原理图

叶片式液压马达体积小,转动惯量小,动作灵敏,适用于换向频率较高的场合。但其泄漏量较大,低速工作时不稳定。因此,叶片式液压马达一般用于转速高、转矩小和动作要求灵敏的场合。

三、摆动液压马达

摆动液压马达是输出转矩并实现往复摆动的执行元件,有单叶片式和双叶片式两种形式。单叶片摆动液压马达的摆动角度一般不超过 280°;双叶片摆动液压马达的摆动角度不超过 150°,但可得到更大的输出转矩。摆动液压马达的主要特点是结构紧凑。

图 2-28 所示为单叶片摆动液压马达。输出轴 2 上装有叶片 1,叶片 1 和封油隔板 3 将内部空间分成两腔。当摆动液压马达的一个油口接通

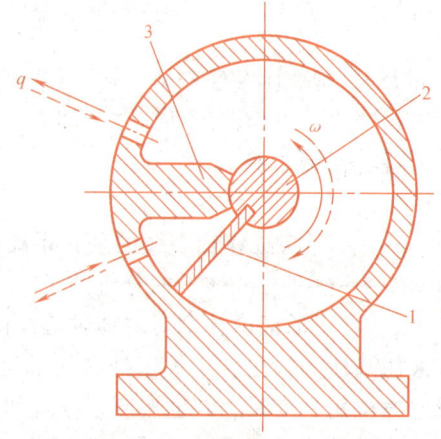

图 2-28 单叶片摆动液压马达
1—叶片 2—输出轴 3—封油隔板

压力油,而另一油口接回油时,叶片在油压作用下产生转矩,带动输出轴 2 摆动一定的角度。

这种摆动液压马达一般用于摆动角度小于 280°的回转工作部件的驱动,如机床回转夹具、送料装置、继续进刀机构等。

四、液压马达的常见故障及排除方法

液压马达的常见故障及排除方法见表 2-6。

表 2-6 液压马达的常见故障及排除方法

故障现象	产生原因	排除方法
转速低或输出功率不足	(1)液压泵输出流量或压力不足 (2)液压马达内部泄漏严重 (3)液压马达外部泄漏严重 (4)液压马达磨损严重 (5)液压油黏度小 (6)进油口堵塞 (7)回油阻力大 (8)液压油不洁 (9)密封不严,空气进入	(1)查明原因,采取相应措施 (2)查明泄漏部位和原因,采取密封措施 (3)加强密封 (4)更换磨损的零件 (5)更换黏度适当的液压油 (6)排除污物 (7)疏通回油路 (8)加强过滤 (9)排除气体,紧固密封
噪声大	(1)进油口堵塞 (2)进油口漏气 (3)液压油不清洁,有气体混入 (4)液压马达安装不良 (5)液压马达零件磨损	(1)排除污物 (2)拧紧接头 (3)加强过滤,排除气体 (4)重新调整、安装 (5)更换磨损的零件
泄漏	(1)管接头未拧紧 (2)接合面未拧紧 (3)密封件损坏 (4)配油装置发生故障 (5)相互运动零件间的间隙过大	(1)拧紧管接头 (2)拧紧螺钉 (3)更换密封件 (4)检修配油装置 (5)重新调整间隙或修理、更换零件

学习要求和习题

一、学习要求

1. 掌握液压泵和液压马达的工作原理,熟悉液压泵和液压马达的图形符号。
2. 掌握液压泵完成吸油和压油必须具备的条件。
3. 掌握液压泵和液压马达的工作压力、公称压力、最大压力、排量、理论流量和实际流量的概念。
4. 熟悉液压泵的输出功率、容积效率、机械效率和总效率的计算。
5. 熟悉液压马达的输出转矩、转速的计算,了解液压马达的容积效率、机械效率和总效率的计算。
6. 掌握齿轮泵的工作原理,熟悉齿轮泵困油现象和不平衡径向力及泄漏产生的原因和解决的办法。
7. 熟悉低压齿轮泵的结构特点,了解中、高压齿轮泵自动补偿装置的原理。
8. 掌握双作用叶片泵的工作原理,熟悉 YB_1 型叶片泵的结构,了解双联叶片泵和高压叶片泵的结构特点。
9. 掌握限压式变量叶片泵的工作原理、特性曲线,了解其结构特点。
10. 掌握径向及轴向柱塞泵的工作原理,了解轴向柱塞泵的结构。

11. 掌握轴向柱塞马达和叶片马达的工作原理,熟悉叶片马达和双作用叶片泵在结构上的区别。
12. 了解各种泵的常见故障及排除方法。
13. 了解液压泵的选用原则。

二、例题

例 2-1 某液压泵在正常工作时,输出油液的压力为 $p=5$ MPa,转速 $n=1450$ r/min,排量 $V=20$ mL/r,泵的容积效率 $\eta_V=0.95$,总效率 $\eta=0.9$。求驱动该泵的电动机所需的功率至少为多大?该泵的输出功率为多少?

解 1) 泵的输出功率为

$$P_y = pq = pVn\eta_V = 5\times 10^6 \times 20\times 10^{-6} \times 1450/60 \times 0.95\text{W} = 2296\text{W}$$

2) 泵的输入功率为

$$P_m = \frac{P_y}{\eta} = \frac{2296}{0.9}\text{W} = 2551\text{W}$$

例 2-2 某液压马达的排量 $V_M=25$ mL/r,进口油压力为 8MPa,回油背压力为 1MPa,其总效率为 $\eta_M=0.9$,容积效率 $\eta_{MV}=0.92$,当输入流量为 25L/min 时,试求液压马达的输出转矩和转速。

解 1) 液压马达的输出转矩为

$$T_M = \frac{p_M V_M}{2\pi}\eta_{Mm} = \frac{\Delta p_M V_M}{2\pi}\eta_{Mm}$$

$$= \frac{(8-1)\times 10^6 \times 25\times 10^{-6}}{2\pi}\times 0.9/0.92\text{N}\cdot\text{m}$$

$$= 27.2\text{N}\cdot\text{m}$$

2) 液压马达的转速为

$$n_M = \frac{q_M}{V_M}\eta_{MV} = \frac{25\times 10^{-3}/60}{25\times 10^{-6}}\times 0.92\text{r/s}$$

$$= 15.3\text{r/s} = 920\text{r/min}$$

三、习题

(一)填空题

1. 常用的液压泵有_____、_____和_____三大类。
2. 液压泵的工作压力是_____,其大小由_____决定。
3. 液压泵的公称压力是_____的最高工作压力。
4. 液压泵的排量是指_____。
5. 液压泵的公称流量是指_____。
6. 液压泵或液压马达的总效率等于_____和_____的乘积。
7. 在齿轮泵中,为了_____,在齿轮泵的端盖上开困油卸荷槽。
8. 在 CB-B 型齿轮泵中,减小径向不平衡力的措施是_____。
9. _____是影响齿轮泵压力升高的主要原因。在中、高压齿轮泵中,采取的措施是采用_____、_____、_____自动补偿装置。
10. 双作用叶片泵定子内表面的工作曲线由_____、_____和_____组成。常用的过渡曲线是_____。
11. 在 YB$_1$ 型叶片泵中,为了使叶片顶部和定子内表面紧密接触,采取的措施是_____。
12. 在高压叶片泵中,为了减小叶片对定子压紧力的方法有_____和_____。
13. 变量叶片泵通过改变_____来改变输出流量,轴向柱塞泵通过改变_____来改变输出流量。

第二章　液压泵和液压马达

14. 在SCY14-1B型轴向柱塞泵中，定心弹簧的作用是_____、_____。

15. 在叶片式液压马达中，叶片要_____放置。叶片式液压马达的体积小，转动惯量小，动作灵敏，适用于_____的场合。由于泄漏大，叶片式液压马达一般用于_____、_____和_____的场合。

（二）判断题

1. 液压泵的工作压力取决于液压泵的公称压力。（　　）
2. YB_1型叶片泵中的叶片依靠离心力紧贴在定子内表面上。（　　）
3. YB_1型叶片泵中的叶片向前倾，YBX型叶片泵中的叶片向后倾。（　　）
4. 液压泵在公称压力下的流量就是液压泵的理论流量。（　　）
5. 液压马达的实际输入流量大于理论流量。（　　）
6. CB-B型齿轮泵可作液压马达用。（　　）

（三）选择题

1. 液压泵实际工作压力称为_____；泵在连续运转时，允许使用的最高工作压力称为_____；泵在短时间内过载时所允许的极限压力称为_____。

   A. 最大压力　　B. 工作压力　　C. 吸入压力　　D. 公称压力

2. 泵在单位时间内由其密封容积的几何尺寸变化计算而得的排出液体的体积称为_____。

   A. 实际流量　　B. 公称流量　　C. 理论流量

3. 液压泵的理论流量_____实际流量。

   A. 大于　　B. 小于　　C. 等于

4. YB_1型叶片泵中的叶片靠_____紧贴在定子内表面；YBX型变量叶片泵中的叶片靠_____紧贴在定子内表面。

   A. 叶片的离心力　　B. 叶片根部的油液压力

   C. 叶片的离心力和叶片根部的油液压力

5. CB-B型齿轮泵中，泄漏途径有三条，其中_____对容积效率的影响最大。

   A. 轴向间隙　　B. 径向间隙　　C. 啮合处间隙

6. 对于要求运转平稳，流量均匀，脉动小的中、低压系统中，应选用_____。

   A. CB-B型齿轮泵　　B. YB_1型叶片泵　　C. 径向柱塞泵

7. 液压泵的最大工作压力应_____其公称压力，最大输出流量应_____其公称流量。

   A. 大于　　B. 小于　　C. 等于　　D. 大于或等于　　E. 小于或等于

8. 公称压力为6.3MPa的液压泵，其出口接油箱，则液压泵的工作压力为_____。

   A. 6.3MPa　　B. 0　　C. 6.2MPa

（四）问答题

1. 液压泵要完成吸油和压油，必须具备的条件是什么？
2. 在齿轮中，开困油卸荷槽的原则是什么？
3. 在齿轮泵中，为什么会产生径向不平衡力？
4. 高压叶片泵的结构特点是什么？
5. 限压式变量叶片泵的工作特性是什么？

（五）计算题

1. 某液压泵的工作压力为10MPa，实际输出流量为60L/min，容积效率为0.9，机械效率为0.94，试求：

   1）液压泵的输出功率。

   2）驱动该液压泵的电动机所需功率。

2. 某液压马达的排量为$V_M = 100$mL/r，输入压力为$p = 10$MPa，背压力为1MPa，容积效率$\eta_{MV} = 0.96$，

机械效率 $\eta_{Mm}=0.86$,若输入流量为 40L/min,求液压马达的输出转速、转矩、输入功率和输出功率。

3. 已知液压泵的输出压力 $p=12$MPa,其机械效率 $\eta_m=0.94$,容积效率 $\eta_V=0.92$,排量 $V=10$mL/r;液压马达的排量为 $V_M=10$mL/r,液压马达的机械效率为 $\eta_{Mm}=0.92$,液压马达的容积效率 $\eta_{MV}=0.85$,当液压泵的转速为 1450r/min 时,试求:

1)液压泵的输出功率。
2)驱动液压泵所需的功率。
3)液压马达的输出转矩。
4)液压马达的输出功率。
5)液压马达的转速。

4. 某液压系统采用限压式变量泵供油,泵的效率为 0.75,泵的流量压力特性曲线如图 2-29 所示,当工作压力为 5MPa 时,试求:

1)液压泵的输出功率。
2)驱动该液压泵所需的电动机最大功率。

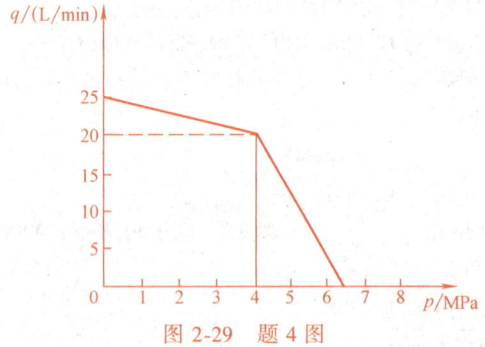

图 2-29 题 4 图

第三章 液压缸

液压缸与液压马达一样,也是一种执行元件。它们都是将液压能转换成机械能的一种能量转换装置。它们的区别是:液压马达将液压能转换成连续回转的机械能,输出的通常为转矩与转速;而液压缸则将液压能转换成进行直线运动(或往复直线运动)的机械能,输出的通常为推力(或拉力)与直线运动速度。

第一节 液压缸的类型及其特点

根据结构特点,液压缸可分为活塞式液压缸和柱塞式液压缸两种类型。

一、活塞式液压缸

活塞式液压缸又可分为双活塞杆液压缸和单活塞杆液压缸两种。

(一)双活塞杆液压缸

双活塞杆液压缸根据活塞杆固定还是缸体固定又可分为实心双杆液压缸和空心双杆液压缸两种。

1. 实心双杆液压缸

图 3-1 所示为平面磨床的实心双杆液压缸结构。这种形式的液压缸,其缸体固定在床身上,活塞杆和工作台靠支架 9 和螺母 10 连接在一起。压力油通过油道 a(或 b)分别进入液压缸两腔,推动活塞带动工作台做往复运动。活塞上的孔 c 用于装配活塞杆时排出空气。

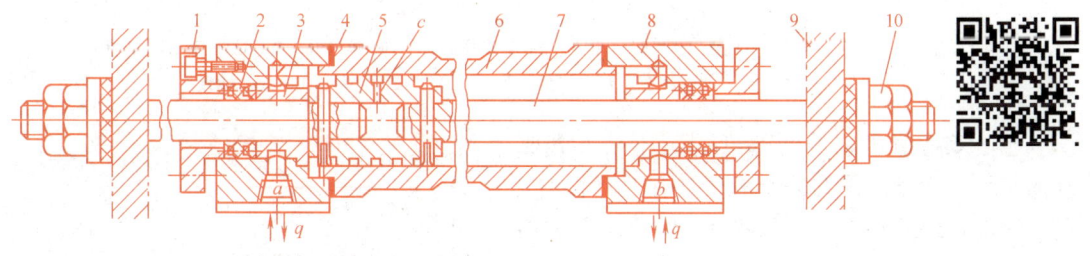

图 3-1 实心双杆液压缸结构

1—压盖 2—密封圈 3—导向套 4—纸垫 5—活塞 6—缸体 7—活塞杆 8—端盖 9—支架 10—螺母

由于活塞两端有效面积相等,如果供油压力和流量不变,那么活塞往返运动时两个方向的作用力和速度均相等,即

$$v = \frac{q}{A} = \frac{4q}{\pi(D^2 - d^2)} \tag{3-1}$$

$$F = pA = \frac{p\pi(D^2 - d^2)}{4} \tag{3-2}$$

式中 v——活塞运动速度(m/s);

q——供油流量(m^3/s);

F——活塞（或缸体）上的作用力（N）；
p——供油压力（Pa）；
A——活塞有效面积（m^2）；
D——活塞直径（m）；
d——活塞杆直径（m）。

实心双杆液压缸驱动的工作台运动范围大，约等于液压缸有效行程的3倍，因而其占地面积较大，如图3-2所示。它一般只适用于小型机床。

2. 空心双杆液压缸

图3-3所示为外圆磨床的空心双杆液压缸结构。这种形式的液压缸，其活塞杆固定在床身上，缸体和工作台连接在一起。压力油通过活塞杆2的中心孔和径向孔 b（或 a）分别进入液压缸两腔，推动缸体带动工作台做往复运动。缸体11所受到的作用力及其运动速度的计算与实心双杆液压缸类同。

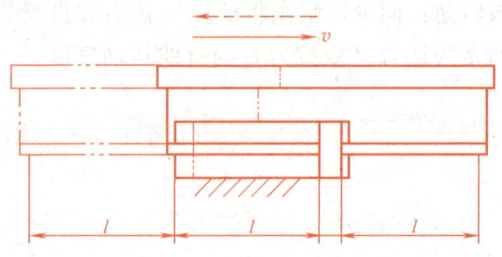

图3-2 实心双杆液压缸的运动范围

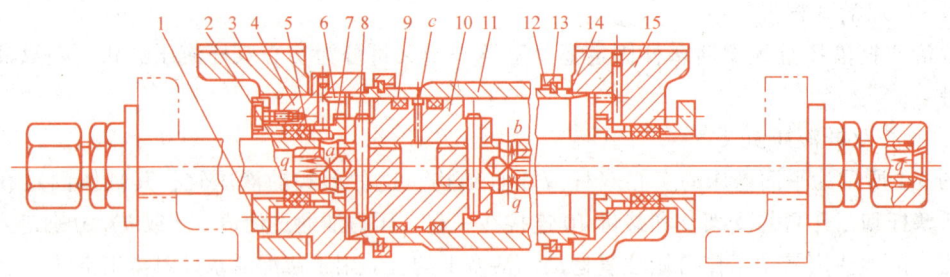

图3-3 空心双杆液压缸结构

1—压盖 2—活塞杆 3—托架 4、15—端盖 5—V形密封圈 6—排气孔 7—导向套 8—锥销
9—O形密封圈 10—活塞 11—缸体 12—压板 13—半环 14—密封圈

空心双杆液压缸的活塞杆固定不动，其驱动的工作台运动范围约等于液压缸有效行程的2倍，因而占地面积较小，如图3-4所示。它常用于大、中型机床和其他设备上。

（二）单活塞杆液压缸

在单活塞杆液压缸中，由于活塞两端的有效面积不等，因此如果向两腔输入的流量相同时，活塞在两个方向的运动速度不相等；同样，如果向两腔输入的油压相同时，活塞在两个方向所产生的力（拉力或推力）也不相等。

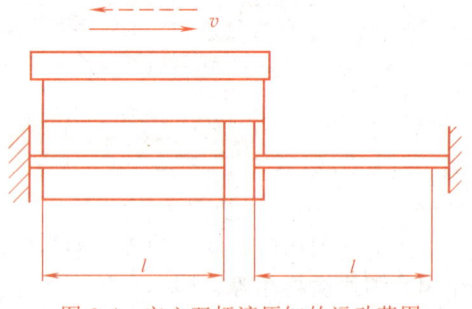

图3-4 空心双杆液压缸的运动范围

1. 单活塞杆液压缸的结构

图3-5所示为液压滑台的液压缸。它由缸体10、活塞杆11和进油管15、出油管17等组成。液压缸固定在滑座2上，活塞杆11通过支架4固定在滑台体3的下面，活塞杆移动时，即带动滑台体3做进给运动。

第三章 液压缸

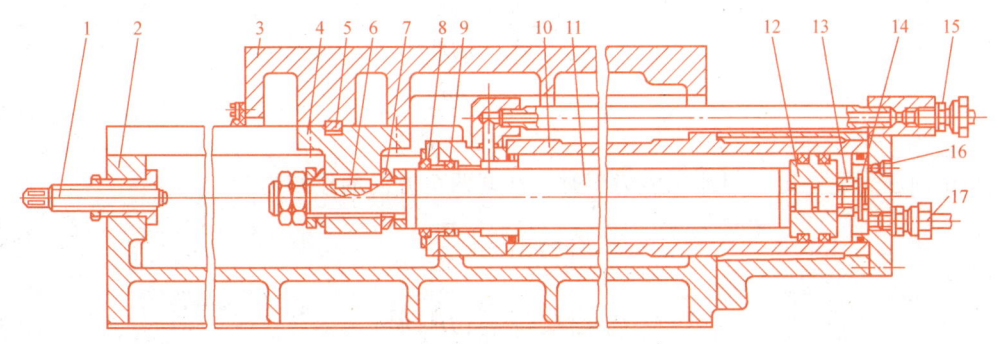

图 3-5 液压滑台的液压缸

1—调节螺钉 2—滑座 3—滑台体 4—支架 5、6—键 7—球面垫圈 8—防尘圈 9—Y形密封圈
10—缸体 11—活塞杆 12—活塞 13—螺母 14—销钉 15、17—油管 16—排气阀

为了增加连接刚度和改善连接螺钉的工作条件，在支架 4 和滑台体 3 的接合面处设有键 5。为了提高滑台停留的位置精度，在滑座 2 的左边设有作固定挡块用的调节螺钉 1。为了提高低速进给时的工作稳定性，防止由于空气渗入而产生爬行现象，在液压缸右边设有排气阀 16。

为了补偿件 2、3、4、10、11 等零件的几何误差对装配质量的影响，除采用球面垫圈 7 外，还在活塞杆 11 与支架 4 的连接处留有较大的间隙，这样就可以保证组装后的滑台体运动轻快，不会出现别劲现象。另外，为了装配时便于拧紧螺母，在支架和活塞杆的连接处设有平键 6。

活塞 12 与活塞杆 11 的紧固采用六角槽形螺母 13，并用销钉 14 防松。

活塞与缸体之间的密封和活塞杆伸出处的密封均采用 Y 形密封圈。另外，防尘圈 8 是为了防止活塞杆伸出部分的尘土、杂物带入导向套、侵入密封圈 9 而设置的，这样可改善密封圈的工作条件，从而延长其使用寿命。

单活塞杆液压缸可以是缸体固定，活塞运动；也可以是活塞杆固定，缸体运动。无论采用哪一种形式，液压缸运动所占空间长度都是行程的 2 倍，如图 3-6 所示。

2. 单活塞杆液压缸速度和推力的计算

参照图 3-7，当供给液压缸的流量 q 一定时，活塞两个方向的运动速度为

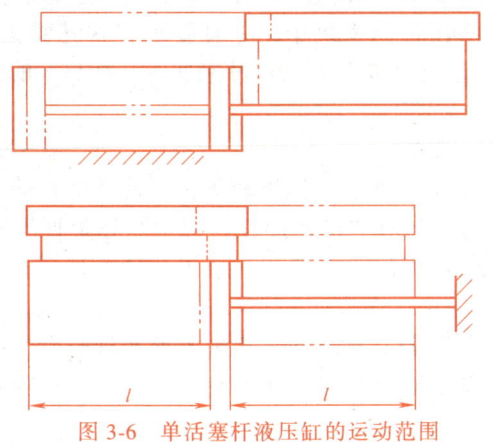

图 3-6 单活塞杆液压缸的运动范围

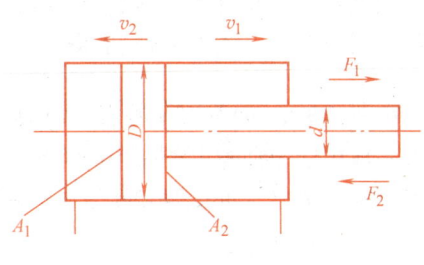

图 3-7 单活塞杆液压缸的计算简图

$$v_1 = \frac{q}{A_1} = \frac{4q}{\pi D^2} \tag{3-3}$$

$$v_2 = \frac{q}{A_2} = \frac{4q}{\pi(D^2-d^2)} \tag{3-4}$$

当供油压力 p 一定、回油压力为零时，活塞两个方向的作用力为

$$F_1 = pA_1 = p\frac{\pi}{4}D^2 \tag{3-5}$$

$$F_2 = pA_2 = p\frac{\pi}{4}(D^2-d^2) \tag{3-6}$$

由于 $A_1 > A_2$，所以 $F_1 > F_2$，$v_1 < v_2$。

以上特点常用于实现机床的工作进给（用 v_1、F_1）和快速退回（用 v_2、F_2）。

3. 单活塞杆液压缸的差动连接

如图 3-8 所示，当压力油同时供给单活塞杆液压缸的两腔时，由于无杆腔的总作用力较大，活塞以一定速度向右运动。此时，有杆腔排出的油液与泵供给的油液汇合后进入液压缸的无杆腔。这种连接方式称为差动连接。差动连接时作用力为

$$F_3 = p(A_1 - A_2) = pA_3 \tag{3-7}$$

速度为

$$v_3 = \frac{q+q_2}{A_1} = \frac{q+v_3 A_2}{A_1}$$

所以

$$v_3 = \frac{q}{A_1 - A_2} = \frac{q}{A_3} \tag{3-8}$$

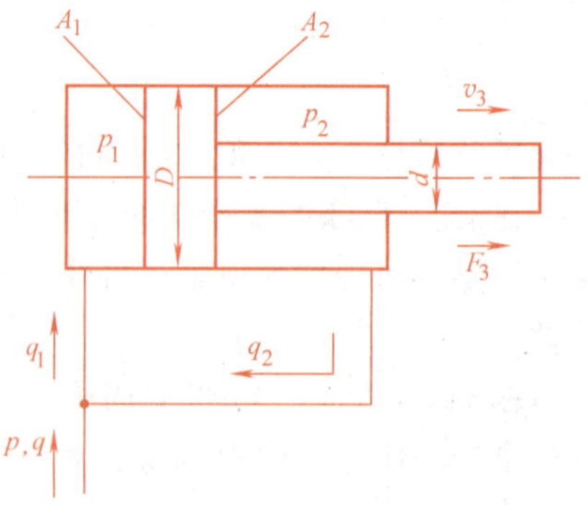

图 3-8 单活塞杆液压缸的差动连接

式中 A_3——活塞两端有效面积之差（m²），即活塞杆的截面积，$A_3 = A_1 - A_2 = \frac{\pi}{4}d^2$。其他符号意义同前。

式（3-8）与式（3-3）相比，由于 $A_3 < A_1$，所以 $v_3 > v_1$，得到快速运动；式（3-7）与式（3-5）相比，$F_3 < F_1$，从而推力减小。

实际生产中，单活塞杆液压缸常用在需要实现"快速接近（v_3）——慢速进给（v_1）——快速退回（v_2）"工作循环的组合机床液压传动系统中，并且要求"快速接近"与"快速退回"的速度相等，即 $v_3 = v_2$，这可以通过选择 D 与 d 的尺寸来实现。D 与 d 的关系可由式（3-4）、式（3-8）求得

$$D^2 = 2d^2 \quad \text{或} \quad d = 0.7D \tag{3-9}$$

由式（3-9）可知，为保证"快速接近"与"快速退回"的速度相等，可使活塞杆的面积等于液压缸无杆腔有效面积的一半（或 $d = 0.7D$）。当对"快速接近"与"快速退回"的速度没有要求时，可按照实际需要的速度比来确定 D 和 d。

二、柱塞缸

图 3-9 所示为柱塞缸的结构。柱塞缸是单作用液压缸，即靠液体压力只能实现一个方向的运动，回程要靠自重（当液压缸垂直放置时）或弹簧力等其他外力来实现。为了得到双向运动，柱塞缸常成对使用，如图 3-10 所示。

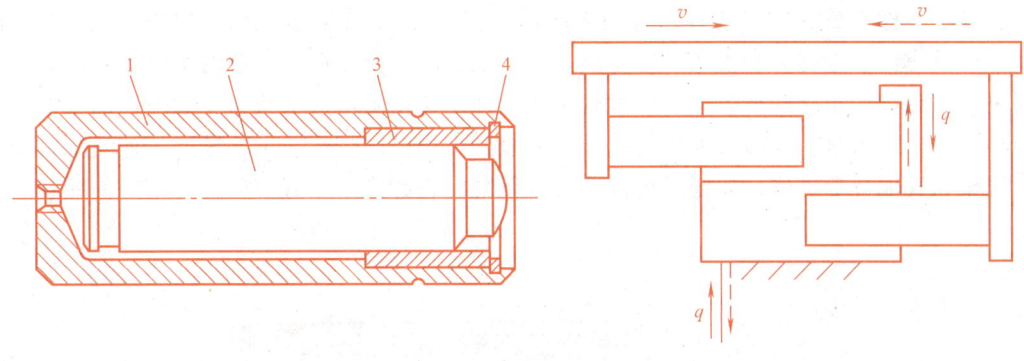

图 3-9 柱塞缸的结构   　　　　图 3-10 双向运动柱塞缸的工作原理

1—缸体 2—柱塞 3—导向套 4—弹簧卡圈

柱塞缸的柱塞和缸体内壁不接触，缸体内孔只需粗加工甚至不加工，故工艺性好，适宜做长行程液压缸。

柱塞缸工作时，柱塞总是受压，因此它必须具有足够的刚度。为了减轻重量，防止柱塞下垂（水平放置时），降低密封装置的单面摩擦，柱塞缸的柱塞通常做成空心的，如图 3-11 所示。

柱塞上的有效作用力 F 为

$$F = pA = p\frac{\pi}{4}d^2 \tag{3-10}$$

柱塞运动速度为

$$v = \frac{q}{A} = \frac{4q}{\pi d^2} \tag{3-11}$$

式中 d——柱塞直径（m^2）。其他符号的意义同前。

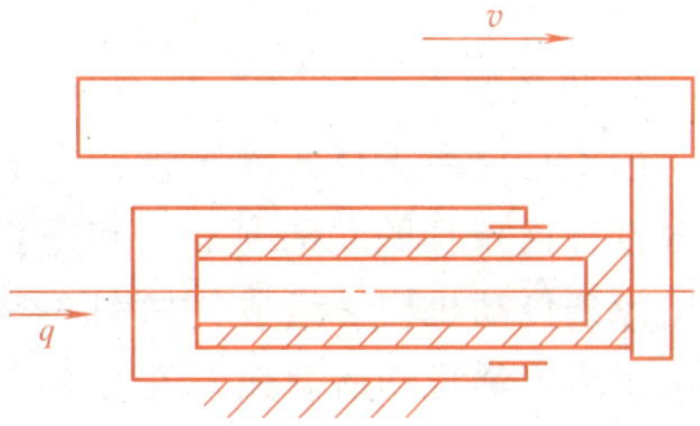

图 3-11 柱塞缸运动示意图

三、组合式液压缸

上述液压缸为基本形式的液压缸。为了满足特定的需要，这些基本形式的液压缸和传动机构可分别组合成特种缸。

1. 增压器

增压器将输入的低压油转变为高压油，供液压系统中的高压支路使用，其工作原理如图 3-12 所示。它由直径不同的两个液压缸串联而成，大缸为原动缸，小缸为输出缸。设输入原动缸的压力为 p_1，输出缸的出油压力为 p_2，根据力平衡关系有

$$\frac{\pi}{4}D_2^2 p_2 = \frac{\pi}{4}D_1^2 p_1$$

整理得

$$p_2 = \frac{D_1^2}{D_2^2} p_1 \tag{3-12}$$

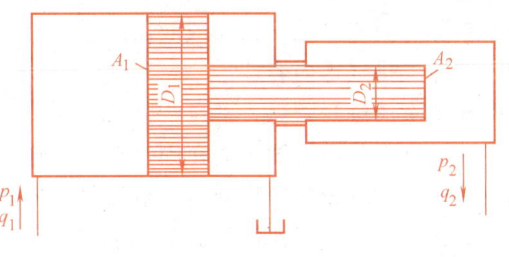

图 3-12 增压器

式中，比值 D_1^2/D_2^2 称为增压比。

2. 多级缸

多级缸又称伸缩缸，它具有二级或多级活塞，如图 3-13 所示。它主要由活塞 1、套筒 2、O 形密封圈 3、缸体 4 和缸盖 5 等组成。前一级缸的活塞是后一级缸的缸体。活塞伸出的顺序是从大到小，相应的推力也是由大变小，而伸出速度则由慢变快；空载缩回的顺序一般是先小活塞再大活塞。收缩后液压缸总长度较短，占用空间较小，结构紧凑。伸缩缸常用于工程机械和其他行走机械，如起重机伸缩臂液压缸、自卸汽车举升液压缸等都是伸缩缸。

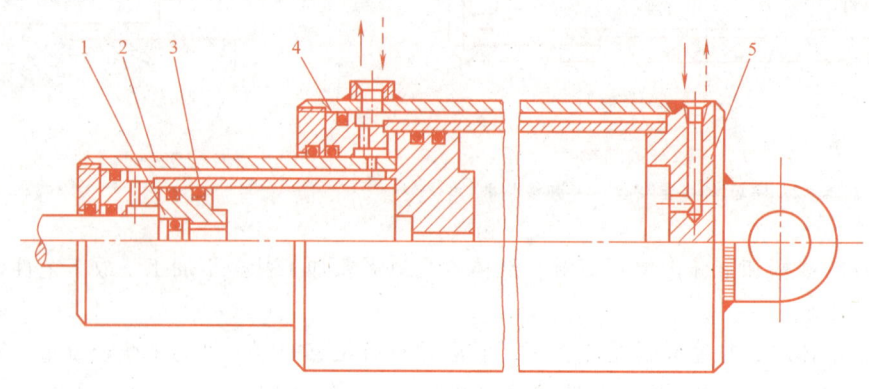

图 3-13 伸缩缸结构
1—活塞 2—套筒 3—O 形密封圈 4—缸体 5—缸盖

3. 齿条缸

齿条缸又称无杆式液压缸，它由一根带有齿条杆的双活塞缸 1 和一套齿轮齿条传动机构 2 组成，如图 3-14 所示。压力油推动活塞做左右往复直线运动时，齿轮齿条传动机构将活塞的往复直线运动转变为齿轮的摆动。齿条缸常用于自动线、组合机床等设备的转位或分度机构的液压系统中。

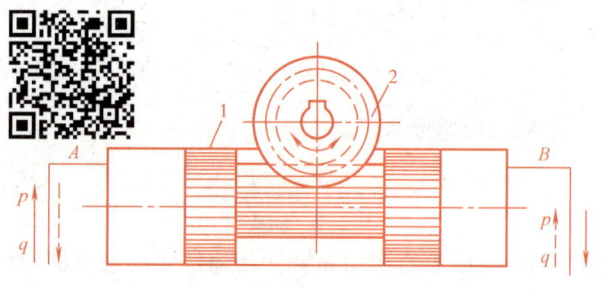

图 3-14 齿条缸
1—双活塞缸 2—齿轮齿条传动机构

第二节 液压缸的结构

液压缸由缸体组件（缸体、端盖等）、活塞组件（活塞、活塞杆等）、密封件和连接件等基本部分组成。此外，一般液压缸还设有缓冲装置和排气装置。本节主要介绍液压缸的密封、缓冲、排气等内容。

一、液压缸的密封

液压缸中的压力油可能在固定部件的连接处和相对运动部件的配合处发生泄漏。泄漏会造成液压缸的容积效率降低，油液发热，外泄漏还会污染工作环境。严重的泄漏会影响液压缸的工作性能，甚至使液压缸不能正常工作。因此，采用适当的密封装置来防止和减少泄漏，是液压缸设计的一个很重要的问题。当然，密封装置还有防止空气和污染物侵入的作用。在液压缸中，相对往复运动部件间的泄漏问题较为突出。如图 3-15 所示，它既有内泄漏，又有外泄漏。因此，要求所选用的液压缸密封元件必须具有良好的密封性能，并且密封性能应随工作压力的提高而自动提高。此外，还要求密封元件结构简单、寿命长、摩擦力小、成本低，密封件与液压油有良好的相容性等。

常见的密封方法有以下两种。

（一）间隙密封

间隙密封如图 3-16 所示，它是利用运动副间的配合间隙起密封作用的。图中活塞外圆表面上开有若干个环形槽，其目的主要是使活塞四周都受压力油的作用，这有利于活塞的对中，减小活塞移动摩擦力。为了减少泄漏，相对运动部件间的配合间隙必须足够小，但不能妨碍相对运动的进行，故对配合面的加工精度和表面粗糙度提出了较高的要求。合理的配合间隙（0.02~0.05mm）可使这种密封形式的摩擦力较小且泄漏也不大。间隙密封主要用于速度较高、压力较小、尺寸较小的液压缸与活塞配合处，以及各种泵、阀的柱塞配合中。

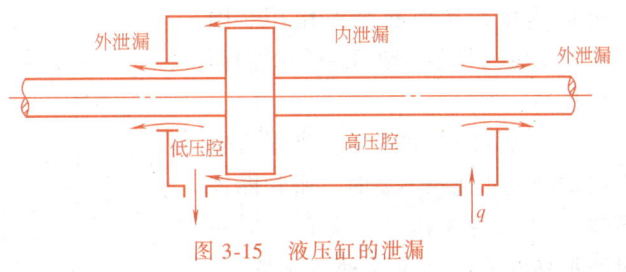

图 3-15 液压缸的泄漏

（二）密封圈密封

密封圈密封是液压系统中应用最广泛的一种密封方法，它通过密封圈本身的受压变形来实现密封。橡胶密封圈的断面通常做成 O 形、Y 形和 V 形，下面分别介绍这三种密封方法。

1. O 形密封圈密封

O 形密封圈是一种截面为圆形的橡胶圈（图 3-17a），一般用丁腈橡胶制成。这种密封圈结构简单，密封性能良好，摩擦阻力较小，制造容易，成本低，体积小，安装沟槽尺寸小，使用非常方便。其使用工作压力为 0~30MPa，工作温度为 -40~120℃。O 形密封圈应用比较广泛，可用于直线往复运动和回转运动的密封，也可用于无相对运动的静密封；可用于外圆表面密封、内圆表面密封及端面密封。图 3-18 所示为 O 形密封圈在液压缸密封中的应用，图中 a 表示动密封，b 表示静密封。

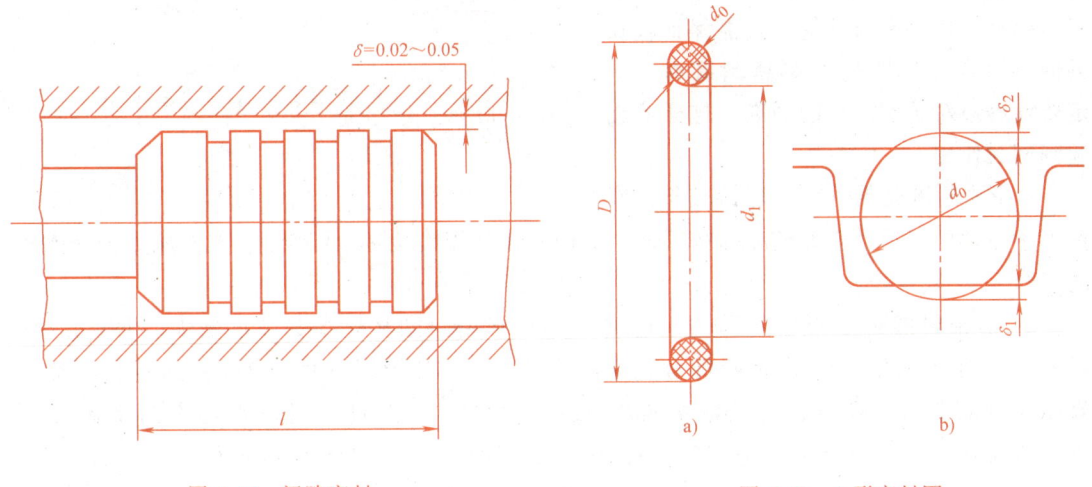

图 3-16 间隙密封 　　　　　　　图 3-17 O 形密封圈

O 形密封圈安装时要有合适的预压缩量 δ_1 和 δ_2（图 3-17b），这样既可保证良好的密封性，又不会因摩擦力过大而加快磨损。O 形密封圈在沟槽中受到油压的作用变形而紧贴横槽和缸的内壁，从而起密封作用。因此，它的密封性能可随压力的增加而有所提高。

O形密封圈的缺点是：当压力较高或沟槽尺寸选择不妥时，密封圈容易被挤出（图3-19a），从而造成密封圈损坏。为了避免这种情况发生，当工作压力大于10MPa时，在O形密封圈的一侧或两侧（取决于压力油作用于一侧或两侧）增加一个用比橡胶硬的聚四氟乙烯制成的挡圈（图3-19b、c）。

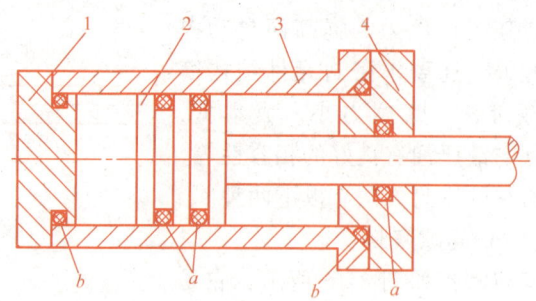

图3-18 O形密封圈在液压缸密封中的应用
1—后盖 2—活塞 3—缸体 4—前盖

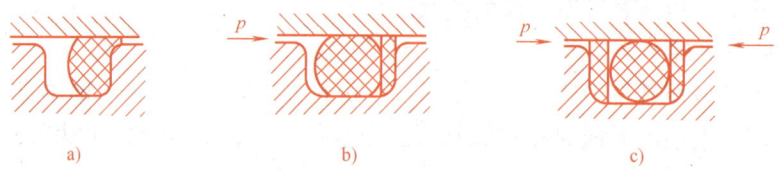

图3-19 O形密封圈保护挡圈的使用

2. Y形密封圈密封

Y形密封圈如图3-20所示，一般也用耐油的丁腈橡胶制成。它依靠略微张开的唇边贴于密封面而保持密封。在油压作用下，唇边作用在密封面上的压力随之增加，并在磨损后有一定的自动补偿能力，故Y形密封圈有较好的密封性能，且能保证较长的使用寿命。在装配Y形密封圈时，一定要使唇边对着有压力的油腔，这样才能起到密封作用。

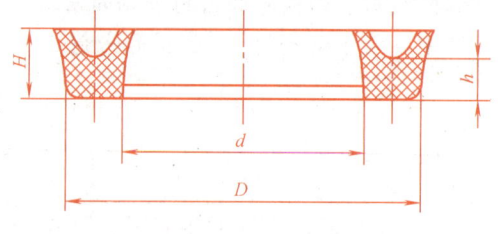

图3-20 Y形密封圈

Y形密封圈密封可靠，寿命较长，摩擦力小，常用于运动速度较高的液压缸，适用于工作温度为-40~80℃、工作压力为20MPa的场合。

Y_x形密封圈是Y形密封圈的改进型，与Y形密封圈相比，其宽度较大（图3-21），不易产生翻转现象。Y_x形密封圈分孔用（图3-21a）和轴用（图3-21b）两种，一般由聚氨酯橡胶制成。这种密封圈结构紧凑，在密封性、耐磨性和耐油性等方面都比Y形密封圈优越，其工作压力可达32MPa，最高使用温度可达100℃，因而使用日趋广泛。

3. V形密封圈

V形密封圈用带夹织物的橡胶制成。它由支承环、密封环和压环三部分叠合组成，如图3-22所示。当要求密封压力高于10MPa时，可增加密封环的数量。安装时也应注意方向，即密封环的开口应面向压力油腔。

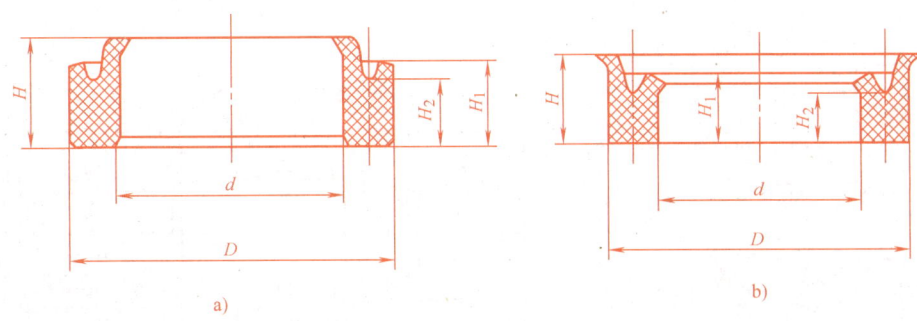

图 3-21 Y_x 形密封圈

a) 孔用 b) 轴用

V 形密封圈耐高压，密封性能好，但密封处摩擦力较大。目前，在小直径运动副中大多采用 Y 形或 Y_x 形密封圈，但在大直径柱塞或低速运动活塞杆上仍采用 V 形密封圈。其工作温度为 $-40 \sim 80$°C，工作压力可达 50MPa。

二、液压缸的缓冲

当运动部件的质量较大、运动速度较高（如大于 12m/min）时，由于惯性力较大，具有很大的动量，因而在活塞运动到缸体的终端时，会与端盖发生机械碰撞，产生很大的冲击和噪声，严重影响机械精度。为此，在大型、高速或高精度的液压设备中，必须设置缓冲装置。常见的缓冲装置有以下几种。

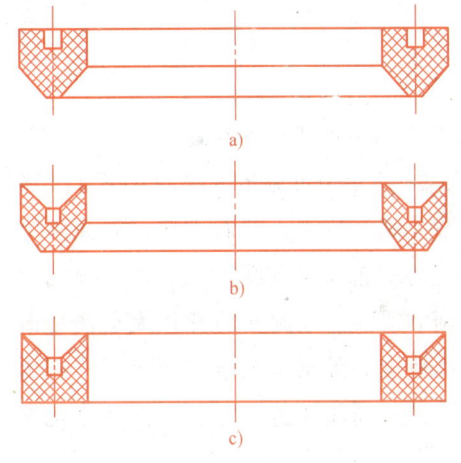

图 3-22 V 形密封圈

a) 支承环 b) 密封环 c) 压环

1. 环状间隙式缓冲装置

图 3-23a 所示为一种环状间隙式缓冲装置。它由活塞上的圆柱形柱塞和液压缸端盖上的内孔组成。当缓冲柱塞进入缸盖上的内孔时，封闭在液压缸腔内的油液只能从环形间隙 δ 排出，产生缓冲压力，从而实现减速缓冲。在缓冲过程中，由于这种装置的节流面积不变，故缓冲开始时产生的缓冲制动力很大，但很快就会降低，缓冲效果较差。为使缓冲作用均衡，可将圆柱形柱塞加工成 $\theta \approx 5°$ 的圆锥体，如图 3-23b 所示。这种缓冲装置的过流断面随着缓冲行程的增大而减小，缓冲压力均匀，缓冲效果较好。

2. 节流口可变式缓冲装置

图 3-24 所示为可变节流缓冲液压缸。活塞 5 的两端开有轴向三角槽，前、后端盖 3、8 上的钢球起单向阀作用。在活塞起动时，压力油顶开钢球进入液压缸，推动活塞运动。当活塞接近缸的端部时，回油路被活塞逐渐封闭，使缸内油液只能通过活塞上的轴向三角槽缓慢排出，从而使活塞受到制动作用而减速。这种缓冲装置节流口的过流断面随活塞的移动而逐渐减小，缓冲作用均匀，冲击压力小，制动位置精度高。

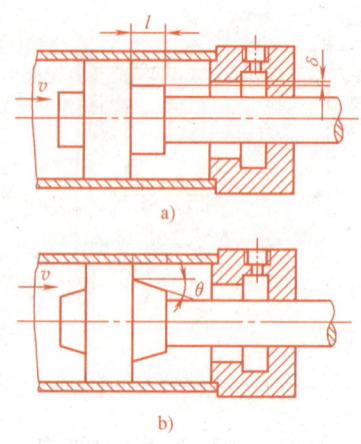

图 3-23 环状间隙式缓冲装置

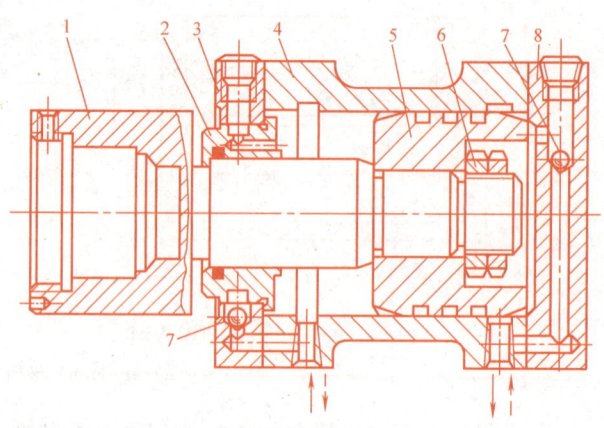

图 3-24 可变节流缓冲液压缸
1—活塞杆 2—导套 3—前端盖 4—缸体 5—活塞 6—螺母
7—单向阀 8—后端盖

3. 节流口可调式缓冲装置

图 3-25 所示为可调节流缓冲液压缸。当活塞运动到缓冲柱塞 1 插入 c 腔时，a 腔的油液只能经节流阀 2 流入 c 腔而排出，回油阻力增大，使活塞运动速度减慢，从而实现制动缓冲。调节缓冲节流阀 2 的开口大小便可改变缓冲的速度和效果。当活塞运动时，压力油由 c 腔经单向阀 3 进入 a 腔，使活塞迅速起动。

上述各种缓冲装置只能在液压缸全行程终了时才能起缓冲作用。当执行元件在行程中间停止运动时，上述装置不起作用，这时，可在回油路上设置行程节流阀来实现缓冲。

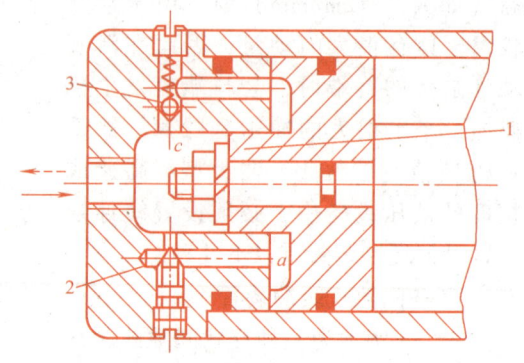

图 3-25 可调节流缓冲液压缸
1—缓冲柱塞 2—节流阀 3—单向阀

三、液压缸的排气

液压系统往往会混入空气，使系统工作不稳定，产生爬行和前冲等现象，严重时会使系统无法正常工作。因此，在设计液压缸时，必须考虑空气的排除。

对于要求不高的液压缸，往往不设专门的排气装置，而是将油口布置在缸体两端的最高处（图 3-1），由流出的液压油将缸中的空气带走；对于速度稳定性要求较高的液压缸和大型液压缸，常在液压缸的最高处设置专门的排气装置，如排气塞、排气阀等。图 3-26 所示为排气塞的结构。当松开排气塞螺钉时，带有气泡的油液就会排出，空气排完后拧紧螺钉，液压缸便可正常工作。

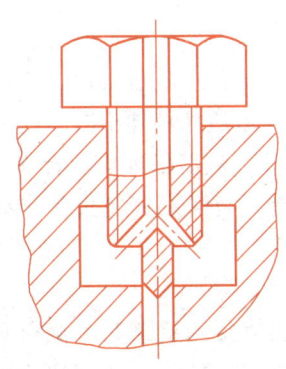 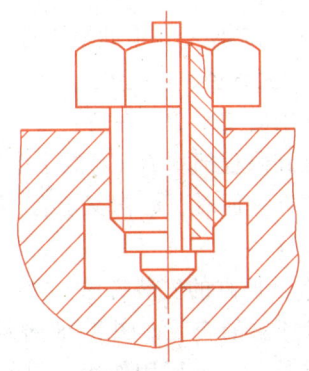

图 3-26 排气塞的结构

第三节　液压缸的安装、调整、维护与常见故障分析

对于一种机器来说，只有正确地安装和使用，才能完全发挥它应有的性能。对于液压缸也是一样，一定要做到正确安装、调整和维护，特别是对于大直径、大行程的液压缸，更是如此。

一、液压缸的正确安装方法

1. 地脚形液压缸的安装方法

图 3-27b 所示为地脚形大直径、大行程液压缸的正确安装方法。图中地脚紧固螺栓（一般有四个）的大小是根据液压缸的最高使用压力，进行强度计算得出的。为避免地脚螺栓直接承受推力载荷，可在液压缸一个地脚的两侧安装止推挡块 A、B，如图 3-27b 所示。活塞杆伸出（或缩回）时所产生的载荷由止推挡块 B（或 A）直接承受，而地脚螺栓 2 仅承受上下方向的作用力。在液压缸拆卸后的再次安装过程中，止推挡块 A、B 还起到定位作用。在 3、4 处的压板挡块 C 只限制缸体上抬，不应限制缸体的轴向伸展。图 3-27a 所示安装法错误，导致活塞杆与缸体变形严重。

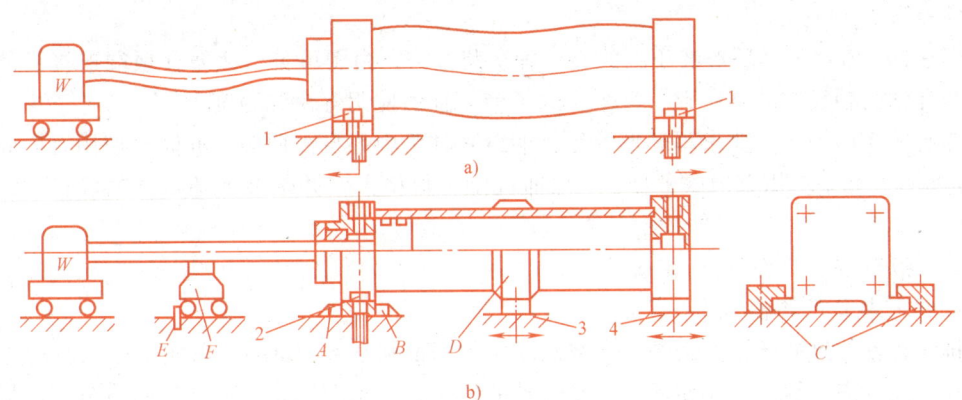

图 3-27　地脚形大直径、大行程液压缸的安装方法
a）不正确　b）正确

同时还需注意：

1) 液压缸的基座必须有足够的刚性。

2) 在设计大直径、大行程（行程达到 2000~2500mm 以上）液压缸时，有必要在液压缸缸体上设置中间支座 D，在活塞杆上设置活动支承台 F。当活塞杆伸出时，支承台 F 也向左运动直至碰到限程挡块 E（E 处于中间位置）后停止不动，从而保证支承台 F 停留在最佳位置；当活塞杆缩回时，起初支承台 F 仍停留在最佳位置，当活塞杆越过一半时就带着支承台一起向右移动。

2. 法兰形液压缸的安装方法

法兰形液压缸的安装如图 3-28 所示。安装螺栓 A 不能直接承受载荷，载荷只能作用在支座 B 上，螺栓 A 仅起紧固作用。因此，当液压缸的有杆腔工作时，一定要按照图 3-28a 所示方法安装；当液压缸无杆腔工作时，一定要按照图 3-28b 所示方法安装。若将大直径、大行程液压缸水平安装，由于其重量很大，则需要利用支承挡块 C（或定位销）来承受液压缸的重量，最好再设置防止挠曲用的托架 E。

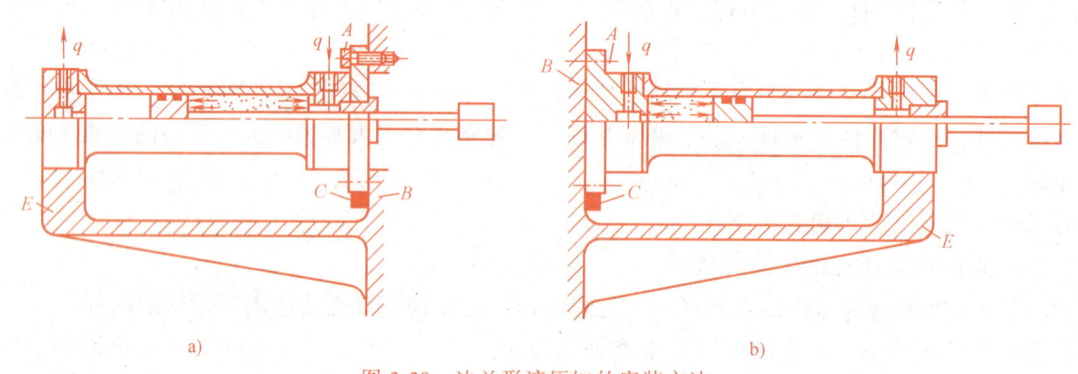

图 3-28 法兰形液压缸的安装方法
a) 有杆腔受力工作　b) 无杆腔受力工作

3. 耳环形液压缸的安装方法

图 3-29a 所示为耳环形液压缸的正确安装方法。这种液压缸以耳轴为支点，在与耳轴垂直的平面内摆动的同时做往复直线运动，所以活塞杆顶端连接头的轴线方向必须与耳轴的轴线方向一致。

图 3-29b 所示为耳环形液压缸的不正确安装方法。由图可见，活塞杆顶端连接头的轴线方向与耳轴的轴线方向不一致，严重影响了液压缸的使用寿命和强度。

在有些使用场合，要求耳环形液压缸能以耳轴为中心自由回转，此时可使用万向联轴器（图 3-29c）；如果不用万向联轴器，将耳轴孔加工得稍大些并带有大圆弧，也可有一定效果（图 3-29d）。

二、液压缸的调整

1. 排气装置的调整

排气装置一般的调整方法是：先将动作压力降低到 0.5~1MPa，以便于原来溶解在油中的空气分离出来。然后，在使活塞交替运动的同时，一手用纱布盖住空气的喷出口，另一手开、闭排气阀（塞）。当活塞到达向右的行程末端，在压力升高的瞬间打开右腔的排气阀（塞），而在向左行程开始前的瞬间关闭右腔的排气阀（塞）。这样反复几次，就能将液压缸

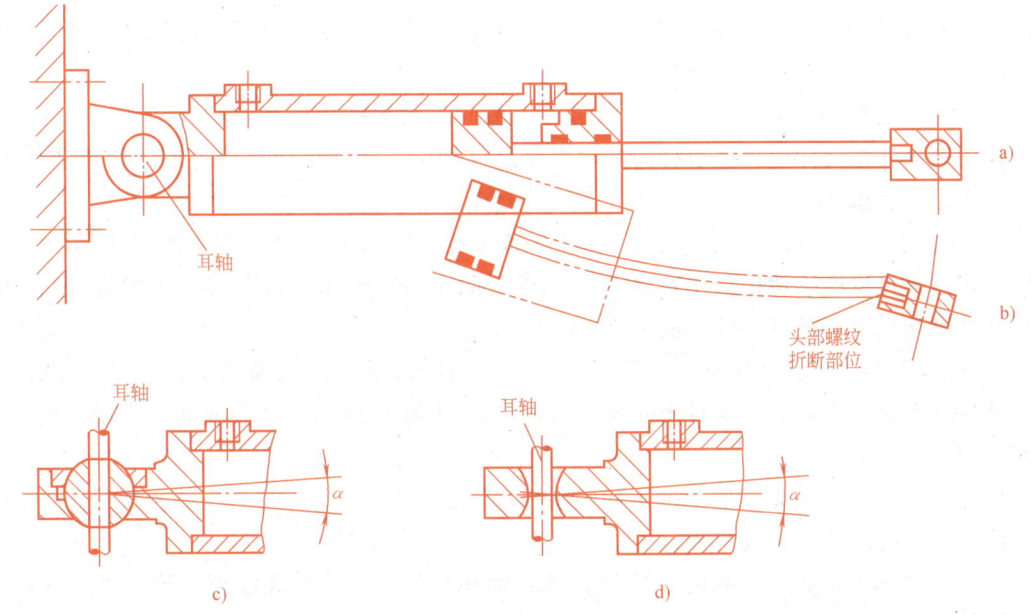

图 3-29 耳环形液压缸的安装方法

右腔的空气排干净。可用相应的办法排出左腔的空气。

2. 缓冲装置的调整

在液压装置做运转试验时，如应用缓冲液压缸，就需要调整缓冲调节阀。开始先把缓冲调节阀放在流量较小的位置，然后渐渐地增大节流口，直到满意为止。对于连续顺序动作的回路，如对循环时间有特别要求时，应预先对设计参数进行充分的考虑，并在运转试验中调整得符合要求。

3. 注意事项

在液压装置的运转试验中，要检查进、出油口配管部分和活塞杆伸出部分有无漏油，以及活塞杆头部与被驱动体的结合部分和液压缸的安装螺栓等有无松脱现象。还要注意对耳轴和铰轴等轴承部分加注润滑油。

三、液压缸的维护

液压缸的一般维护是指更换密封元件、防尘元件，排出油管接头处的漏油及消除连接部位螺纹的松动现象等。

在液压缸的维护工作中，有时需要拆卸液压缸。以下重点介绍拆卸、检查液压缸的顺序及检查部位和判断方法等。

1. 液压缸的拆卸要点和注意事项

1）在拆卸液压缸前先松开溢流阀，将系统压力降为零，再切断电源，系统停止工作。

2）若要从设备上卸下液压缸，就需松开进、出油口配管，活塞杆端的连接头和安装螺栓等。拆卸时，不能损伤活塞杆头部的螺纹，进、出油口螺纹和活塞杆表面。

3）拆卸液压缸时，一般应先松开端盖的紧固螺栓，然后按照顺序拆卸。缸体、端盖和活塞杆拆卸前，应利用液压力先将活塞移动到缸体拆卸最方便的一端。对于立式液压缸，应将其活塞下降到最低位置，以便于拆卸。

2. 检查部位和判断方法

（1）缸体内表面　缸体内表面产生纵向的较深拉伤痕时，应更换新的缸体。若拉伤痕迹较浅，可用极细的砂纸或磨石修复。

（2）活塞杆的滑动表面　活塞杆的滑动表面产生纵向拉伤或撞痕时，判断和处理办法与缸体内表面的情况相同。活塞杆的滑动表面是镀硬铬的，如果镀层产生剥落而形成伤痕，应重新镀铬或重做新活塞杆。

（3）密封　在拆卸检查时，首先看密封件的唇边有无受伤以及密封摩擦面的磨损情况，然后判定是否可以继续使用，还要检查 O 形密封圈是否被挤出而破碎等。当发现密封件有磨损和轻微伤痕时，最好予以更换。

（4）活塞杆导向套的内表面　活塞杆导向套内表面的不均匀磨损深度为 0.2~0.3mm 时，就应更换导向套。活塞密封槽的表面粗糙度值为 $Ra6.3\mu m$ 时就会漏油，可用极细的砂纸修正。

（5）活塞表面　活塞表面上的不均匀磨损深度为 0.2~0.3mm 时，应更换新活塞，还要检查活塞是否有裂纹，活塞的密封槽是否受伤。

（6）其他部分的检查　有时还要检查耳环轴和铰轴等部位有无裂缝，连接处的螺纹有无异常等。

3. 液压缸组装时的注意事项

这里只介绍密封元件的安装和液压缸装配中的几个注意事项。

（1）安装密封元件的一般注意事项

1）毛刺和锐角的清除。为了保护密封圈的唇边，常常在密封元件的插入处做出导向锥面和大倒角，如图 3-30 所示。在自由状态下压入密封圈时，要设置较大的导向锥面，当缸

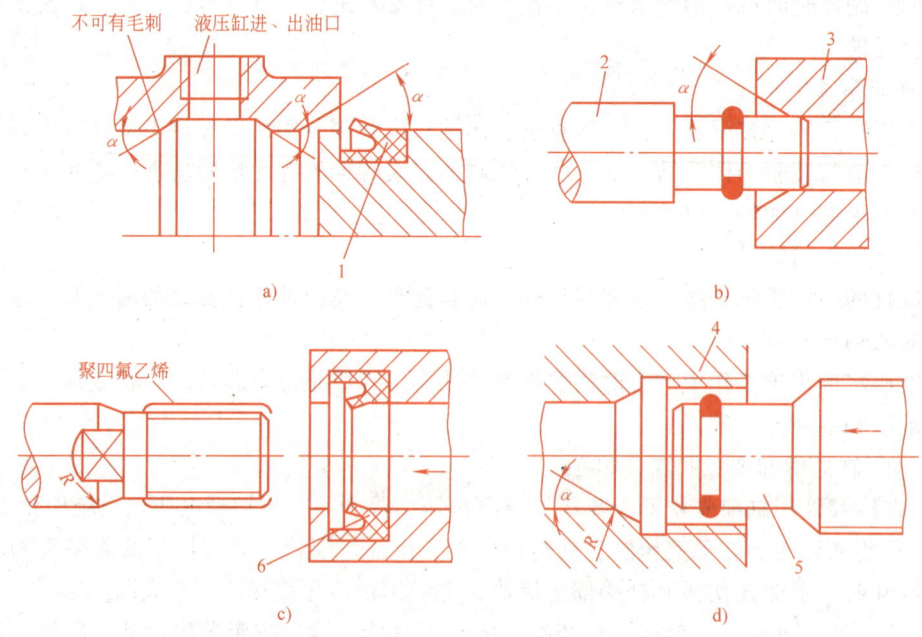

图 3-30　密封元件插入处的导向锥面和大倒角

1、6—活塞密封圈　2—活塞杆　3—活塞　4—端盖　5—缓冲调节螺钉

壁上开有小孔时应做出大倒角，如图3-30a所示。活塞孔上有了导向锥面α=15°~30°，就能保护O形密封圈不受损坏，如图3-30c所示。活塞杆顶端头部螺纹和台肩通过密封圈时，为了保护密封圈唇边，可将台肩处做成R倒角，螺纹直径比活塞杆直径稍小。如螺纹部分有可能与密封件相碰时，可在螺纹上卷一层聚四氟乙烯（特氟龙）密封带，并涂上润滑脂后再插入。在插入处做成α=15°~30°的导向锥面，可以保护密封圈，如图3-30d所示。

2) 使用润滑脂。在装液压缸时，首先将各部分用汽油洗净晾干，然后在缸体内表面、即将装入的密封圈表面，都涂上高熔点的润滑脂，这样密封圈易装入，密封效果较好。

3) 密封圈的方向性。有些密封元件必须具有正确的方向，安装时应特别注意。

4) 密封圈的挤出和拧扭。为防止密封圈的挤出现象，密封槽的倒角半径不宜太大，一般应控制在0.1~0.2mm范围内。安装密封圈时，不能一边搓动O形密封圈一边装入，不能用一字螺钉旋具之类的工具将密封件局部拉长后装入。若选用大于规定尺寸的O形密封圈，则易产生拧扭现象。

由图3-31可见，安装V形密封圈时，若采用一字螺钉旋具之类的工具来安装密封圈，就会发生拧扭现象；若采用安装胎模或利用导向套安装，则不会发生拧扭现象。

（2）耐压试验后应再次紧固有关螺栓（螺钉）在耐压试验后，应再度拧紧拉杆和压盖的紧固螺栓等。

4. 定期检查

应根据使用条件确定定期检查液压缸的时间，并将检查结果做详细记录，入设备技术档案备查。

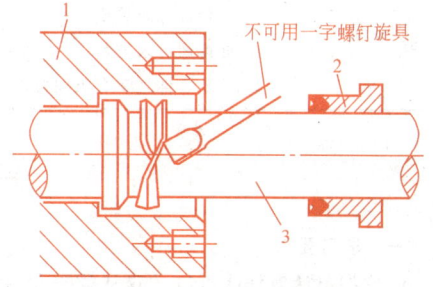

图3-31　V形密封圈的拧扭现象及排除方法
1—液压缸端盖　2—导向套或安装胎模
3—活塞杆

四、液压缸常见故障分析

液压缸的常见故障及排除方法见表3-1。

表3-1　液压缸的常见故障及排除方法

故障现象	产生原因	排除方法
爬行	(1) 混入空气 (2) 运动密封件装配过紧 (3) 活塞杆与活塞不同轴 (4) 导向套与缸筒不同轴 (5) 活塞杆弯曲 (6) 液压缸安装不良，其中心线与导轨不平行 (7) 缸筒内径圆柱度超差 (8) 缸筒内孔锈蚀、拉毛 (9) 活塞杆两端螺母拧得过紧，使其同轴度降低 (10) 活塞杆刚性差 (11) 液压缸运动件之间间隙过大 (12) 导轨润滑不良	(1) 排出空气 (2) 调整密封圈，使之松紧适当 (3) 校正、修整或更换 (4) 修正、调整 (5) 校直活塞杆 (6) 重新安装 (7) 镗磨修复，重配活塞或增加密封件 (8) 除去锈蚀、毛刺或重新镗磨 (9) 略松螺母，使活塞杆处于自然状态 (10) 加大活塞杆直径 (11) 减小配合间隙 (12) 保持良好润滑
冲击	(1) 缓冲间隙过大 (2) 缓冲装置中的单向阀失灵	(1) 减小缓冲间隙 (2) 修理单向阀

(续)

故障现象	产生原因	排除方法
推力不足或工作速度下降	(1) 缸体和活塞的配合间隙过大,或密封件损坏,造成内泄漏 (2) 缸体和活塞的配合间隙过小,密封过紧,运动阻力大 (3) 运动零件制造存在误差和装配不良,引起不同心或单面剧烈摩擦 (4) 活塞杆弯曲,引起剧烈摩擦 (5) 缸体内孔拉伤与活塞咬死,或缸体内孔加工不良 (6) 液压油中杂质过多,使活塞或活塞杆卡死 (7) 油温过高,加剧泄漏	(1) 修理或更换不符合精度要求的零件,重新装配、调整或更换密封件 (2) 增加配合间隙,调整密封件的压紧程度 (3) 修理误差较大的零件并重新装配 (4) 校直活塞杆 (5) 镗磨、修复缸体或更换缸体 (6) 清洗液压系统,更换液压油 (7) 分析温升原因,改进密封结构,避免温升过高
外泄漏	(1) 密封件咬边、拉伤或破坏 (2) 密封件方向装反 (3) 缸盖螺钉未拧紧 (4) 运动零件之间有纵向拉伤和沟痕	(1) 更换密封件 (2) 改正密封件方向 (3) 拧紧螺钉 (4) 修理或更换零件

学习要求和习题

一、学习要求

1. 掌握单活塞杆液压缸、双活塞杆液压缸、柱塞缸、增压器、伸缩缸、齿条缸的工作原理和结构特点。
2. 掌握液压缸的推力、速度计算。
3. 熟悉液压缸的图形符号。
4. 掌握液压缸的排气装置和缓冲装置。

二、例题

例 3-1 如图 3-32 所示的串联液压缸中,左液压缸和右液压缸的有效工作面积分别为 $A_1 = 100\text{cm}^2$, $A_2 = 80\text{cm}^2$,两液压缸的外负载分别为 $F_1 = 30\text{kN}$, $F_2 = 20\text{kN}$,输入流量 $q_1 = 15\text{L/min}$。求:

1) 液压缸的工作压力。
2) 活塞的运动速度。

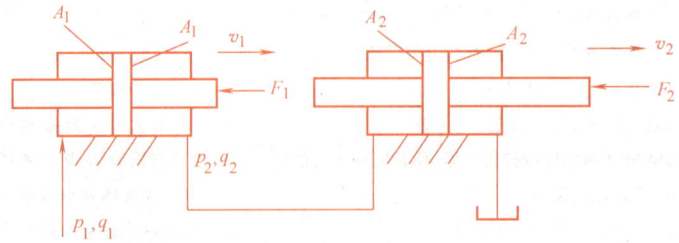

图 3-32 例 3-1 图

解 1) 列右液压缸的受力平衡方程

$$p_2 A_2 = F_2$$

则
$$p_2 = \frac{F_2}{A_2} = \frac{20 \times 10^3}{80 \times 10^{-4}} \text{Pa} = 2.5 \times 10^6 \text{Pa} = 2.5 \text{MPa}$$

列左液压缸的受力平衡方程
$$p_1 A_1 = p_2 A_1 + F_1$$

则
$$p_1 = p_2 + \frac{F_1}{A_1} = 2.5 \times 10^6 \text{Pa} + \frac{30 \times 10^3}{100 \times 10^{-4}} \text{Pa} = 5.5 \times 10^6 \text{Pa} = 5.5 \text{MPa}$$

2）活塞的运动速度
$$v_1 = \frac{q_1}{A_1} = \frac{15 \times 10^{-3}}{100 \times 10^{-4}} \text{m/min} = 1.5 \text{m/min}$$

$$v_2 = \frac{q_2}{A_2} = \frac{v_1 A_1}{A_2} = 1.5 \times \frac{100}{80} \text{m/min} = 1.875 \text{m/min}$$

例 3-2 某单活塞杆液压缸的活塞直径为 100mm，活塞杆直径为 63mm，现用流量 $q = 40$L/min、压力为 $p = 5$MPa 的液压泵供油驱动，试求：

1）液压缸能推动的最大负载。

2）差动工作时，液压缸的速度。

解 1）以无杆腔进油，有杆腔回油时，液压缸产生的推力最大。此时能推动的负载为
$$F = p \frac{\pi}{4} D^2 = 5 \times 10^6 \times \frac{\pi}{4} \times 0.1^2 \text{N} = 39270 \text{N}$$

2）差动工作时的速度为
$$v = \frac{q}{\frac{\pi}{4} d^2} = \frac{4q}{\pi d^2} = \frac{4 \times 40 \times 10^{-3}/60}{\pi \times 0.063^2} \text{m/s} = 0.214 \text{m/s}$$

三、习题

（一）填空题

1. 排气装置应设在液压缸的_____位置。

2. 在液压缸中，为了减少活塞在终端的冲击，应采取_____措施。

3. 柱塞缸只能实现____运动。

4. 伸缩缸的活塞伸出顺序是_____。

5. 实心双杆液压缸比空心双杆液压缸的占地面积_____。

6. 间隙密封适用于_____、____、____的场合。

（二）判断题

1. 在液压缸的活塞上开环形槽可使泄漏增加。（　　）

2. Y 形密封圈适用于速度较高处的密封。（　　）

3. 当液压缸的活塞杆固定时，若其左腔通压力油，则液压缸向左运动。（　　）

4. 单柱塞缸靠液压油能实现两个方向的运动。（　　）

5. 液压缸差动连接时，液压缸产生的推力比非差动时的推力大。（　　）

（三）选择题

1. 液压缸的运动速度取决于____。

A. 压力和流量　　　　　　B. 流量　　　　　　C. 压力

2. 若使差动液压缸的往返速度相等，其活塞面积应为活塞杆面积的_____。

A. 1 倍　　　　　　　　　B. 2 倍　　　　　　C. $\sqrt{2}$ 倍

3. 当工作行程较长时，采用_____缸较合适。

A. 单活塞杆　　　　　　　B. 双活塞杆　　　　C. 柱塞

4. 外圆磨床空心双杆液压缸的活塞杆在工作时_____。
A. 受压力　　　　　　B. 受拉力　　　　　　C. 不受力

（四）问答题
1. 活塞式液压缸、柱塞式液压缸各有什么特点？
2. 差动连接应用在什么场合？
3. 液压缸的哪些部位需要密封？常见的密封方法有哪些？
4. 液压缸如何实现排气？
5. 液压缸如何实现缓冲？

（五）计算题
1. 已知单活塞杆液压缸的内径 $D=50\text{mm}$，活塞杆直径 $d=35\text{mm}$，泵供油流量为 8L/min。试求：
1）液压缸差动连接时的运动速度。
2）液压缸在差动阶段所能克服的外负载 $F_L=1000\text{N}$ 时无杆腔内油液的压力（不计管路压力损失）。
2. 已知单活塞杆液压缸的内径 $D=100\text{mm}$，活塞杆直径 $d=50\text{mm}$，工作压力 $p=2\text{MPa}$，流量 $q=10\text{L/min}$，回油背压力 $p_2=0.5\text{MPa}$。试求活塞往返运动时的运动速度和推力。
3. 一双活塞杆液压缸的液压缸内径为 0.1m，活塞杆直径为 0.05m，进入液压缸的流量为 25L/min。求活塞的运动速度。
4. 柱塞式液压缸的柱塞直径 $d=110\text{mm}$，缸体内径为 125mm，输入的流量 $q=25\text{L/min}$。求柱塞的运动速度。
5. 如图 3-33 所示，两个结构相同的液压缸串联，无杆腔有效面积 $A_1=100\text{cm}^2$，有杆腔有效面积 $A_2=80\text{cm}^2$，缸 1 输入压力 $p_1=9\times10^6\text{Pa}$，输入流量 $q_1=12\text{L/min}$。求：
1）缸 2 的输入压力是缸 1 的一半（$p_2=p_1/2$）时，两缸各能承受的负载。
2）缸 1 承受负载为 0 时，缸 2 能承受的负载。

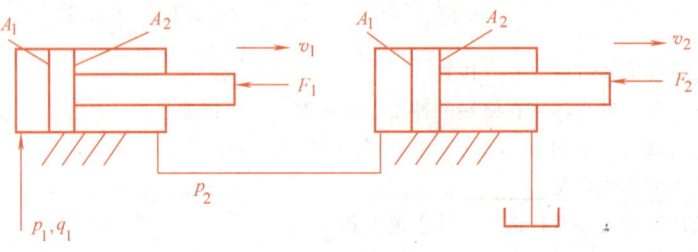

图 3-33　题 5 图

第四章　液压辅助装置

液压系统中的辅助装置包括蓄能器、过滤器、油管与管接头、压力表与压力表开关以及油箱等。这些辅助装置在液压系统中是不可缺少的组成部分，它们在液压系统中的数量很大、分布很广、影响很大。如果辅助装置出现故障后处理不当，会严重影响整个液压系统的工作性能，甚至使液压系统无法正常工作。因此，必须给予辅助装置足够的重视。

第一节　蓄　能　器

蓄能器是液压系统中用以储存压力能的装置。它应用于间歇需要大流量的系统中，以达到节约能量、减少投资的目的；也可应用于液压系统中，起吸收压力脉动及减小液压冲击的作用。

一、蓄能器的类型

蓄能器主要有重锤式、弹簧式和充气式三种，其中常用的是充气式蓄能器。

充气式蓄能器利用压缩气体储存能量。为安全起见，所充气体应采用惰性气体（一般为氮气）。按照蓄能器结构的不同可将其分为直接接触式蓄能器和隔离式蓄能器两类。隔离式蓄能器又分为活塞式蓄能器和囊式蓄能器两种。

（1）活塞式蓄能器　活塞式蓄能器是一种隔离式蓄能器，如图 4-1 所示。它利用活塞 2 将气体 1 与液压油 3 隔离，以减少气体渗入油液的可能性。活塞随着下部油压的增减在缸体内上下移动，活塞向上移动，蓄能器就储能。

活塞式蓄能器结构简单，工作平稳、可靠，安装、维护方便，寿命长。但由于活塞惯性和摩擦阻力的影响，蓄能器反应不够灵敏，容量较小；由于缸体与活塞之间有密封性能要求，所以蓄能器制造费用较高。它一般用于蓄能或供中、高压系统吸收压力脉动。

（2）囊式蓄能器　囊式蓄能器也是一种隔离式蓄能器，其结构如图 4-2 所示。壳体 2 中有一个用耐油橡胶制成的气囊 3。气囊出口上有气门 1，它只在为气囊充气时才打开，平时关闭。壳体下部有一个受弹簧力作用的提升阀 4，在工作状态时，压力油液经过提升阀进入，当油液排空时提升阀可以防止气囊被挤出。另外，充气时一定要打开螺塞 5，以便把壳体中的气体放掉，充完气后再拧紧螺塞。

囊式蓄能器中，气体和液体完全隔开，而且其重量轻，惯性小，反应灵敏，容易维护，是当前应用最广泛的一种蓄能器。但气囊和壳体制造较困难，气囊的使用寿命也较短。

二、蓄能器的功用

蓄能器在液压系统中的主要功用如下所述。

1. 短期大量供油

如果在液压系统的一个工作循环中，只在很短时间内需要大流量，便可采用蓄能器来供油。这样，系统中可选用流量较小的液压泵和功率较小的电动机，从而节约能耗和降低温升。

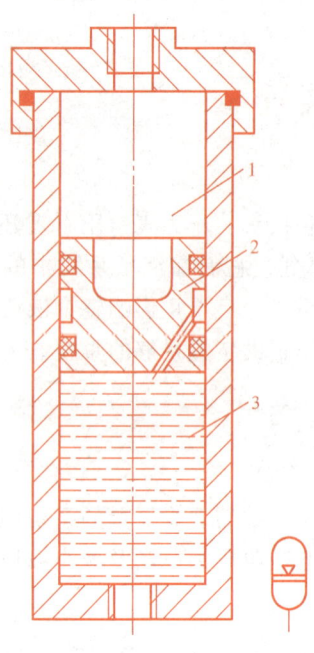

图 4-1 活塞式蓄能器

1—气体 2—活塞 3—液压油

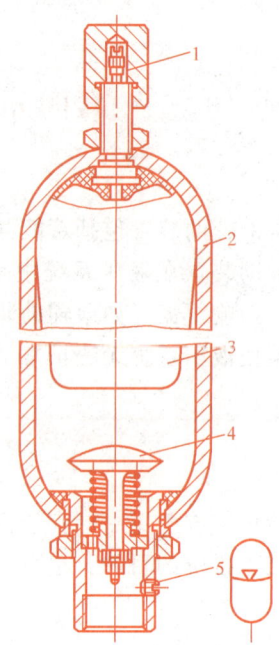

图 4-2 气囊式蓄能器

1—气门 2—壳体 3—气囊 4—提升阀 5—螺塞

2. 系统保压

某些系统中，要求液压缸到达某一位置时保持一定的压力，这时可使泵卸载（停止供油），用蓄能器提供压力油来补偿系统中的泄漏并保持一定压力，以节约能耗和降低温升。

3. 应急能源

在停电或原动机发生故障时，蓄能器可作为液压缸的应急能源。

4. 缓和冲击压力

当阀门突然启、闭时，可能在液压系统中产生冲击压力。在产生冲击压力的部位加接蓄能器，可使冲击压力得到缓和。

5. 吸收脉动压力

泵的输出口并接一蓄能器，可使泵的流量脉动以及因之而引起的压力脉动减小。

三、蓄能器的安装及使用

1）在安装蓄能器时，应将油口朝下垂直安装。

2）装在管路上的蓄能器必须用支架固定。

3）蓄能器是压力容器，搬运和拆装时应先排除内部的气体，工作要注意安全。

4）蓄能器与管路系统之间应安装截止阀，这便于在系统长期停止工作以及充气或检修时，将蓄能器与主油路断开。

5）蓄能器与液压泵之间应设单向阀，以防止液压泵停转时蓄能器内的压力油倒流。

6）用于吸收液压冲击和脉动压力的蓄能器应尽可能装在振源附近，并便于检修。

第二节 过 滤 器

一、过滤器的功用和过滤精度

1. 过滤器的功用

液压系统的液压油在使用过程中不断被污染。统计资料表明，液压系统的故障约有 80% 以上是由于油液污染造成的。当液压油中存在杂质时，这些杂质会引起相对运动零件的表面划伤、磨损，甚至发生卡死现象，有时还会堵塞节流小孔。为了保证系统正常的工作寿命，必须对系统中油液污染物的颗粒大小及数量予以控制。系统中过滤器的功用就是不断净化油液，将其污染程度控制在允许范围内。

2. 过滤精度

不论何种过滤器，都是依靠带有一定尺寸滤孔的滤芯来过滤污染物的。原则上讲，大于滤孔的污物不能通过滤芯。过滤器的过滤精度通常用能被滤掉的杂质颗粒的公称尺寸（μm）来表示，一般分为四个等级：粗（$d > 100 \mu m$）、普通（$d \geq 10 \sim 100 \mu m$）、精（$d \geq 5 \sim 10 \mu m$）、特精（$d \geq 1 \sim 5 \mu m$）。要求系统过滤精度小于运动副间隙的一半。此外，压力越高，对过滤精度要求亦越高，其推荐值见表 4-1。

表 4-1 过滤精度推荐值表

系统类别	润滑系统	传动系统			伺服系统
压力/MPa	0~2.5	≤14	14<p≤21	>21	21
过滤精度/μm	100	25~50	25	10	5

应当指出，近年来有一种推广使用高精度过滤器的观点。研究表明，液压元件相对运动表面的间隙大多在 $1 \sim 5 \mu m$ 范围内，因而工作中首先是这个尺寸范围内的污染颗粒进入运动间隙，引起磨损，扩大间隙，进而更大颗粒进入，造成表面磨损的"链式反应"。因此，若能有效地控制直径为 $1 \sim 5 \mu m$ 的污染颗粒，则此反应就不会发生。试验和严格的检测证实了这种观点。实践证明，采用高精度过滤器，液压泵和液压马达的寿命可延长 4~10 倍，可基本消除阀的污染、卡紧和堵塞故障，并可延长液压油和过滤器本身的寿命。

二、过滤器的类型

按照滤芯的材质和过滤方式，过滤器可分为网式过滤器、线隙式过滤器、纸芯式过滤器、烧结式过滤器和磁性过滤器等多种类型。

1. 网式过滤器

网式过滤器也称滤油网或滤网，应用最普遍。它是用金属丝（常用黄铜丝）织成方格网，敷在有一定刚性的骨架上作为滤油元件的。

2. 线隙式过滤器

图 4-3 所示为 XU-B 型线隙式过滤器。它是用特形的铜线 4 绕在筒形芯架 3 的外部制成的。铜线依次绕在芯架的外部，芯架上开有许多纵向槽 a 和径向孔 b，油液从铜线的缝隙中进入槽 a，再经孔 b 进入过滤器内部，然后从端盖 1 的中间孔流出。这种过滤器只能用于吸油管。

图 4-4 所示为带有壳体的 XU 型线隙式过滤器。它由端盖 1、壳体 2、带有孔眼的筒

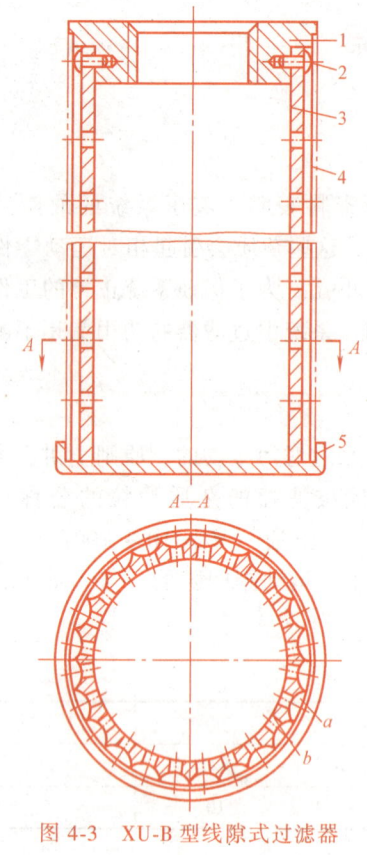

图 4-3 XU-B 型线隙式过滤器

1、5—端盖 2—螺钉 3—芯架 4—铜线

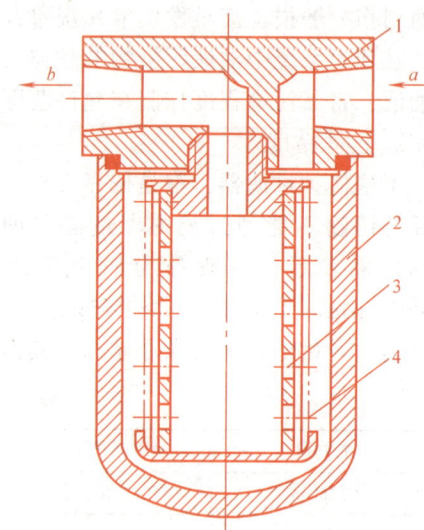

图 4-4 XU 型线隙式过滤器

1—端盖 2—壳体 3—芯架 4—铝线

形芯架 3 和绕在芯架外部的铝线 4 组成。由于具有壳体，所以可用于中、低压系统的压力管路。这种过滤器工作时，油液从孔 a 进入过滤器内，经线间的缝隙进入滤芯中部后再由孔 b 流出。

3. 纸芯式过滤器

纸芯式过滤器是将微孔滤纸做的纸芯装在壳体内而成的，它的过滤精度较高。纸芯式过滤器的构造如图 4-5 所示。为了增大过滤纸的过滤面积，纸芯 1 一般做成折叠式。在纸芯内部有带孔的镀锡铁皮做成的芯架 2 用来增加强度，以避免纸芯被压力油压破。油液从滤芯外面进入滤芯，然后从孔 a 流出。

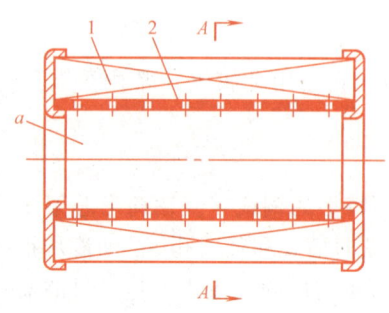 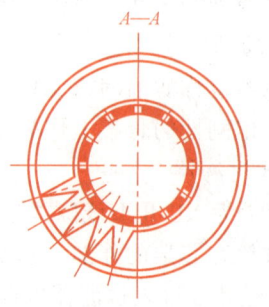

图 4-5 纸芯过滤器

1—纸芯 2—芯架

4. 烧结式过滤器

烧结式过滤器的结构如图4-6所示，它由壳体2、烧结式青铜滤芯3和端盖1组合而成。滤芯部分是由球状青铜颗粒用粉末冶金烧结工艺高温烧结而成的，它利用铜颗粒之间的微孔滤去油液中的杂质。目前常用的烧结式过滤器的过滤精度为$10\sim100\mu m$，压力损失为$0.03\sim0.2MPa$。滤芯形状可以做成杯状、管状、板状和碟状等形状。

5. 磁性过滤器

磁性过滤器是利用磁化原理滤去油液中铁屑、铸铁粉末等铁磁性物质的一种过滤器。

图4-7所示为磁性过滤器的一种结构形式。它的中心为一圆筒式永久磁铁3，在磁铁的外部罩一非磁性的罩子2，罩子外面绕着四只铁环1，它们由铜条连接（图中未示出）；每只铁环之间保持一定的间隙。当油液中能磁化的杂质经过铁环间隙时，被吸附于铁环上，因而起到滤清的作用。为了便于清洗，铁环分为两半。当杂质将铁环间的间隙堵塞时，可将两半只铁环取下清洗，然后装上去反复使用。磁性过滤器特别适用于经常加工铸件的机床液压系统。

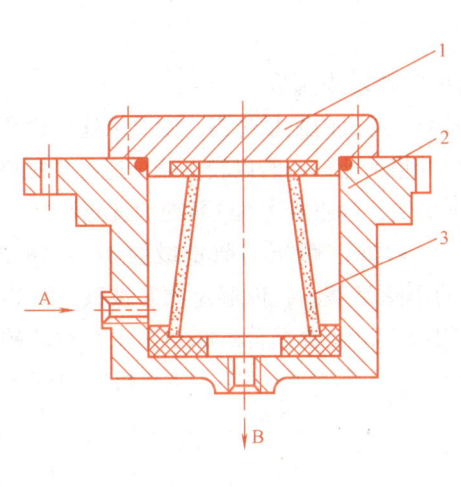

图4-6 烧结式过滤器
1—端盖 2—壳体 3—滤芯

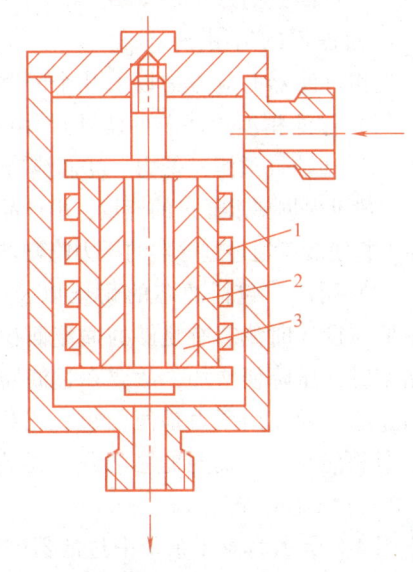

图4-7 磁性过滤器
1—铁环 2—罩子 3—永久磁铁

磁性滤芯可以与其他过滤材料（如滤纸、铜网）组成组合滤芯，以便同时进行两种方式的过滤。生产实践中也有将几块永久性磁铁放在油箱里，以随时去除油中的铁磁性物质的应用实例。

各种过滤器的性能见表4-2。

表4-2 各种过滤器的性能

类型	用途	过滤精度	压力/MPa	压力降/10^5Pa	特点
网式过滤器	装在泵的吸油管路上，以保护泵	网孔为0.8~1.3mm，过滤后正常颗粒为0.13~0.4mm	—	<0.5	结构简单，通油能力大，过滤精度差
线隙式过滤器	装在液压泵吸油管路上或中、低压系统的压力管路上	线隙0.1mm，过滤后正常颗粒为0.02mm	2.5 6.3	<0.3~0.6	结构简单，过滤效果较好，通油能力大，但不易清洗

（续）

类型	用途	过滤精度	压力/MPa	压力降/10^5Pa	特点
纸芯式过滤器	用于精过滤，最好与其他过滤器联合使用	纸的孔径为 0.03~0.07mm，过滤精度可达 0.005~0.03mm	6.3 20 32	0.1~0.4	过滤精度高，但易堵塞，无法清洗，需要换滤芯
烧结式过滤器	可用于不同等级的精密过滤	过滤精度为 0.01~0.1mm	2.5 6.3	<1~2	能在温度高、压力较大的场合工作，抗腐蚀性强，制造简单，性能稳定，易堵塞，清洗困难。若有颗粒脱落将会影响过滤精度
磁性过滤器	用于清除铁屑等铁磁性杂质	—	—	—	属于专用过滤器

三、过滤器的选用及安装

1. 过滤器的选用

选用过滤器时应考虑以下几个问题。

（1）过滤精度　滤芯的滤孔尺寸可根据过滤精度的要求来选取。

（2）通油（过滤）能力　滤芯应有足够的通流面积。通过的流量越高，则要求通流面积越大。一般可根据要求通过的流量，由产品样本选用相应规格的滤芯。若以较大流量通过小规格过滤器，将使液流通过过滤器的压力降剧增，使滤芯堵塞加快，过滤器达不到预期的过滤效果。

（3）耐压　包括滤芯的耐压以及壳体的耐压。一般滤芯耐压的数量级为 10^4 ~ 10^5Pa。这主要靠设计时滤芯有足够的通流面积，使滤芯上的压降足够小，以避免滤芯被破坏。当滤芯堵塞时，压降便增加，故要在过滤器上装置安全阀或发讯装置报警。必须注意，滤芯的耐压与过滤器的使用压力是两回事。当提高使用压力时，只需考虑壳体（以及相应的密封装置）是否能承受，而与滤芯的耐压无关。

2. 过滤器的安装

图 4-8 所示为液压系统中过滤器的安装位置。

（1）安装在液压泵吸油管路上　图 4-8 中所示的过滤器 1 位于液压泵吸油管路上，用以避免较大颗粒的杂质进入液压泵，从而起到保护泵的作用。这种安装方式要求过滤器有较大的通油能力（大于液压泵流量的两倍）和较小的阻力（阻力不大于 0.01~0.02MPa），否则将造成泵的吸油不畅，严重时会出现气穴现象和强烈的噪声。该用途的过滤器一般采用过滤精度较低的网式过滤器。

（2）安装在压力油路上　图 4-8 中所示的过滤器 4 位于压力油路上，用以保护除液压泵以外的其他元件。由于它在高压下工作，所以对其提出了几点要求：一是过滤器外壳要有足够的耐压性能，二是压力降不超过 0.35MPa，三是应将过滤器安装在压力管路中溢流阀的下游或与一安全阀并联，以防止过滤器堵塞时液压泵过载。

（3）安装在回油路上　图 4-8 中所示的过滤器 3 位于回油路上，它使油液在流回油箱前先经过过滤，从而使油箱中的油液得到净化，或者使其污染程度得到控制。

（4）安装在旁油路上　图 4-8 中所示的过滤器 2 安装在溢流阀的回油路上，并有一安全阀与之并联。由于过滤器只通过泵的部分流量，所以过滤器的尺寸可减小。它也能起到清除

第四章　液压辅助装置

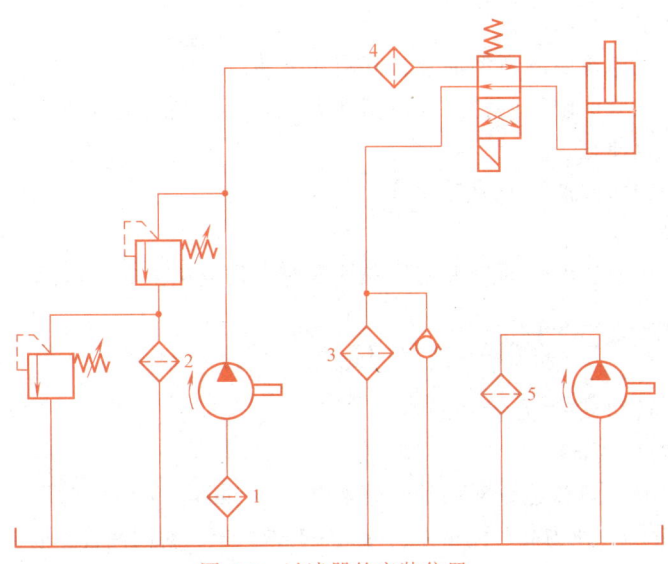

图 4-8　过滤器的安装位置

油液杂质的作用。

(5) 独立的过滤系统　图 4-8 中所示的过滤器 5 为独立的过滤系统。它是将过滤器和泵组成一个独立于液压系统之外的过滤回路。它的作用是不断净化系统中的油液。在这种情况下，通过过滤器的流量是稳定不变的，这更有利于控制系统中油液的污染程度。它需要增加设备（泵），适用于大型机械的液压系统。

第三节　油管与管接头

液压系统的元件一般是利用油管和管接头进行连接，以传送工作液。油管与管接头应具有足够的强度、良好的密封性，并且压力损失小，装拆方便。

一、油管

1. 油管种类及适用场合

液压传动中常用的油管有钢管、纯铜管、橡胶软管、尼龙管和塑料管等。

钢管分为焊接钢管和无缝钢管。压力小于 2.5MPa 的场合可用焊接钢管；压力大于 2.5MPa 的场合常用 10 号或 15 号冷拔无缝钢管。需要防腐蚀、防锈的场合可选用不锈钢管；超高压系统可选用合金钢管。钢管能承受高压，油液不易氧化，价格低廉；其缺点是弯曲和装配均较困难。因此，钢管多用于装配部位限制少、装配位置定型以及大功率的液压传动装置。

纯铜管可承受的压力为 6.5~10MPa，装配时它可根据需要弯成任意形状，因而适用于小型设备及内部装配不方便的地方。其缺点是成本较高，易使液压油氧化，抗振能力较弱。目前，纯铜管在中、小型机床的液压系统中用得比较多，其他设备的液压系统中用得较少并应尽量少用。

橡胶软管常用作连接两个相对运动部件的油管，分为高压软管和低压软管两种。高压软管是钢丝编织橡胶管，层次越多，承受的压力越高，其最高承受压力可达 42MPa。低压软管是麻线或棉线编织胶管，承受压力一般在 10MPa 以下。橡胶软管安装方便，不怕振动，还能吸收部分液压冲击。

尼龙管为乳白色半透明的新型油管，其耐压只有 2.5MPa，目前多用于低压系统或作为回油管。尼龙管有软管或硬管两种。其可塑性大，硬管加热后也可随意弯曲和扩口，使用比较方便，价格也比较便宜。

塑料管一般只用作回油管或泄漏油管。

2. 尺寸的计算

油管的内径应按通过油管的最大流量和管内允许的流速由式（4-1）求得

$$d = \sqrt{\frac{4q}{\pi v}} \tag{4-1}$$

式中 q——通过油管的最大流量（m^3/s）；

　　　d——油管内径（m）；

　　　v——油管内的允许流速（对吸油管路取 0.6~1.5m/s，流量大时取大值；对压油管路取 2.5~5m/s，压力高、流量大、管路短时取大值；对回油管路取 1.5~2.5m/s）。

计算出油管内径后，再根据工作压力和管材标准选取标准管径和壁厚的油管。连接管式液压元件的油管，只要按照元件管径选取标准油管即可，不必进行上述计算。

3. 安装要求

1）管路应尽量短，横平竖直，转弯少。为避免管路皱折、减少压力损失，硬管装配时的弯曲半径要足够大（表4-3）。管路悬伸较长时，要适当设置管夹（也是标准件）。

表4-3　硬管装配时允许的弯曲半径

管子外径 D/mm	10	14	18	22	28	34	42	50	63
弯曲半径 R/mm	50	70	75	80	90	100	130	150	190

2）管路尽量避免交叉，平行管间距要大于 10mm，以防接触振动并便于安装管接头。

3）软管直线安装时要有 30% 左右的余量，以适应油温变化、受拉和振动的需要。弯曲半径要大于软管外径的 9 倍，弯曲处到管接头的距离至少等于外径的 6 倍。

二、管接头

管接头的种类很多，以其通路数量和方向来分有直通式管接头、直角式管接头和三通管接头等。从油管和管接头的连接方式来分有管端扩口式管接头、焊接式管接头和卡套式管接头等几种。下面介绍几种常用的管接头。

1. 扩口式管接头

图 4-9 所示为扩口式管接头。这种管接头适用于铜管和薄壁钢管连接，也可以用来连接尼龙管和塑料管，其连接情况如图 4-9a 所示。装配前先把要连接的油管套装上螺母 3 和导套 2，然后将油管端部在专门工具上（图 4-9b）扩成喇叭口（扩口角为 74°~90°），即可装在接头体 4 上。靠旋紧螺母产生的轴向力把油管的扩口部分夹在导套 2 和接头体 4 相对应的锥面之间，从而实现连接和密封。其结构较简单且造价低，一般适用于中、低压系统（$p \leq 10$MPa）。

2. 焊接式管接头

焊接式管接头主要由接头体、螺母和接管组成。接管与管路系统中的钢管采用焊接连接。这种管接头具有结构简单、制造方便、耐高压和强烈振动、密封性能好等优点，因而广泛应用于高压系统（$p \leq 32$MPa）。

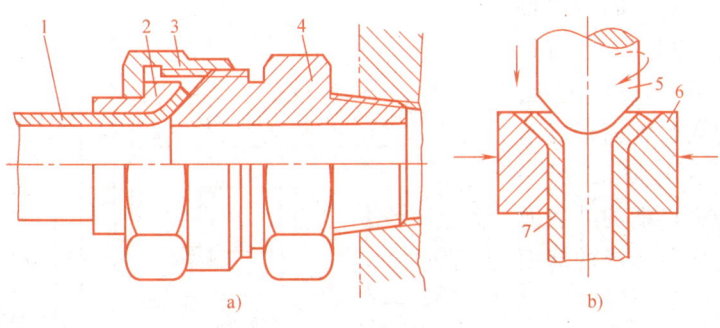

图4-9 扩口式管接头
a) 扩口式管接头 b) 扩口用工具
1—管接头 2—导套 3—螺母 4—接头体 5—扩口用工具 6—扩口用模具 7—被扩管子

与焊接式管接头连接的钢管采用普通精度的10号、15号冷拔（冷轧）无缝钢管。

由于接头体与接管之间的密封形式不同，焊接式管接头还可分为以下三种。其中以O形密封圈密封应用最广泛。

图4-10a所示管接头连接牢固，利用球面进行密封，简单可靠，但由于球面加工费时，所以已较少采用。

图4-10b所示接管1与接头体3接合处采用O形密封圈4密封，接头体与机体的连接采用组合密封圈5密封。其密封可靠，制造方便，因而应用广泛。

图4-10c所示接管1与接头体3接合处，采用金属垫圈6密封，密封垫圈的材料可采用铝或纯铜，但拆下后再第二次装配时，一定要换上新的密封垫圈，否则会影响密封效果。

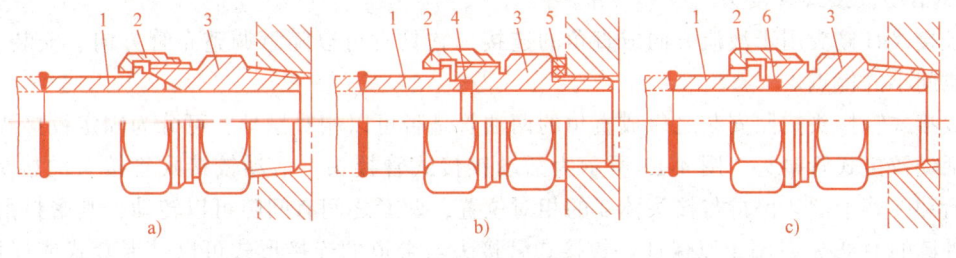

图4-10 焊接式管接头
1—接管 2—螺母 3—接头体 4—O形密封圈 5—橡胶和金属组合密封圈 6—垫圈

3. 卡套式管接头

卡套式管接头的种类很多，但其基本结构都是由接头体4、卡套2和螺母3（图4-11a）这三个基本零件所组成。卡套是一个在内圆端部带有锋利刃口的金属环，刃口的形状很多，图4-11b所示为其中的一种。不论什么形状的刃口，其作用都是在装配时切入被连接的油管（一般切入深度为0.25～0.5mm），从而起到连接和密封作用。

装配时把被连接的油管一端切成与油管中心线垂直的平面，然后顺序地把螺母3、卡套2套在接管1上（图4-11），并将接管1插入接头体4的内锥孔，把卡套装在接头体内锥孔与油管之间的间隙内，再把螺母旋在接头体上，直至螺母内90°锥面与卡套尾部86°锥面相接触。在用扳手拧紧螺母之前，使被连接的油管端面与接头体止推面a相接触，然后一面旋紧螺母一面用手转动油管，当油管不能转动时，表明伸在接头体内锥孔的卡套在螺母的推动下沿油管做轴向移动，同时刃口端径向收缩，使刃口卡在油管上，再继续拧紧螺母 3/4～1 圈，使卡套的刃口切入油管而形成卡套与油管之间的密封带 b，另一个密封带是卡套刃口端的外表面与接头体 4 内锥面所形成的球面接触密封带 c。

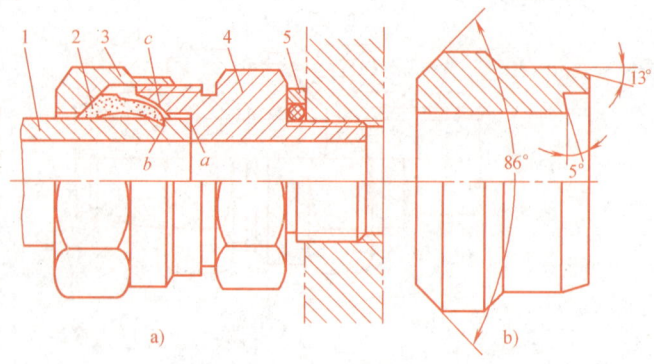

图 4-11 卡套式管接头

1—接管　2—卡套　3—螺母　4—接头体　5—橡胶和金属组合的密封圈

装配后的卡套的刃口应均匀切入油管，这是卡套式管接头连接的关键。要求卡套刃口应该锋利和具有足够的硬度，卡套心部还需具有良好的弹性。为此，对卡套的材料、加工精度及热处理工艺等的要求较高。

采用卡套式管接头连接，使用压力可达 32MPa，不用密封件，工作可靠，装拆方便，且有良好的抗振性，但工艺比较复杂。

4. 软管接头

软管接头有可拆式和扣压式两种结构。常用的扣压式软管接头如图 4-12 所示，它由外套 2、接头芯子 1 和橡胶软管 3 组成。软管旋入外套前，应将最外层橡胶剥除。安装时，软管被挤在外套和接头芯子之间，因而被牢固地连接在一起（需在专用设备上扣压而成）。它的工作压力在 10MPa 以下。

5. 活动铰接式管接头

铰接式管接头用于液流方向成直角的连接。它具有可以随意调整布管方向、安装方便、占用空间小的优点。

铰接式管接头按照安装之后成直角的两油管是否可以相对摆动，可分为固定铰接式管接头和活动铰接式管接头。图 4-13 所示为活动铰接式管接头。活动铰接式管接头的接头芯 1 靠肩台和弹簧卡圈 4 保持与接头体 2 的相对位置，两者之间有间隙可以转动，其密封由套在芯子外圆的 O 形密封圈予以保证。铰接式管接头与管道的连接形式可以是卡套式或焊接式，使用压力可达 32MPa。

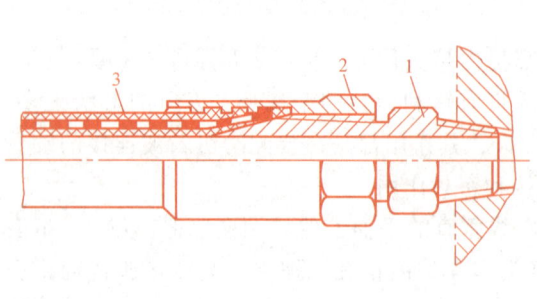

图 4-12　扣压式软管接头

1—接头芯子　2—外套　3—橡胶软管

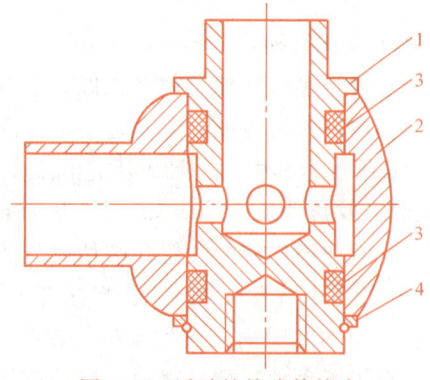

图 4-13　活动铰接式管接头

1—接头芯　2—接头体　3—密封件　4—弹簧卡圈

6. 快换接头

快换接头是一种不需要使用任何工具就能实现迅速连接或断开的管接头。它适用于需要经常拆装的液压管路。

图 4-14 所示为快换接头。图示为接通工作位置，此时两个接头的结合是通过接头体上的 6~12 个钢球被压落在接头体的 V 形槽内实现的。接头体内的单向阀由前端的顶杆互相顶开，形成油流通道，液体可由一端流向另一端。当需要断开油路时，只需将外套 5 向左推，同时拉出内接头体 6，于是钢球 4 退出 V 形槽，接头体的单向阀阀芯在弹簧力的作用下外移，将管道关闭，油液不会外漏。图示快换管接头的额定工作压力可达 32MPa。

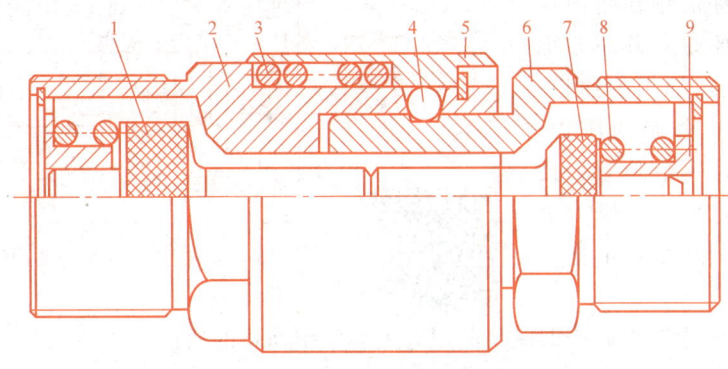

图 4-14 快换接头

1、7—单向阀芯　2—外接头体　3、8—弹簧　4—钢球　5—套　6—内接头体　9—弹簧座

第四节　压力表与压力表开关

一、压力表

液压系统各工作点的压力可以通过压力表来观测，以达到调整和控制的目的。压力表的种类较多，最常见的是弹簧弯管式压力表，其工作原理如图 4-15 所示。压力油进入金属弯管 1 时，弯管变形而曲率半径加大，通过杠杆 4 使扇形齿轮 5 摆动，扇形齿轮与小齿轮 6 啮合，小齿轮带动指针 2 转动，在刻度盘 3 上就可读出压力值。

压力表精度等级的数值是压力表最大误差占量程（压力表的测量范围）的百分数。一般机床上的压力表用 2.5~4 级精度即可。选用压力表时，一般按照系统压力为量程的 2/3~3/4（系统最高压力不应超过压力表量程的 3/4）。压力表必须直立安装。为了防止压力冲击而损坏压力表，常在压力表的通道

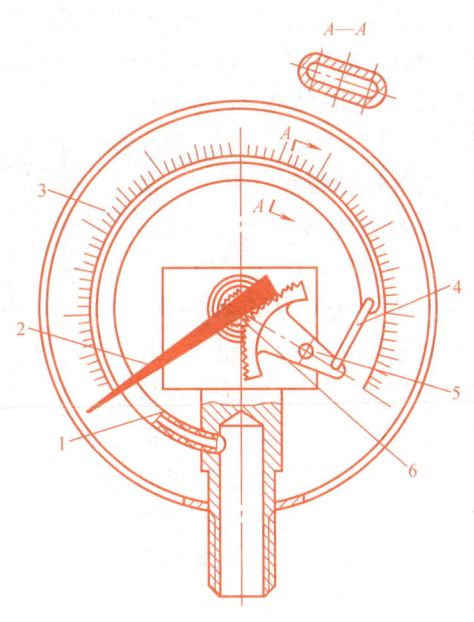

图 4-15 弹簧弯管式压力表工作原理

1—金属弯管　2—指针　3—刻度盘　4—杠杆
5—扇形齿轮　6—齿轮

上设置阻尼小孔。

二、压力表开关

压力油路与压力表之间通常装有压力表开关，用来接通或切断压力表和测量点的通道。压力表开关按照它所能测量点的数目不同可分为一点、三点、六点几种；按照连接方式不同，可分为板式开关和管式开关两种。

图 4-16 所示为板式连接的 K-6B 型压力表开关的结构原理。图示位置为非测量位置，此时压力表经油槽 a、小孔 b 与油箱相通。如将手柄推进去，则阀芯上的油槽 a 一方面使压力表与测量点接通，另一方面又隔断了压力表与油箱的通道，这样就可测出一个点的压力。若将手柄转到另一个位置，便可测出另一点的压力。压力表的过油通道很小，可防止指针的剧烈摆动。

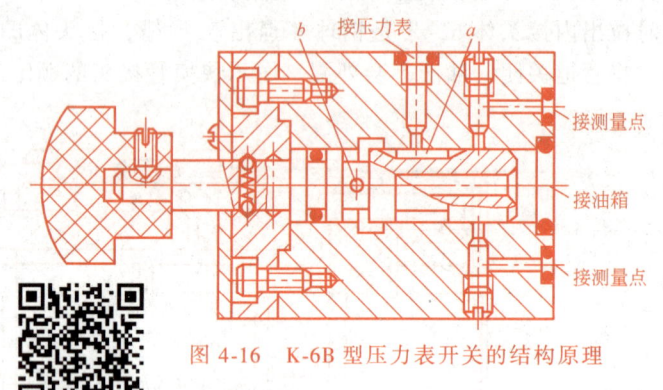

图 4-16　K-6B 型压力表开关的结构原理

在液压系统正常工作后，即应切断压力表与系统油路的通道。

第五节　油　　箱

油箱主要用来储存液压油，此外还可以起到散热、使渗入油液中的空气逸出以及使油液中的污物沉淀等作用。

有些液压系统直接用床身兼作油箱（如磨床），但当油温变化时容易引起床身的热变形，影响机床的精度。目前已普遍采用单独设置油箱。油箱分为开式油箱和闭式油箱两种。

开式油箱的结构如图 4-17 所示。

油箱常用钢板焊接而成，油箱体 6 壁板的厚度可取 3～6mm（容量大时取大值）。为了便于清洗，盖板 5 一般都是可拆开的。若要在盖板上安装电动机 1、联轴器 2 及液压泵 3 等部件，盖板厚度一般为壁板的 3～4 倍，以保证刚度。底板的厚度与壁板相同或稍厚一些，且应有适当的倾斜度，以便排净存油。油箱底部应有底脚，使底板与地面间有一定的距离（一般为 150～200mm），以便通风散热。应使杂质主要沉

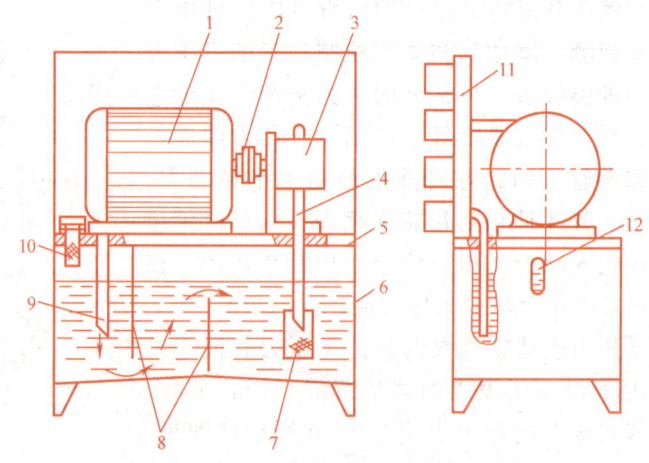

图 4-17　开式油箱的结构示意

1—电动机　2—联轴器　3—液压泵　4—吸油管　5—盖板　6—油箱体
7—过滤器　8—隔板　9—回油管　10—加油口
11—阀类连接板　12—油标

淀在回油区一侧。隔板高度为箱内最低液面高度的 3/4 左右，它的底部应开出若干孔道，以便清洗油箱。

吸油管 4 的管口离油箱底部的距离不应小于管径的 2 倍，以防将沉淀在箱底上的脏物吸入；但也不宜太大，以免将液面上的泡沫吸入或生成漩涡而吸入空气。管口应切成 45°角，这样可以增加吸油口的面积。过滤器 7 通常为粗过滤器，以减小吸油的阻力。

回油管 9 应插入液面下，以免回油冲击液面而产生气泡，但也不宜太低。管口也应切成 45°角，且面向箱壁，以提高散热效率。

此外，油箱加油口 10 应装有空气过滤器，以防脏物进入油箱内。油标 12 设在油箱的壁板上，以便随时观察箱内的存油量。油箱的内、外表面应涂上导热性能良好的防锈和耐油涂料。

闭式油箱在结构上要求严密封闭，与外部大气不相通，管内通入压缩空气，所以又称充压油箱。使用这种油箱时，泵的进口压力为正值，这样可以提高泵的吸油性能，防止产生气穴现象，但需要附设专用的气源装置，因此使用不够普遍。

油箱的容积必须保证在设备停止运转、系统中的油液在自重作用下全部返回油箱时不会外溢。

油箱总容积一般为有效容积的 1.25 倍左右。

对于低压系统，油箱的有效容积为泵每分钟排油量的 2~4 倍；对于中、高压系统，为 5~7 倍；对于高压系统，为 6~12 倍；对于行走机械的液压系统，为 1.5~2 倍。

第六节　液　压　泵　站

随着各工业部门机械化、自动化程度的日益提高，对液压技术提出了更高的要求。为了满足日益发展的数控机床、机床自动生产线、航空、船舶、军工等生产的需要，液压泵站产品应运而生。

液压泵站由泵组、油箱组件、过滤器组件、控温组件及蓄能器组件等组合而成。它是液压系统的动力源，可按机械设备工况需要的压力、流量和清洁度提供工作介质。目前，液压泵站产品尚未标准化，为获得一套性能良好的液压系统，可委托液压专业设计厂设计、制造。一些研究单位和专业厂开发了 BJHD 系列、AB-C 系列、UZ 系列和 UP 系列产品，此外还有适用于中低压系统的 YZ 系列及 EZ 系列等产品均可供使用者选用。

规模小的单机型液压泵站，通常将液压控制阀安装在油箱面板之上或集成在油路块上，再安装在油箱之上。中等规模的机组型液压泵站则将控制阀安装于一个或几个阀台（架）上，阀台设置在被控设备（机构）附近。大规模的中央型液压泵站往往设置在地下室内，可以对组成的各液压系统进行集中管理。

学习要求和习题

一、学习要求

1. 掌握各辅助元件的工作原理、作用和图形符号。
2. 熟悉过滤器的结构、选用及安装位置。
3. 熟悉管接头的结构。

4. 掌握压力表精度等级的概念，学会选用压力表。
5. 了解油箱的结构，学会选用油箱的容积并能进行必要的设计计算。

二、习题

（一）填空题

1. _____的功用是不断净化油液。
2. _____是用来储存压力能的装置。
3. 液压系统的元件一般利用____和_____进行连接。
4. 当液压系统的原动机发生故障时，_____可作为液压缸的应急能源。
5. 油箱的作用是____、_____和_____。
6. 按照滤芯材料和结构形式的不同，过滤器可分为_____、_____、____、____及_____过滤器。

（二）判断题

1. 过滤器的滤孔尺寸越大，精度越高。　　　　　　　　　　　　　　　　　　（　）
2. 装在液压泵吸油口处的过滤器通常比装在压油口处的过滤器的过滤精度高。（　）
3. 一个压力表可以通过压力表开关测量多处的压力。　　　　　　　　　　　（　）
4. 纸芯式过滤器比烧结式过滤器的耐压高。　　　　　　　　　　　　　　　（　）
5. 某液压系统的工作压力为14MPa，可选用量程为16MPa的压力表来测量压力。（　）
6. 使用量程为6MPa、精度等级为2.5级的压力表测压，在正常使用范围内，其最大误差是0.025MPa。
　　　　　　　　　　　　　　　　　　　　　　　　　　　　　　　　　　　（　）

（三）选择题

1. 选择过滤器应主要根据_____来选择。
   A. 通油能力　　　　　　　　B. 外形尺寸
   C. 滤芯的材料　　　　　　　D. 滤芯的结构形式
2. 蓄能器的主要功用是_____。
   A. 差动连接　　　　　　　　B. 短期大量供油
   C. 净化油液　　　　　　　　D. 使泵卸荷
3. _____管接头适用于高压场合。
   A. 扩口式　　　B. 焊接式　　　C. 卡套式
4. 液压泵吸油口通常安装过滤器，其额定流量应为液压泵流量的_____倍。
   A. 1　　　　　B. 0.5　　　　C. 2
5. _____接头适用于需要经常拆装的管路。
   A. 软管　　　　B. 快换　　　　C. 活动铰接式

（四）问答题

1. 常用的过滤器有哪几种类型？各有什么特点？一般应安装在什么位置？
2. 蓄能器的功用是什么？
3. 油管和管接头的类型有哪些？分别适用什么场合。
4. 油箱的作用是什么？设计时应考虑哪些问题？
5. 压力表的精度等级是指什么？如何选择压力表？
6. 选择过滤器时应考虑哪些问题？

第五章 液压控制阀和液压基本回路

一台设备的液压系统，不论它的复杂程度如何，总是由一些基本回路组成的；而液压基本回路是由有关液压元件按照需要完成的特定功能组合而成的典型回路。因此，熟悉各种液压元件的工作原理、结构、性能和使用方法，是分析液压基本回路的基础；而熟悉和掌握基本回路的工作原理、组成和性能，有助于更好地分析、设计和使用各种液压系统。

第一节 方向控制阀和方向控制回路

方向控制阀主要用来接通、关断或改变油液流动的方向，从而控制执行元件的起动、停止或改变其运动方向。它主要包括单向阀和换向阀。

一、换向阀与换向回路

（一）换向阀的类型与工作原理

换向阀可利用阀芯对阀体的相对运动，使油路接通、关断或变换油液流动的方向，从而实现液压执行元件及其驱动机构的起动、停止或变换运动方向。

根据换向阀阀芯的运动方式、结构特点和控制方式等对换向阀进行分类，具体分类见表5-1。

液压传动系统对换向阀性能的主要要求如下：
1) 油液流经换向阀时压力损失要小。
2) 互不相通的油口间的泄漏要小。
3) 换向要平稳、迅速且可靠。

图 5-1a 所示为滑阀式换向阀的工作原理图。当阀芯处于图示位置时，油口 P、A、B、T_1、T_2 互不相通，液压缸的活塞处于停止状态；当阀芯向右移动一定的距离时，由液压泵输出的压力油从阀的 P 口经 A 口流向液压缸左腔，液压缸右腔的油经 B 口、T_2 口流回油箱，液压缸活塞向右运动；反之，若阀芯向左移动一定的距离时，活塞向左运动。

表 5-1 换向阀的分类

分类方式	类型
阀芯运动方式	滑阀、转阀、锥阀
阀的工作位置数	二位换向阀、三位换向阀、多位换向阀
阀的通路数	二通换向阀、三通换向阀、四通换向阀、五通换向阀、多通换向阀
阀的操纵方式	手动换向阀、机动换向阀、电动换向阀、液动换向阀、电液动换向阀
阀的安装方式	管式换向阀、板式换向阀、法兰式换向阀

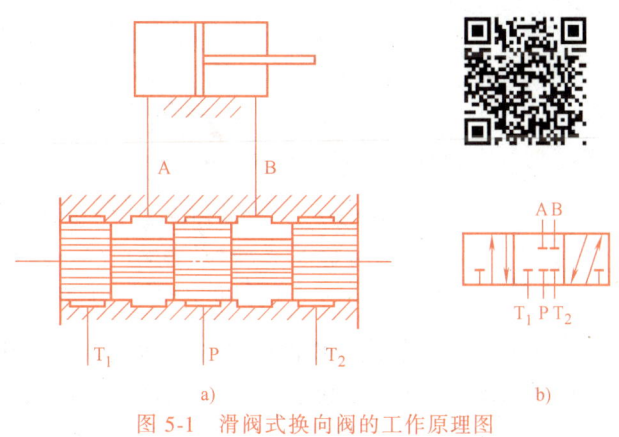

图 5-1 滑阀式换向阀的工作原理图

图 5-1a 所示的换向阀可用图 5-1b 所示的图形符号表示。换向阀图形符号的含义如下：

1) 用方框表示阀的工作位置，有几个方框就表示有几"位"。

2) 方框内的箭头表示在这一位置上油路处于接通状态，方框内"⊥"或"⊤"表示此油路被阀芯封闭。

3) 一个方框中箭头首尾或封闭符号与方框的交点表示阀的接出通路，其交点数即为滑阀的通路数。

4) 靠近控制（操纵）方式的方框为控制力作用下的工作位置。

5) 一般阀与系统供油路连接的进油口用 P 表示，阀与系统回油路连接的回油口用 T 表示，而阀与执行元件连接的工作油口用 A、B 表示。

常用的二位和三位换向阀的位和通路的图形符号如图 5-2 所示，常用的换向阀操纵方式图形符号如图 5-3 所示。图 5-3 中所示的不同的操纵方式与图 5-2 中所示的换向阀的位和通路图形符号组合就可以得到不同的换向阀，如三位四通电磁换向阀、二位二通机动换向阀等。

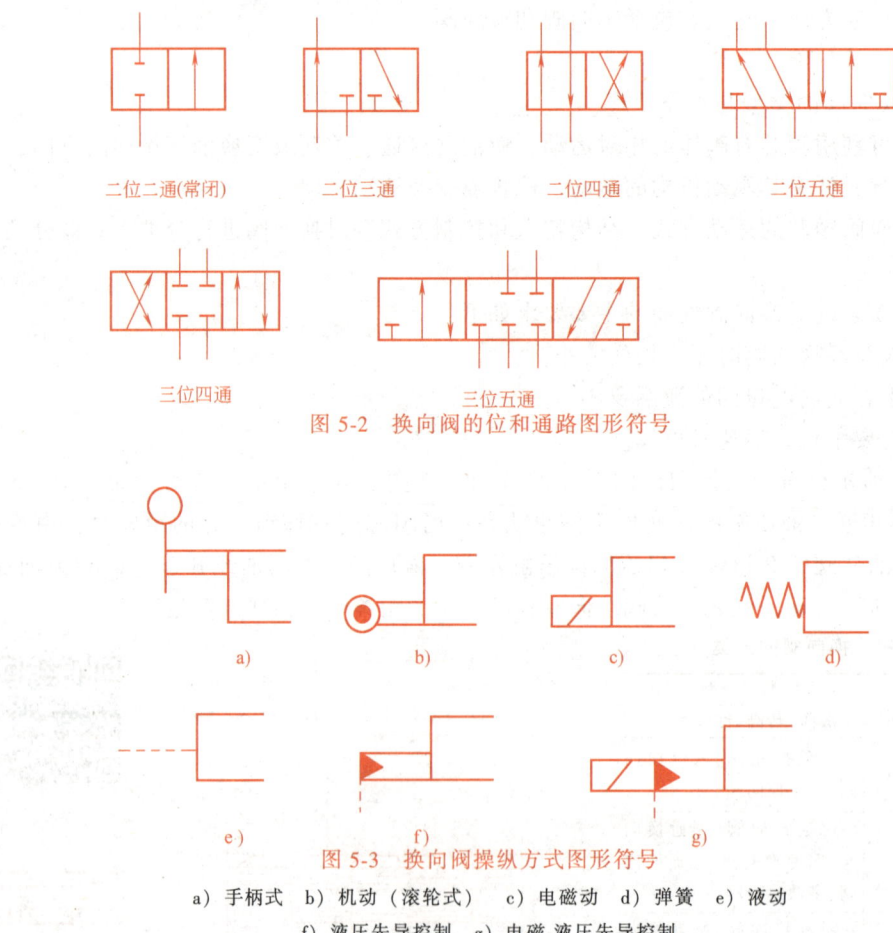

图 5-2 换向阀的位和通路图形符号

图 5-3 换向阀操纵方式图形符号
a) 手柄式　b) 机动（滚轮式）　c) 电磁动　d) 弹簧　e) 液动
f) 液压先导控制　g) 电磁-液压先导控制

图 5-4a 所示为转动式换向阀（简称转阀）的工作原理图。该阀由阀体 1、阀芯 2 和使阀芯转动的操纵手柄 3 组成。在图示位置时，油口 P 和 A 相通，B 和 T 相通；当操纵手柄 3 转换到"止"位置时，油口 P、A、B、T 均不相通；当操纵手柄转换到右边的位置时，油

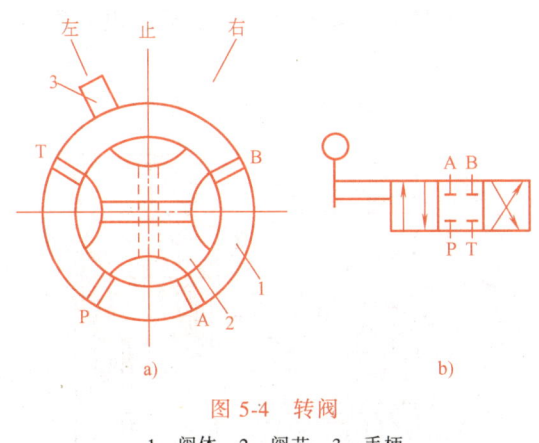

图 5-4 转阀

1—阀体 2—阀芯 3—手柄

口 P 和 B 相通，A 和 T 相通。图 5-4b 所示为其图形符号。

(二) 换向阀的结构和换向回路

1. 电磁换向阀

电磁换向阀是利用电磁铁推动阀芯移动来变换液流方向的。按照电磁铁所用电源的不同，它可分为交流（110V、220V、380V）电磁换向阀和直流（12V、24V、36V、110V）电磁换向阀两种；按照衔铁工作腔是否有油液，又可分为干式电磁换向阀和湿式电磁换向阀两种。交流电磁阀起动力大，不需要专门的电源，吸合、释放快，但换向冲击大，噪声大，因而换向频率不能太高（不得超过 30 次/min）；若阀芯被卡住或摩擦阻力较大而使衔铁吸不到位时，会因电流过大而将线圈烧坏，因而可靠性较差。直流电磁阀工作比较可靠，噪声小，换向冲击也较小，换向频率高（允许 120 次/min，甚至可达 240 次/min 以上）；若衔铁因某种原因不能正常吸合时，线圈不会被烧坏。但它起动力小，换向时间长，而且还需要有直流电源。干式电磁阀不允许油液流入电磁铁内部，因此，在滑阀和电磁铁之间设置有密封装置，但密封处摩擦阻力较大，从而影响了换向的可靠性，也易造成换向阀的泄漏。湿式电磁阀的衔铁和推杆完全浸没在油液中，相对运动件之间不需要设置密封装置，从而减少了阀芯的运动阻力，提高了换向可靠性，而且没有外泄漏。另外，油液还起润滑、冷却和吸振作用，可使湿式电磁阀的吸力损耗小、使用寿命延长。干式电磁阀一般只能工作 50~60 万次，而湿式电磁阀可工作 1000 万次；湿式电磁阀性能好，但价格稍贵。此外，还有一种本整形电磁阀，其电磁铁是直流的，但电磁铁本身带有整流器，通入的交流电经整流后再供给直流电磁铁。目前，国外新发展了一种油浸式电磁阀，其衔铁和励磁线圈都浸在油液中工作，它具有寿命更长、工作平稳等特点，但由于造价较高而应用面不广。

图 5-5a 所示为二位三通交流电磁阀（中压）的结构。在图示位置，油口 P 和 A 相通，油口 B 断开；当电磁铁通电吸合时，推杆 1 将阀芯 2 推向右端，这时油口 P 和 A 断开，而与油口 B 相通。当电磁铁断电释放时，弹簧 3 推动阀芯复位。图 5-5b 所示为其图形符号。

电磁换向阀就其工作位置来说，有二位和三位等。二位电磁阀有一个电磁铁，靠弹簧复位；三位电磁阀有两个电磁铁。图 5-6 所示为一种三位四通电磁换向阀的结构和图形符号。

三位四通电磁阀的换向回路如图 5-7 所示。二位（或三位）四通（或五通）电磁阀换向最为方便，但电磁阀动作快，换向时会有冲击。另外，电磁阀一般不宜用于频繁切换的场合。

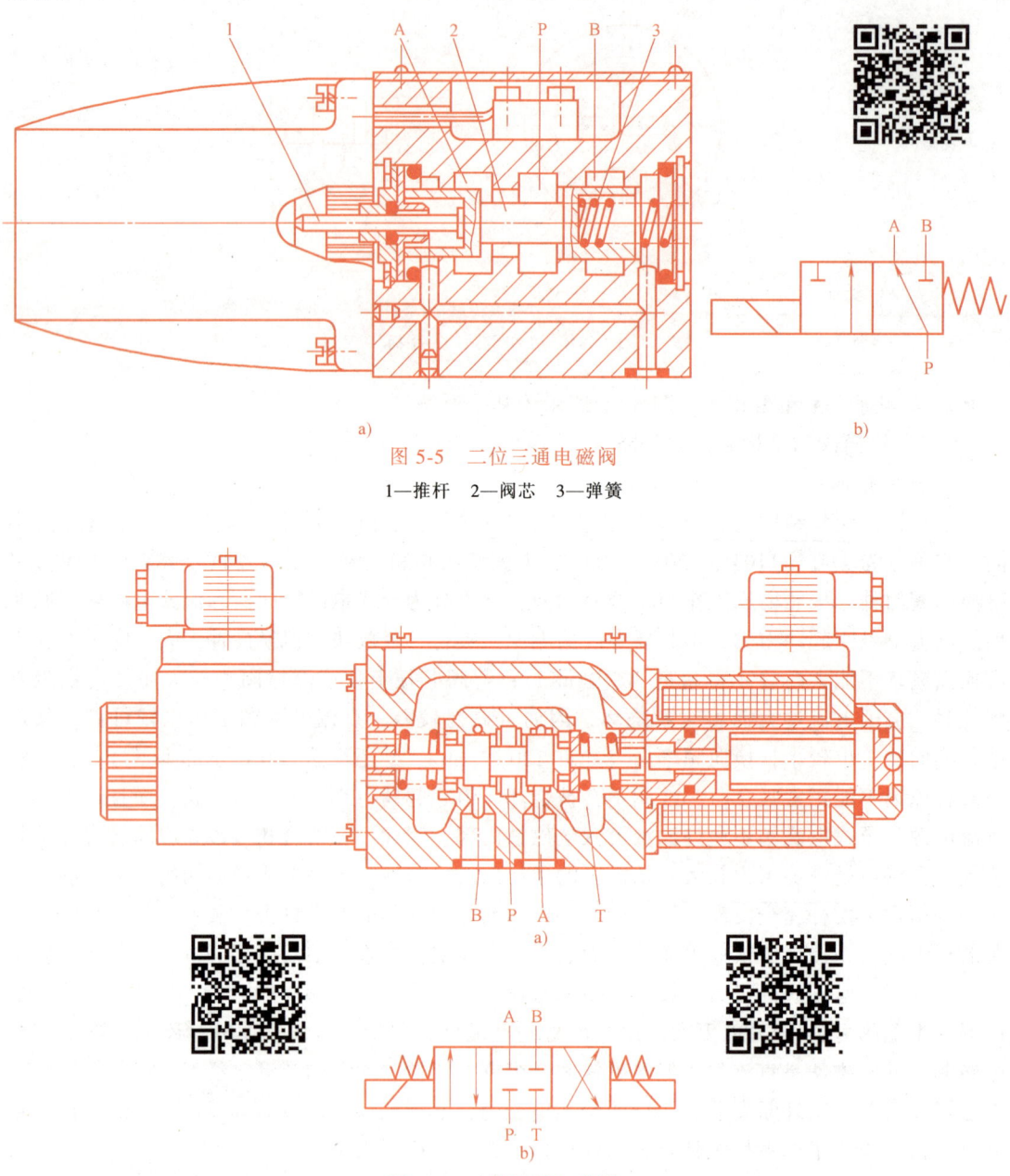

图 5-5 二位三通电磁阀
1—推杆 2—阀芯 3—弹簧

图 5-6 三位四通电磁阀

2. 液动换向阀

液动换向阀是利用控制油路的压力油来改变阀芯位置的换向阀。图 5-8 所示为三位四通液动换向阀的结构和图形符号。阀芯的移动是由两端密封腔中油液的压力差来实现的，当控制油路的压力油从控制口 K_2 进入滑阀右腔时，K_1 接通回油，阀芯向左移动，使油口 P 与 A 相通、B 与 T 相通；当 K_1 接通压力油、K_2 接通回油时，阀芯向右移动，使得油口 P 和 B 相通、A 与 T 相通；当 K_1、K_2 都通回油时，阀芯在两端弹簧和定位套的作用下回到中间位置。

采用液动换向阀时，必须配置先导阀来改变控制油的流动方向。可用手动滑阀（或转阀），也可用工作台的挡铁操纵行程滑阀，但较多的是采用电磁阀作先导阀。通常将电磁阀与液动阀组合在一起称为电液换向阀。

3. 电液换向阀

电液换向阀既能实现换向缓冲，又能用较小的电磁铁控制大流量的液流，从而方便地实现自动控制。在大流量液压系统中宜采用电液换向阀换向。

图 5-9 所示为弹簧对中型三位四通电液换向阀的结构和图形符号。当先导电磁阀的两个电磁铁 4 均不通电而处于图示位置时，先导电磁阀阀芯 5 在其对中弹簧的作用下处于中位，此时来自主阀 P 口（或外接油口）的控制压力油不能进入主阀芯 1 左、右两端的控制腔，主阀芯左、右两腔的油液通过先导阀中间位置经先导阀的 T 口流回油箱。主阀芯在两端对中弹簧的作用下，依靠阀体定位，准确地处在中间位置，此时主阀的 P、A、B、T 油口均不相通。当先导阀左边的电磁铁通电后，其阀芯向右移动，处于右端位置，来自主阀 P 口（或外接油口）的控制压力油经先导阀和左边的单向阀 2 进入主阀左端的控制腔，推动主阀阀芯向右移动，这时主阀芯右端控制腔中的油液通过右边的节流阀经先导阀流回油箱（主阀芯的移动速度可由右边的节流阀调节），使主阀的油口 P 与 A、B 与 T 的油路相通；反之，当先导阀右边的电磁铁通电时，可使油口 P 与 B、A 与 T

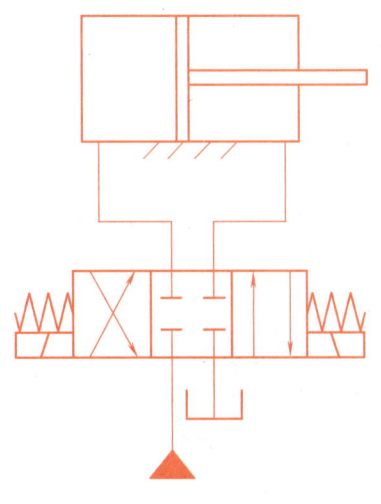

图 5-7 电磁换向阀的换向回路

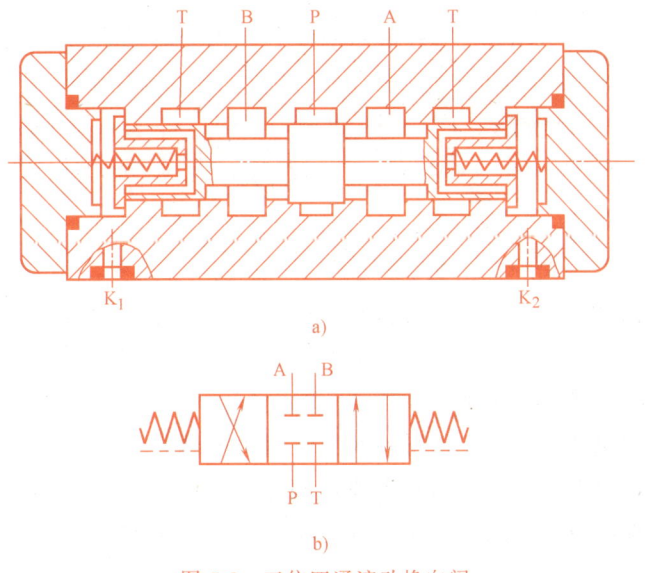

图 5-8 三位四通液动换向阀

的油路相通。图 5-9b 所示为电液换向阀（弹簧对中、内部压力控制、外部泄油）的详细图形符号，图 5-9c 所示为其简化图形符号。

电液换向阀除上述弹簧对中的以外，还有液压对中的、内部泄油的、外部压力控制的。在液压对中的电液换向阀中，先导式电磁阀在中位时，液动阀阀芯两端的控制腔经先导电磁阀与控制压力油口 P 相通，而 T 封闭，其他方面与弹簧对中的电液换向阀基本相似。至于外部压力控制和内部泄油式电液换向阀，只是控制先导电磁阀的压力油来源和回油路回油箱的方式不同，其工作原理与弹簧对中的电液换向阀相同。

图 5-10 所示为电液换向阀换向回路。当电磁铁 1YA、2YA 均不通电时，活塞停止不动；当电磁铁 1YA 通电时，活塞向右移动；电磁铁 2YA 通电时，活塞向左移动。

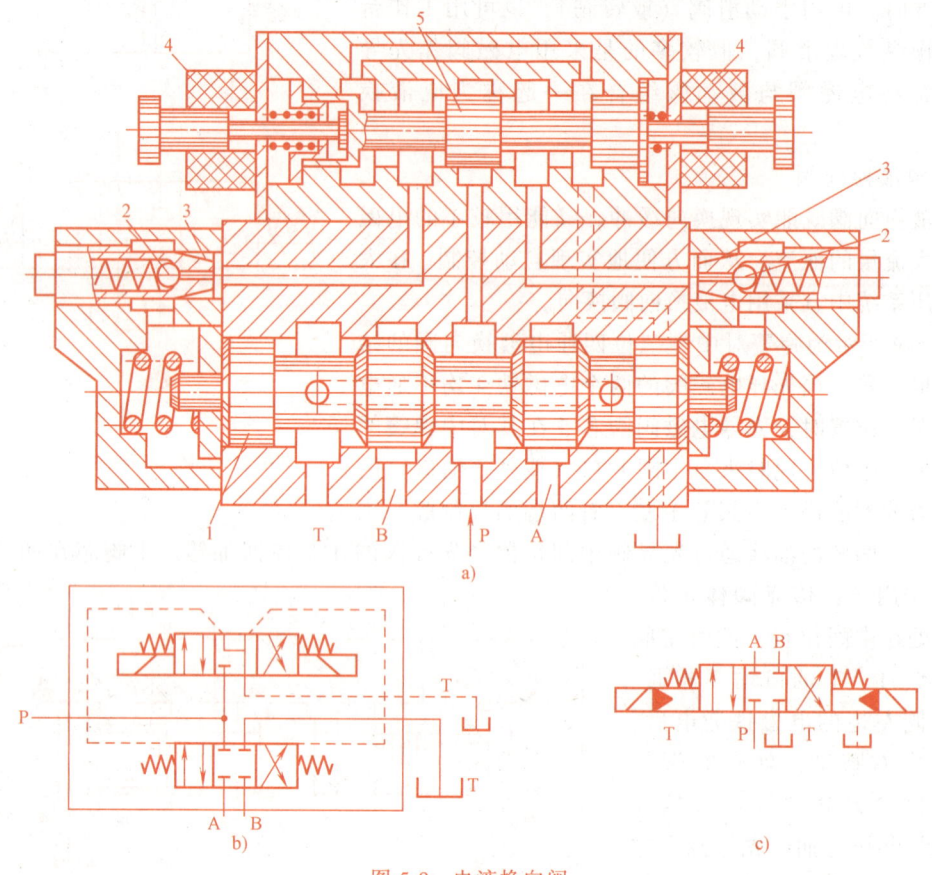

图 5-9 电液换向阀

1—主阀芯 2—单向阀 3—节流阀 4—电磁铁 5—先导电磁阀阀芯

4. 机动换向阀

机动换向阀又称行程阀，它通过安装在工作台上的挡铁或凸轮来迫使阀芯移动，从而控制油液的流动方向。机动换向阀通常是二位的，它有二通、三通、四通等几种。对于二位二通阀，又有常闭和常通两种形式。

图 5-11a 所示为滚轮式二位二通常闭式机动换向阀。在图示位置时，阀芯 2 在弹簧 3 的作用下处于左端位置，此时油口 P 和 A 不通；当挡铁或凸轮压下滚轮 1 使阀芯 2 移动到右端位置时，油口 P 和 A 接通。图 5-11b 所示为其图形符号。

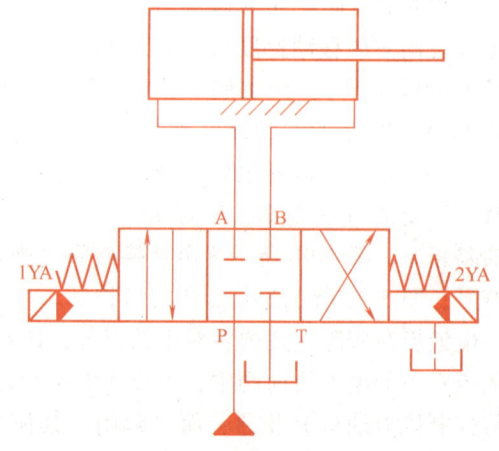

图 5-10 电液换向阀换向回路

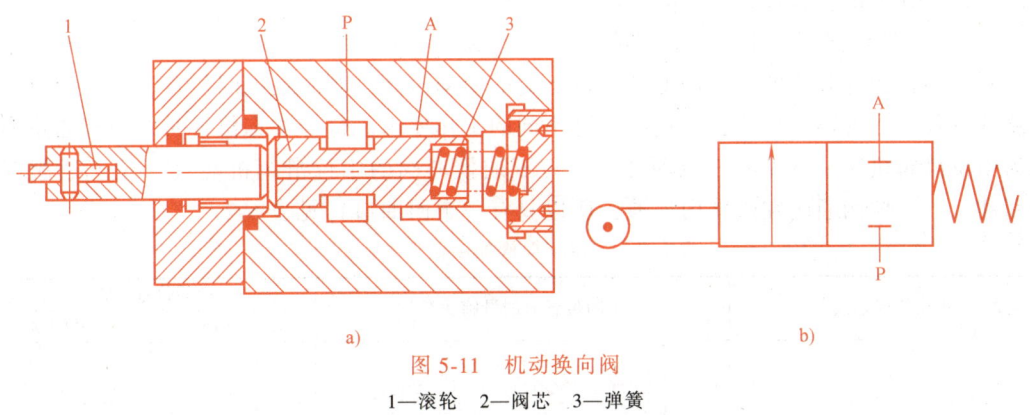

图 5-11 机动换向阀
1—滚轮 2—阀芯 3—弹簧

5. 手动换向阀

手动换向阀是利用手动杠杆来改变阀芯位置而实现换向的。图 5-12 所示为手动换向阀的结构和图形符号。

图 5-12a 所示为自动复位式手动换向阀，放开手柄 1，阀芯 2 即在弹簧 3 的作用下自动回复中位，图 5-12c 所示为该阀的图形符号。它适用于动作频繁、工作持续时间短的场合，操作比较安全，常用在工程机械的液压传动系统中。

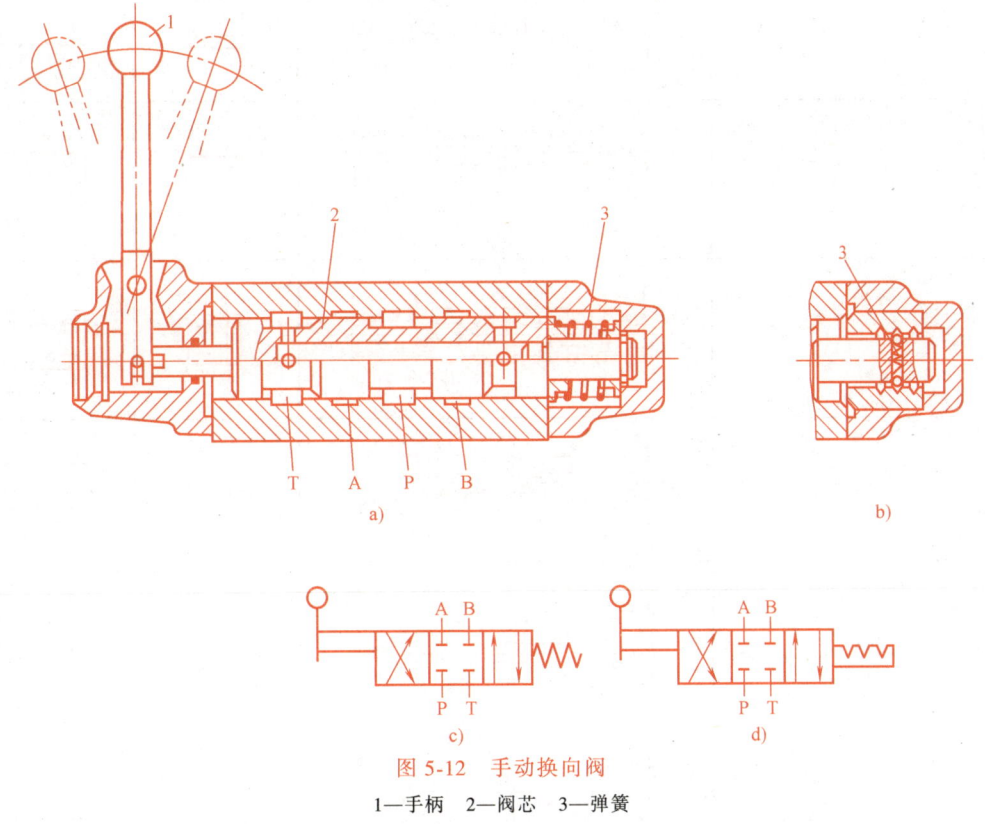

图 5-12 手动换向阀
1—手柄 2—阀芯 3—弹簧

若将阀芯右端弹簧 3 的部位改为图 5-12b 所示的形式，即成为可在三个位置定位的手动换向阀，图 5-12d 所示为其图形符号。

(三) 三位换向阀的中位滑阀机能

对于各种操纵方式的三位四通和三位五通的换向滑阀，阀芯在中间位置时，各油口间的通路有各种不同的连接形式，以适应各种不同的工作要求。这种常态位置时的内部通路形式称为中位滑阀机能。常见的三位四通、三位五通换向阀的中位滑阀机能（三位五通阀有两个回油口，三位四通阀在阀体内连通，所以只有一个回油口）见表 5-2。

表 5-2 三位换向阀的中位滑阀机能

中位机能形式	中间位置时的滑阀状态	中间位置的符号	
		三位四通	三位五通
O	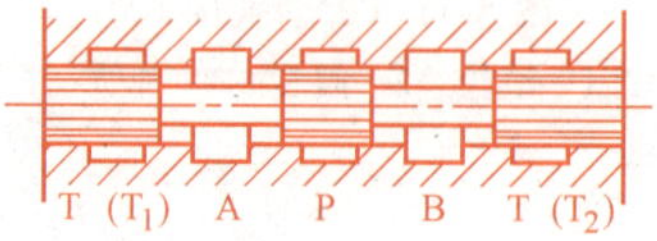		
H	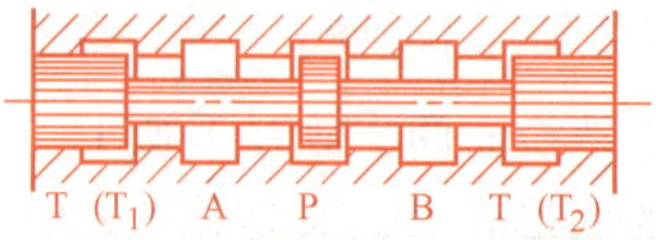		
Y	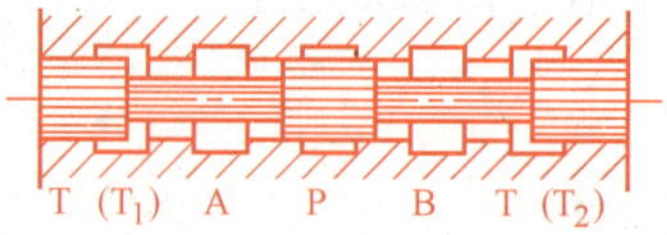		
J	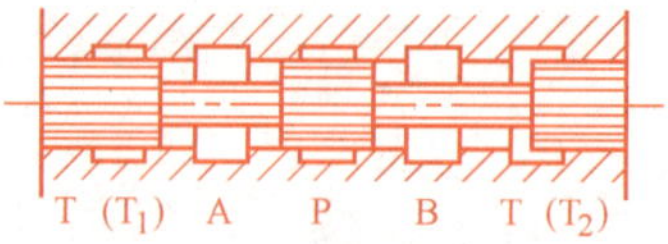		
C	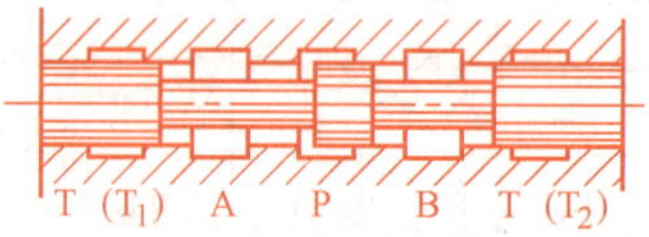		
P	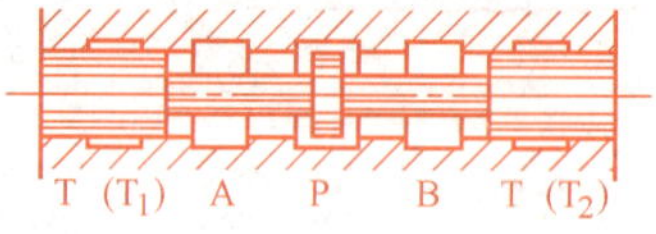		
K	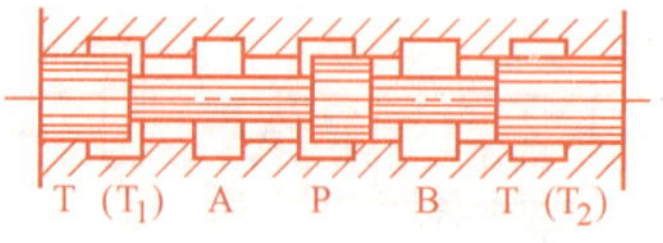		
M			

（续）

中位机能形式	中间位置时的滑阀状态	中间位置的符号	
		三位四通	三位五通
U	T(T_1) A P B T(T_2)	A B / P T	A B / T_1 P T_2

中位滑阀机能不仅在阀芯处于中位时对系统性能有影响，在换向过程中对系统的性能也有影响。在分析和选择三位换向阀的中位滑阀机能时，通常考虑以下几点：

（1）液压泵工作状态　当接液压泵的油口 P 被堵塞时（如 O 形），系统保压，液压泵能用于多缸液压系统；当油口 P 和 T 相通时（如 H 形、M 形），液压泵处于卸荷状态，功率损耗少。

（2）液压缸工作状态　当油口 A 和 B 接通时（如 H 形），卧式液压缸处于"浮动"状态，可以通过某些机械装置（如齿轮齿条机构）改变工作台的位置；立式液压缸由于自重而不能停止在任意位置上。当油口 A、B 堵塞时（如 O、M 形），液压缸能可靠地停留在任意位置上，但不能通过机械装置改变执行机构的位置。当油口 A、B 与 P 接通时（如 P 形），单杆液压缸和立式液压缸不能在任意位置停留，双杆液压缸可以通过机械装置改变执行机构的位置。

（3）换向平稳性与精度　当通液压缸的油口 A、B 堵塞时（如 O 形），换向过程中易产生液压冲击，换向平稳性差，但换向精度高；反之，油口 A、B 都通油口 T 时（如 H 形），换向过程中工作部件不易迅速制动，换向精度低，但液压冲击小、换向平稳性好。

（4）起动平稳性　当阀芯处于中位时，液压缸的某腔若与油箱相通（如 H 形），则起动时该腔内因无足够的油液起缓冲作用而不能保证平稳起动；反之，液压缸的某腔不通油箱而充满油液时（如 O 形），再次起动就较平稳。

二、单向阀与锁紧回路

1. 单向阀的结构与工作原理

单向阀的作用是控制油液的单向流动。液压系统对单向阀的主要性能要求是：正向流动阻力损失小，反向密封性能好，动作灵敏。图 5-13a 所示为管式普通单向阀的结构。压力油从阀体 1 的进油口 P_1 流入并作用在锥阀上，当克服弹簧 3 的作用力时，顶开阀芯 2，经阀芯上的径向孔 a、轴向孔 b 从阀体右端的出油口 P_2 流出；但是压力油从阀体右端的油口流入时，液压力和弹簧力一起将阀芯压紧在阀座上，使阀口关闭，油液不能通过。其图形符号如图 5-13b 所示。板式连接单向阀的工作原理与管式单向阀相同，只是将进、出油口开在底平面上，用螺钉把阀体固定在连接板上。图 5-13c 所示为板式直角式单向阀。单向阀的阀芯有钢球式阀芯和锥阀式阀芯两种。钢球式阀芯结构简单，但密封性能不如锥阀式好，一般只在低压、小流量情况下使用。

单向阀中的弹簧主要用来克服阀芯的摩擦阻力和惯性力。为了使单向阀工作灵敏可靠，普通单向阀的弹簧刚度较小，以免油液流动时产生较大的压力降。一般单向阀的开启压力为 0.035~0.05MPa，通过额定流量时的压力损失不应超过 0.1~0.3MPa。若将单向阀中的弹簧换成较大刚度的弹簧，则阀的开启压力约为 0.2~0.6MPa，可将其置于回油路中作背压阀使用。

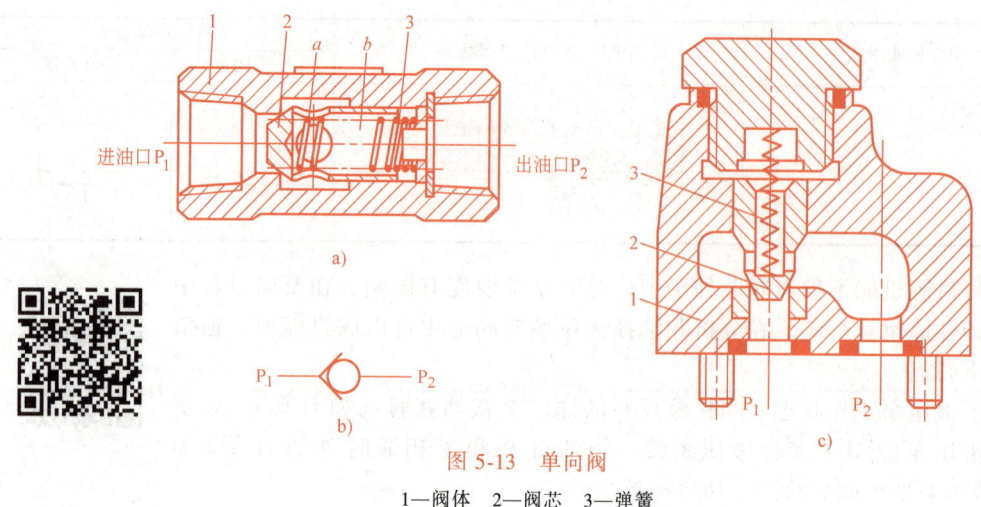

图 5-13 单向阀
1—阀体 2—阀芯 3—弹簧

除了一般的单向阀外，还有液控单向阀。图 5-14a 所示为一种液控单向阀结构，当控制油口 K 处无压力油通过时，它的工作就像普通单向阀一样，压力油只能从进油口 P_1 流向出油口 P_2，不能反向流动。当控制油口 K 有控制压力油作用时，控制活塞 1 右侧 a 腔通泄油口（图中未画出），在液压力的作用下活塞向右移动，推动顶杆 2 顶开阀芯 3，使进油口 P_1 和出油口 P_2 接通，油液就可以从出油口 P_2 流向进油口 P_1。在图 5-14 所示的液控单向阀中，K 处通入的控制油压力最小须为主油路压力的 30%～50%。图 5-14b 所示为液控单向阀的图形符号。

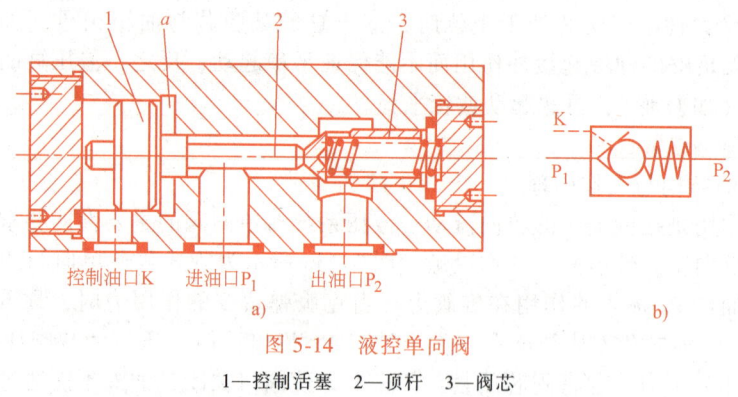

图 5-14 液控单向阀
1—控制活塞 2—顶杆 3—阀芯

在高压系统中，为了降低控制油压力，在锥阀 3 中心增加了一个用于卸压的阀芯 6，如图 5-15 所示。锥阀 3 开启之前，控制活塞 1 通过顶杆 2 先顶起卸压阀芯 6，并通过弹簧座 4 压缩弹簧 5，这时锥阀 3 上部的油液通过卸压阀芯上的缺口流入 P_1 腔而降压，上腔压力降低到一定值后，控制活塞 1 再将锥阀 3 顶起，使 P_2 和 P_1 完全相通。采用这种带卸压阀芯的液控单向阀，其最小控制油压力约为主油路的 5%。

单向阀常安装在液压泵的出油口，可防止泵停止时因受压力冲击而损坏，又可防止系统中的油液流失，避免空气进入系统。单向阀还可作为保压阀用，开启压力大的单向阀还可作为背压阀用。单向阀与其他元件经常组成复合元件。液控单向阀的应用范围也很广，如利用液控单向阀的锁紧回路、防止自重下落回路、充液阀回路、旁通放油阀回路以及蓄能器供油回路等。

2. 锁紧回路

锁紧回路的作用是使液压缸能在任意位置上停留，且停留后不会因外力作用而发生位置移动。

（1）采用 O 形或 M 形换向阀的锁紧回路　采用 O 形或 M 形滑阀机能的三位换向阀实现锁紧的回路如图 5-7 所示，当阀芯处于中位时，液压缸的进、出油口都被封闭，可以将活塞锁紧。由于这种锁紧回路受到滑阀泄漏的影响，锁紧效果较差，所以只能用在要求较低的场合。

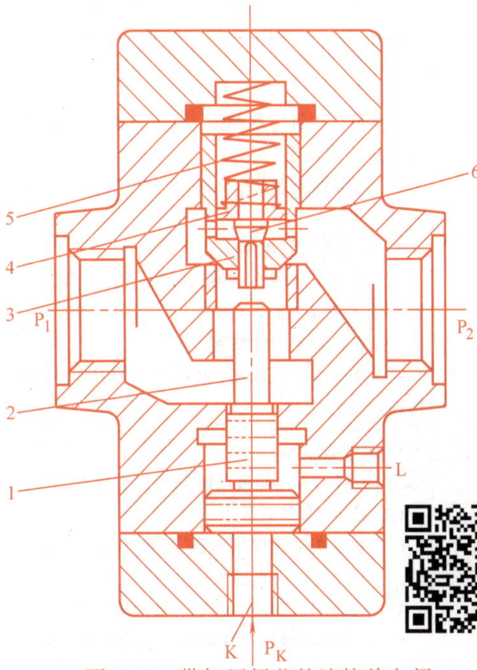

（2）采用液控单向阀的锁紧回路 图 5-16 所示为采用液控单向阀的锁紧回路。当换向阀处于右位时，压力油经单向阀 1 进入液压缸左腔，同时压力油亦进入单向阀 2 的控制油口 K，打开阀 2，使活塞右行，液压缸右腔的油经阀 2 和换向阀流回油箱；反之，活塞向左运动，到了需要停留的位置，只要使换向阀处于中位，因阀的中位为 H 形机能（Y 形也行），所以阀 1 和阀 2 能立即关闭，使活塞停止运动并双向锁紧。由于液控单向阀的阀芯一般为锥阀式，密封性能好，泄漏少，其锁紧精度主要取决于液压缸的泄漏情况。这种回路广泛用于工程机械、起重机械等有锁紧要求的场合。

三、方向控制阀的常见故障及排除方法

（一）换向阀的常见故障及排除方法

换向阀的常见故障及排除方法见表 5-3。

（二）单向阀的常见故障及排除方法

单向阀的常见故障及排除方法见表 5-4。

图 5-15　带卸压阀芯的液控单向阀

1—控制活塞　2—顶杆　3—锥阀　4—弹簧座
5—弹簧　6—卸压阀芯

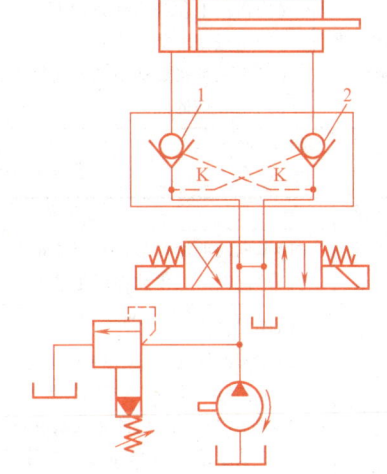

图 5-16　采用液控单向阀的锁紧回路

表 5-3　换向阀的常见故障及排除方法

故障现象	产生原因	排除方法
阀芯不动或不到位	1. 滑阀卡住 （1）滑阀与阀体配合间隙过小，阀芯在阀孔中卡住不能动作或动作不灵活	1. 检查滑阀 （1）检查间隙情况，研修或更换阀芯

(续)

故障现象	产生原因	排除方法
阀芯不动或不到位	(2)阀芯被碰伤,油液被污染 (3)阀芯几何形状超差,阀芯与阀孔装配不同轴,产生轴向液压卡紧现象 (4)阀体因安装螺钉的拧紧力过大或不均而变形,使阀芯卡住不动 2. 液动换向阀控制油路有故障 (1)油液控制压力不够,弹簧过硬,使滑阀不动,不能换向或换向不到位 (2)节流阀关闭或堵塞 (3)液动滑阀的两端(电磁阀的专用)泄油口没有接回油箱或泄油管堵塞	(2)检查、修磨或重配阀芯,换油 (3)检查、修正形状误差及同轴度,检查液压卡紧情况 (4)检查,使拧紧力适当、均匀 2. 检查控制油路 (1)提高控制压力,检查弹簧是否过硬,更换弹簧 (2)检查、清洗节流口 (3)检查并将泄油管接回油箱,清洗回油管,使之畅通
阀芯不动或不到位	3. 电磁铁故障 (1)因滑阀卡住交流电磁铁的铁心吸不到底面而烧毁 (2)漏磁,吸力不足 (3)电磁铁接线焊接不良,接触不好 (4)电源电压太低造成吸力不足,推不动阀芯 4. 弹簧折断、漏装、太软,不能使滑阀恢复中位 5. 电磁换向阀的推杆磨损后长度不够,使阀芯移动过小,引起换向不灵或不到位	3. 检查电磁铁 (1)清除滑阀卡住故障,更换电磁铁 (2)检查漏磁原因,更换电磁铁 (3)检查并重新焊接 (4)提高电源电压 4. 检查、更换或补装弹簧 5. 检查并修复,必要时更换推杆
电磁铁过热或烧毁	(1)电磁铁线圈绝缘不良 (2)电磁铁铁心与滑阀轴线同轴度太差 (3)电磁铁铁心吸不紧 (4)电压不对 (5)电线焊接不好 (6)换向频繁	(1)更换电磁铁 (2)拆卸,重新装配 (3)修理电磁铁 (4)改正电压 (5)重新焊线 (6)减少换向次数或采用高频性能的换向阀
电磁铁动作响声大	(1)滑阀卡住或摩擦力过大 (2)电磁铁不能压到底 (3)电磁铁接触面不平或接触不良 (4)电磁铁的磁力过大	(1)修研或更换滑阀 (2)校正电磁铁高度 (3)清除污物,修整电磁铁 (4)选用电磁力适当的电磁铁

表 5-4 单向阀的常见故障及排除方法

故障现象	产生原因	排除方法
产生噪声	(1)单向阀的流量超过额定流量 (2)单向阀与其他元件产生共振	(1)更换大规格的单向阀或减少通过阀的流量 (2)适当调节阀的工作压力或改变弹簧刚度
泄漏	(1)阀座锥面密封不严 (2)锥阀的锥面(或钢球)不圆或磨损 (3)油中有杂质,阀芯不能关死 (4)加工、装配不良,阀芯或阀座拉毛甚至损坏 (5)螺纹连接的结合部分没有拧紧或密封不严而引起外泄漏	(1)检查并研磨阀座锥面 (2)检查、研磨或更换 (3)清洗阀,更换液压油 (4)检查并更换阀芯或阀座 (5)拧紧,加强密封
单向阀失灵	(1)阀体或阀芯变形、阀芯有毛刺、油液污染引起的单向阀阀芯卡死 (2)弹簧折断、漏装或弹簧刚度太大 (3)锥阀(或钢球)与阀座完全失去密封作用 (4)锥阀与阀座同轴度超差或密封表面有生锈麻点,从而形成接触不良及严重磨损等	(1)清洗、修理或更换零件,更换液压油 (2)更换或补装弹簧 (3)研配阀芯和阀座 (4)清洗、研配阀芯和阀座

（续）

故障现象	产生原因	排除方法
液控单向阀反向时打不开	(1)控制油压力低 (2)泄油口堵塞或有背压 (3)反向进油腔压力高,液控单向阀选用不当	(1)按规定压力调整 (2)检查外泄管路和控制油路 (3)选用带卸压阀芯的液控单向阀

第二节 压力控制阀和压力控制回路

在液压系统中,控制液压系统压力或利用压力作为信号来控制其他元件动作的阀,统称为压力控制阀。压力控制回路就是利用压力控制阀来控制油液的压力,以满足执行元件对力或转矩要求的回路。压力控制阀按照其功能和用途不同可分为溢流阀、减压阀、顺序阀和压力继电器等。这类阀的共同特点是利用作用在阀芯上的液压作用力和弹簧力相平衡的原理来进行工作。

一、溢流阀与调压回路

液压系统中常用的溢流阀有直动型溢流阀和先导型溢流阀两种。直动型溢流阀一般用于低压系统,先导型溢流阀用于中、高压系统。

（一）溢流阀

1. 直动型溢流阀

直动型溢流阀是利用系统中的油液作用力直接作用在阀芯上与弹簧力相平衡的原理来控制阀芯的启、闭动作,以控制进油口处的油液压力。图5-17所示为P型低压（直动型）溢流阀。P是进油口,T是回油口,进油口压力油经阀芯3中间的阻尼孔 a 作用在阀芯的底部端面上,当进油压力较小时,阀芯在弹簧2的作用下处于下端位置,P和T两油口不能相通。当进油压力升高,阀芯下端产生的作用力超过弹簧的压紧力 F_s、阀芯的自重以及摩擦力时,阀芯上升,阀口被打开,将多余的油液排回油箱。阀芯上阻尼孔 a 的作用是用来增加液阻,以减小阀芯的振动,提高阀的工作平稳性。调节螺母1可以改变弹簧的压紧力,这样也就调整了溢流阀进油口处的油液压力。由阀芯间隙处泄漏到弹簧腔的油液,经阀体上的孔 b 通过回油口T排入油箱。

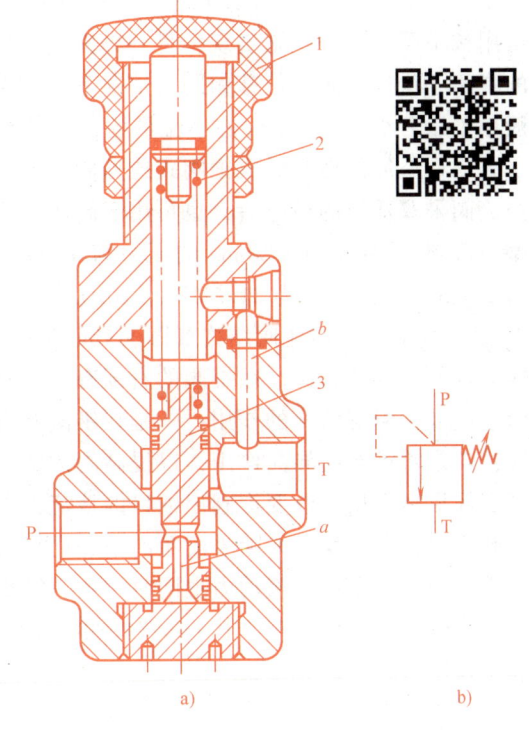

图5-17 低压（直动型）溢流阀
1—螺母 2—弹簧 3—阀芯 a—阻尼孔

当溢流阀稳定工作时,作用在阀芯上的力应是平衡的。若忽略阀芯自重、摩擦力和稳态轴向液动力,则阀芯的受力平衡方程为

$$pA_R = F_S \tag{5-1}$$

式中 p——进油口压力（MPa）；

　　　A_R——阀芯承受油液压力的面积（mm²）；

　　　F_S——弹簧的调定作用力（N）。

由式（5-1）可得

$$p = \frac{F_S}{A_R} = \frac{k(x_0 + \Delta x)}{A_R} \tag{5-2}$$

式中 k——阀芯弹簧的刚度（N/mm）；

　　　x_0——平衡弹簧的预压缩量（mm）；

　　　Δx——平衡弹簧的附加压缩量（mm），其他单位同式（5-1）。

由以上分析可知，溢流阀是利用弹簧力和进口油压力所产生的作用力相平衡来进行工作的。由于溢流阀正常工作过程中阀芯开口的变化量很小，因此，弹簧的附加压缩量 Δx 也是较小的，p 值将基本保持不变，从而系统压力控制在调定值附近。若系统压力升高，阀芯上移，阀口开大，溢流阻力减小，则系统压力下降；当压力低于调定压力时，阀芯下降，阀口关小，溢流阻力增大，限制了系统压力的继续下降。

由式（5-2）可知，弹簧力的大小与控制压力成正比。因此，若要提高被控压力，一方面可用减小阀芯的面积来实现，另一方面则需加大弹簧力。因受结构限制，一般采用较大刚度的弹簧，这样在阀芯位移相同的情况下，弹簧力变化较大。因此，这种阀的定压精度低，一般用于压力小于 2.5MPa 的小流量场合。图 5-17b 所示为直动型溢流阀的图形符号。

直动型溢流阀也有做成锥阀式或球阀式的，其工作原理与普通直动型溢流阀相同。直动型溢流阀采取适当的措施后，也可用于高压、大流量场合。例如，德国力士乐公司开发的直动型溢流阀，通径为 6~20mm 的压力为 40MPa（锥阀式结构），63MPa（球阀式结构），通径为 25~30mm 的压力为 31.5MPa（DBD 型），其最大流量均可达 330L/min。其中，锥阀式 DBD 型（直动型）溢流阀结构如图 5-18a 所示，额定工作压力为 40MPa；图 5-18b 所示为锥阀式结构的局部放大图。在锥阀的右部有一个阻尼活塞 3，活塞的侧面铣扁，以便压力油引到活塞底部。阻尼活塞的作用：一是在锥阀开启或闭合时起阻尼作用，用来提高阀的调压稳定性；二是对锥阀起导向作用，以提高阀的密封性能。此外，锥阀的端部有一偏流盘 1，盘上开有环形槽，用以改变锥阀出油口的液流方向。于是，偏流盘受到了一个液动力，此液动力与弹簧力方向相反，并随溢流量的增加而加大。当溢流量增加时，由于锥阀开口增大，引起弹簧力增加，但由于液动力也同时增加，结果抵消了弹簧力的增量。因此，这种阀的进口压力不受流量变化的影响，其 p-q 特性曲线比较理想，启闭特性好，有利于提高阀的通流流量和工作压力。

2. 先导型溢流阀

先导型溢流阀由主阀和先导阀两部分组成。其中，先导阀部分就是一种直动型溢流阀（多为锥阀式结构）。主阀有各种形式，按照其阀芯配合形式不同，可分为滑阀式结构（一级同心结构）、二级同心结构和三级同心结构。常见的有 YF 型、Y2 型、DB 型、DBW 型、YF3 型等中、高压溢流阀。虽然它们的结构形式不同，但工作原理是一样的。

（1）Y2 型（先导型）中、高压溢流阀 其结构如图 5-19a 所示。因主阀芯外圆和锥面需与阀套配合良好，两处同轴度要求很高，所以称它为二级同心式，其公称压力为 32MPa。

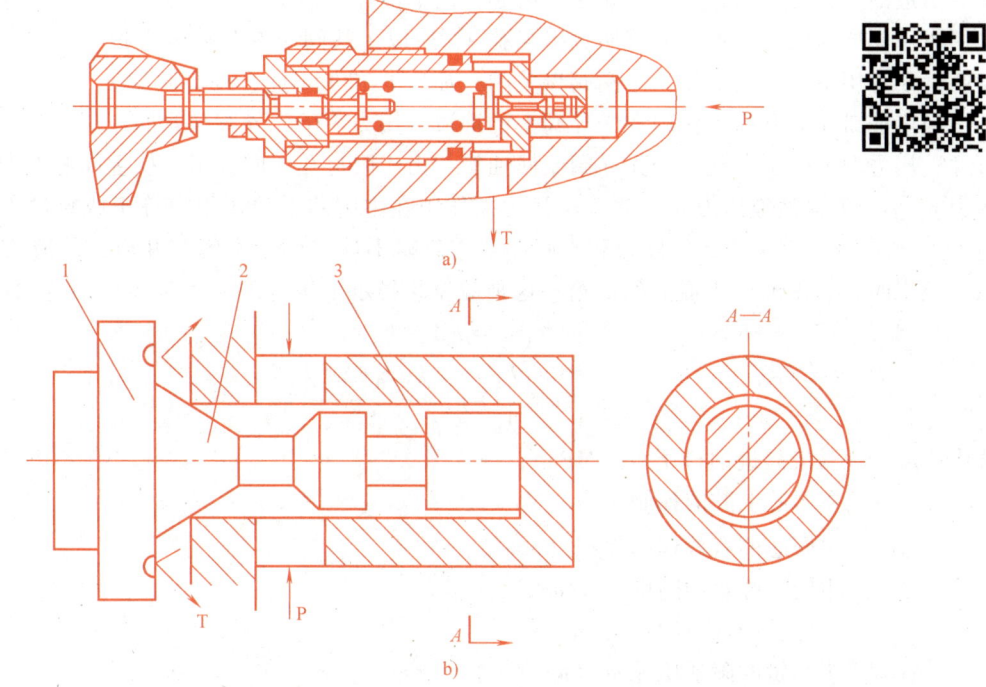

图 5-18 锥阀式 DBD 型(直动型)溢流阀
1—偏流盘　2—锥阀　3—阻尼活塞

这种阀密封性能好,通流能力大,压力损失小,结构紧凑,加工精度和装配精度易于保证。

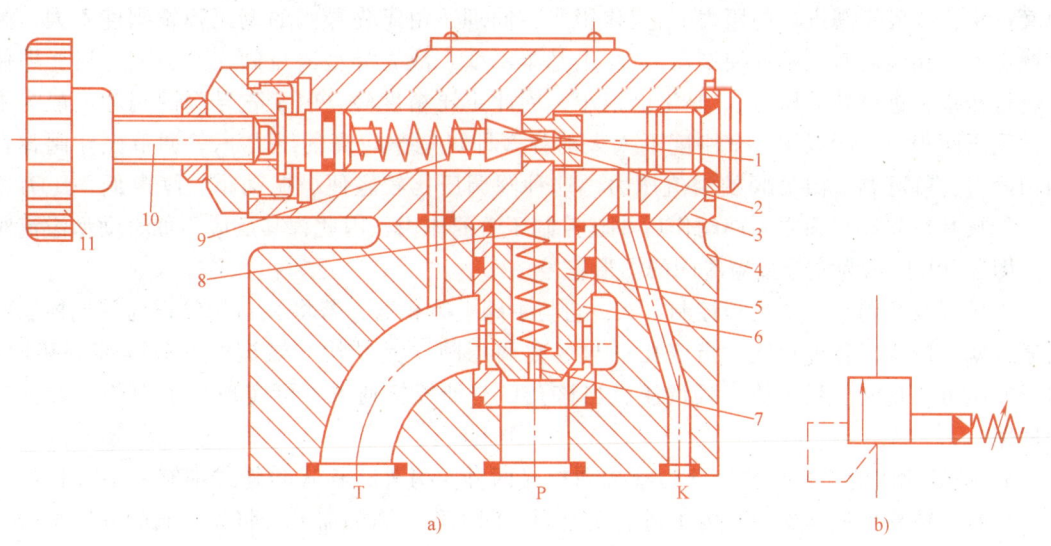

图 5-19 Y2 型(先导型)中、高压溢流阀
1—锥阀阀芯　2—锥阀座　3—阀盖　4—阀体　5—主阀阀芯　6—阀套　7—阻尼孔
8—主阀弹簧　9—调压弹簧　10—调节螺钉　11—调节手轮

压力油从主阀进油口 P 进入,通过主阀阀芯 5 上的阻尼孔 7 后,作用在先导阀的阀芯 1

上。当进油口压力较低,作用在先导阀阀芯上的油液作用力不足以克服先导阀调压弹簧 9 的作用时,先导阀关闭,没有油液通过阻尼孔 7,所以主阀阀芯 5 两端压力相等,在较弱的主阀弹簧 8 作用下处于最下端,主阀阀口关闭,油口 P 和 T 不通,没有溢流。

当进油口压力升高到作用在先导阀上的油液作用力大于先导阀弹簧的作用力时,先导阀打开,压力油通过阻尼孔 7 经先导阀流回油箱。由于阻尼孔 7 的作用,使主阀芯上端的油液压力 p_2 小于下端油液压力 p_1,当这个压力差作用在主阀芯上的作用力等于或超过主阀弹簧力 F_S(轴向稳态液动力、摩擦力和主阀芯自重忽略不计)时,主阀芯开启,油液从 P 口流入,经主阀阀口由油口 T 溢流回油箱。这种溢流阀稳定工作时,有

$$p_1 A_R = p_2 A_R + F_S \tag{5-3}$$

或

$$p_1 = p_2 + \frac{F_S}{A_R} = p_2 + \frac{k(x_0 + \Delta x)}{A_R} \tag{5-4}$$

式中　p_1——溢流阀进油口压力(MPa);

　　　p_2——主阀芯上腔的控制压力(MPa);

　　　A_R——主阀芯的有效作用面积(mm²);

　　　k——主阀芯弹簧的刚度(N/mm);

　　　x_0——主弹簧的预压缩量(mm);

　　　Δx——主弹簧的附加压缩量(mm);

　　　F_S——主弹簧的作用力(N)。

对于先导型溢流阀,由于阀芯上腔有控制压力 p_2 存在,所以主阀芯弹簧的刚度可以做得较小。当负载变化时,通过主阀芯的流量会有改变,阀口开度也随之增大或减小,主弹簧的附加压缩量 Δx 发生相应的变化。由于主弹簧的刚度低,Δx 的变动量相对预压缩量 x_0 来说又很小,故溢流阀进口的压力 p_1 变化很小;同理,由于先导阀的调压弹簧刚度不大,弹簧调定后,在溢流时上腔的控制压力 p_2 也基本不变,故先导型溢流阀在压力调定后,即使溢流量变化,进口处的压力 p_1 变化也很小,因此定压精度高。由于先导阀的阀芯一般为锥阀,受压面积小,所以用一个刚度不太大的弹簧即可调整较高的压力 p_2。调节先导阀弹簧的预紧力,就可调节溢流阀的溢流压力。这种阀调压比较轻便、振动小、噪声低、压力稳定,但只有在先导阀和主阀都动作后才起控制压力的作用,因此,其反应不如直动型溢流阀快。图 5-19b 所示为先导型溢流阀的图形符号。

先导型溢流阀有一个远程控制口 K,它与主阀上腔相通,若将 K 口用管道与其他控制阀接通,就可以实现各种功能。当该孔口与远程调压阀(其结构与溢流阀的先导部分相同)接通时,可实现液压系统的远程调压;当该孔口与油箱接通时,可实现系统卸荷(详见卸荷回路)。

Y2 型溢流阀的连接形式也分为管式和板式两种。另外,板式和管式都有一个远程控制口,平时用螺塞堵住。这种阀为了适应溢流阀不同工作压力的需要,将先导阀的调压弹簧设计成四个级别,使用四根长度相等而粗细不同的弹簧,它们的调压范围分别为 0.5~7MPa、3.5~14MPa、7~21MPa、16~32MPa。这样,既能作中压溢流阀用,又能作高压溢流阀用。

(2) DB 型(先导型)溢流阀　其结构原理如图 5-20 所示。它与 Y2 型溢流阀很相似,是力士乐系列产品。阻尼孔 2、5 的作用与 Y2 型溢流阀中阻尼孔 7 的作用相同,当先导阀打开时,在主阀芯 13 上、下产生压力差,使主阀芯动作。

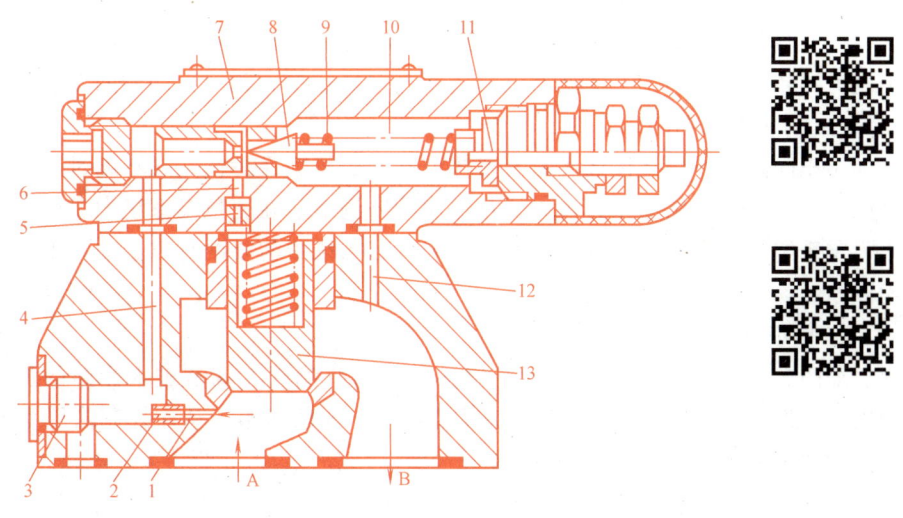

图 5-20　DB 型（先导型）溢流阀结构原理图

1、4、6—控制油通道　2、5—阻尼孔　3—外供油口　7—先导阀　8—先导阀阀芯
9—调压弹簧　10—弹簧腔　11、12—控制油回油通道　13—主阀芯
A—进油口　　B—出油口

DB 型溢流阀中设有控制油的内部供油通道和内部排油通道、外供口和外排口。这样，就可根据控制油供给和排出的方式不同，组合成内供内排、外供内排、内供外排、外供外排四种形式，以适应各种不同要求的系统。

3. 溢流阀的性能

溢流阀的性能包括溢流阀的静态性能和动态性能，在此只对静态性能做一简单介绍。静态性能是指溢流阀在稳定工况下（即系统压力没有突变时），溢流阀所控制的 p-q 特性。

（1）压力调节范围　压力调节范围是指调压弹簧在规定的范围内调节时，系统压力能平稳地上升或下降，且无突跳及迟滞现象时的最大至最小调定压力。溢流阀的最大允许流量为其额定流量，在额定流量下工作时溢流阀应无噪声；溢流阀的最小稳定流量取决于它的压力平稳性要求，一般规定为额定流量的 15%。

（2）启闭特性　启闭特性是指溢流阀在稳态情况下从开启到闭合的过程中，被控压力与通过溢流阀的溢流量之间的关系。它是衡量溢流阀定压精度的一个重要指标，一般用溢流阀开始溢流时的开启压力 p_K 以及停止溢流时的闭合压力 p_B 与额定流量下的调定压力 p_S 的比值 p_K/p_S、p_B/p_S 的百分率来衡量。前者称为开启比，后者称为闭合比，比值越大，溢流阀的启闭特性越好。一般开启比大于 90%，闭合比大于 85%。直动型溢流阀和先导型溢流阀的启闭特性曲线如图 5-21 所示。由图中可以看出，先导型溢流阀的定压性能比直动型溢流

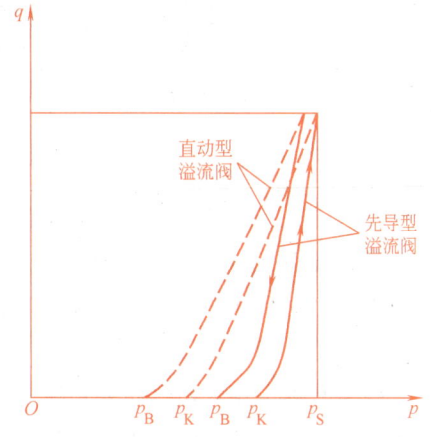

图 5-21　溢流阀的启闭特性曲线

的好。

（3）卸荷压力　当溢流阀的远程控制口与油箱相通时，额定流量下的压力损失称为卸荷压力。卸荷压力越小，油液通过溢流阀开口处的损失越小，油液的发热量也越小。

（二）调压回路

调压回路的作用是使液压系统整体或部分的压力保持恒定或不超过某个数值。在定量泵系统中，液压泵的供油压力可以通过溢流阀来调节。在变量泵系统中，用溢流阀作为安全阀来限定系统的最高压力，以防止系统过载。若系统中需要两种以上的压力，则可采用多级调压回路。

1. 单级调压回路

如图 5-22 所示，系统由定量泵供油，采用节流阀 5 调节进入回路的流量，在液压泵 1 的出口处设置溢流阀 4，使多余的油从溢流阀 4 流回油箱，从而控制液压系统的压力。调节溢流阀便可调节泵的供油压力。

2. 二级调压回路

图 5-23a 所示为二级调压回路，当二位二通电磁阀 3 处于图示位置时，系统压力由溢流阀 4 调定。当阀 3 通电后右位工作时，远程调压阀 2 起先导作用，控制溢流阀 4 的主阀芯工作，系统压力由阀 2 调定，可实现两种不同的系统压力。但阀 2 的调定压力一定要小于阀 4 的调定压力，否则阀 2 不起作用。还可将调压阀 2 直接接在溢流阀 4 的远程控制口上，去掉阀 3，即可成为远程调压回路。

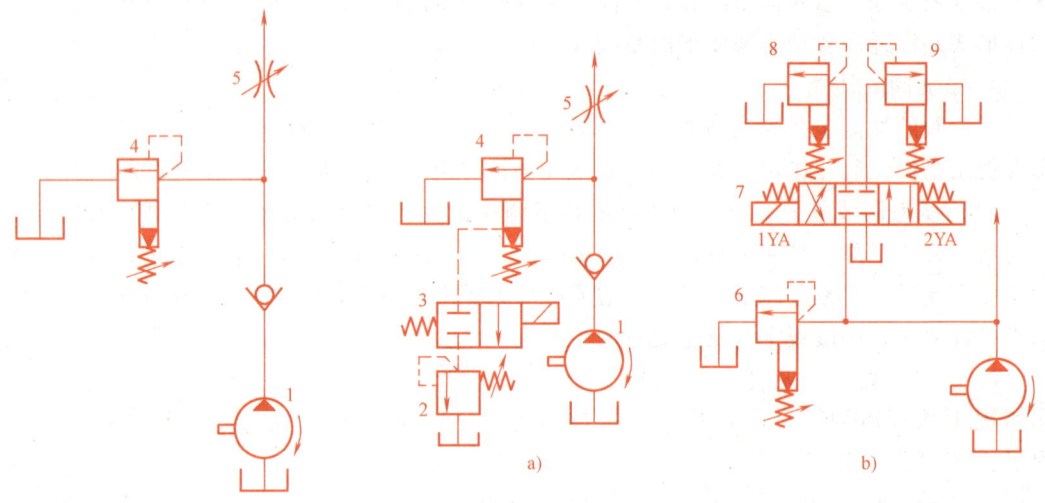

图 5-22　单级调压回路　　　　图 5-23　多级调压回路

3. 多级调压回路

图 5-23b 所示为三级调压回路。当电磁铁 1YA、2YA 均不通电处于图示位置时，系统压力由阀 6 调定；当 1YA 通电时，电磁换向阀 7 左位工作，系统压力由阀 9 调定；当 2YA 通电时，阀 7 右位工作，系统压力由阀 8 调定。因此，可以得到三级调定压力。但阀 9 和阀 8 的调定压力要小于阀 6 的调定压力，而对阀 9 和阀 8 的调定压力之间没有什么约束。若将阀 9、阀 8、阀 7 以同样的形式接在溢流阀 6 的远程控制口上，也是三级压力的调压回路，只

要阀9、阀8、阀7用小流量规格即可（阀9、阀8可改用远程调压阀），阀6、阀9和阀8之间调定压力的关系同前述。

（三）溢流阀的常见故障及排除方法

溢流阀的常见故障及排除方法见表5-5。

表5-5 溢流阀的常见故障及排除方法

故障现象	产生原因	排除方法
压力波动	(1)弹簧弯曲或弹簧刚度太低 (2)油液不清洁,阻尼孔不畅通 (3)锥阀与锥阀座接触不良或磨损 (4)滑阀表面拉伤或弯曲变形,滑阀动作不灵	(1)更换弹簧 (2)清洗阻尼孔 (3)更换锥阀 (4)修磨滑阀或更换滑阀
振动和噪声	(1)回油路有空气进入 (2)调压弹簧永久变形 (3)流量超过额定值 (4)锥阀与阀座接触不良或磨损 (5)油温过高,回油阻力过大 (6)滑阀与阀盖配合间隙过大 (7)回油不畅通	(1)拧紧油管接头 (2)更换弹簧 (3)更换流量匹配的溢流阀 (4)修磨锥阀或更换锥阀 (5)降低油温,降低回油阻力 (6)检查滑阀,控制配合间隙 (7)清洗回油管路
压力调整无效	(1)滑阀卡住 (2)进、出油口接反 (3)远程控制口接油箱或泄漏严重 (4)主阀弹簧太软、变形 (5)先导阀座小孔堵塞 (6)滑阀阻尼孔堵塞 (7)紧固螺钉松动 (8)压力表不准 (9)调压弹簧折断	(1)修磨滑阀或更换滑阀 (2)纠正进、出油口位置 (3)切断远程控制口接油箱的油路,加强密封 (4)更换弹簧 (5)检查清洗 (6)清洗阻尼孔 (7)调整阀盖螺钉 (8)检修或更换压力表 (9)更换弹簧
泄漏	(1)锥阀与阀座配合不良 (2)滑阀与阀体配合间隙过大 (3)紧固螺钉松动 (4)密封件损坏 (5)工作压力过高	(1)修磨锥阀或更换锥阀 (2)修配滑阀或更换滑阀 (3)拧紧螺钉 (4)检查密封,更换密封 (5)降低工作压力或选用额定压力高的阀

二、减压阀与减压回路

在一个液压系统中，往往一个液压泵需要同时向几个执行元件供油，而各执行元件所需的工作压力不尽相同。若某个执行元件所需的工作压力比液压泵的供油压力低，则可在各分支油路上串联一个减压阀来获得，所需压力的大小可用减压阀来调节。减压阀按照结构形式的不同可分为直动型减压阀和先导型减压阀两大类；按照工作原理的不同可分为定值输出减压阀、定差减压阀和定比减压阀。其中，定值输出减压阀应用最广泛，简称减压阀。这里只介绍定值输出减压阀。

（一）减压阀的结构和工作原理

1. 先导型减压阀的工作原理

图5-24所示为先导型减压阀的工作原理图。P_1为进油口，P_2为出油口，由于减压阀的进、出油口都通压力油，所以通过先导阀的油液必须从泄油口L处另接油管，然后引入油箱（称为外部回油）。

减压阀工作原理：高压油（也称一次压力油）从P_1进入，低压油（也称二次压力油）

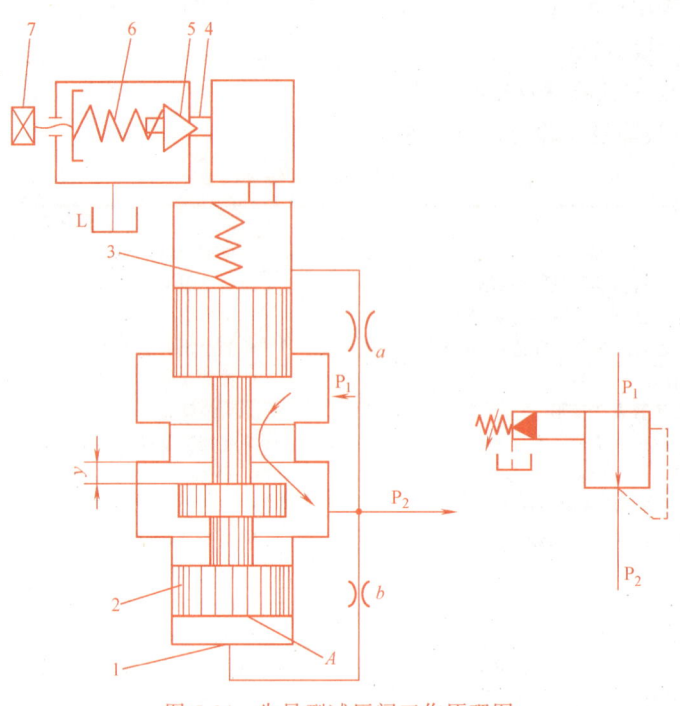

图 5-24 先导型减压阀工作原理图
1—阀体 2—主阀（减压）阀芯 3—主阀弹簧 4—先导阀（锥）阀座
5—先导阀阀芯 6—先导阀弹簧 7—调节螺母

从 P_2 流出，同时油口 P_2 的压力油经主阀阀芯上的小孔 b 作用在主阀芯的底部，并经阻尼小孔 a 至主阀芯上腔，作用在先导阀阀芯 5 上。当油口 P_2 的油压力低于先导阀弹簧 6 的调定压力时，先导阀关闭，主阀芯上阻尼小孔 a 中的油液不流动，主阀阀芯 2 上、下两腔压力相等，这时主阀芯在主阀弹簧 3 作用下处于最下端位置，阀口处于最大开口状态，不起减压作用。当油口 P_2 的油压力超过先导阀弹簧 6 的调定压力时，先导阀打开，一小部分油液经阻尼小孔 a、先导阀和泄油口流回油箱。由于阻尼小孔 a 的作用，在主阀芯上形成一个压力差，使主阀芯在两端压力差的作用下向上移动，使阀口关小而起到减压作用，这时出油口的压力即为减压阀的调定压力。若由于负载继续增大，使出口油压力大于调定压力时，主阀芯立即上移，使阀口的开度 y 迅速减小，油液流动的阻力进一步增大，出口压力便自动下降，仍恢复为原来的调定值。由此可见，减压阀利用出油口的油液作用于阀芯上的液压力和弹簧力相平衡来控制阀芯移动，保持出口压力恒定。

对比减压阀和溢流阀可以发现，它们自动调节的作用原理是相似的，所不同的是：
1) 溢流阀保持进口处的压力基本不变，而减压阀保持出口处压力基本不变。
2) 在不工作时，溢流阀进、出油口不通，而减压阀进、出油口互通。
3) 溢流阀调压弹簧腔的油液经阀的内部通道与溢流口相通，无外泄口；而减压阀是外部回油，有外泄口。

2. DR 型（先导型）减压阀

图 5-25 所示为 DR 型减压阀。一次压力油从 B 口进入，二次压力油从 A 口流出，同时，出油口 A 的压力油经阻尼孔 4、通道 5、7 和阻尼孔 6 引入主阀上腔，并作用在锥阀 8 上。由于阻尼

孔在阀体上，主阀芯为单向阀式，所以工艺性好，通流能力大，压力稳定性好，动作灵敏。

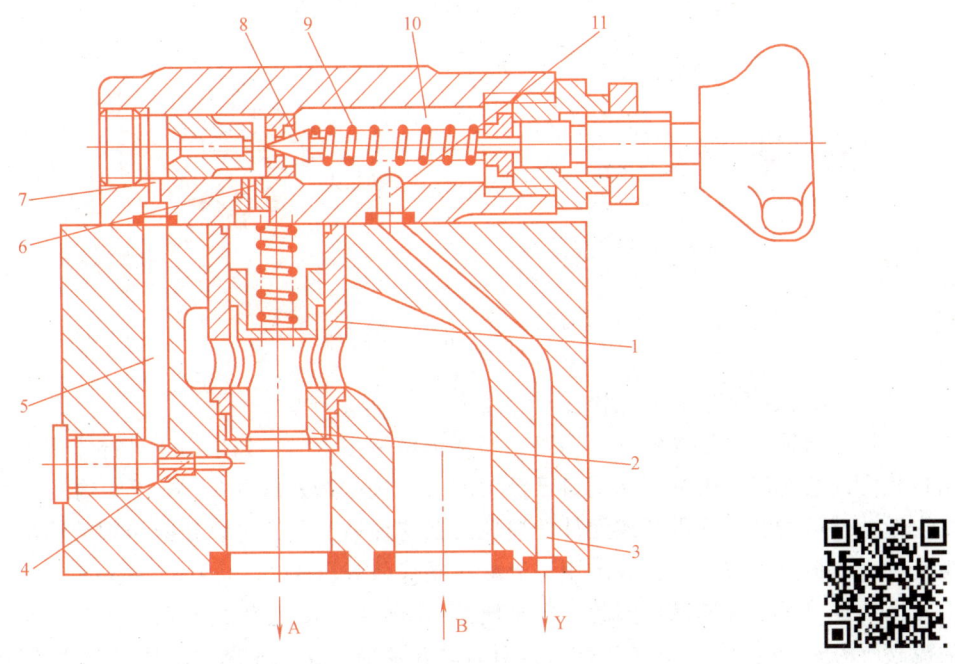

图 5-25　DR 型减压阀

1—阀套　2—主阀芯　3、11—先导阀回油通道　4、6—阻尼孔　5、7—控制油通道
8—先导阀阀芯（锥阀）　9—调压弹簧　10—调压弹簧腔
B—进油口　A—出油口　Y—泄油口

减压阀和单向阀并联可组成单向减压阀，其作用和减压阀相同，但反向时油液通过单向阀流出，不受减压阀的限制。以上几种结构的减压阀都有带单向阀的结构，选择时应注意。

（二）减压回路

减压回路的功用是使系统中的某一部分油路具有较低的稳定压力。它在夹紧系统、控制系统、润滑系统中应用较多。图 5-26a 所示为一种常见的减压回路。液压泵的最大工作压力由溢流阀 6 来调节，夹紧工件所需的夹紧力可用减压阀 2 来调节。注意只有当液压缸 5 将工件夹紧后，液压泵 1 才能给主系统供油。单向阀 3 的作用是防止主回路压力降低时（低于减压阀的调定压力）油液倒流，使夹紧缸的夹紧力不致受主系统压力波动的影响，起到短时保压的效果。

减压回路也可以采用类似二级或多级调压的方法获得二级或多级减压。图 5-26b 所示为利用先导型减压阀 7 的远程控制口接一远程调压阀 8 获得二级减压的回路。应注意阀 8 的调定压力值一定要低于阀 7 的调定压力值。

为了使减压回路工作可靠，减压阀的调整压力应在调压范围内，一般不小于 0.5MPa，最高调定压力至少比系统压力低 0.5MPa。当减压回路中的执行元件需要调速时，应将调速元件放在减压阀之后，因为减压阀起减压作用时，有一小部分油液从先导阀流回油箱，调速元件放在减压阀的后面，则可避免这部分流量对执行元件速度产生影响。

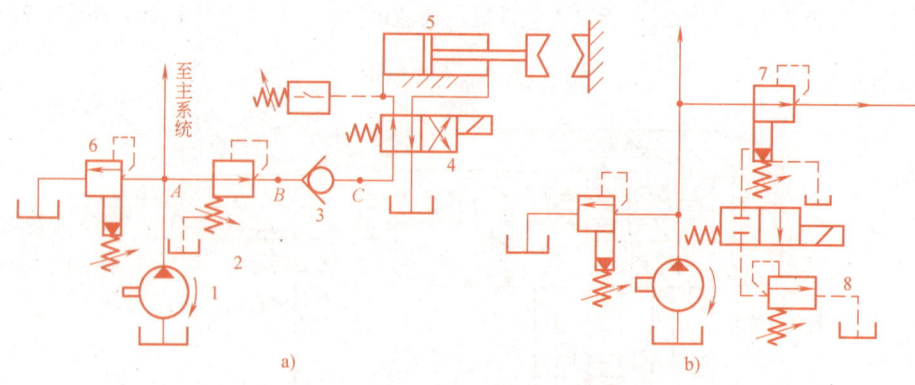

图 5-26 减压回路

（三）溢流减压阀及其应用

采用定值输出减压阀的减压回路，当达到调整压力时，如果由于外部原因造成减压阀输出口压力继续升高，因减压阀阀口已经关闭（已失去减压作用），减压阀输出口的高压无法马上泄掉，可能会造成设备或元件的损坏。在这种情况下，可以在减压阀的输出口并联一个溢流阀来泄掉这部分高压，或采用溢流减压阀代替减压阀。

图 5-27 所示为溢流减压阀的工作原理图和图形符号。它相当于在减压阀出口处并联一个溢流阀所构成的组合阀。正常工作时，回油口 B 关断，当减压阀出口压力未达到调整压力时，阀芯处于最左端，阀口全开；随着出口压力的升高，阀芯右移，阀口减小。当达到调整压力值时，溢流减压阀阀芯右移将阀口关闭。但当输出口压力超过调整压力时，其阀芯继续右移，使输出油口 A 与回油口 B 导通，输出油口的高压油从 B 口泄掉，出口压力迅速下降到调整值。

溢流减压阀主要用于机械设备的配重平衡系统，如立式加工中心的平衡系统。

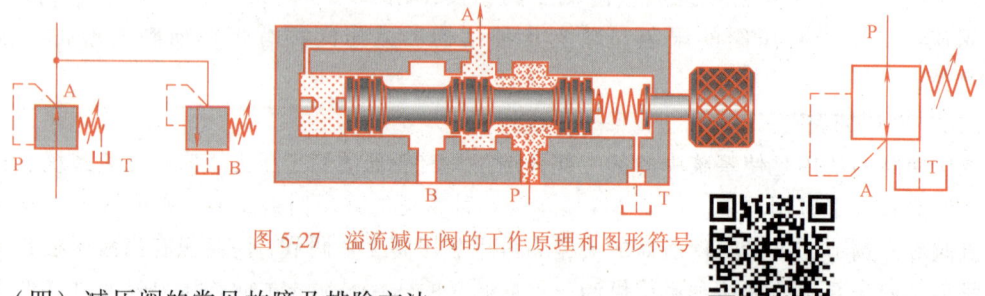

图 5-27 溢流减压阀的工作原理和图形符号

（四）减压阀的常见故障及排除方法

减压阀在使用中常见的故障有压力波动、振动和噪声、压力调整无效、压力调定后自动升高。其中前两种故障现象及产生的原因与溢流阀基本相同，在此不再赘述。后两种故障的原因及排除方法见表 5-6。

表 5-6 减压阀的常见故障及排除方法

故障现象	产生原因	排除方法
压力调整无效	(1) 弹簧折断 (2) 阀阻尼孔堵塞 (3) 滑阀卡住 (4) 先导阀座小孔堵塞 (5) 泄油口的螺塞未拧出	(1) 更换弹簧 (2) 清洗阻尼孔 (3) 清洗、修磨滑阀或更换滑阀 (4) 清洗小孔 (5) 拧出螺塞，接上泄油管

(续)

故障现象	产生原因	排除方法
出口压力不稳定	（1）油箱液面低于回油管口或过滤器，空气进入系统 （2）主阀弹簧太软、变形 （3）滑阀卡住 （4）泄漏 （5）锥阀与阀座配合不良	（1）补油 （2）更换弹簧 （3）清洗修磨滑阀或更换滑阀 （4）检查密封，拧紧螺钉 （5）更换锥阀

三、顺序阀与平衡回路

顺序阀是用来控制液压系统中各元件先后动作顺序的液压元件。根据控制方式的不同，顺序阀可分为内控顺序阀和外控顺序阀两大类。其中，前者用阀的进口压力控制阀芯的启、闭，简称顺序阀；后者用外来的控制压力油控制阀芯的启、闭，也称为液控顺序阀。顺序阀也有直动型顺序阀和先导型顺序阀两种。

（一）顺序阀的结构和工作原理

图 5-28 所示为直动型顺序阀，其结构和直动型溢流阀相似。图 5-29 所示为 DZ 型（先导型）顺序阀。其压力调节范围为 0.3～21MPa，结构与 DB 型溢流阀相似，所不同的是阻尼小孔开在主阀芯上。DZ 型顺序阀的先导阀为滑阀式结构，先导滑阀的移动由左端的液压力来控制，主阀芯上腔的油液压力与先导阀的调定压力无关，主阀芯的受力平衡仅仅通过刚度很小的主阀上部弹簧与主阀芯上、下两端的压力油来保持。因此，这种阀的出口压力近似等于进口压力，压力损失比较低。

顺序阀的结构与溢流阀的结构相似，所不同的是溢流阀出油口直接与油箱相通，而顺序阀的出油口则接下一级液压元件，即顺序阀的进、出油口都通压力油，所以它的泄油口 L 要单独引回油箱。另外，顺序阀关闭时要有良好的密封性能，故阀芯和阀体间的封油长度比溢流阀长。当顺序阀的进油压力低于调定压力时，阀口完全闭合。当进油压力达到调定压力时，阀口开启，顺序阀输出压力油使下游的执行元件动作。调整弹簧的预压缩量即能调节调定压力。

图 5-30 所示为液控顺序阀。它和直动型顺序阀的主要区别在于，前者有一个控制油口 K，当油口 K 处的液压力达到顺序阀的弹簧调定压力时，阀芯产生移动，油口 P_1 和 P_2 接通，使下一级液压元件动作。液控顺序阀的启、闭与阀本身进油压力的高、低无关，而取决于控制油口 K 处控制油液的压力。

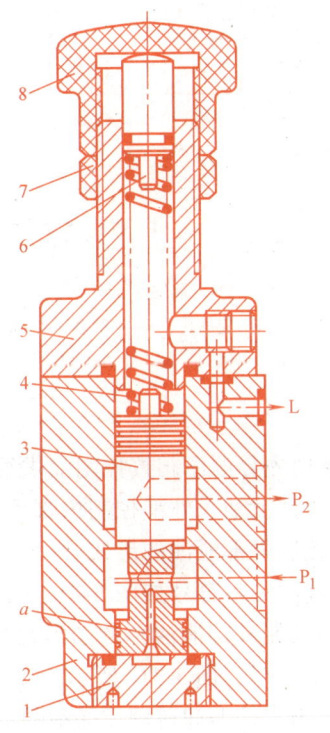

图 5-28 直动型顺序阀
1—端盖 2—阀体 3—阀芯 4—弹簧 5—调节座
6—弹簧座 7—锁紧螺母 8—调节螺母
P_1—进油口 P_2—出油口 L—泄油口 a—阻尼孔

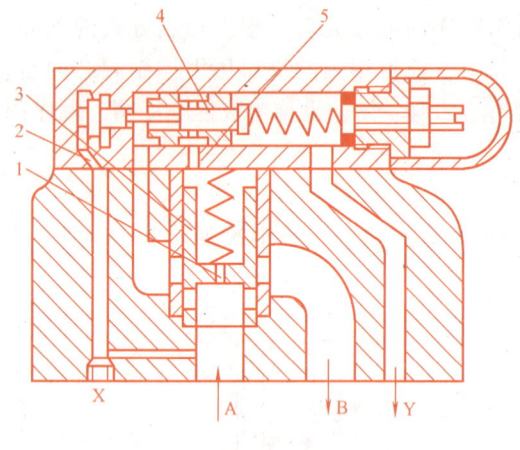

图 5-29 DZ 型顺序阀

1—阻尼小孔　2、5—阻尼孔　3—主阀芯　4—先导阀阀芯
A—进油口　B—出油口　X—外供油口　Y—泄油口

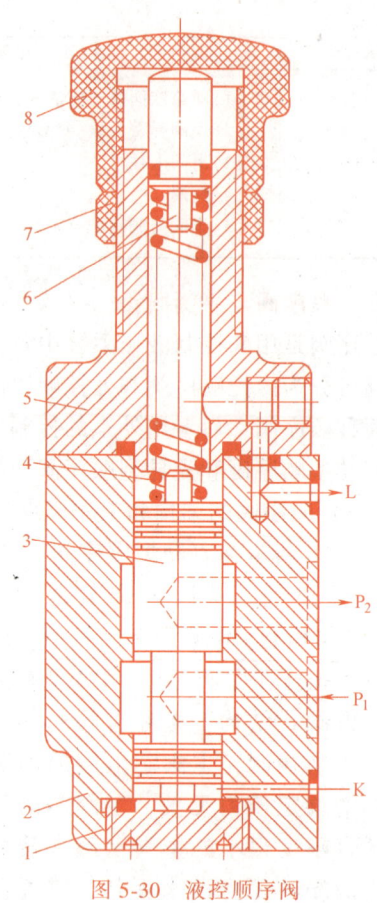

图 5-30 液控顺序阀

1—端盖　2—阀体　3—阀芯　4—弹簧
5—调节座　6—弹簧座　7—锁紧螺母　8—调节螺母
P_1—进油口　P_2—出油口　L—泄油口　K—控制油口

　　DZ 系列先导顺序阀按控制油供给和先导阀回油方式的不同，可分为内部控制内部泄油、内部控制外部泄油、外部控制内部泄油、外部控制外部泄油四种类型。图 5-29 所示的顺序阀为内部控制外部泄油的形式。

　　顺序阀的图形符号如图 5-31 所示。其中，图 5-31a 所示为直动型顺序阀或一般顺序阀（内部压力控制外部泄油）的图形符号；图 5-31b 所示为液控顺序阀（外部压力控制外部泄油）的图形符号；图 5-31c 所示为先导型顺序阀（内部压力控制外部泄油）的图形符号；图 5-31d 所示为直动型卸荷阀或卸荷阀的图形符号。

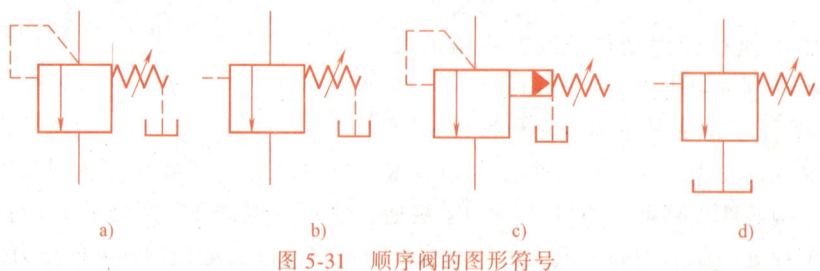

图 5-31 顺序阀的图形符号

顺序阀在液压系统中的主要用途，除控制执行机构的顺序动作（详见本章第五节）外，也可作卸荷阀、背压阀及平衡阀使用。

（二）平衡回路

为了防止立式液压缸与垂直工作部件由于自重而自行下落，或在下行运动中由于自重而造成超速运动，使运动不平稳，可采用平衡回路。平衡回路即在立式液压缸下行的回油路上设置一顺序阀，使之产生适当的阻力，以平衡自重。

1. 采用单向顺序阀的平衡回路

图 5-32 所示为采用单向顺序阀（也称平衡阀）的平衡回路。单向顺序阀的调定压力应稍大于由工作部件自重在液压缸下腔形成的压力。液压缸不工作时，单向顺序阀关闭，工作部件不会自行下行。当 1YA 通电后，液压缸上腔通压力油，当下腔背压力大于顺序阀的调定压力时，顺序阀开启。由于自重得到平衡，活塞可以平稳地下落，不会产生超速现象。当 2YA 通电后，活塞上行。当活塞下行时，这种回路的功率损失大。活塞停止时，由于单向顺序阀的泄漏而使运动部件缓慢下降，所以它适用于工作部件重量不大，活塞锁住时定位要求不高的场合。

2. 采用液控单向顺序阀的平衡回路

图 5-33 所示为采用液控单向顺序阀的平衡回路。当换向阀处于中位时，液控顺序阀关闭，使工作部件停止运动并能防止因自重而下落。当 2YA 通电后，活塞向上运动。当 1YA 通电后，液压油进入液压缸上腔，并进入液控顺序阀的控制口，打开顺序阀，液压缸下腔回油，背压消失，活塞下行。因此，这种回路效率高，安全可靠，但在活塞下行时，由于自重作用而运动部件下降过快时，必然使液压缸上腔的油压降低，液控顺序阀的开口关小，阻力增大，从而阻止活塞迅速下降。当液控顺序阀关小时，液压缸下腔的背压上升，上腔油压也上升，又使液控顺序阀的开口开大。因此，液控顺序阀的开口处于不稳定状态，系统平稳性较差（严重时会出现断续运动的现象）。这种回路适用于运动部件的重量有变化，但重量不太大，停留时间较短的液压系统中。

起重机中就是采用的这种回路。为了提高系统的平稳性，可在控制油路上装一节流阀，使液控顺序阀的启、闭动作减慢，也可在液压缸和液控顺序阀之间加一单向节流阀。

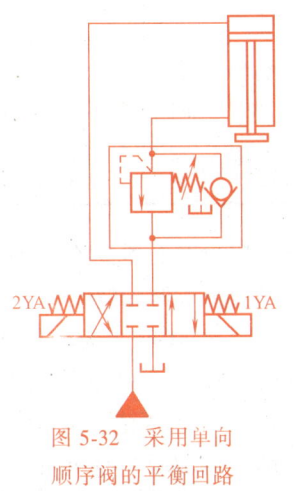

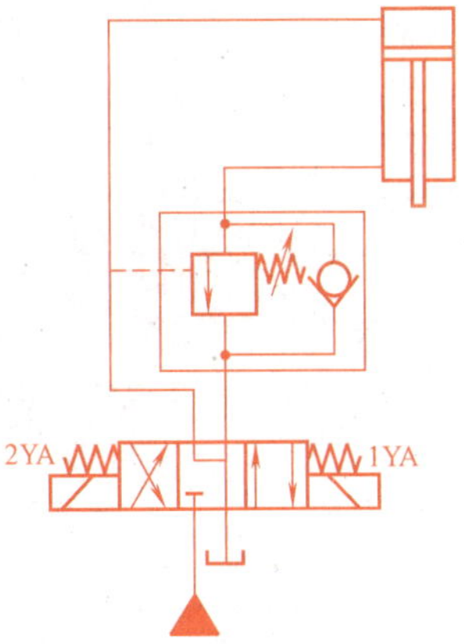

图 5-32 采用单向顺序阀的平衡回路

图 5-33 采用液控顺序阀的平衡回路

（三）顺序阀的常见故障及排除方法

顺序阀的常见故障有振动和噪声、压力波动及不起顺序动作的作用。前两种故障现象的原因和溢流阀基本相同，在此不再重复。顺序阀不起顺序作用的原因和排除方法见表 5-7。

四、压力继电器

压力继电器是一种将油液的压力信号转换成电信号的电液控制元件。当油液压力达到压力继电器的调定压力时,它发出电信号,以控制电磁铁、电磁离合器、继电器等元件动作,实现程序控制和起安全作用。例如,当切削力过大时实现自动退刀;润滑系统发生故障时,实现自动停机;刀架移动到指定位置碰到固定挡铁时,实现自动退刀;达到预定压力时,使电磁阀顺序动作;外界负载过大时,断开液压泵电动机的电源等。

表 5-7 顺序阀的常见故障及排除方法

故障现象	产生原因	排除方法
顺序阀不起顺序作用	(1) 滑阀卡死 (2) 阻尼孔堵塞 (3) 回油阻力过大 (4) 调压弹簧变形 (5) 油温过高 (6) 控制油路堵塞	(1) 清洗、修磨滑阀或更换 (2) 清洗阻尼孔 (3) 降低回油阻力 (4) 更换弹簧 (5) 降低油温至规定值 (6) 清洗控制油路

压力继电器按照其结构特点大体可分为柱塞式压力继电器、弹簧管式压力继电器、膜片式压力继电器和波纹管式压力继电器四种。下面介绍常用的柱塞式压力继电器。

图 5-34 所示为柱塞式压力继电器。压力油通过控制口作用在柱塞 1 上,当压力达到调整值时,柱塞 1 克服调压弹簧的作用力而向上移动,压下微动开关 4 的触头,发出电信号。调节螺钉 3 可以改变调压弹簧的压紧力,从而改变发出电信号的调定压力。当油压下降到一定值时,微动开关松开,断开电路。一般称压下微动开关的油液压力为动作压力,松开微动开关的油液压力为复位压力。此差值称为通断调节区间(也称返回区间)。

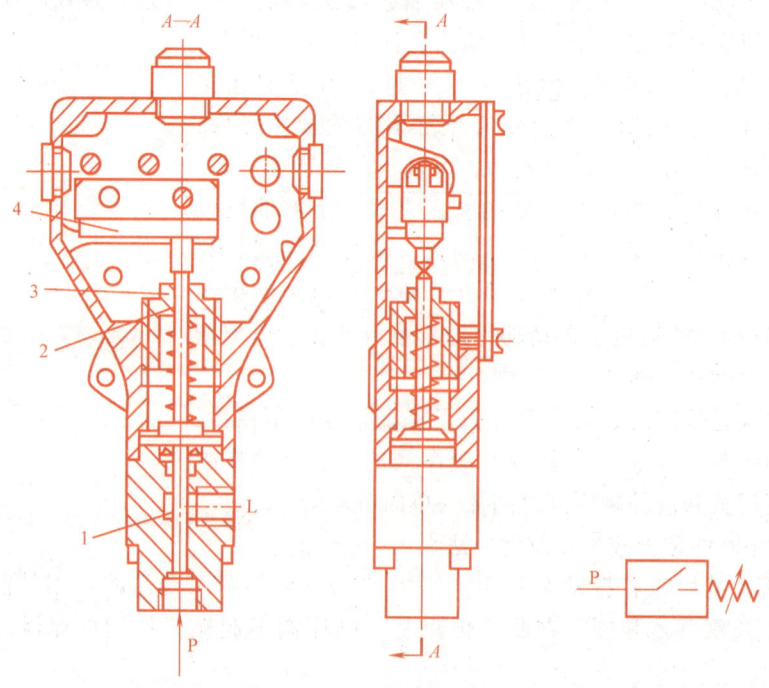

图 5-34 柱塞式压力继电器
1—柱塞 2—顶杆 3—调节螺钉 4—微动开关

第三节　流量控制阀和节流调速回路

在液压系统中,当执行元件的有效面积一定时,执行元件的运动速度取决于输入执行元件的流量。用来控制油液流量的液压阀,统称为流量控制阀,简称流量阀。常用的流量阀有节流阀和调速阀等。

一、节流阀的流量特性

节流阀的节流口通常有三种基本形式:薄壁小孔、短孔和细长孔。三种节流口的流量特性曲线如图5-35所示。

流量控制阀依靠改变节流口的大小来调节通过阀口的流量。当流量阀的过流断面调定后,常要求通过节流孔截面积 A 的流量 q 能保持稳定不变,使执行机构获得稳定的速度。实际上,当节流阀的过流断面调定后,还有许多因素影响着流量的稳定性。根据式(1-25)和图5-35可知:

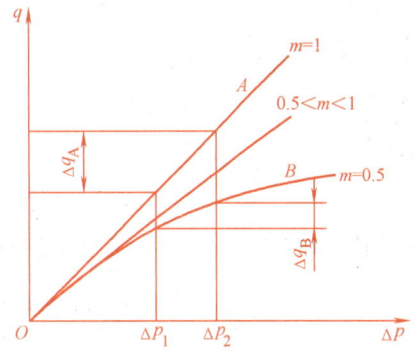

图5-35　节流阀流量特性曲线

(1) 压差 Δp 对流量的影响　节流阀两端压力差 Δp 变化时,通过它的流量要发生变化。在三种结构形式的节流口中,通过薄壁小孔的流量受压差改变的影响最小(图5-35, $\Delta q_B < \Delta q_A$)。

(2) 温度对流量的影响　油温直接影响到油液黏度。对于细长孔,油温变化时,流量也随之改变;对于薄壁小孔,黏度对流量几乎没有影响,流量只受液体密度的影响,故油温变化时流量基本不变。

(3) 孔口形状对流量的影响　节流阀的节流口可能因油液中的杂质或由于油液氧化后析出的胶质、沥青等胶状颗粒而局部堵塞,这就改变了原来节流口通流面积的大小,使流量发生变化,尤其当开口较小时,这一影响更为突出,严重时会完全堵塞而出现断流现象。因此,节流口的抗堵塞性能也是影响流量稳定性的重要因素,尤其会影响流量阀的最小稳定流量。实践表明,节流通道越短和水力半径越大,越不容易堵塞。当然,油液的清洁程度对堵塞也有影响。一般流量控制阀的最小稳定流量为0.05L/min。

综上所述,为保证流量稳定,节流口的形式以薄壁小孔较为理想。通过节流口的油液应严格过滤并适当选择节流阀前、后的压力差。因为压力差过大,能量损失大且油液易发热;压差力过小,会使压差变化对流量的影响大。推荐采用压力差 $\Delta p = 0.2 \sim 0.3 \text{MPa}$。

二、节流阀的结构

图5-36所示为L型节流阀的结构和图形符号。这种节流阀采用的是轴向三角槽式节流口,压力油从进油口 P_1 流入孔道 a 和阀芯1左端的三角槽而进入孔道 b,再从出油口 P_2 流出。调节手柄3,可通过推杆2使阀芯做轴向移动,改变节流口的过流断面来调节流量。阀芯在弹簧4的作用下始终紧贴在推杆上。L型节流阀的额定压力为6.3MPa,最小稳定流量为0.05L/min。

三、节流调速的基本形式

在液压系统中,若不考虑液压油的可压缩性和泄漏,则液压缸的运动速度为

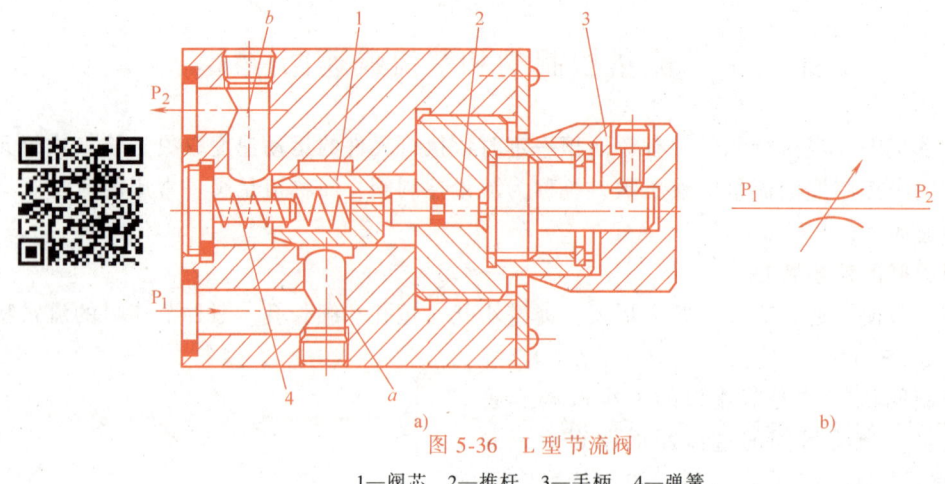

图 5-36 L 型节流阀
1—阀芯 2—推杆 3—手柄 4—弹簧

$$v = \frac{q}{A} \tag{5-5}$$

液压马达的转速为

$$n_M = \frac{q}{V_M} \tag{5-6}$$

式中 q——输入液压缸或液压马达的流量（m^3/min）；

A——液压缸的有效面积（m^2）；

V_M——液压马达的排量（m^3/r）。

从式 (5-5)、式 (5-6) 可知，要改变液压缸的运动速度或液压马达的转速，可通过两种途径：一是改变进入液压缸或液压马达的流量 q；二是改变液压缸的有效作用面积 A（如差动液压缸）或改变液压马达的排量 V_M。其中，改变 q 有两种方法：一是改变泵的供油量，即采用变量泵（或多个定量泵并联供油）；二是采用定量泵供油，利用调节流量阀的过流断面来改变进入液压缸或液压马达的流量，这种调速方法称为节流调速。采用改变泵的流量（排量）或液压马达的排量来实现调速的方法，称为容积调速。采用变量泵和流量阀相配合的调速方法，称为容积节流调速。这里只介绍节流调速，容积调速和容积节流调速将在下一节介绍。

在节流调速回路中，执行元件可以是液压缸，也可以是液压马达，这里以液压缸为例。根据节流阀在回路中的位置不同，节流调速回路有三种基本形式，即进油路节流调速、回油路节流调速和旁油路节流调速。

1. 进油路节流调速回路

如图 5-37 所示，节流阀串联在液压泵和液压缸之间，液压泵输出的油液，一部分经节流阀进入液压缸工作腔而推动活塞移动，多余的油液则经溢流阀流回油箱。溢流是这种调速回路能够正常工作的必要条件。由于溢流阀有溢流，泵的出口压力就是溢流阀的调定压力并基本保持定值。调节节流阀的通流面积，即可调节通过节流阀的流量，从而调节液压缸的运动速度。

(1) 速度负载特性 当活塞以稳定的速度运动时，作用在活塞上的力平衡方程为

$$p_1 A_1 = p_2 A_2 + F$$

第五章 液压控制阀和液压基本回路

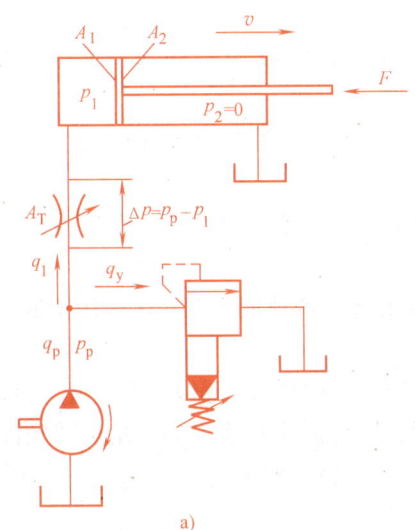
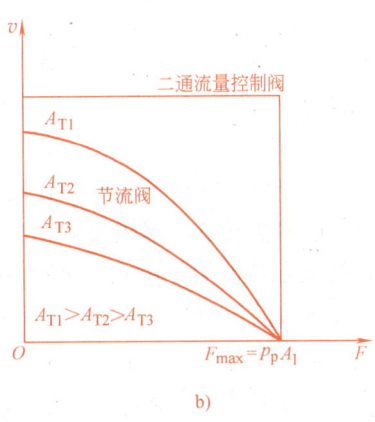

图 5-37 进油路节流调速回路

式中 p_1、p_2——液压缸进油腔和回油腔的压力（MPa），由于回油腔通油箱，所以 $p_2 \approx 0$；
　　　F——液压缸的负载（N）；
　　　A_1、A_2——液压缸无杆腔和有杆腔的有效作用面积（mm²）。

所以

$$p_1 = \frac{F}{A_1}$$

因为液压泵的供油压力 p_p 为定值，所以节流阀两端的压力差为

$$\Delta p = p_p - p_1 = p_p - \frac{F}{A_1}$$

由式（1-25）可知，经节流阀进入液压缸的流量为

$$q_1 = KA_T \Delta p^m = KA_T \left(p_p - \frac{F}{A_1} \right)^m$$

故活塞的运动速度为

$$v = \frac{q_1}{A_1} = \frac{KA_T}{A_1} \left(p_p - \frac{F}{A_1} \right)^m \tag{5-7}$$

式中 q_1——进入液压腔的流量（m³/s）；
　　　A_1——液压缸无杆腔的有效作用面积（m²）；
　　　K——节流阀中节流孔形状和液体性质决定的系数；
　　　A_T——节流阀中节流孔的通流面积（m²）；
　　　p_p——液压泵的工作压力（Pa）；
　　　F——液压缸的负载（N）；
　　　m——节流阀中节流孔孔口形状决定的系数。

式（5-7）即为进油路节流调速回路的速度负载特性方程，它反映了速度 v 和负载 F 的关系。若以活塞运动速度 v 为纵坐标，负载 F 为横坐标，将式（5-7）按照不同节流阀通流面积 A_T 作图，则可得一组曲线，即为该回路的速度负载特性曲线，如图 5-37b 所示。

由式（5-7）和图 5-37b 可以看出：

1）液压缸的运动速度 v 和节流阀通流面积 A_T 成正比，调节 A_T 可实现无级调速。这种回路的调速范围较大，最高速度与最低速度之比可高达 100。

2）当 A_T 调定后，速度随负载的增大而减小，故这种调速回路的速度负载特性软，即速度刚性差。其重载区域比轻载区域的速度刚度差。

3）在相同的负载条件下，节流阀通流面积大的比小的速度刚性差，即速度高时的速度刚性差。

根据以上分析，这种调速回路在轻载、低速时有较高的速度刚度，故适用于低速、轻载的场合，但这种情况下功率损失较大，效率较低。

（2）最大承载能力 由式（5-7）可知，无论节流阀的通流面积 A_T 为何值，当 $F=p_p A_1$ 时，节流阀两端的压力差 Δp 为零，活塞停止运动，此时液压泵输出的流量全部经溢流阀流回油箱。因此，此时的 F 值就是该回路的最大承载能力值，即 $F_{max}=p_p A_1$。

2. 回油路节流调速回路

如图 5-38 所示，把节流阀串联在液压缸的回油路上，借助于节流阀控制液压缸的排油量 q_2 来实现速度调节。由于进入液压缸的流量 q_1 受回油路排出流量 q_2 的限制，所以用节流阀来调节液压缸的排油量 q_2，也就调节了进油量 q_1，定量泵多余的油液仍经溢流阀流回油箱，从而使泵出口的压力稳定在调整值不变。

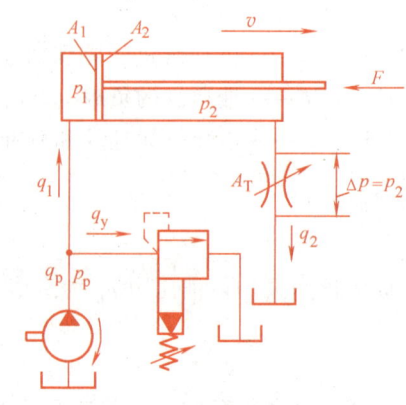

图 5-38 回油路节流调速回路

（1）速度负载特性 类似式（5-7）的推导过程，由液压缸活塞上的力平衡方程（$p_2 \neq 0$）和经过节流阀的流量方程（$\Delta p = p_2$），可得出液压缸的速度负载特性为

$$v = \frac{q_2}{A_2} = \frac{KA_T}{A_2}\left(p_p \frac{A_1}{A_2} - \frac{F}{A_2}\right)^m \quad (5-8)$$

式中　A_1、A_2——液压缸无杆腔和有杆腔的有效面积（mm^2）；

　　　　F——液压缸的外负载（N）；

　　　　A_T——节流阀通流面积（mm^2）；

　　　　p_p——溢流阀的调定压力（MPa）。

比较式（5-7）和式（5-8）可以发现，回油路节流调速和进油路节流调速的速度负载特性基本相同。若对于双活塞杆液压缸，则两种节流调速回路的速度负载特性完全一样。因此，对进油节流调速回路的一些分析完全适用于回油路节流调速回路。

（2）最大承载能力 回油路节流调速的最大承载能力与进油路节流调速相同，即 $F_{max}=p_p A_1$。

从以上分析可知，进、回油路节流调速回路有许多相同之处，但它们也有下述不同之处。

1）承受负值负载的能力。对于回油节流调速，由于回油路上有节流阀而产生背压，而且速度越快，背压也越高，因此具有承受负值负载的能力；而对于进油节流调速，由于回油腔没有背压，在负值负载作用下，会出现失控而造成前冲，因而不能承受负值负载。

2)停机后的起动性能。对于回油节流调速,停机后液压缸油腔内的油液会流回油箱。当重新起动泵向液压缸供油时,液压泵输出的流量会全部进入液压缸,从而造成活塞前冲现象;而在进油节流调速回路中,进入液压缸的流量总是受到节流阀的限制,故活塞前冲很小,甚至没有前冲。

3)实现压力控制的方便性。在进油节流调速回路中,进油腔的压力将随负载变化而变化。当工作部件碰到固定挡铁而停止时,其压力升高并能达到溢流阀的调定压力,利用这一压力变化值,可方便地实现压力控制(例如用压力继电器发出信号);但在回油节流调速回路中,只有回油腔的压力才会随负载变化而变化。当工作部件碰到固定挡铁后,其压力降为零,虽然可用这一压力变化来实现压力控制,但其可靠性低,故一般均不采用。

4)运动平稳性。在回油节流调速回路中,由于有背压存在,因此运动的平稳性较好,但对于单活塞杆液压缸,由于无杆腔的进油量大于有杆腔的回油量,所以进油节流调速回路能获得更低的稳定速度。

为了提高回路的综合性能,实际中较多的是采用进油路调速,并在回油路上加背压阀,以提高运动的平稳性。

3. 旁油路节流调速回路

如图 5-39 所示,将节流阀装在与执行元件并联的支路上。用节流阀调节流回油箱的流量,从而控制进入液压缸的流量,调节节流阀的通流面积,就可调节活塞的运动速度。在这里,正常工作时溢流阀不打开而作安全阀用,起过载保护作用,其调整压力为最大负载所需压力的 1.1~1.2 倍。

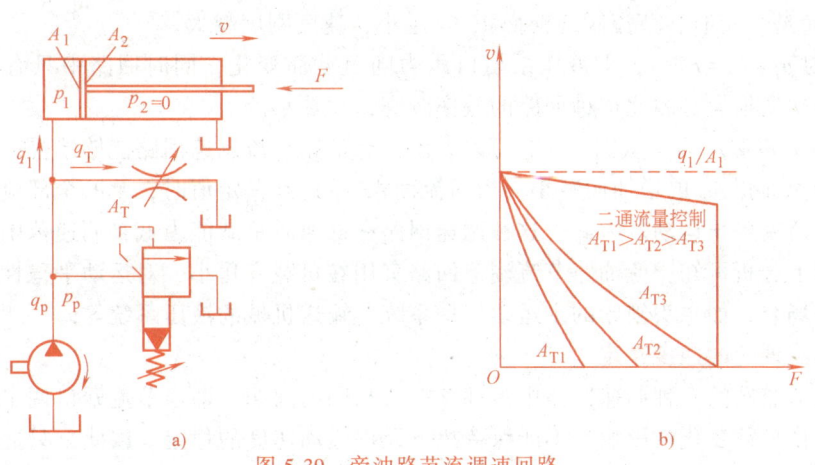

图 5-39 旁油路节流调速回路

(1)速度负载特性 在不考虑泄漏的情况下,进入液压缸的流量为

$$q_1 = q_p - q_T$$

由活塞的受力平衡方程($p_2=0$)可得

$$p_1 = \frac{F}{A_1}$$

节流阀两端的压力差为

$$\Delta p = p_p = p_1 = \frac{F}{A_1}$$

通过节流阀的流量为

$$q_T = KA_T \Delta p^m = KA_T \left(\frac{F}{A_1}\right)^m$$

活塞的运动速度为

$$v = \frac{q_1}{A_1} = \frac{q_p - q_T}{A_1} = \frac{q_p - KA_T \left(\frac{F}{A_1}\right)^m}{A_1} \tag{5-9}$$

式中 q_1——进入液压腔的流量（m^3/s）；

A_1——液压缸无杆腔的有效作用面积（m^2）；

q_p——液压泵的输出流量（m^3/s）；

K——节流阀中节流孔形状和液体性质决定的系数；

A_T——节流阀中节流孔的通流面积（m^2）；

F——液压缸的负载（N）；

m——节流阀中节流孔孔口形状决定的系数。

根据式 (5-9)，按照节流阀的不同通流面积画出旁油路节流调速的速度负载特性曲线，如图 5-39b 所示。由此可见：

1）开大节流阀开口，活塞运动速度减小；关小节流阀开口，活塞运动速度增加。

2）当节流阀调定后，负载增加时活塞运动速度显著下降，其速度负载特性比进、回油路调速更软。负载越大，速度刚度越大。

3）当负载一定时，节流阀通流面积 A_T 越小，速度刚度越大。

4）因为 $p_p = p_1 = F/A_1$，即液压泵出口压力随负载而变化，同时回路中只有节流功率损失，无溢流功率损失，因此这种回路的效率较高，发热小。

（2）最大承载能力 从图 5-39b 可以看出，旁油路节流调速回路能够承受的最大负载随着节流阀通流面积 A_T 的增加而减小。当通流面积 A_T 达到一定值时，泵的全部流量经节流阀流回油箱，活塞停止运动。因此，这种调速回路在低速时承载能力低，调速范围小。

根据以上分析可知，旁油路节流调速回路宜用在负载变化小、对运动平稳性要求低的高速、大功率场合，如牛头刨床的主运动传动系统、输送机械的液压系统等。

四、节流调速的速度稳定

在上述节流阀的三种调速回路中，都存在着相同的问题，即当节流开口调定时，通过它的流量受工作负载变化的影响，不能保持执行元件运动速度的稳定。因此，只适用于负载变化不大和速度稳定性要求不高的场合。在负载变化较大而又要求速度稳定时，就要采用压力补偿的办法来保证节流阀前后的压力差不变，从而使流量稳定。对节流阀进行压力补偿的方法有两种：一种是将定差减压阀与节流阀串联成一个复合阀，由定差减压阀保持节流阀前后压力差不变，这种组合阀称为二通流量控制阀（调速阀）；另一种是将差压式溢流阀和节流阀并联成一个组合阀，由溢流阀保证节流阀前后压力差不变，这种组合阀称为三通流量控制阀（旁通型调速阀，有时也称它为溢流节流阀）。

1. 二通流量控制阀及其应用

二通流量控制阀的工作原理图如图 5-40 所示。液压泵输出油液的压力为 p_1（由溢流阀调定并保持稳定），流经减压阀到节流阀前的压力为 p_2，节流阀后的压力为 p_3，节流阀前后的压力油分别作用在减压阀阀芯的两端。若忽略摩擦力和液动力,当阀芯在弹簧力 F_S、油液压力 p_2 和 p_3 作用下处于某一平衡位置时,则有

$$p_2A_1+p_2A_2=p_3A+F_S$$

式中　A、A_1 和 A_2——b、c 和 d 腔内的压力油作用于阀芯的有效面积（mm^2）,且 $A=A_1+A_2$。

故

$$p_2-p_3=\frac{F_S}{A}$$

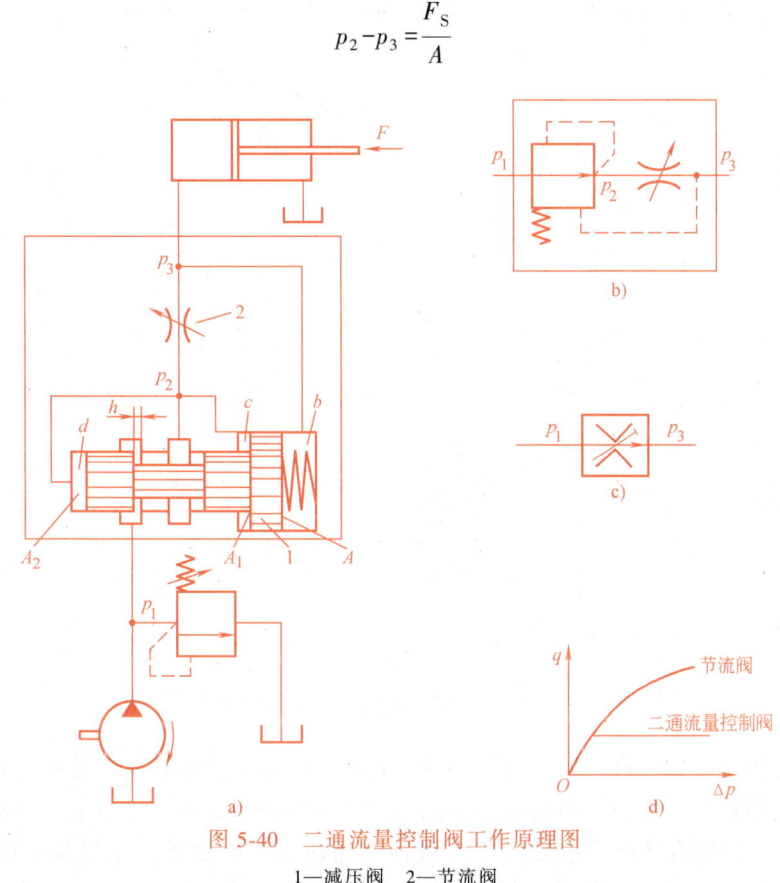

图 5-40　二通流量控制阀工作原理图

1—减压阀　2—节流阀

　　因为弹簧刚度较低,且工作过程中减压阀阀芯位移很小,可认为 F_S 基本保持不变,故节流阀两端压力差 p_2-p_3 也基本不变,使通过节流阀的流量稳定。换言之,将二通流量控制阀流量调定后,无论出口压力 p_3 和进口油压力 p_1 如何发生变化,由于减压阀的自动调节作用,节流阀前后压力差总是保持稳定,从而使通过二通流量控制阀的流量基本保持不变。图5-40b、c 所示为其图形符号。

　　图 5-40d 所示为通过节流阀和二通流量控制阀的流量 q 随阀进、出油口两端的压力差 Δp 的变化规律。从图上可以看出,节流阀的流量随压力差变化较大,而二通流量控制阀在压力差大于一定数值后,流量基本上保持恒定。当压力差很小时,由于减压阀阀芯被弹簧推至最左端,减压阀阀口全开,不起减压作用,故这时二通流量控制阀的性能与节流阀相同。因此,为使二通流量控制阀正常工作,就必须有一最小压力差,在一般二通流量控制阀中为 0.5MPa,高压二通流量控制阀中约为 1MPa。

　　图 5-41 所示为二通流量控制阀（Q 型调速阀）的结构,其工作压力为 0.5~6.3MPa。

Q 型调速阀进、出油孔不能任意调换，接管时应按产品说明安装。液压油从进油口 P_1 进入减压阀阀套的环形槽 a，经减压后流入环形槽 b，再经 c 腔、节流阀阀芯 2 的三角槽节流口进入油腔 d，经孔 e 从出油口 P_2（图中虚线所示）流出。节流阀前（减压后）的压力油经四个小孔 h 进入减压阀阀芯 3 大台肩的右腔，另一路经阀芯 3 的中心小孔 i 流入阀芯小端的右腔。节流后的压力油经孔 e、f 和 g 通到减压阀阀芯 3 大端的左腔。由于减压阀的自动调节作用，节流阀前后压力差保持不变。转动手柄 1，使节流阀阀芯轴向移动，就可调节系统所需的流量。

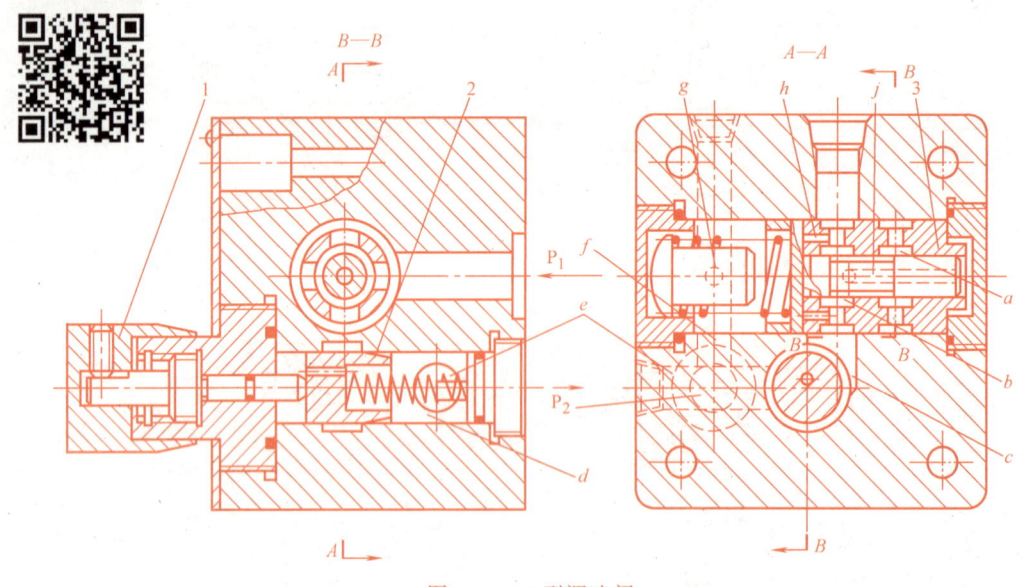

图 5-41 Q 型调速阀
1—手柄 2—节流阀阀芯 3—减压阀阀芯

二通流量控制阀装在进油路、回油路或旁油路上，都可以达到改善速度负载特性、使速度稳定性提高的目的。使用二通流量控制阀后，节流调速回路的速度负载特性如图 5-37b 和图 5-39b 所示。旁油路节流调速回路比前两种调速回路的刚度差，主要是泵的泄漏影响所致。旁油路节流调速回路的承载能力也有了很大的提高，不受活塞速度的影响。然而，所有性能上的改进都是以加大整个流量控制阀前后的压力差为代价的，所以，采用二通流量控制阀的调速回路时，其功率损失比节流阀调速回路还要大。

2. 温度补偿调速阀及其应用

调速阀可以补偿由于负载变化而影响的通过节流阀的流量，而系统长时间工作后，油温升高使油的黏度下降，也会影响通过节流阀的流量。因此，对于进给稳定性要求高的场合，还常采用温度补偿调速阀。

温度补偿调速阀由带温度补偿的节流阀和定差减压阀组成，其压力补偿部分与调速阀相同。根据 $q=KA\Delta p^m$ 可知，当 Δp 不变时，由于温度升高而使黏度下降，K 值升高，此时只有适当减小节流阀的开口面积才能保证 q 不变。图 5-42 所示为温度补偿部分的原理图和该阀的图形符号。在节流阀阀芯和调节螺钉之间放置一个热膨胀系数较大的聚氯乙烯推杆，当温度升高时，推杆伸长，节流口变小，从而补偿了油温对流量的影响。温度补偿阀中，中、低压产品有 QT-10 和 QT-10B，工作压力为 0.5~6.3MPa，最大流量为 10L/min，最小稳定流量为 0.02L/min，流量的变化量不超过 10%，其结构与 Q 型调速阀相似。

3. 三通流量控制阀

三通流量控制阀（旁通型调速阀、溢流节流阀）也是一种压力补偿型节流阀。图 5-43 所示为其工作原理图及图形符号。它接在进油路上，也能保持速度稳定。液压泵输出的油液一部分经节流阀 4 进入液压缸左腔，推动活塞向右移动；另一部分经溢流阀 3 的溢流口流回油箱，溢流阀阀芯上端的 a 腔同节流后的油液相通，其压力为 p_2，p_2 取决于负载 F。节流阀前的油液压力为 p_1，它和 b 腔及下端的 c 腔相通。当液压缸在某一负载下工作时，溢流阀阀芯处于某一平衡位置。若负载增加，则 p_2 升高，a 腔的压力也相应升高，阀芯向下移动，溢流开口减小，溢流阻力增加，使泵的供油压力 p_1 也随之增大，从而使节流阀 4 前后的压力差 (p_1-p_2) 基本保持不变；如果负载减小，则 p_2 减小，溢流阀的自动调节作用将使 p_1 也减小，$\Delta p = p_1 - p_2$ 仍能保持基本不变。

当溢流阀阀芯处于某一位置时，阀芯在其上、下的油压力和弹簧力 F_S（不计阀芯自重、摩擦力、液动力）作用下处于平衡状态，这时有

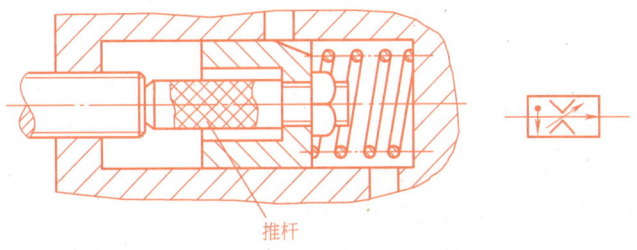

图 5-42 温度补偿原理及阀的图形符号

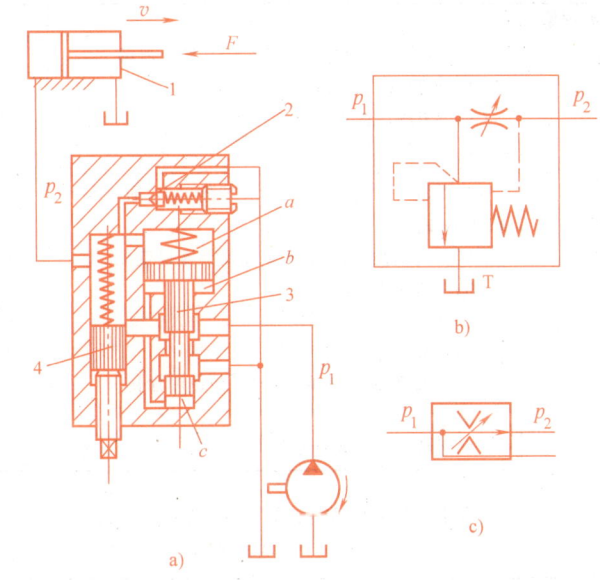

图 5-43 三通流量控制阀工作原理图及图形符号
1—液压缸 2、3—溢流阀 4—节流阀

$$p_1 A = p_2 A + F_S$$

即

$$\Delta p = p_1 - p_2 = \frac{F_S}{A}$$

式中 A——阀芯有效承压面积（mm^2），其余字母含义同前。

由于弹簧刚度较小，且负载变化时阀 3 的位移很小，故可以认为 F_S 基本保持不变，从而使 Δp 基本不变，通过节流阀的流量将不受负载变化的影响。图中的锥阀 2 是安全阀，平时关闭，只有当负载增加到使 p_2 超过安全阀弹簧的调整压力时，它才打开，溢流阀阀芯上的 a 腔经安全阀 2 通油箱，溢流阀 3 向上移动，溢流阀开口增大，液压泵输出的油液经溢流阀全部溢流回油箱，从而防止系统过载。

二通流量控制阀和三通流量控制阀都有压力补偿作用，可使通过流量不受负载变化的影响，但其性能和使用范围不完全相同。主要区别如下：

1) 二通流量控制阀在进油路、回油路和旁油路调速回路中都能应用。在前两种回路中,泵出口处的压力都由溢流阀保持稳定;而三通流量控制阀只能用在进油路节流调速回路中,泵出口处的压力是随负载变化的,负载小,供油压力就低,因而三通流量控制阀具有功率损耗小、发热量小的优点。

2) 三通流量控制阀要通过泵的全部流量,溢流阀上端的弹簧刚度较大,所以通过流量的稳定性不如二通流量控制阀的好。

由以上分析可知,三通流量控制阀适用于对速度稳定性要求不高而功率较大的节流调速系统,如插床、小型拉床和牛头刨床的液压系统。

五、流量控制阀的常见故障及排除方法

1. 节流阀常见的故障及排除方法（表5-8）

表5-8 节流阀常见的故障及排除

故障现象	产生原因	排除方法
流量调节失灵或调节范围小	(1)节流阀阀芯与阀体间隙过大,发生泄漏 (2)节流口阻塞或滑阀卡住 (3)节流阀结构不良 (4)密封件损坏	(1)修复或更换磨损零件 (2)清洗元件,更换液压油 (3)选用节流特性好的节流口 (4)更换密封件
流量不稳定	(1)油液中杂质、污物粘附在节流口上,通流面积变小,速度变慢 (2)节流阀性能差,由于振动使节流口变化 (3)节流阀内、外泄漏大 (4)负载变化使速度突变 (5)油温升高,油液黏度降低,使速度加快 (6)系统中存在大量空气	(1)清洗元件,更换油液,加强过滤 (2)增加节流锁紧装置 (3)检查零件精度和配合间隙,修正或更换超差的零件 (4)改用调速阀 (5)采用温度补偿节流阀或流量控制阀,或设法减少温升,并采取散热冷却措施 (6)排除空气

2. 流量控制阀常见的故障及排除方法（表5-9）

表5-9 调速阀常见的故障及排除

故障现象	产生原因	排除方法
压力补偿装置失灵	(1)阀芯、阀孔尺寸精度及几何公差超差,间隙过小,压力补偿阀芯卡死 (2)弹簧弯曲、使压力补偿阀芯卡死 (3)油液污染物使补偿阀芯卡死 (4)流量控制阀进、出油口压力差太小	(1)拆卸检查,修配或更换超差的零件 (2)更换弹簧 (3)清洗元件,疏通油路 (4)调整压力,使之达到规定值
流量调节失灵或调节范围小	见表5-8	见表5-8
流量不稳定		

第四节　容积调速回路和容积节流调速回路

一、容积调速回路

容积调速回路是用改变泵或马达的排量来实现调速的。根据调节对象的不同,容积调速

回路有三种形式：①变量泵和定量执行元件组成的调速回路；②定量泵和变量执行元件组成的调速回路；③变量泵和变量执行元件组成的调速回路。

这些调速回路的优点是没有节流损失和溢流损失，因而效率高，油液温升小，适用于高速、大功率调速系统。其缺点是变量泵和变量马达的结构较复杂，成本较高。

根据油路循环方式的不同，容积调速回路可以分为开式回路和闭式回路。在开式回路中，液压泵从油箱吸油，液压执行元件的回油直接排回油箱。这种回路结构简单，油液在油箱中可以得到很好的冷却并使杂质沉淀；但油箱体积较大，由于油液和空气接触，空气容易侵入系统。在闭式回路中，油液从执行元件排出后，直接流入泵的进油口。这样，油液在循环过程中不与空气接触，吸油路保持压力，从而减少了空气侵入系统的可能性。为了补偿泄漏以及液压泵进油口与执行元件排油口的流量差，常采用一个较小的辅助泵（流量一般为主泵流量的10%~15%，压力通常为0.3~1.0MPa）补油。但闭式回路冷却条件较差，温升大，对过滤要求高，结构也较复杂。

1. 变量泵和定量液压执行元件组成的容积调速回路

图5-44所示为变量泵和定量执行元件组成的容积调速回路，其中图5-44a所示回路的执行元件为液压缸，改变变量泵的排量即可调节活塞的运动速度v。溢流阀2限制回路中的最大压力，只有系统过载时才打开。若不考虑液压泵以外的元件和管道的泄漏，则这种回路的活塞运动速度为

$$v = \frac{q_p}{A_1} = \frac{q_t - K_L \frac{F}{A_1}}{A_1} \tag{5-10}$$

式中　q_t——变量泵的理论流量（m^3/s）；

　　　K_L——变量泵的泄漏系数，其余符号意义同前。

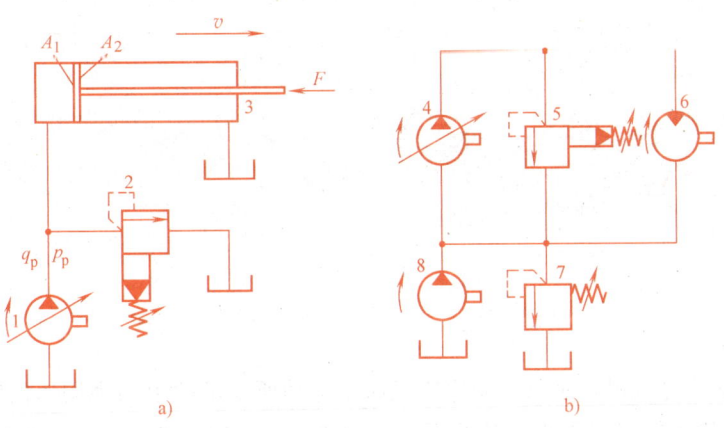

图5-44　变量泵-定量执行元件调速回路

将式（5-10）按照不同的q_t值作图，可得一组平行直线，如图5-45a所示。由图可见，由于变量泵有泄漏，活塞运动速度会随负载的加大而略有减小。在低速时，当负载增大到某值会使活塞停止运动（图5-45a中的F'点），这时变量泵的理论流量等于泄漏量，可见这种回路在低速时的承载能力较差，速度稳定性也差。

在图5-44b所示的变量泵定量马达的调速回路中，溢流阀5起安全作用，用来防止系统

过载。为了补充泵和液压马达的泄漏，增加了辅助泵 8 和溢流阀 7。溢流阀 7 用来调节辅助泵的补油压力，同时置换部分已发热的油液，降低系统的温升。若不计损失，马达的转速 $n_M = q_p/V_M$，输出转矩 $T = \Delta p_M V_M/(2\pi)$。因为液压马达的排量是一定的，系统工作压力由溢流阀限制，故调节变量泵的流量 q_p 即可对马达的转速 n_M 进行调节。马达的输出功率 $P = \Delta p_M V_M n_M$，与转速 n_M 成正比，输

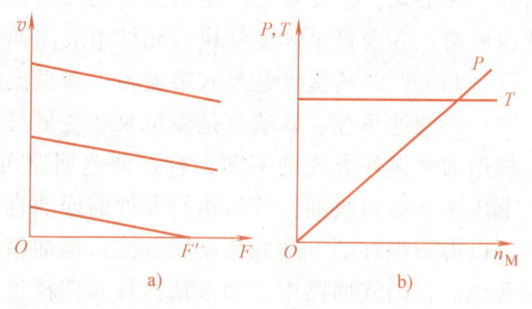

图 5-45 变量泵-定量执行元件的调速特性曲线

出转矩恒定不变，所以本回路的调速方式称为恒转矩调速，回路的调速特性如图 5-45b 所示。

2. 定量泵和变量马达组成的容积调速回路

图 5-46a 所示为定量泵和变量马达组成的调速回路。其中 2 是溢流阀（起安全阀作用），3 是变量马达，5 是用以向系统补油的辅助泵，4 为调节补油压力的溢流阀。定量泵 1 输出流量不变，马达的转速 $n_M = q_p/V_M$，改变马达的排量 V_M 即可调节马达的转速。在这种回路中，马达的输出功率 $P = \Delta p_M V_M n_M = \Delta p_M q_p$ 恒定不变，故这种回路称为恒功率调速回路。液压马达的输出转矩 $T_M = \Delta p_M V_M/(2\pi)$ 与马达的排量 V_M 成正比，其调速特性如图 5-46b 所示。

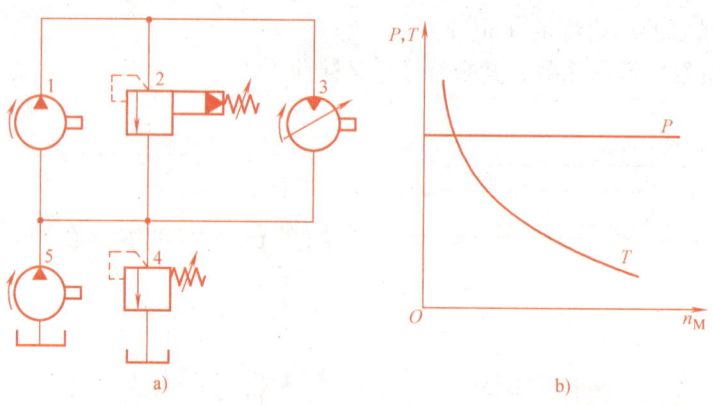

图 5-46 定量泵-变量马达容积调速回路

定量泵-变量马达容积调速回路能适应机床主运动所要求的恒功率调速的特点，但因 V_M 不能调得过小（输出转矩将很小，甚至不能带动负载），故限制了转速的提高。这种调速回路的调速范围较小，目前已很少单独使用。

3. 变量泵和变量马达组成的容积调速回路

图 5-47a 所示为双向变量泵和双向变量马达组成的容积调速回路。变量泵 1 正向或反向供油，马达也正向或反向旋转。单向阀 7 和 9 使溢流阀 3 在两个方向都能起过载保护作用，从而起安全阀作用。单向阀 6 和 8 用于使辅助泵 4 能双向补油。

一般工作部件在低速时要求有较大的转矩，在高速时又希望输出功率能基本不变。因

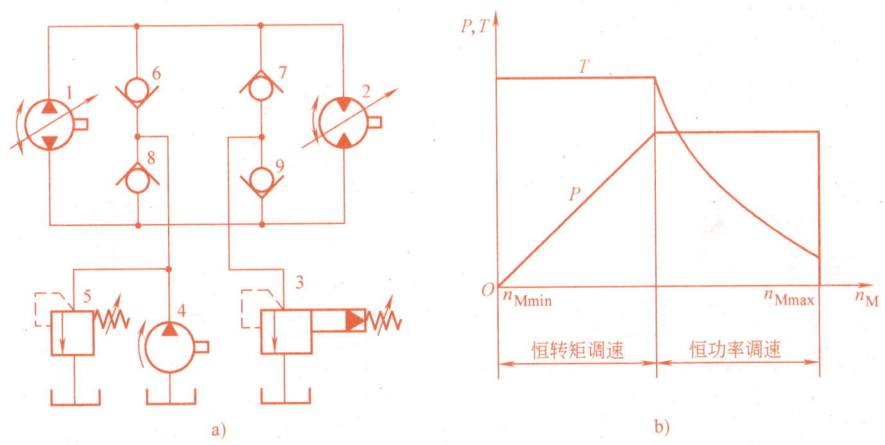

图 5-47 变量泵-变量马达容积调速回路

此，当变量液压马达的输出转速 n_M 由低向高调节时，可分为两个阶段：

(1) 第一阶段 应先将变量液压马达的排量调为最大，然后改变泵的排量使其排量逐渐增大，液压马达的转速 n_M 从 n_{Mmin} 逐渐升高。此阶段属于恒转矩调速。

(2) 第二阶段 将变量泵的流（排）量固定在最大，然后调节变量液压马达，使它的排量由最大逐渐减小，变量液压马达的转速逐渐升高到 n_{Mmax}。此阶段属于恒功率调速。其调速特性曲线如图 5-47b 所示。

由以上分析可见，变量泵-变量马达容积调速回路是上述两种调速回路的组合，因此扩大了回路的调速范围、液压马达的转矩和功率输出特性的可选择性。

二、容积节流调速回路

容积调速回路具有效率高、发热小的优点，但是随着负载的增加，液压泵或液压马达的泄漏增加，于是速度发生变化，尤其在低速时稳定性较差。因此，有些设备（如机床的进给系统）为了减少发热，并满足速度稳定性的要求，常采用容积节流调速回路。

容积节流调速回路由变量泵供油，用流量阀改变进入液压缸的流量，以实现工作速度的调节，泵的供油量自动地与液压缸所需的流量相适应。这种回路的特点是效率高，发热（比节流调速回路）小，速度稳定性（比容积调速回路）好。它常用在调速范围大的中、小功率场合。

1. 限压式变量泵和二通流量控制阀组成的容积节流调速回路

图 5-48a 所示为限压式变量泵和二通流量控制阀组成的容积节流调速回路，二通流量控制阀 3 装在进油路上（也可装在回油路上），由限压式变量泵 1 向系统供油，压力油经二通流量控制阀 3 进入液压缸工作腔，回油经背压阀 4 返回油箱，调节阀 3 便可改变进入液压缸的流量，限压式变量泵的输出流量 q_p 和液压缸所需流量相适应。若关小阀 3，q_1 减小，在这一瞬间泵的流量来不及变化，于是出现 $q_p>q_1$，多余的油液迫使泵的供油压力升高（溢流阀 2 作安全阀用），从而迫使限压式变量泵的输出流量自动减小，直至 $q_p=q_1$ 为止。反之，开大阀 3 时，出现 $q_p<q_1$，从而使限压式变量泵输出油液压力降低，输出流量自动增加，直至 $q_p=q_1$ 为止。由此可见，这种回路没有溢流损失，系统发热小，速度稳定性好。

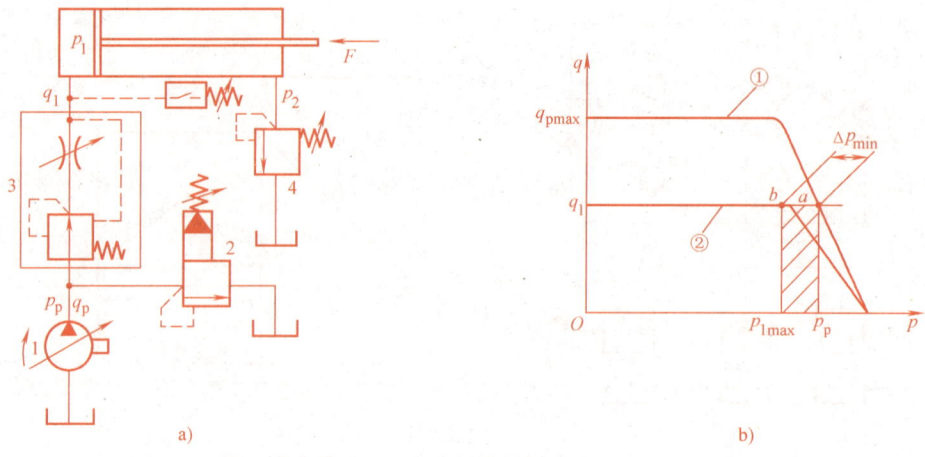

图 5-48 限压式变量泵和二通流量控制阀组成的容积节流调速回路

图 5-48b 所示为限压式变量泵和二通流量控制阀组成的容积节流调速回路的特性曲线。曲线①为限压式变量泵的压力流量特性曲线，曲线②是二通流量控制阀在某一开口时的压力流量负载特性曲线，a 点为液压泵的工作点，b 点为液压缸的工作点，泵的供油量和通过调速阀的流量均为 q_1，泵的工作压力为 p_p，缸的工作压力为 p_{1max}。若缸的工作压力 $p_1 > p_{1max}$，则液压泵的输出流量会随压力的升高而减小，使活塞运动速度不稳定；若缸的工作压力 $p_1 < p_{1max}$，液压泵的输出流量不会随压力变化而变化，则活塞速度稳定。因此，要合理调整工作压力，使 $\Delta p = p_p - p_{1max}$。$\Delta p$ 为保持二通流量控制阀正常工作的压力差，一般中压二通流量控制阀为 0.5MPa，高压二通流量控制阀为 1.0MPa。若 Δp 过大，则压力损失大，油液容易发热；若 Δp 过小，则二通流量控制阀不能正常工作，运动速度不稳定。因此，限压式变量泵需调节得合理，既能保证活塞的运动速度稳定，又能保证功率损失（图中阴影面积）为最小。

2. 差压式变量泵和节流阀组成的容积节流调速回路

图 5-49 所示为差压式变量泵和节流阀组成的容积节流调速回路。差压式变量泵的流量由节流阀两端的压力差来控制。液压泵通过控制活塞和柱塞的作用，来保证节流阀前后的压力差 $p_p - p_1$ 不变，使通过节流阀的流量保持稳定。系统保证了泵的输出流量始终与节流阀的调节流量相适应。若节流阀开口调大时，p_p 就会降低，偏心距 e 增大，泵的输油量也增大；若节流阀开口减小，则泵的输油量就减小，从而起到调速作用。

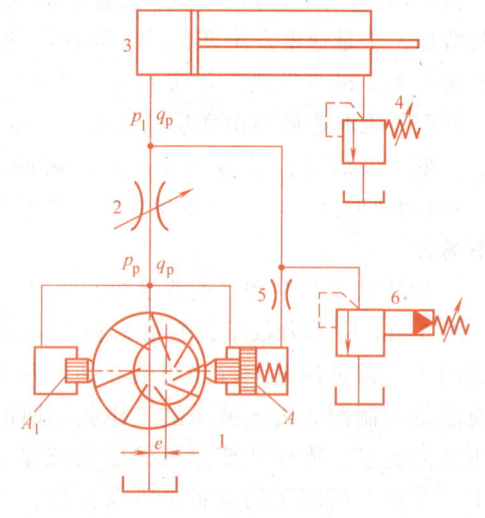

图 5-49 差压式变量泵和节流阀组成的容积节流调速回路

在这种调速回路中，作用在定子上力的平衡方程式为

$$p_p A_1 + p_p (A - A_1) = p_1 A + F_S$$

即
$$p_\mathrm{p}-p_1=\frac{F_\mathrm{S}}{A} \tag{5-11}$$

式中 A、A_1——控制缸无活塞杆腔的面积（mm^2）和柱塞的面积（mm^2）；

p_p、p_1——液压泵供油压力（MPa）和液压缸工作腔压力（MPa）；

F_S——控制缸中的弹簧力（N）。

从式（5-11）可知，节流阀前后的压力差 $\Delta p = p_\mathrm{p} - p_1$ 基本不变，通过节流阀的流量也基本不变，故活塞的运动速度是稳定的。

图 5-49 所示回路中，阀 4 是背压阀，阀 6 是溢流阀（作安全阀用），固定阻尼小孔 5 用来防止变量泵定子移动过快而发生振荡。

第五节 其他控制回路

一、卸荷回路和卸压回路

（一）卸荷回路

在设备的工作循环中，常在某工况下要求执行元件短时间停止工作，或者要求执行元件不动作，但保持很大的作用力。如果在这种工况下泵仍以原来的压力和流量向系统供油，则大量的压力油经溢流阀流回油箱，从而造成功率损失和油液发热。为减少功率损失，应使泵在空载（输出功率接近零）的工况下运行，这种工况称为卸荷。液压泵的卸荷有流量卸荷和压力卸荷两种。前者是使泵的流量接近于零，而压力仍维持原来的情况，主要用于变量泵，使泵仅为补偿泄漏而以最小流量运转。此方法比较简单，但泵仍处在高压状态下运行，磨损较为严重。压力卸荷是使泵的输出油直接回油箱，泵在接近零压下运转。泵卸荷时还有两种可能的情况，一种是执行元件不需要压力油；另一种是执行元件中的油液仍需要保持一定压力。以下介绍几种常见的回路。

1. 执行元件不需要保压的卸荷回路

（1）用三位换向阀卸荷的回路 当滑阀中位机能为 H、M 和 K 形的三位换向阀处于中位时，泵输出的油直接回油箱，使泵卸荷。图 5-50a 所示为采用 M 形中位机能电磁换向阀的卸荷回路。这种方法比较简单，但不适用于一泵驱动两个或两个以上执行元件的系统，因为在压力较高、流量较大时容易产生冲击，故一般适用于压力较低和小流量的场合。当流量较大时，可使用电液换向阀来卸荷，如图 5-50b 所示。为提供控制油压，在回油路上增加了一个调整压力为 0.3~0.5MPa 的背压阀（可以是溢流阀，也可以是单向阀），这使卸荷压力相应增加。

（2）用二位二通换向阀卸荷的回路 图 5-51 所示为用二位二通电磁换向阀的卸荷回路。当工作部件停止运动时，二位二通电磁换向阀通电，液压泵输出的油经二位二通电磁换向阀回油箱，使液压泵卸荷。二位二通电磁换向阀的规格必须与泵的额定流量相适应。

（3）用先导型溢流阀卸荷的回路 如图 5-52 所示，先导型溢流阀的远程控制口可通过二位二通电磁换向阀与油箱相通。当电磁铁 1YA 通电时，溢流阀远程控制口通油箱，这时溢流阀阀口全开，泵排出的油液全部回油箱，液压泵卸荷。这一回路中的二位二通电磁换向阀只通过很少的流量，因此可用小流量规格。目前已有将溢流阀和微型电磁阀组合在一起的电磁溢流阀。

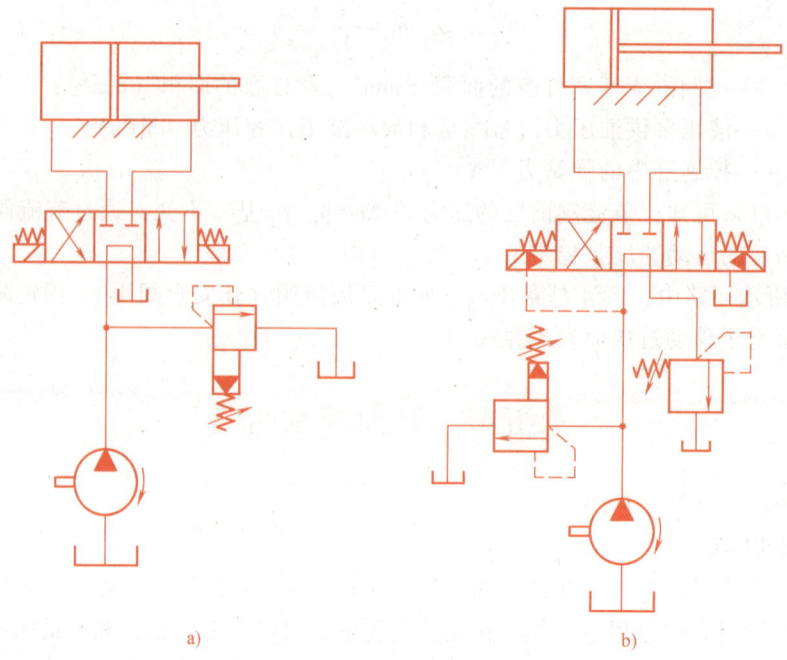

图 5-50　用三位换向阀卸荷的回路

2. 执行元件需要保压的卸荷回路

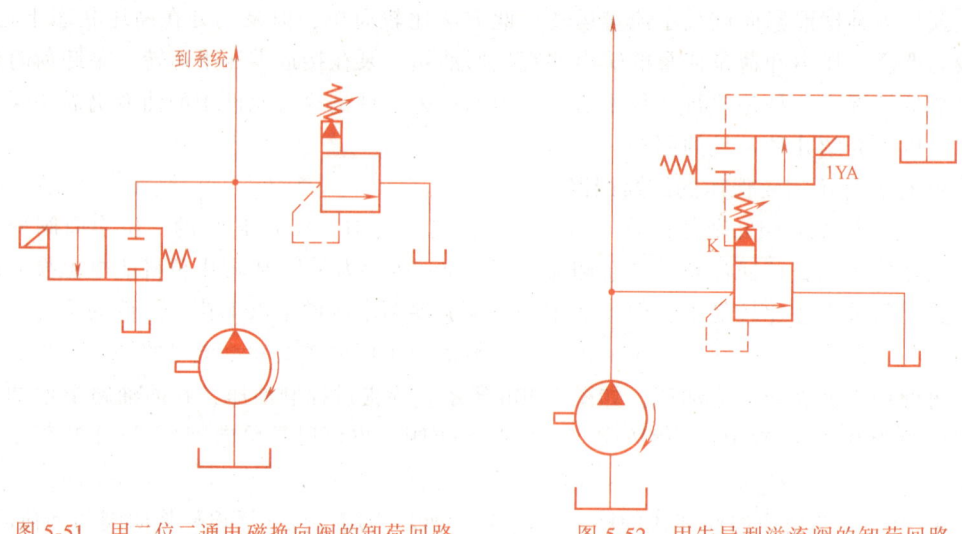

图 5-51　用二位二通电磁换向阀的卸荷回路　　　图 5-52　用先导型溢流阀的卸荷回路

（1）用蓄能器保压而液压泵卸荷的回路　如图 5-53 所示，液压泵 1 向系统及蓄能器 4 供油。当压力达到压力继电器 3 的调整压力时，压力继电器发出信号，使 1YA 电磁铁通电，液压泵卸荷，由蓄能器保持系统的压力。保压时间取决于系统的泄漏、蓄能器的容量和压力继电器的通断调节区间（返回区间）。当压力降低到复位压力时，压力继电器的微动开关断开，1YA 断电，液压泵再次向系统和蓄能器供油。

（2）用限压式变量泵保压的卸荷回路　图 5-54 所示为用限压式变量泵保压的卸荷回路。

当活塞移动到终点停止运动后，泵压升高到最大值，此时泵的供油量很小，只是用来补偿泵本身的泄漏量和阀的泄漏量，使执行元件仍由泵保持一定的压力，泵消耗的功率很小。从原理上讲，这种卸荷方式性能较理想，但泵本身要有较高的效率，否则泵即使处于卸荷状态，其功率损失也较大。

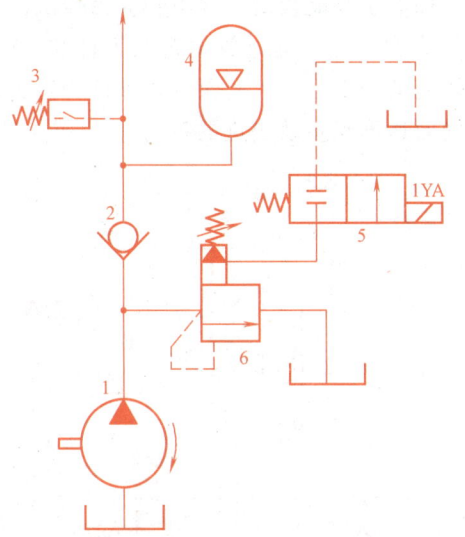
图 5-53 用蓄能器保压而液压泵卸荷的回路

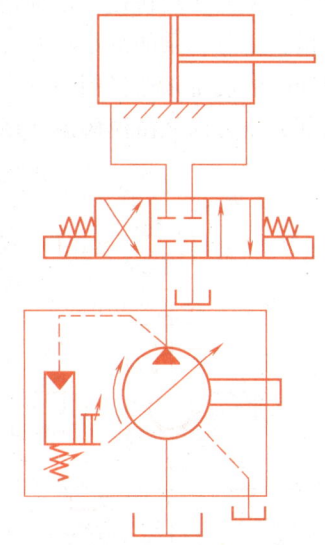
图 5-54 用限压式变量泵保压的卸荷回路

（二）卸压回路

一般在液压缸直径大于 25cm、油的容量较大且压力高于 7MPa 时，就必须卸压后换向，以减少换向时的剧烈冲击。

（1）用节流阀的卸压回路　图 5-55 所示为用节流阀卸压的回路。当 2YA 通电时，活塞向下运动；当活塞向下的工作行程结束后，2YA 断电、1YA 通电，换向阀 1 切换至左位，液压缸 4 上腔的油经节流阀 2、换向阀 1 左位回油箱而卸压。卸压过程中，因阀 3 被液压缸上腔的压力油作用而打开，故泵输出的油经阀 3 而卸荷，活塞不能回程。当液压缸上腔的压力降至低于阀 3 的调定压力时，阀 3 关闭，液压缸 4 下腔的压力开始升高，并打开液控单向阀 5 使活塞上升。卸压的速度由单向节流阀 2 中的节流阀来调节。当活塞上升到行程终点时，行程开关使 1YA 断电，换向阀 1 切至中位，活塞停止运动。

（2）用溢流阀卸压的回路　图 5-56 所示为用溢流阀卸压的回路。当活塞下行到工作行程结束时，换向阀 1 切换至中位，溢流阀 4 的远程控制口通过节流阀 3、单向阀 2 回油箱。调节阀 3 的开口就可调整溢流阀 4 的开启速度，也就调节了缸上腔的卸压速度。阀 4 同时也起安全作用。

二、快速运动回路与速度切换回路

（一）快速运动回路

快速运动回路又称增速回路，其功用为使液压执行元件在空行程时获得快速运动，以提高系统的工作效率或充分利用功率。下面介绍几种常用的快速运动回路。

1. 液压缸差动连接的快速运动回路

图 5-57 所示回路是利用二位三通电磁换向阀 3 实现液压缸差动连接的快速运动回路。

在这种回路中，当电磁铁 2YA 通电而 3YA 断电时，阀 3 连接液压缸的左、右腔，并同时接通压力油，使液压缸形成差动连接而做快速运动。当 3YA 通电（2YA 仍通电）时，差动连接被切断，液压缸的回油经过调速阀 2 等流回油箱，从而实现工作进给。当 2YA 断电，1YA 和 3YA 通电时，压力油经阀 1、阀 2（单向阀）、阀 3 进入液压缸右腔，左腔的油经阀 1 流回油箱，从而实现快退。这种连接方式可在不增加液压泵流量的情况下提高液压缸的运动速度，但要注意，泵的流量和有杆腔排出的流量汇合在一起，通过管道进入无杆腔。因此，应按差动时的流量来选择阀和管道，否则会使液体流动的阻力太大，泵的供油压力过大，致使泵的部分压力油从溢流阀溢流回油箱，速度减慢而达不到差动快进的目的。

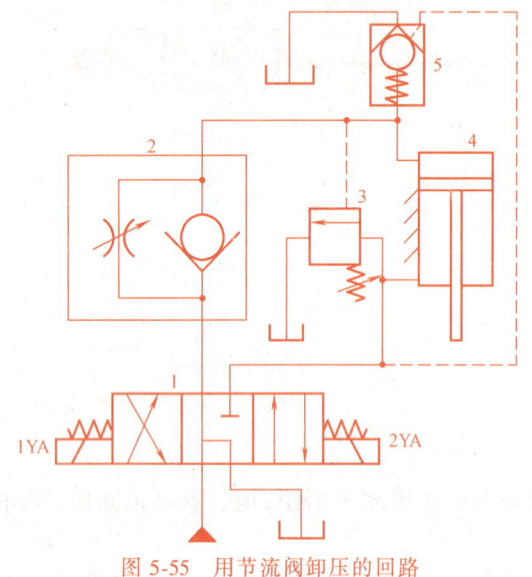

图 5-55 用节流阀卸压的回路

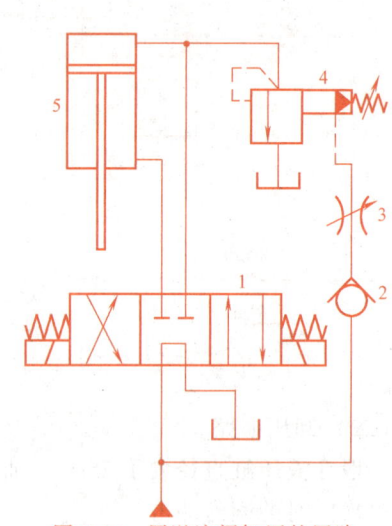

图 5-56 用溢流阀卸压的回路

2. 双泵供油的快速运动回路

图 5-58 所示为双泵供油的快速运动回路。其中泵 2 为大流量泵，泵 1 为小流量泵。当系统中的执行元件空载快速运动时，泵 2 输出的油液经单向阀 4 与泵 1 输出的油液汇合，共同向系统供油。当工作进给时，系统压力升高，打开液控顺序阀（卸荷阀）3，使大流量泵 2 卸荷，由泵 1 向系统单独供油，做慢速工作进给运动。系统的压力由溢流阀 5 调整，液控顺序阀 3 则使大流量泵 2 在快速运动时向系统供油，工作进给时卸荷，它的调整压力应比快速运动所需的压力高 0.5~0.8MPa，而低于工作进给时所需的压力。这种回路的功率损耗小，系统效率高，应用较为普遍，但系统稍复杂一些。

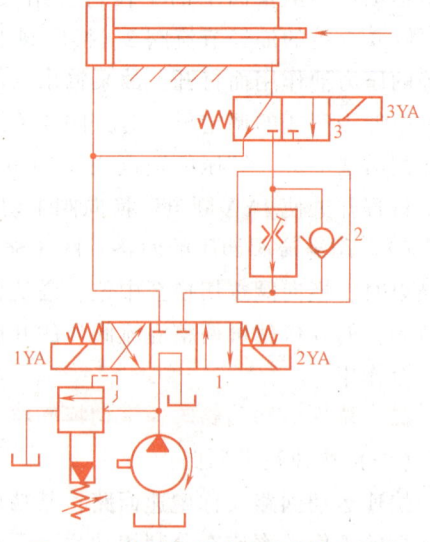

图 5-57 液压缸差动连接的快速回路

3. 采用蓄能器的快速运动回路

图 5-59 所示为采用蓄能器的快速运动回路。采用蓄能器的目的是用流量较小的液压泵

实现快速运动。当系统停止工作时，换向阀 5 处于中位，这时泵输出的油液经单向阀 3 进入蓄能器 4。当蓄能器的油压达到液控顺序阀 2 的调定值时，液控顺序阀 2 打开，使液压泵卸荷。当换向阀 5 的阀芯处于左或右位时，泵 1 和蓄能器 4 共同向液压缸供油，从而实现快速运动。

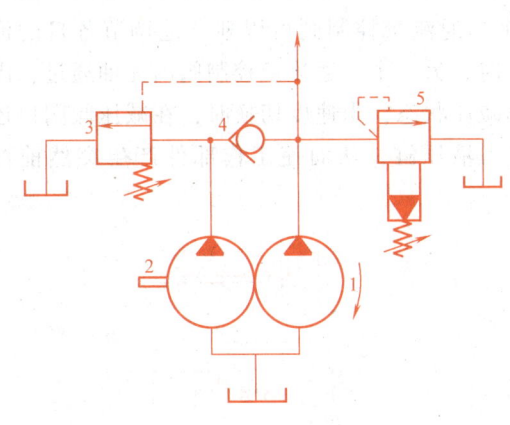

图 5-58 双泵供油的快速运动回路

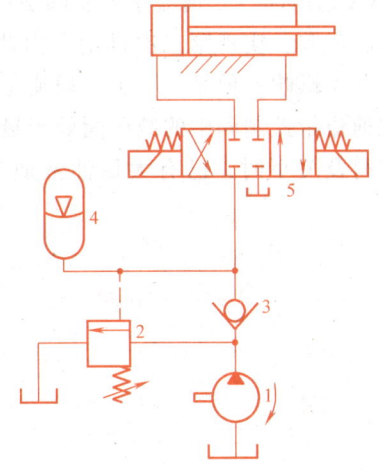

图 5-59 采用蓄能器的快速运动回路

（二）速度切换回路

速度切换回路的功用是使液压执行元件在一个工作循环中从一种运动速度转换到另一种运动速度。这个转换不仅包括液压执行元件快速到慢速的转换，而且也包括两个慢速之间的转换。要求在速度切换过程中，应尽可能不出现前冲现象，使切换平稳。

1. 快速与慢速的切换回路

能够实现快速与慢速切换的方法很多。图 5-57 所示的快速运动回路可以使液压缸的运动由快速运动切换为慢速运动。这种采用电磁阀的快、慢速切换回路，调节行程比较灵活，阀的安装也比较方便，并且换接迅速，但平稳性较差。

图 5-60 所示为采用行程阀来实现快、慢速切换的回路。在图示状态下，泵输出的油液全部进入液压缸的左腔，工作部件实现快速运动。当运动部件的挡铁压下行程阀 6 时，行程阀关闭，液压缸右腔的油液必须通过节流阀 5 才能流回油箱，因而工作运动部件由快速运动转换成工作进给。当换向阀 2 的电磁铁通电时，泵输出的压力油经单向阀 4 进入液压缸右腔，工作运动部件实现快速退回运动。这种采用行程阀的快、慢速切换回路，切换过程比较平稳，切换点的位置比较准确，但行程阀的安装位置不能任意布置，必须安装在运动部件附近，并且管道连接较为复杂。在实际中，常将阀 4、阀 5 和阀 6 做成一个组合阀，称为单向行程节流阀。

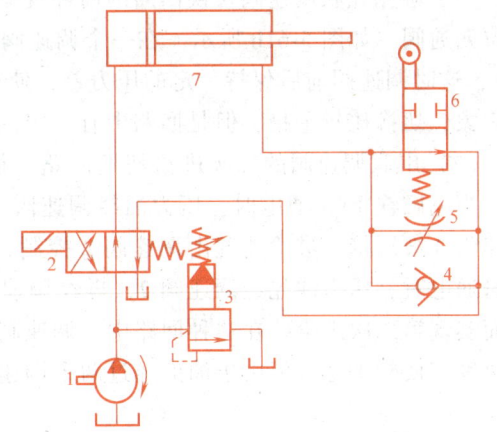

图 5-60 用行程阀的速度切换回路

2. 两种慢速的切换回路

（1）并联二通流量控制阀的二次进给切换回路　图 5-61a 所示为并联二通流量控制阀的二次进给切换回路。当电磁铁 1YA 通电时，压力油经二通流量控制阀 2 和阀 4 进入液压缸左腔，实现第一次进给。此时二通流量控制阀 3 的通路被切断，不起作用。当电磁铁 1YA 和 3YA 通电时，二通流量控制阀 2 的通路被切断，压力油经二通流量控制阀 3 和阀 4 进入液压缸左腔，实现第二次进给。由此可见，两个二通流量控制阀可以独立地调节各自的流量，互不影响。但是，一个二通流量控制阀工作时，另一个二通流量控制阀内无油通过，因此二通流量控制阀中的减压阀处于最大开度的非减压状态，当速度切换时，在减压阀阀口还未来得及关小时，已有大量油液通过阀口而进入液压缸，从而使工作部件产生突然前冲现象。

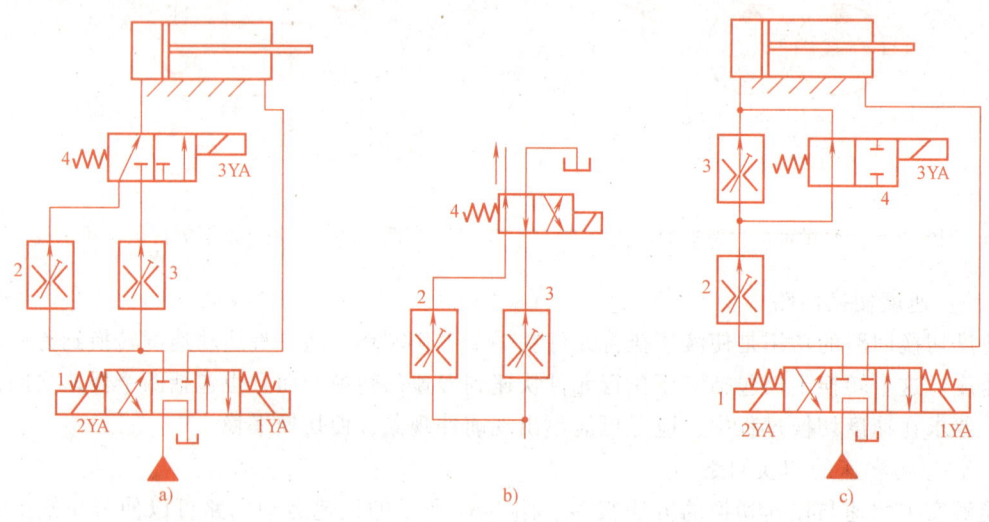

图 5-61　两种慢速的切换回路

为了避免并联调速阀切换回路的前冲现象，可将图 5-61a 所示回路中的二位三通阀换为二位四通阀，如图 5-61b 所示。在一个调速阀工作时，另一个调速阀仍有油液通过（流回油箱），这时调速阀前后保持一定的压力差，使减压阀处于减压状态，克服了速度切换时的前冲现象，切换比较平稳，但是回路中有一定的能量损失。

（2）串联调速阀的二次进给切换回路　图 5-61c 所示为串联调速阀的二次进给切换回路。当电磁铁 1YA 通电时，压力油经调速阀 2 和二位二通电磁阀 4 进入液压缸左腔，此时调速阀 3 被短接，进给速度由调速阀 2 控制，从而实现第一次进给。当电磁铁 1YA 和 3YA 同时通电时，压力油先经调速阀 2，再经调速阀 3 进入液压缸左腔，速度由调速阀 3 控制，从而实现第二次进给。在这种回路中，调速阀 3 的开口必须小于调速阀 2 的开口。这种回路的速度切换较平稳，但由于油液经过两个调速阀，所以能量损失较大。

三、顺序动作回路

在多缸液压系统中，往往需要按照预先给定的动作次序来实现顺序动作，如自动车床中刀架的纵、横向运动，夹紧机构的定位和夹紧运动等。按照其控制原理，顺序动作回路可分为压力控制的顺序动作回路、行程控制的顺序动作回路和时间控制的顺序动作回路三类，其中前二类用得较多。

1. 压力控制的顺序动作回路

压力控制就是利用液压系统工作过程中的压力变化，来使执行元件按照顺序先后动作，这是液压系统独具的控制特性。压力控制的顺序动作一般用顺序阀或压力继电器来实现。

(1) 压力继电器控制的顺序动作回路　图5-62所示为压力继电器控制的顺序动作回路。它的动作顺序是：图示位置时，压力油进入夹紧缸A的右腔，左腔回油，活塞向左移动，将工件夹紧。工件夹紧后，液压缸右腔的压力升高。当油压达到压力继电器的调定值时，压力继电器发出信号，指令电磁铁2YA、4YA通电，进给液压缸B实现快速运动。当电磁铁4YA断电时，液压缸转为工作进给。当工作进给终了时，行程开关控制3YA、4YA通电，液压缸B快速退回原位，1YA通电，工件松开，然后进入第二个工作循环。工件先夹紧，进给缸后进给，这一严格的顺序动作是由压力继电器保证的。压力继电器的调整压力应比减压阀的调整压力低0.3~0.5MPa。

(2) 顺序阀控制的顺序动作回路　图5-63所示为采用顺序阀的压力控制顺序动作回路。顺序阀D的调整压力大于液压缸A的最大前进工作压力，顺序阀C

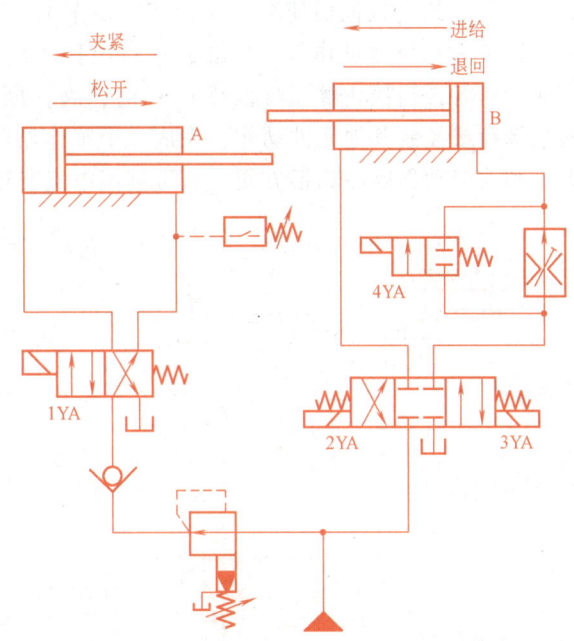

图5-62　压力继电器控制的顺序动作回路

的调整压力大于液压缸B的最大返回工作压力。当换向阀右位接入回路时，压力油先进入液压缸A的左腔，顺序阀D关闭，实现动作①；当液压缸A的活塞行至终点后，压力上升，压力油打开顺序阀D而进入液压缸B的左腔，实现动作②；同样地，当换向阀左位接入回路时，两液压缸按③和④的顺序返回。显然，这种回路动作的可靠性取决于顺序阀的性能及其压力调整值。为了防止压力脉动时发生误动作，顺序阀的调整值应比前一个动作元件的工作压力高0.8~1.0MPa。因此，这种回路适用于液压缸数目不多、负载变化不大的场合。其优点是动作灵敏，安装连接较方便；缺点是可靠性不高，位置精度低。

2. 行程控制的顺序动作回路

行程控制就是利用执行元件运动到一定位置时发出控制信号，使下一个执行元件开始动作。行程控制可以利用行程阀、行程开关等来实现。

(1) 行程阀控制的顺序动作回路　图5-64a所示为用行程阀控制的顺序动作回路。在图示状态下，A、B两液压缸的活塞均处在右端，当推动阀C的手柄使左位工作时，缸

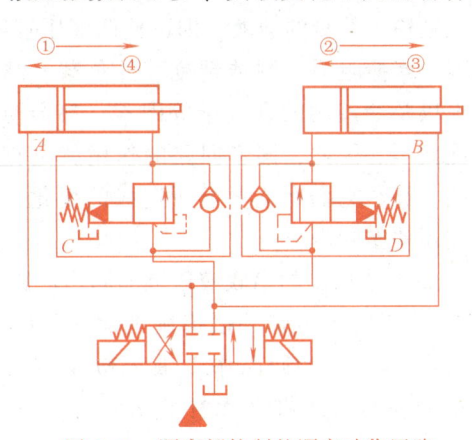

图5-63　顺序阀控制的顺序动作回路

A 左行，完成动作①；当挡块压下行程阀 D 后，缸 B 左行，完成动作②；手动换向阀 C 复位后，缸 A 先复位，实现动作③；随着挡块的后移，当阀 D 复位后，缸 B 退回实现动作④，顺序动作全部完成。这种回路工作可靠，但动作顺序一经确定，再改变就有一定的困难，且管道长，布置麻烦。

(2) 用行程开关控制的顺序动作回路　图 5-64b 所示为用行程开关控制的顺序动作回路。当阀 E 通电换向而使缸 A 左行完成动作①后，当挡块触动行程开关 S_1 时，阀 F 通电换向，缸 B 左行完成动作②；当缸 B 左行至挡块触动行程开关 S_2 时，阀 E 断电，缸 A 退回，完成动作③；当挡块触动行程开关 S_3 时，阀 F 断电，缸 B 返回，完成动作④；最后触动 S_4 使泵卸荷或控制其他元件动作，完成一个工作循环。这种回路控制起来灵活方便，调节行程大小和改变动作顺序均很方便，且可利用电气互锁使动作顺序可靠。

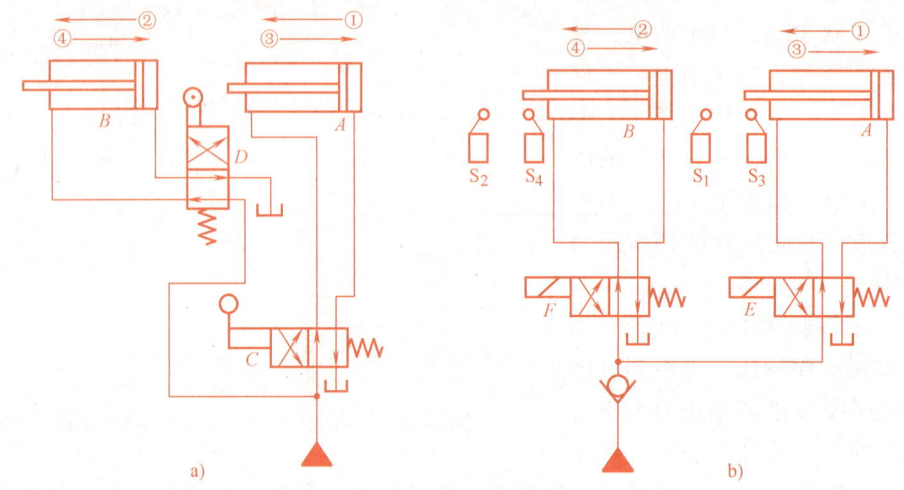

图 5-64　行程阀控制的顺序动作回路

四、同步回路

在液压系统中，有时要求两个或两个以上的液压缸在运动中保持相同的位移或相同的速度，即同步运动。从理论上讲，对两个工作面积相同的液压缸输入等量的油液，即可使两液压缸同步，但泄漏、摩擦阻力、制造精度、外负载、结构弹性变形以及油液中的含气量等因素，都会使液压缸不能同步。因此，同步回路的作用就是克服这些影响，补偿它们在流量上所造成的变化，使液压缸实现动作同步。

1. 带补偿措施的串联液压缸的同步回路

图 5-65 所示为带补偿措施的串联液压缸的同步回路。在这个回路中，液压缸 1 有杆腔 A 的有效面积与液压缸 2 无杆腔 B 的面积相等便可实现两液压缸的升、降同步。为了保证严格

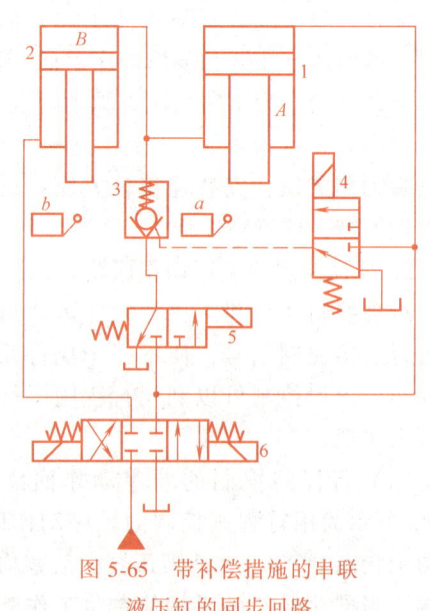

图 5-65　带补偿措施的串联液压缸的同步回路

同步，采取补偿措施以避免误差的积累，在每一次下行运动中都可消除同步误差。其原理为，当换向阀 6 左位工作时，两液压缸活塞同时下行，若缸 1 的活塞先运动到底，它就触动行程开关 a 使阀 5 通电，压力油经阀 5 和液控单向阀 3 向缸 2 的 B 腔补油，推动活塞继续运动到底，误差即被消除；若缸 2 的活塞先运动到底，则触动行程开关 b 使阀 4 通电，控制压力油使液控单向阀 3 打开，缸 1 有杆腔 A 的油液通过液控单向阀 3 和阀 5 回油箱，使活塞继续运动到底。这种串联式同步回路只适用于负载较小的液压系统。

2. 二通流量控制阀控制的同步回路

图 5-66a 所示为二通流量控制阀控制的同步回路。两个二通流量控制阀分别调节两液压缸活塞的运动速度，仔细调整两个二通流量控制阀的开口，可使两个液压缸在一个方向实现速度同步。这种同步回路的结构简单，并且可以调速，但是由于油温变化以及二通流量控制阀性能差异等的影响不易保证位置同步，且调整比较麻烦，速度同步精度也较低，一般为 5%~7%。为使液压缸双向实现同步，可采用图 5-66b 所示的液桥回路，活塞上升时为回油节流调速，下行时为进油节流调速。

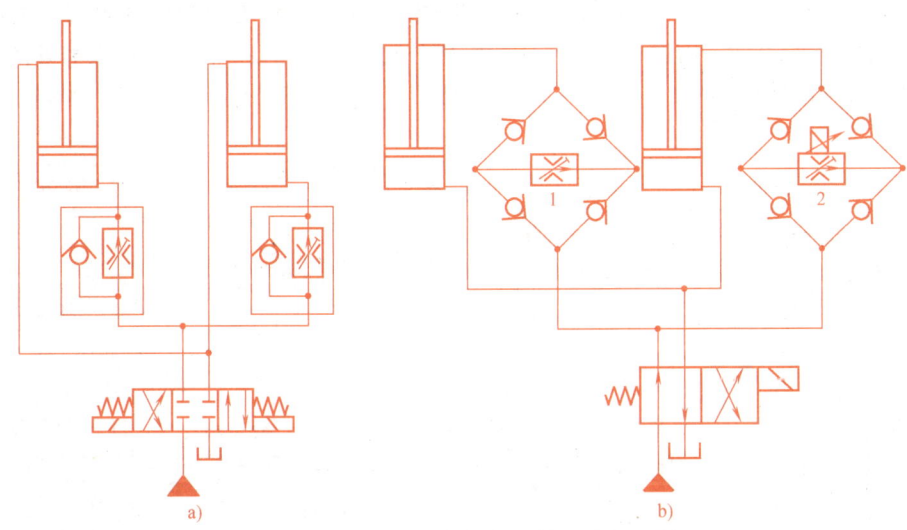

图 5-66 二通流量控制阀控制的同步回路

为了提高同步回路的精度，可采用电液比例调速阀的同步回路，如图 5-66b 所示。当两个活塞出现位置误差时，检测装置（图中未示出）发出信号自动控制阀 2 的开口，使两活塞的运动同步。这种回路的位置精度可达 0.5mm。

五、互不干扰回路

在一泵多缸的液压系统中，往往由于其中一个液压缸快速运动而造成系统的压力下降，从而影响其他液压缸的工作。因此，在多缸动作回路中应该注意到这一点。下面介绍几种防干扰回路。

1. 用单向阀防止干扰的回路

在分支油路的进油路上安装一个单向阀，既可实现对本支路液压缸的保压，又可防止其他支路上的执行机构动作时产生的压力降对该支路的影响。如图 5-62 所示，其减压阀后的单向阀就是用来防止因主油路快速运动时压力下降对夹紧油路的影响的。

2. 用顺序阀防止干扰的回路

如图 5-67 所示，缸 4 为夹紧工件用液压缸，缸 5 为进给用液压缸。为了防止尚未夹紧就进给，在进给支路的进油路上安装了一个顺序阀 1，其调定压力比夹紧缸的动作压力高 0.8~1.0MPa，且比最小夹紧压力大，这样就保证了夹紧后顺序阀 1 才打开，开始实现进给运动，并且切削阻力的变化也不会干扰夹紧缸对工件的夹紧。

3. 多缸快、慢速互不干扰回路

图 5-68 所示为双泵供油来实现多缸快、慢速互不干扰的回路。图中液压缸 A 和 B 分别要完成"快进→工进→快退"的工作循环，电磁铁动作顺序见表 5-10。其工作原理为：在图示状态下各缸处于原位停止。当阀 5、阀 6 的电磁铁 3YA、4YA 均通电时，各缸均由双联泵中的大流量泵 2 供油并形成差动连接做快速进给运动，这时若有一个液压缸（例如缸 A）先完成快速运动，则由挡铁和行程开关使 1YA 通电、4YA 断电，从大流量泵 2 进入缸 A 的油路被切断，而高压小流量泵 1 输出的压力油从二通流量控制阀 8 和阀 7、阀 6 进入缸 A 左腔，实现工作进给，速度由二通流量控制阀调节，此时缸 B 仍做快速进给运动，互不影响。当各缸都转为工作进给后，它们全由泵 1 供油。此后，若缸 A 又先完成工作进给，行程开关使 1YA、4YA 均通电，缸 A 即由大流量泵 2 供油并快退。当所有电磁铁断电时，各缸都停止运动，并被锁在原位。由此可见，快速和慢速分别由泵 2 和泵 1 供油，所以能够防止多缸的快、慢速运动互相干扰。

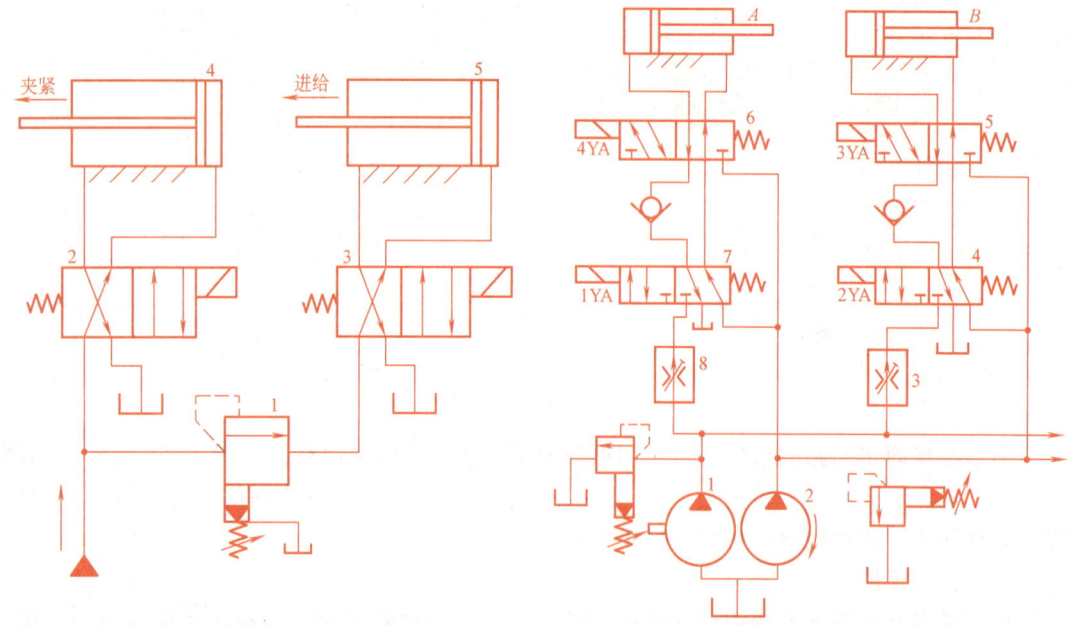

图 5-67 用顺序阀防止干扰的回路　　图 5-68 双泵供油互不干扰回路

表 5-10　电磁铁动作顺序表

电磁铁	1YA	2YA	3YA	4YA	供油泵
快进	−	−	+	+	泵 2
工进	+	+	−	−	泵 1
快退	+	+	+	+	泵 2

第六节　新型液压元件及其应用

一、叠加式液压阀

叠加式液压阀简称叠加阀，它是 20 世纪 70 年代出现并发展起来的集成式液压元件。采用这种阀组成液压系统时，不需要另外的连接块，它以自身的阀体作为连接体直接叠合而成所需的系统。

叠加阀的工作原理与前述的一般液压阀基本相同，但其具体结构和连接尺寸不相同。它自成系列，每个叠加阀既有液压元件的控制功能，又起到通道体的作用。每一种通径系列的叠加阀，其主油路通道和螺栓连接孔的位置与所选用的相应通径的换向阀相同，因此同一通径的叠加阀都能按照要求组成各种不同控制功能的系统。用叠加阀组成的液压系统具有以下特点：

1) 结构紧凑，体积小，重量轻，安装简便，装配周期短。
2) 若液压系统有变化，改变工况需要增减元件时，组装方便迅速。
3) 元件之间实现无管连接，消除了因油管、管接头等引起的泄漏、振动和噪声。
4) 整个系统配置灵活，外观整齐，维护保养容易。
5) 标准化、通用化和集成化程度高。

我国叠加阀现有 $\phi 6mm$、$\phi 10mm$、$\phi 16mm$、$\phi 20mm$、$\phi 32mm$ 五个通径系列，额定压力为 20MPa，额定流量为 10~200L/min。

叠加阀与一般液压阀一样，也分为压力控制阀、流量控制阀和方向控制阀三大类，其中方向控制阀仅有单向阀类，主换向阀不属于叠加阀。现对叠加阀做一简单的介绍。

1. 叠加式溢流阀

先导型叠加式溢流阀由主阀和先导阀两部分组成，如图 5-69 所示。主阀芯 6 为单向阀式二级同心结构，先导阀为锥阀式结构。图 5-69a 所示为 Y_1-F10D-P/T 型溢流阀的结构。其中，Y 表示溢流阀，F 表示压力等级（20MPa），10 表示通径为 10mm，D 表示叠加阀，P/T 表示该元件的进油口为 P，出油口为 T。油腔 a 与进油口 P 相通，通道 c 与回油口 T 相通。叠加式溢流阀的工作原理与一般的先导型溢流阀相同。图 5-69b 所示为其图形符号。根据使用情况不同，还有 Y_1-F10D-P_1/T 型叠加式溢流阀，其图形符号如图 5-69c 所示。

2. 叠加式流量阀

图 5-70 所示叠加式流量阀为 QA-F6/10D-BU 型单向流量阀。其中，QA 表示流量阀、F 表示压力等级（20MPa），6/10 表示通径为 $\phi 6mm$，而其接口尺寸属于 $\phi 10mm$ 系列的叠加阀，BU 表示适用于出口节流（回油路）调速的回路上。其工作原理与一般二通流量控制阀基本相同。当压力为 p 的油液从 B 口进入阀体时，经小孔 f 流至单向阀 1 左侧的弹簧腔，油液压力使锥阀式单向阀关闭，压力油经另一通道进入减压阀 5，经控制口后压力降为 p_1 的油液流入节流阀 3，同时压力为 p_1 的油液经阀芯的中心小孔 a 流入阀芯左侧的弹簧腔，作用在大阀芯左侧的环形面积上。油液流经节流阀 3 进入 e 腔，压力降为 p_2，经出油口 B′ 引出，同时 e 腔的油液又经槽 d 进入油腔 c，再经孔道 b 进入减压阀大阀芯右侧的弹簧腔。由于减压阀阀芯受到压力油 p_1、p_2 和弹簧力的作用而处于平衡状态，从而保证了节流阀前后的压力差 p_1-p_2 为常数，也就保证了通过节流阀的流量基本不变。图 5-70b 所示为其图形符号。

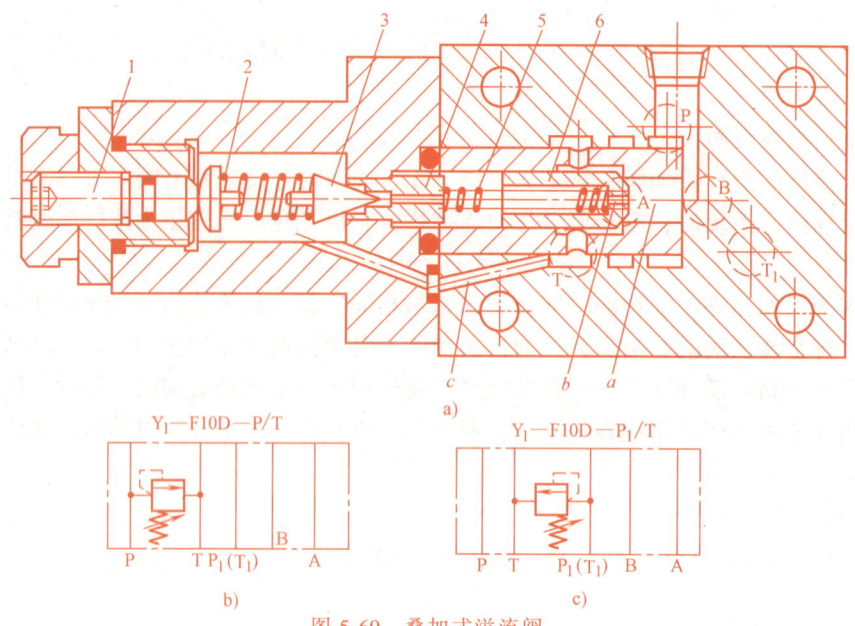

图 5-69 叠加式溢流阀

1—推杆 2、5—弹簧 3—锥阀 4—阀座 6—主阀芯 a—油腔 b—阻尼小孔 c—通道

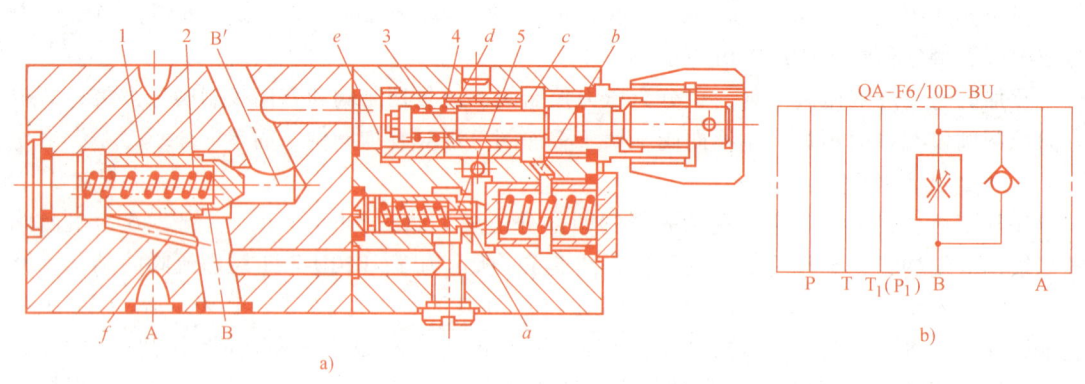

图 5-70 叠加式流量阀

1—单向阀 2、4—弹簧 3—节流阀 5—减压阀

3. 叠加阀的应用举例

图 5-71 所示为 MCV-510 数控加工中心液压系统原理图。该系统采用叠加式液压阀,使系统安装、使用、维护直观简单;由液压系统完成主轴高低速的换档、主轴刀具的夹紧与松开等动作;具有噪声低、效率高、能耗小等优点。其工作原理可参照表 5-11 电磁铁动作表分析。

(1) 主轴刀具的夹紧 当 1YA 通电时,液压泵 2 供油经阀 5、阀 11、阀 13、阀 12 进入夹紧液压缸 14 下腔,缸上腔的油液经阀 13 回油,活塞上行,刀具夹紧。

(2) 主轴刀具的松开 当 1YA、4YA 通电时,液压泵 2 供油经阀 5、阀 11、阀 13 至液压缸 14 上腔,缸下腔的油液经阀 12、阀 13 回油,活塞下行,刀具松开。

(3) 主轴高速档旋转 当 1YA、2YA 通电时,液压泵 2 供油经阀 5、阀 6、阀 9、阀 8、阀 7 至换档液压缸 10 下腔，上腔回油经阀 7、阀 8、阀 9 至油箱，活塞上行，使主轴处于高速档。

（4）主轴低速旋转 当 1YA、3YA 通电时，液压泵 2 供油经阀 5、阀 6、阀 9、阀 8、阀 7 至换档液压缸 10 的上腔，下腔的油液经阀 7、阀 8、阀 9 回油，活塞下行，使主轴处于低速档。减压阀 6 用来调节换档的工作压力，此压力低于系统压力，以减少换档时的冲击力。

（5）卸荷 当 1YA 断电时，液压泵输出的油液经电磁溢流阀 4 而卸荷。

二、插装式锥阀

插装式锥阀又称插装式二位二通阀，它是 20 世纪 70 年代初出现的一种新型液压元件，在高压、大流量的液压系统中应用很广。由于插装式元件已标准化，将几个插装式元件组合一下便可组成复合阀。它与普通液压阀比较，具有下述优点：

1) 通流能力大，特别适用于大流量场合。它的最大通径可达 200~250mm，通过的流量可达 10000L/min。

2) 阀芯动作灵敏，抗堵塞能力强。

3) 密封性好，泄漏小，油液流经阀口的压力损失小。

4) 结构简单，制造容易，工作可靠，标准化、通用化程度高。

（一）插装式锥阀的结构和工作原理

图 5-72a 所示为插装式锥阀的结构原理，图 5-72b 所示为其图形符号。插装式锥阀由锥阀组件和控制盖板 1 组成。锥阀组件包括阀芯 4、阀套 2 和弹簧 3 等。锥阀组件起主油路通断作用，盖板 1 设置有对锥阀的启、闭起控制作用的通道。锥阀组件上配置不同的盖板就能实现各种不同的工作机能，若干个不同工作机能的锥阀组件装在一个阀体内，实现集成化，就可组成所需的液压回路。图中 A、B 为进出油口，C 为控制油口。设各油口的压力和有效作用面积分别为 p_A、p_B、p_C 和 A_A、A_B、A_C，其面积关系为 $A_C = A_A + A_B$。若不考虑锥阀的质量、液动力和摩擦阻力的影响，弹簧的作用力为 F_S，则当 $p_A A_A + p_B A_B < p_C A_C + F_S$ 时，锥阀闭合，A、B 油口被切断；当 $p_A A_A + p_B A_B > p_C A_C + F_S$ 时，锥阀打开，A、B 两油口导通。从以上分析可以看出，若 p_A 和 p_B 一定时，改变 p_C 即可控制 A、B 油口的通断，当控制油口 C 接油箱时，p_C 为零，p_A 和 p_B 均可使锥阀打开。若 $p_A > p_B$ 时，液流从 A 流向 B；若 $p_A < p_B$ 时，液流从 B 流向 A。当控制油口 C 接压力油，且 $p_C \geq p_A$、$p_C \geq p_B$ 时，阀芯在上、下端压力差

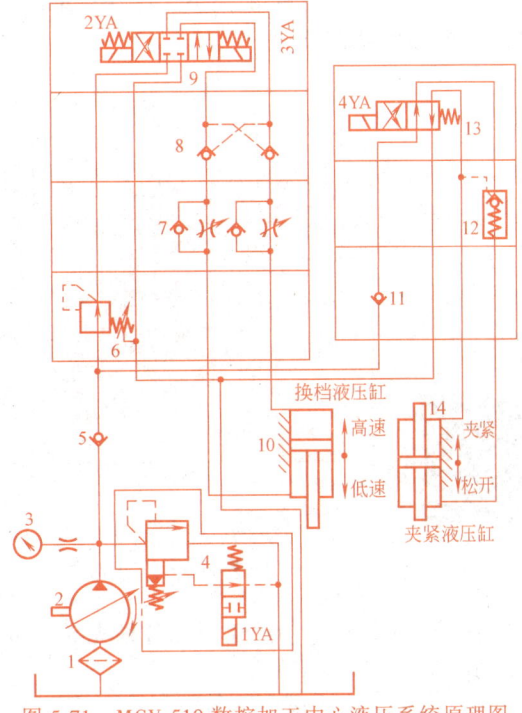

图 5-71 MCV-510 数控加工中心液压系统原理图

表 5-11 电磁铁动作顺序表

电磁铁 动作	1YA	2YA	3YA	4YA
夹紧	+	−	−	−
松开	−	−	−	+
高速	+	+	−	−
低速	+	−	+	−
卸荷	−			

和弹簧的作用下关闭油口 A 和 B。这样，锥阀就起到逻辑元件"非"门的作用，所以插装式锥阀又被称为逻辑阀。

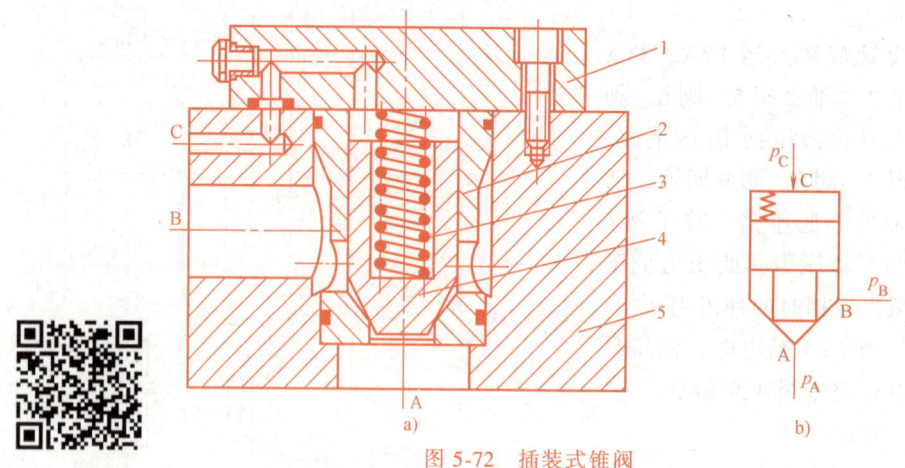

图 5-72　插装式锥阀

1—控制盖板　2—阀套　3—弹簧　4—阀芯　5—阀体

插装式锥阀通过不同的盖板和各种先导阀组合，便可构成方向控制阀、压力控制阀和流量控制阀。

（二）插装式锥阀用作方向阀

1. 用作单向阀

将 C 口与 A 或 B 连接，即成为单向阀（连接方法不同其导通方式也不同），如图 5-73a 所示。在盖板上接一个二位三通液动阀来变换 C 口的压力，即成为液控单向阀，如图 5-73b 所示。

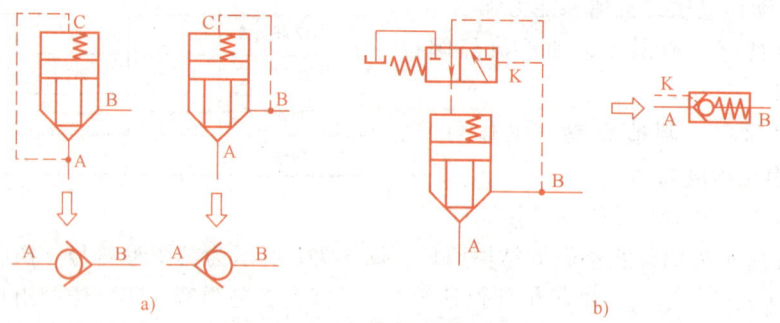

图 5-73　插装式锥阀用作单向阀

2. 用作二位二通阀

用一个二位三通电磁阀来转换 C 口压力，就成为一个二位二通阀，如图 5-74 所示。在图 5-74a 中，当电磁铁断电时，液流不能从 B 流向 A；当电磁铁通电时，A、B 油口导通。若在电磁铁断电时，两个方向都起切断作用，则可在控制油路中加一个梭阀（相当于两个单向阀），如图 5-74b 所示，这样，当电磁铁断电时，不管油口 A、B 哪个压力高，锥阀都始终可靠地关闭。

3. 用作二位三通阀

两个插装式锥阀和一个电磁先导阀就可组成一个三通阀，如图 5-75 所示。在图示状态

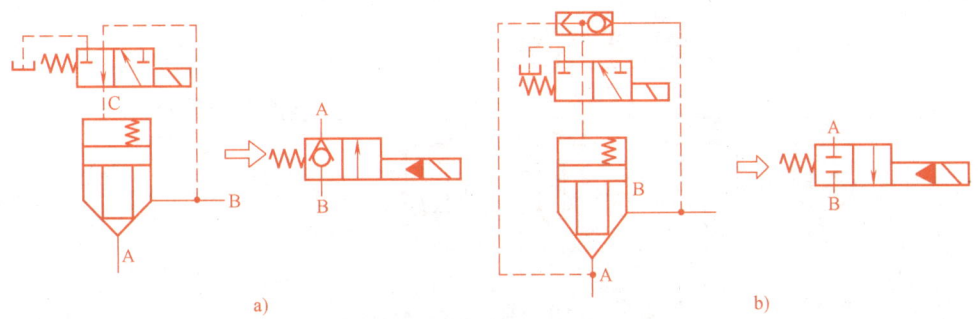

图 5-74 插装式锥阀用作二位二通阀

时,左面的锥阀打开,右面的锥阀关闭,即 A 通 T,P 堵塞;当电磁铁通电时,P 通 A,T 堵塞。

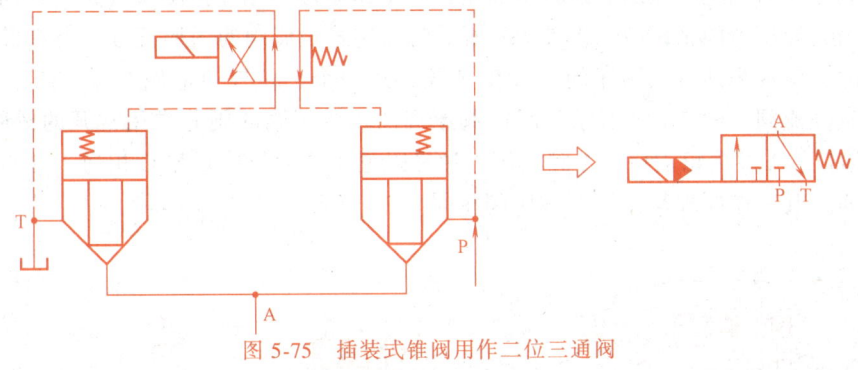

图 5-75 插装式锥阀用作二位三通阀

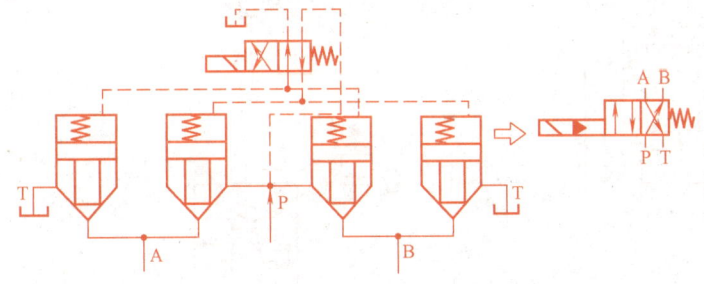

图 5-76 插装式锥阀用作二位四通阀

4. 用作二位四通阀

用四个插装式锥阀和一个二位四通换向阀就可组成一个四通阀,如图 5-76 所示。先导阀断电时,P 通 B,A 通 T;当先导阀通电时,P 通 A,B 通 T。

在图 5-76 中,若将二位四通电磁换向阀改为三位四通电磁阀(图 5-77),就可组成一个等效于三位四通的电液换向阀。在中位时,锥阀上腔通入压力油,所有锥阀关闭,P、A、B、T 均不通;当电磁铁 1YA 通电时,压力油作用于锥阀 1、3 上腔,锥阀 2、4 上腔通油箱,这时 P 通 A,B 通 T;当电磁铁 2YA 通电时,锥阀 2、4 上腔通压力油而关闭,锥阀 1、3 上腔通油箱,这时 P 通 B,A 通 T。若改变先导阀的中位机能,就能使插装式换向阀的中位机能得到改变;先导阀的个数变化可使插装式换向阀工作位置数改变,如采用二个四通阀作先导阀,插装式锥阀就可获得四个工作位置。因此,这种阀具有多种机能。

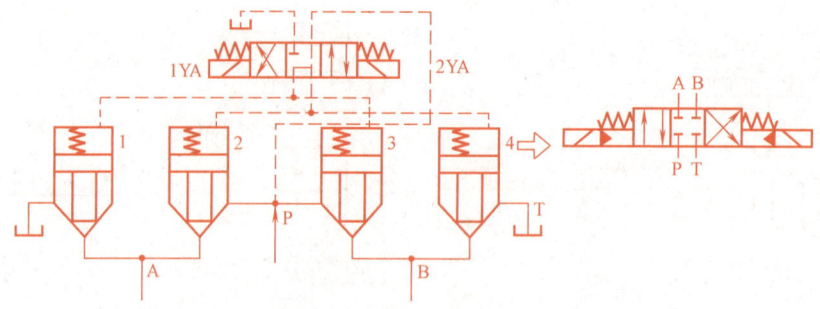

图 5-77 插装式锥阀用作三位四通阀

(三) 插装式锥阀用作压力控制阀

图 5-78a 所示为插装式锥阀用作溢流阀的结构图。A 腔压力油经阻尼小孔进入控制腔 C，并同时与先导压力阀进口相通，B 腔接油箱，其工作原理与先导型溢流阀完全相同，锥阀的开启压力由先导压力阀来调节。图 5-78b 所示为插装式溢流阀的图形符号。当 B 腔不接油箱而接负载时，就成为插装式顺序阀。若在 C 腔再接一个二位二通电磁阀，如图 5-78c 所示，就成为电磁溢流阀。图 5-78d 所示为减压阀原理图。减压阀的阀芯常用常开的滑阀式阀芯，B 腔为进油口，A 腔为出油口，A 腔的压力油经阻尼小孔后与控制腔 C 相通，并与先导压力阀进口相通，其工作原理与先导型减压阀相同。

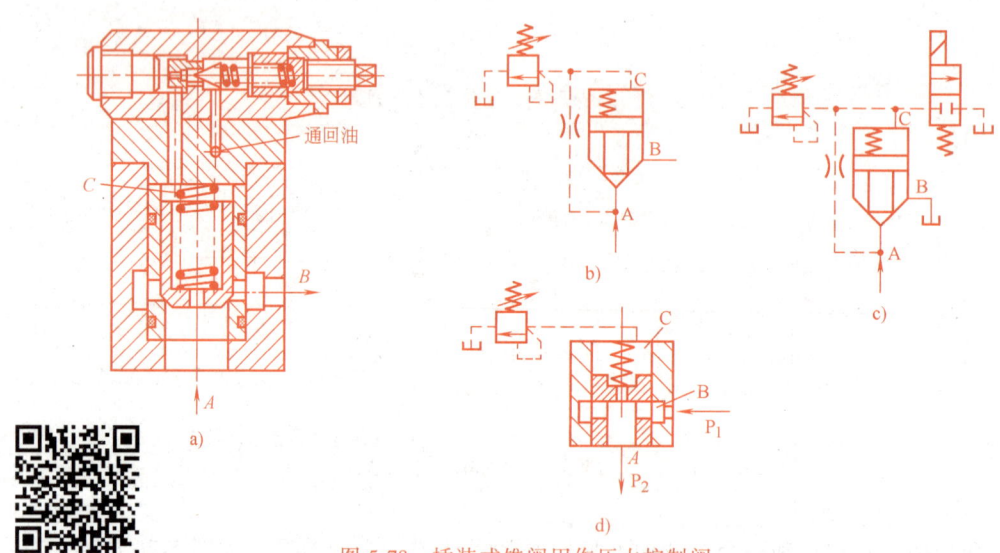

图 5-78 插装式锥阀用作压力控制阀

(四) 插装式锥阀用作流量控制阀

在同样的插装式锥阀的盖板上增加阀芯行程调节器（可用机械方式如螺杆，也可用电气方式），以改变阀芯开口的大小，就形成了一个可调节流阀。当控制腔 C 通入压力油时，节流阀关闭，故这种节流阀兼有方向控制阀的作用，如图 5-79a 所示。图 5-79b 所示为其图形符号。

三、电液比例控制阀

前述的压力控制阀和流量控制阀，其调定压力和流量都是手动调节的，这在工作过程中需要进行调节时会感到十分不便。随着自动化技术的发展，20世纪60年代末出现并发展了一种新型的液压元件——电液比例控制阀。在结构上，电液比例控制阀是在普通液压阀的基础上，引入电-机械比例转换装置，用以代替原有的手调部分，从而实现其输出的压力或流量按照输入的电流连续地、按比例地变化的控制。常用的电-机械比例转换装置是有一定性能要求的比例电磁铁，它能把输入的电流按比例地转换成力或位移，对液压阀进行控制。

电液比例控制阀根据用途和工作特点的不同，可分为电液比例压力阀、电液比例流量阀、电液比例方向阀和电液比例复合阀。下面对电液比例压力阀和电液比例流量阀作一简单介绍。

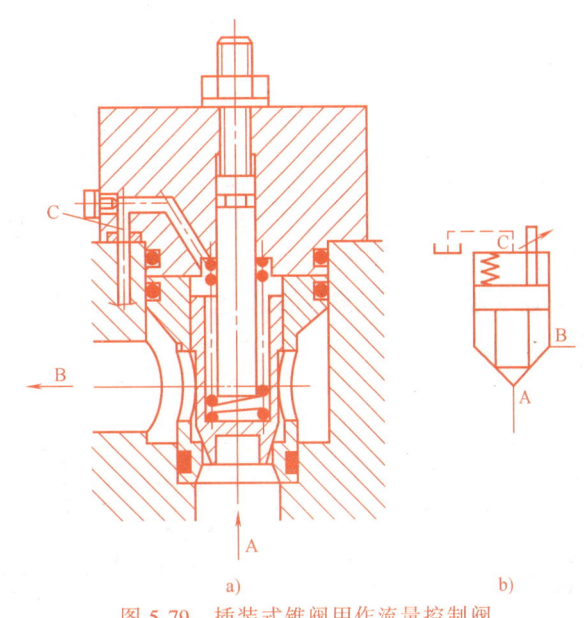

图 5-79 插装式锥阀用作流量控制阀

1. 电液比例压力阀

图 5-80 所示为电液比例压力阀。它由压力阀 1 和比例电磁铁 2 两部分组成。比例电磁铁所产生的推力正比于输入电流的大小，并通过推杆 3、钢球 4 和传力弹簧 5 把电磁推力传给锥阀 6。当该阀进油口 P 处的压力油作用在锥阀上的力超过电磁推力时，锥阀打开，油液通过阀口从出油口 T 排出。因此，其压力的调定值随输入电流的大小而定。

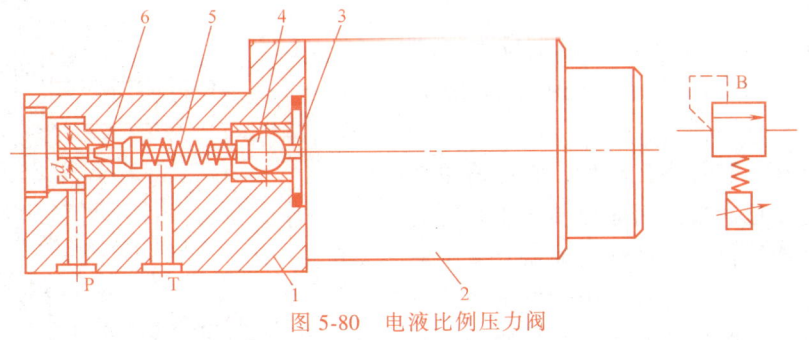

图 5-80 电液比例压力阀

1—压力阀 2—比例电磁铁 3—推杆 4—钢球 5—传力弹簧 6—锥阀

图 5-80 所示的压力阀为直动式压力阀，它可以直接作直动式电液比例溢流阀用，但一般用作先导阀。它与不同结构的主阀相结合，可以组成电液比例溢流阀、电液比例减压阀和电液比例顺序阀等各种电液比例压力控制阀类。

利用电液比例溢流阀可以实现多级压力控制，如图 5-81 所示。当以不同的信号电流 I 输入时，可获得多级压力控制。它与一般溢流阀的多级压力控制（图 5-23b）相比，元件数量少，回路简单，若输入连续变化的信号，则可实现连续的压力控制。目前，电液比例溢流阀较多地应用于液压机、注射成型机、轧板机等的液压系统。

2. 电液比例流量阀

用比例电磁铁来改变节流阀的开口，就成为比例流量阀。将此阀和定差减压阀组合在一起，就成为比例调速阀，如图 5-82 所示。当有电流输入时，节流阀阀芯 2 在比例电磁铁 3 的磁力作用下，通过推杆 4 与阀芯 2 左端的弹簧力相平衡，这时对应的节流口开度 h 为一定。当不同的信号电流输入时，便有不同的节流口开度。由于减压阀阀芯 1 能保证节流阀前后的压力差不变，所以通过对应的节流口开度的流量也恒定。若输入信号电流是连续地、按比例地或按一定程序改变，则比例调速阀所控制的流量也就连续地、按比例地或按一定程序改，以连续地实现执行部件的速度调节。图 5-83 所示为用比例调速阀的程序自动控制速度回路。

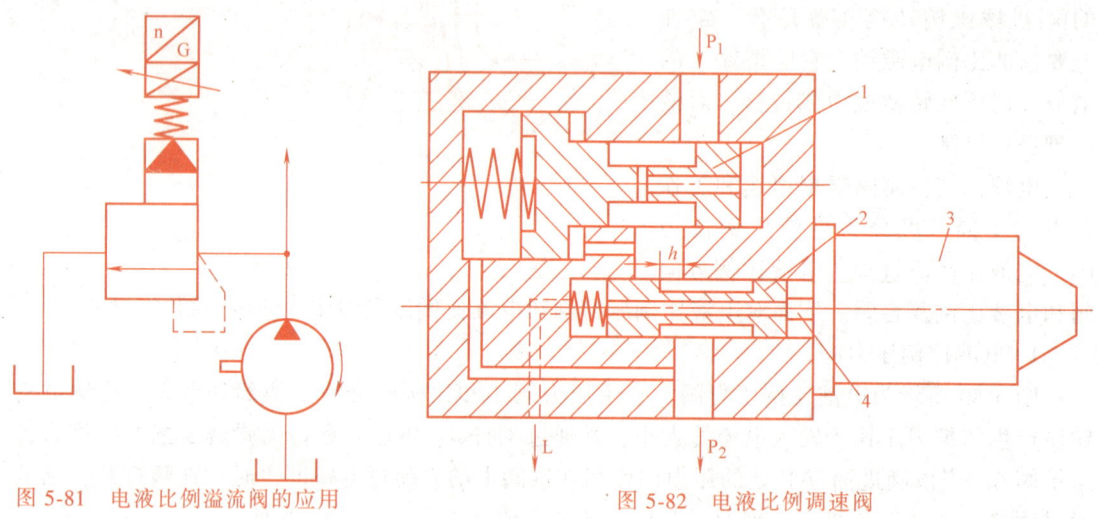

图 5-81 电液比例溢流阀的应用 　　图 5-82 电液比例调速阀

1—减压阀阀芯　2—节流阀阀芯　3—比例电磁铁　4—推杆

电液比例流量阀主要用于多工位加工机床、注射成型机、抛砂机等速度控制系统中。

电液比例阀具有很多优越性，它能简单地实现遥控，连续地、按比例地控制液压系统的力和速度，并能简化液压系统的油路及减少液压元件的数量。它被广泛地应用于要求对液压参数进行连续、远距离控制或程序控制，但对控制精度和动态特性要求不太高的液压系统中。

四、电液数字控制阀

用计算机对电液系统进行控制是今后液压技术发展的必然趋向。由于电液比例阀或伺服阀能接受的信号是连续变化的电流或电压，而计算机的指令是"开"或"关"的数字信息，所以要用计算机控制则必须进行"数—模"转换，需要一系列电子—液压"接口"设备，

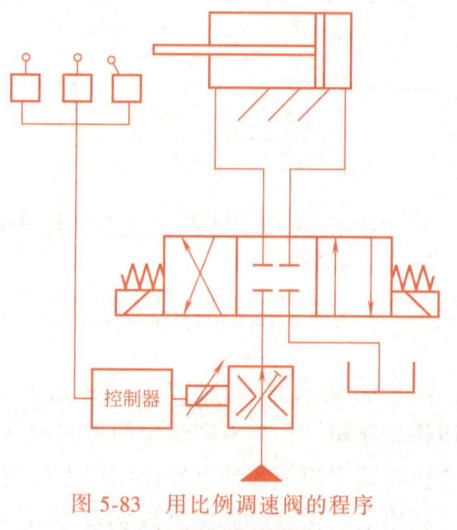

图 5-83 用比例调速阀的程序自动控制速度回路

结果使设备复杂,成本提高,可靠性降低,日常使用维护也相当困难。在这种技术要求下,为了解决上述问题,20世纪80年代初期出现了数字阀,它具有与计算机接口容易、可靠性高、重复性好、价格低廉等优点。

受计算机数字控制的阀有多种,当今技术较成熟的是增量式数字阀,即用步进电动机驱动的液压阀。目前已有数字流量阀、压力阀、方向阀等系列产品。步进电动机能接收计算机发出的经驱动电源放大的脉冲信号,每接收一个脉冲信号便转动一定的角度。步进电动机的转动又通过凸轮或丝杠等机构转换成直线位移量,从而推动阀芯(对于方向阀、流量阀)或压缩弹簧(对于压力阀),实现液压阀对方向、流量或压力的控制。

图5-84所示为增量式数字流量阀。计算机发出信号后,步进电动机1转动,通过滚珠丝杠2转化为轴向位移,带动节流阀阀芯3移动。该阀有两个节流口,阀芯移动时首先打开右边的非全周节流口,流量较小;继续移动则打开左边的第二个全周节流口,流量较大,可达3600L/min。该阀的流量由阀芯3、阀套4及连杆5的相对热膨胀取得温度补偿,从而维持流量稳定。

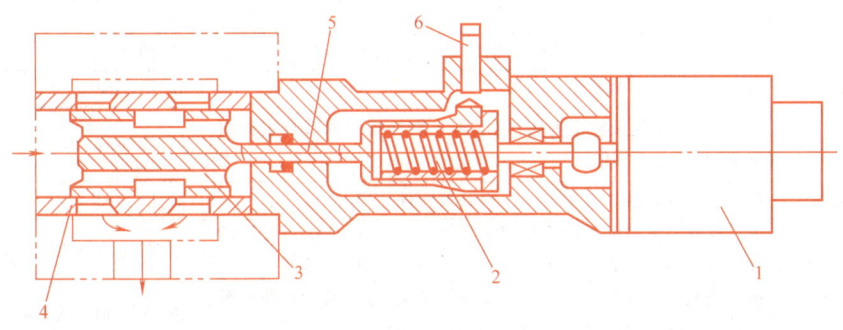

图 5-84 增量式数字流量阀

1—步进电动机 2—滚珠丝杠 3—阀芯 4—阀套 5—连杆 6—传感器

增量式数字流量阀无反馈功能,但装有零位移传感器6,在每个控制周期终了时,阀芯都可在它控制下回到零位。这样就能保证每个工作周期都在相同的位置开始,使阀有较高的重复精度。

小 结

通过本章的学习,我们熟悉和掌握了一些液压控制阀(简称液压阀)和液压基本回路。为了更好地巩固和应用这些知识,把主要内容加以归纳总结,以便掌握各种液压阀与液压基本回路的内在联系,为分析液压系统打下基础。

液压阀分为方向控制阀、压力控制阀和流量控制阀三大类。就其结构而言,所有液压阀都由阀体、阀芯和控制方法(手动、机动、电动、液动和电液动等)三个组成部分构成。从原理上看,它们都是通过改变通流面积或通流方向来工作的。液压阀在液压系统中不做功,只对执行元件起控制作用,各类液压阀的主要用途及应用见表5-12。

液压基本回路按照其功能不同分为以下几类:

1)方向控制回路——换向回路和锁紧回路。

2)压力控制回路——调压回路、减压回路、平衡回路、卸荷回路、泄压回路和顺序动作(压力控制的）回路等。

表 5-12 液压阀的主要用途与应用

类别		主要用途	应用举例
方向控制阀	单向阀	（1）单向阀用于液压系统中防止油流反向流动	如：图 5-26
		（2）作背压阀用（用较硬的弹簧）	图 5-48 中，把阀 4 换成单向阀
		（3）液控单向阀与单向阀相同，可利用控制油压开启单向阀，使油液在两个方向上都能流动	如：图 5-16
	换向阀	实现液压油路的接通、切断、换向以及压力卸载和顺序动作控制的阀门	如：图 5-7 图 5-52 图 5-62
压力控制阀	溢流阀	（1）作溢流阀，保持系统压力的稳定	如：图 5-22
		（2）作安全阀，保证系统安全	如：图 5-44
		（3）远程调压或多级调压	如：图 5-23
		（4）作卸荷阀，使系统卸荷	如：图 5-52
		（5）作背压阀	如：图 5-48
	减压阀	用于将出口压力调节到低于进口压力的场合，并能自动保持出口压力稳定	如：图 5-26
	顺序阀	（1）利用油路本身的压力控制执行元件，实现顺序动作	如：图 5-63
		（2）液控顺序阀可作卸荷阀用	如：图 5-58
		（3）单向顺序阀又称平衡阀，用以防止执行机构因其自重而自行下滑，起平衡支承作用	如：图 5-32
	压力继电器	将液压信号转换为电信号。控制其他元件动作	如：图 5-53
流量控制阀	节流阀	通过改变节流口的大小来控制油液的流量，以改变执行元件的速度。它适用于负载变化不大或对速度稳定性要求不高的系统	如：图 5-37
	调速阀	能准确地调节和稳定通过阀的流量。它适用于执行元件负载变化大，运动速度稳定性要求较高的液压系统	如：图 5-40 图 5-43

3）速度控制回路——调速回路（节流调速、容积调速、容积节流调速）、快速运动回路、速度切换回路、同步回路（流量控制式）。

4）多缸动作回路——顺序动作回路、同步回路和互不干扰回路。

学习要求和习题

一、学习要求

1. 掌握换向阀的功能及图形符号。
2. 熟悉换向阀的操纵方式、复位方式及定位方式，掌握电磁换向阀、液动换向阀、电液换向阀、机动换向阀、手动换向阀的工作原理和结构。
3. 掌握常用滑阀中位机能的特点。
4. 掌握单向阀和液控单向阀的结构、工作原理、图形符号及应用。
5. 掌握换向回路和锁紧回路的工作原理。
6. 掌握溢流阀、减压阀、顺序阀、压力继电器及溢流减压阀的结构、工作原理、图形符号和应用。熟悉各压力阀的共同点和不同点。
7. 掌握调压、减压、平衡回路的工作原理。
8. 掌握节流阀和调速阀的工作原理、结构和应用。
9. 掌握节流调速的三种基本形式，学会分析速度负载特性。
10. 掌握容积调速回路和容积节流调速回路的组成和工作原理。

第五章 液压控制阀和液压基本回路

11. 熟悉卸荷回路的组成和工作原理，了解卸压回路的组成和工作原理。
12. 掌握快速运动回路和速度切换回路的组成、工作原理及特点。
13. 掌握顺序动作回路的组成、工作原理及特点。
14. 掌握同步回路的组成和工作原理。
15. 掌握互不干扰回路的组成、工作原理。
16. 了解叠加阀的结构，熟悉叠加阀的特点及应用。
17. 了解插装阀的结构，掌握插装阀的工作原理及应用。
18. 了解电液比例阀的结构，掌握电液比例阀的工作原理及应用。
19. 了解电液数字控制阀的结构和工作原理。

二、例题

例 5-1 弹簧对中型三位四通电液换向阀，其先导阀的中位机能能否选用 O 形？为什么？

解 弹簧对中型三位四通电液换向阀，其先导阀的中位机能不能选用 O 形。其原因主要是当两个电磁铁都断电时，O 形中位机能的电磁阀不能使主阀芯两端接通油箱而泄压，从而不能保证先导阀断电时，使主阀芯可靠地停留在中位，失去了先导阀对主阀的控制作用。

例 5-2 先导型溢流阀中的阻尼小孔起什么作用？是否可以将阻尼小孔加大或堵塞？

解 阻尼小孔的作用是产生主阀芯动作所需要的压力差，是先导型溢流阀正常工作的关键。若扩大其孔径，则不能产生足够的压力差使主阀芯动作；若阻尼小孔堵塞，则先导阀失去了对主阀的控制作用，系统建立不起压力。

例 5-3 如图 5-85 所示系统中，溢流阀的调整压力分别为 $p_A=3\text{MPa}$，$p_B=2\text{MPa}$，$p_C=4\text{MPa}$。当外负载趋于无限大时，该系统的压力 p 为多少？

解 在图 5-85a 中，系统压力 p 为 2MPa。因为当系统压力达到 2MPa 时，阀 A 远程控制口的油液可以打开阀 B 流回油箱，使阀 A 的主阀芯动作，从而使主阀溢流，压力稳定不变。

在图 5-85b 中，系统压力为 9MPa。因为只有压力达到 9MPa 时，油液才能打开阀 A、B、C 而溢流。

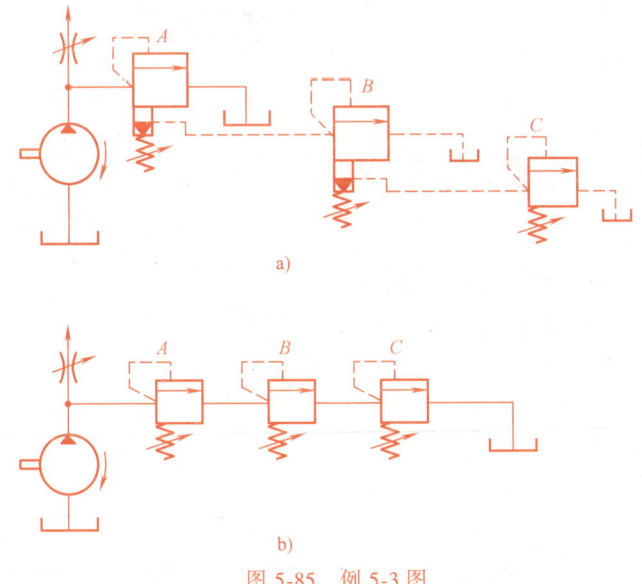

图 5-85 例 5-3 图

例 5-4 如图 5-86 所示，溢流阀的调整压力为 5.0MPa。减压阀的调整压力分别为 3.0MPa 和 1.5MPa，如果活塞杆已运动至端点与挡铁相碰，试确定 A、B 点处的压力。

解 根据压力取决于负载的概念和减压阀的工作原理可知，B 点的工作压力为 3.0MPa；根据回路的工作情况和溢流阀的工作原理可知，A 点的压力为 5.0MPa。

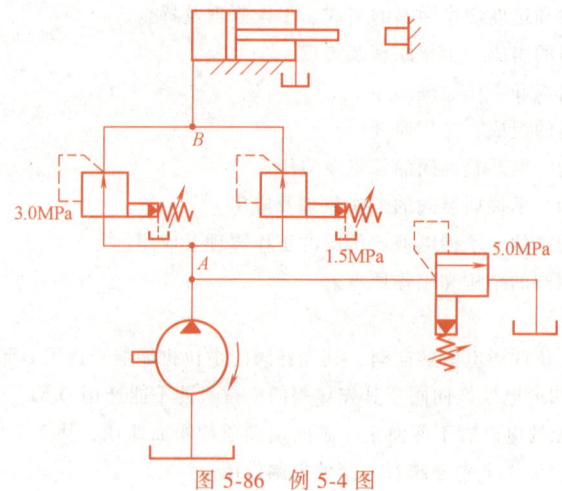

图 5-86 例 5-4 图

例 5-5 某液压系统如图 5-87 所示，该系统能实现"快进→工进→快退"的工作循环。
1）试列出电磁铁动作顺序表。
2）说明元件 1、2、9、8 的名称和作用。

解 1）根据系统原理图和工作循环进行分析，电磁铁动作顺序表填写如下：

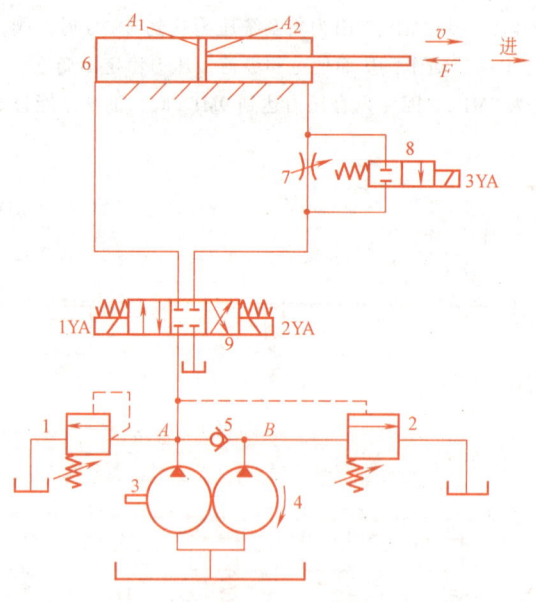

图 5-87 例 5-5 图

电磁铁动作顺序表

动作\电磁铁	1YA	2YA	3YA
快进	+	−	+
工进	+	−	−
快退	−	+	+
原位停止	−	−	−

2）元件 1 是直动型溢流阀，其作用是稳压溢流，在工作进给时将泵 3 泵出的多余油流回油箱。元件 2 是液控顺序阀，作卸荷阀用，在工作进给时使泵 4 卸荷。元件 9 是三位四通电磁换向阀，控制液压缸 6 的运动方向和停止。元件 8 是二位二通电磁阀，其作用是实现快速运动和实现快速前进与工作进给速度的切换。

例 5-6 如图 5-37 所示液压回路中，已知泵的流量 $q_p = 8\text{L/min}$，$A_1 = 50\text{cm}^2$，$A_2 = 25\text{cm}^2$，溢流阀的调整压力为 $p_y = 2.4\text{MPa}$，负载 $F = 10000\text{N}$，节流阀孔口为薄壁孔，流量系数 $C_q = 0.62$，节流阀通流面积 $A_T = 0.06\text{cm}^2$，油液密度 $\rho = 900\text{kg/m}^3$。试计算活塞的运动速度和液压泵的工作压力。

解 图 5-37 所示回路为进油路节流调速回路，液压缸活塞的受力平衡方程为

$$p_1 A_1 = p_2 A_2 + F$$

所以

$$p_1 = \frac{p_2 A_2 + F}{A_1} = \frac{0 \times 25 \times 10^{-4} + 10000}{50 \times 10^{-4}}\text{Pa} = 2 \times 10^6 \text{Pa}$$

设液压泵出口压力为溢流阀调整压力 p_y，则节流阀进、出口压力差为

$$\Delta p = p_y - p_1 = (2.4 \times 10^6 - 2.0 \times 10^6)\text{Pa} = 0.4 \times 10^6 \text{Pa}$$

通过节流阀的流量为

$$q_1 = C_q A_T \sqrt{\frac{2}{\rho}\Delta p} = 0.62 \times 0.06 \times 10^{-4} \times \sqrt{\frac{2}{900} \times 0.4 \times 10^6}\ \text{m}^3/\text{s}$$

$$= 1.11 \times 10^{-4} \text{m}^3/\text{s} = 6.66\text{L/min} < q_p$$

所以假设成立，液压缸的运动速度为

$$v = \frac{q_1}{A_1} = \frac{1.11 \times 10^{-4}}{50 \times 10^{-4}}\text{m/s} = 0.022\text{m/s}$$

液压泵的工作压力为

$$p_p = p_y = 2.4\text{MPa}$$

三、习题

（一）填空题

1. ＿＿＿＿当其控制油口无控制压力油作用时，只能＿＿＿＿导通；当有控制压力油作用时，正、反向均可导通。
2. 二通流量控制阀可使速度稳定是因为其节流阀前后的压力差＿＿＿＿。
3. 在进油路节流调速回路中，当节流阀的通流面积调定后，速度随负载的增大而＿＿＿＿。
4. 在容积调速回路中，随着负载的增加，液压泵和液压马达的泄漏＿＿＿＿，于是速度发生变化。
5. 液压泵的卸荷有＿＿＿＿卸荷和＿＿＿＿卸荷两种方式。
6. 液压控制阀按照用途的不同，可分为＿＿＿＿、＿＿＿＿和＿＿＿＿三大类，分别调节、控制液压系统中液流的＿＿＿＿、＿＿＿＿和＿＿＿＿。
7. 液压基本回路是指由某种液压元件组成的，用来完成＿＿＿＿的回路。按照其功用的不同，可分为＿＿＿＿、＿＿＿＿和＿＿＿＿回路。
8. 液压控制阀按连接方式的不同，可分为＿＿＿＿控制阀、＿＿＿＿控制阀和＿＿＿＿控制阀三种。
9. 单向阀的作用是＿＿＿＿，正向通过时应＿＿＿＿，反向通过时应＿＿＿＿。
10. 按照阀芯运动的控制方式的不同，换向阀可分为＿＿、＿＿、＿＿、＿＿、＿＿换向阀。
11. 机动换向阀利用运动部件上的＿＿＿＿压下阀芯使油路换向，换向时其阀口＿＿＿＿，故换向平稳，位置精度高，它必须安装在＿＿＿＿位置。
12. 电磁换向阀的电磁铁按照所接电源的不同，可分为＿＿＿＿电磁换向阀和＿＿＿＿电磁换向阀两种；按照衔铁工作腔是否有油液，可分为＿＿＿＿电磁换向阀和＿＿＿＿电磁换向阀两种；此外还有一种＿＿＿＿电磁铁，可直接使用交流电源的同时，具有直流电磁铁的特性。
13. 电液换向阀由＿＿＿＿和＿＿＿＿组成。前者的作用是＿＿＿＿；后者的作用是＿＿＿＿。

14. 液压系统中常用的溢流阀有____和____两种。前者一般用于_____；后者一般用于_____。
15. 溢流阀利用____油压力和弹簧力相平衡的原理来控制____的油液压力。一般____外泄口。
16. 溢流阀在液压系统中主要起____、____、____、____和____的作用。
17. 压力继电器是一种能将____转变为_____的转换装置。压力继电器能发出电信号的最低压力和最高压力的范围，称为_____。
18. 二通流量控制阀是由_____和_____串联而成的，前者起_____的作用，后者起____的作用。
19. 在定量泵供油的系统中，用____实现对定量执行元件的速度进行调节，这种回路称为_____。
20. 比例阀与普通液压阀的主要区别在于其阀芯的运动采用_____控制，使输出的压力或流量与_____成正比。所以，可以利用改变_____的方法对压力、流量进行连续控制。
21. 叠加阀既有液压元件的_____功能，又起_____的作用。

（二）判断题

1. 背压阀的作用是使液压缸回油腔中具有一定的压力，保证运动部件工作平稳。（　）
2. 高压大流量液压系统常采用电磁换向阀实现主油路换向。（　）
3. 通过节流阀的流量与节流阀的通流面积成正比，与阀两端的压力差大小无关。（　）
4. 当将液控顺序阀的出油口与油箱连接时，其即成为卸荷阀。（　）
5. 容积调速回路中，其主油路中的溢流阀起安全保护作用。（　）
6. 采用顺序阀实现的顺序动作回路中，其顺序阀的调整压力应比先动作液压缸的最大工作压力低。（　）
7. 直控顺序阀利用外部控制油的压力来控制阀芯的移动。（　）
8. 液控单向阀正向导通，反向截止。（　）
9. 顺序阀可用作溢流阀用。（　）
10. 在定量泵与变量马达组成的容积调速回路中，其转矩恒定不变。（　）
11. 使液压泵的输出流量为零，此称为流量卸荷。（　）
12. 在节流调速回路中，大量油液由溢流阀溢流回油箱，是能量损失大、温升高、效率低的主要原因。（　）

（三）选择题

1. 常用的电磁换向阀是控制油液的____。
A. 流量　　　　　B. 压力　　　　　C. 方向
2. 在用节流阀的旁油路节流调速回路中，其液压缸速度____。
A. 随负载增大而增加　B. 随负载减少而增加　C. 不受负载的影响
3. 在三位换向阀中，其中位可使液压泵卸荷的有____形。
A. H　　　　　B. O　　　　　C. K　　　　　D. Y
4. 减压阀利用____压力油与弹簧力相平衡，它使____的压力稳定不变，有____。
A. 出油口　　　　B. 进油口　　　　C. 外泄口
5. 在液压系统中，____可作背压阀。
A. 溢流阀　　　B. 减压阀　　　C. 液控顺序阀
6. 节流阀的节流口应尽量做成____。
A. 薄壁孔　　　B. 短孔　　　C. 细长孔
7. ____节流调速回路可承受负值负载。
A. 进油路　　　B. 回油路　　　C. 旁油路
8. 顺序动作回路可用____来实现。
A. 单向阀　　　B. 溢流阀　　　C. 压力继电器
9. 要实现快速运动可采用____回路。

A. 差动连接　　B. 调速阀调速　　C. 大流量泵供油

10. 在液压系统图中，与三位阀连接的油路一般应画在换向阀符号的____位置上。

A. 左格　　　　B. 右格　　　　C. 中格

11. 当运动部件上的挡铁压下阀芯时，使原来不通的油路相通，此时的机动换向阀应为____二位二通机动换向阀。

A. 常闭型　　　B. 常开型

12. 大流量的系统中，主换向阀应采用____换向阀。

A. 电磁　　　　B. 电液　　　　C. 手动

13. 需要频繁换向且必须由人工操作的场合，应采用____手动换向阀换向。

A. 钢球定位式　B. 自动复位式

14. 为使减压回路可靠地工作，其最高调整压力应____系统压力。

A. 大于　　　　B. 小于　　　　C. 等于

15. 变量泵和定量马达组成的容积调速回路为____调速，即调节速度时，其输出的____不变。定量泵和变量马达组成的容积调速回路为____调速，即调节速度时，其输出的____不变。

A. 恒功率　　B. 恒转矩　　C. 恒压力　　D. 最大转矩　　E. 最大功率　　F. 最大流量和压力

16. ____主要用于机械设备的配重平衡系统。

A. 溢流减压阀　B. 减压阀　　　C. 节流阀

（四）简答题

1. 节流阀与调速阀有何区别？分别应用于什么场合？

2. 有一个 Y 型溢流阀和一个 J 型减压阀，若阀的铭牌不清楚时，不能拆开阀，如何判断哪个是溢流阀？哪个是减压阀？

3. 节流阀的开口调定后，其通过流量是否稳定？为什么？

4. 溢流阀装反后，会出现什么情况？

5. 把减压阀的进、出口反接后，会出现什么情况？

6. 试说明电液比例溢流阀的工作原理。

7. 在进口节流调速回路中，用定值减压阀和节流阀串联代替二通流量控制阀，能否起到二通流量控制阀的作用？

8. 什么叫锁紧回路，如何实现锁紧？

9. 平衡回路的作用是什么？

10. 在液压系统中，可以做背压阀的有哪些元件？

（五）分析计算题

1. 如图 5-88 所示液压缸，$A_1 = 30 \times 10^{-4} m^2$，$A_2 = 12 \times 10^{-4} m^2$，$F = 30 \times 10^3 N$，液控单向阀用来防止液压缸下滑，阀内控制活塞面积 A_K 是阀芯承受压力面积 A 的 3 倍。若摩擦力、弹簧力均忽略不计，试计算需要多大的控制压力才能开启液控单向阀，开启前液压缸中的最高压力为多少？

2. 在图 5-89 所示回路中，若溢流阀的调整压力分别为 $p_{y1} = 5MPa$，$p_{y2} = 3MPa$，泵出口主油路处的负载阻力为无限大。试问在不计管路损失和调压偏差时：

1) 换向阀下位接入回路时，泵的工作压力为多少？B 点和 C 点的压力各为多少？

2) 换向阀上位接入回路时，泵的工作压力为多少？B 点和 C 点的压力各为多少？

3. 在图 5-26a 所示回路中，溢流阀 6 的调整压力为 4.0MPa，减压阀 2 的调整压力为 2.5MPa。试分析下列各种情况，并说明减压阀的阀口处于什么状态：

1) 夹紧缸在夹紧工件前作空载运动时，不计摩擦力和压力损失，A、B、C 三点的压力各为多少？

2) 夹紧缸夹紧工件后主油路截止时，A、B、C 三点的压力各为多少？

3) 工件夹紧后，当工作缸快进时，主油路压力降到 1.5MPa，这时 A、B、C 三点的压力各为多少？

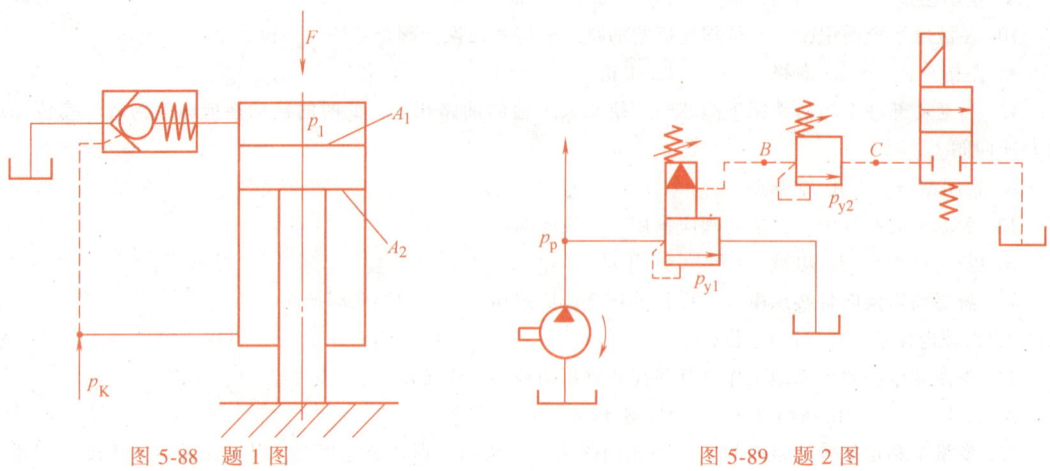

图 5-88　题 1 图　　　　　　　　　图 5-89　题 2 图

4. 在图 5-32 所示的平衡回路中，若液压缸无杆腔面积为 $A_1 = 80 \times 10^{-4} \mathrm{m}^2$，有杆腔面积 $A_2 = 40 \times 10^{-4} \mathrm{m}^2$，活塞与运动部件的自重力为 $G = 6000\mathrm{N}$，运动时活塞上的摩擦阻力为 $F_\mathrm{f} = 2000\mathrm{N}$，顺序阀的最小调整压力应为多少？

5. 如图 5-90 所示的液压系统中，两液压缸的有效作用面积 $A_1 = A_2 = 100 \times 10^{-4} \mathrm{m}^2$，缸 I 的负载 $F = 3.5 \times 10^4 \mathrm{N}$，缸 II 运动时负载为零，不计摩擦阻力、惯性力和管路损失。溢流阀、顺序阀和减压阀的调整压力分别为 4.0MPa、3.0MPa 和 2.0MPa。求下列三种情况下 A、B、C 三点的压力：

1) 液压泵起动后，两换向阀处于中位。

2) 1YA 通电，液压缸 I 的活塞移动时及活塞运动到终点时。

3) 1YA 断电，2YA 通电，液压缸 II 的活塞运动时及活塞杆碰到固定挡铁时。

6. 在图 5-38 所示的回油路节流调速回路中，已知液压泵的流量 $q_\mathrm{p} = 25\mathrm{L/min}$，负载 $F = 40000\mathrm{N}$，溢流阀调定压力 $p_\mathrm{y} = 5.4\mathrm{MPa}$，$A_1 = 80 \times 10^{-4} \mathrm{m}^2$，$A_2 = 40 \times 10^{-4} \mathrm{m}^2$，液压缸工作进给速度 $v = 0.18\mathrm{m/min}$。若不考虑管路损失和液压缸的摩擦损失，试计算当负载 $F = 0$ 时，活塞的运动速度和回油腔的压力。

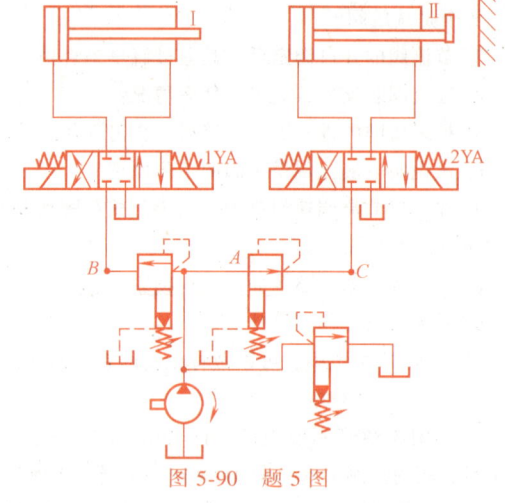

图 5-90　题 5 图

7. 在图 5-37 所示的回路中，已知液压泵的流量 $q_\mathrm{p} = 6\mathrm{L/min}$，溢流阀调定压力 $p_\mathrm{y} = 3.0\mathrm{MPa}$，液压缸无杆腔面积 $A_1 = 20 \times 10^{-4} \mathrm{m}^2$，负载 $F = 4000\mathrm{N}$，节流阀为薄壁孔口，流量系数 $C_\mathrm{q} = 0.62$，开口面积 $A_\mathrm{T} = 0.01 \times 10^{-4} \mathrm{m}^2$，$\rho = 900\mathrm{kg/m}^3$ 求：

1) 活塞杆的运动速度 v。

2) 溢流阀的溢流量。

3) 当节流阀开口面积增大到 $A_{\mathrm{T}1} = 0.03 \times 10^{-4} \mathrm{m}^2$ 和 $A_{\mathrm{T}2} = 0.05 \times 10^{-4} \mathrm{m}^2$ 时，液压缸的运动速度 v 和溢流阀的溢流量。

8. 在图 5-48 所示的回路中，若变量泵的拐点坐标为 (2MPa, 10L/min)，且在 $p_\mathrm{p} = 2.8\mathrm{MPa}$ 时 $q_\mathrm{p} = 0$，液压缸无杆腔面积 $A_1 = 50 \times 10^{-4} \mathrm{m}^2$，有杆腔面积 $A_2 = 25 \times 10^{-4} \mathrm{m}^2$，二通流量控制阀的最小工作压差为 0.5MPa，背压阀调整值为 0.4MPa。试求在二通流量控制阀通过流量 $q_1 = 5\mathrm{L/min}$ 且活塞运动速度稳定时，

能推动的最大负载是多少。

9. 液压缸活塞的有效作用面积为 $A=100\times10^{-4}\mathrm{m}^2$，负载在 500~40000N 的范围内变化，为使负载变化时活塞的运动速度稳定，在液压缸进口处使用一个调速阀。若将泵的工作压力调到泵的额定压力 6.3MPa，问是否适宜？为什么？

10. 在节流调速回路中，如何使运动速度能不随负载变化而变化？采用减压阀和节流阀两个标准元件串联使用，能否使速度稳定？

11. 如图 5-91 所示，已知两液压缸的活塞面积相同，液压缸无杆腔面积 $A_1=20\times10^{-4}\mathrm{m}^2$，负载分别为 $F_1=8000\mathrm{N}$，$F_2=4000\mathrm{N}$。若溢流阀的调整压力为 $p_y=4.5\mathrm{MPa}$，试分析减压阀压力调整值分别为 1MPa、3MPa、4MPa 时，两液压缸的动作情况。

12. 分析图 5-62 所示的顺序动作回路，回答下列问题：

1) 夹紧缸 A 为什么采用失电夹紧？
2) 当动力滑台进给缸快速运动时，夹紧力会不会下降？为什么？

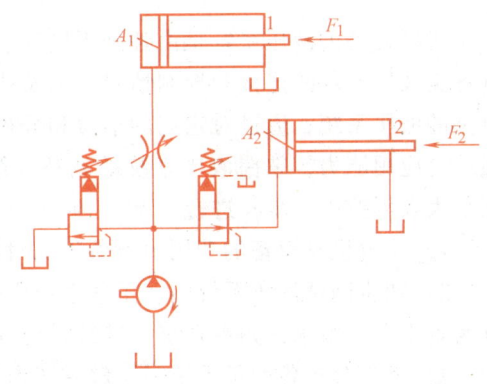

图 5-91　题 11 图

13. 图 5-92 所示为插装阀组成方向阀的两个例子。如果阀关闭时，A、B 两点有压力差，试判断电磁铁通电和断电时，图 5-92a、b 中的压力油能否开启锥阀而流动，并分析各自可作为何种换向阀用。

14. 在图 5-68 所示回路中，为什么能够防止多缸的快、慢速运动互相干扰？

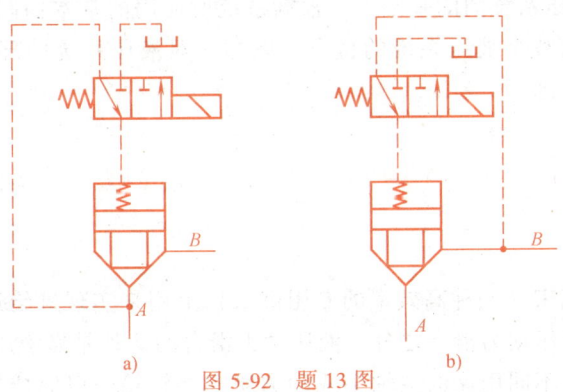

图 5-92　题 13 图

第六章 典型液压系统

机械设备的液压系统是由各种不同功能的基本回路构成的。液压系统图表示了系统内所有各类液压元件的连接和控制情况，以及执行元件实现各种运动的工作原理。本章介绍几个典型的液压系统，通过对它们的学习和分析，进一步加深对各种液压元件和回路的理解，增强综合应用能力，掌握液压系统的调整、维护和故障分析方法。阅读一个复杂的液压系统图，大致可按以下步骤进行：

1) 了解机械设备的功用、设备工况对液压系统的要求以及液压设备的工作循环。

2) 初步阅读液压系统图，了解系统中包含哪些元件，且以执行元件为中心，将系统分解为若干个子系统，如主系统、进给系统等。

3) 逐步分析各种子系统，了解系统由哪些基本回路组成、各个元件的功用及其相互间的关系。根据运动工作循环和动作要求，参照电磁铁动作表和有关资料等，读懂液压系统，搞清楚油液的流动路线。

4) 根据系统中对各执行元件间的互锁、同步、防干扰等要求，分析各个子系统之间的联系以及如何实现这些要求。

5) 在全面读懂液压系统图的基础上，根据系统所使用的基本回路的性能，对系统做出综合分析，归纳总结出整个液压系统的特点，以加深对液压系统的理解，为液压系统的调整、维护、使用打下基础。

第一节 YT4543型动力滑台液压系统

一、概述

动力滑台是组合机床（一种高效率的专用机床）上用来实现进给运动的一种通用部件，它有机械动力滑台和液压动力滑台之分。液压动力滑台的运动是靠液压缸驱动的，根据加工需要，滑台上可以配置不同用途的主轴头或动力箱和多轴箱，以完成钻、扩、铰、铣、镗、锪端面、倒角及攻螺纹等加工工序。

图6-1所示为YT4543型动力滑台液压系统图。该动力滑台要求进给速度范围为 $(0.11 \sim 11) \times 10^{-3}$ m/s，快速移动速度为0.11m/s，最大进给力为 4.5×10^4 N。其液压系统采用限压式变量叶片泵供油，用电液换向阀实现换向，用液压缸差动连接实现快进，用行程阀实现快速前进与工作进给的转换，用二位二通电磁换向阀实现两个工作进给速度之间的转换。为了保证进给的精度，采用了固定挡铁停留来限位。这个液压系统可以实现多种自动工作循环，如：

1) 快进→工进→(固定挡铁停留)→快退→原位停止。
2) 快进→一工进→二工进→(固定挡铁停留)→快退→原位停止。
3) 快进→工进→快进→工进→……→快退→原位停止。

各种自动循环均由挡铁控制电磁铁和行程阀的动作顺序来实现。下面以典型的二次工作进给（并有固定挡铁停留）的自动工作循环为例，说明该系统的工作原理。

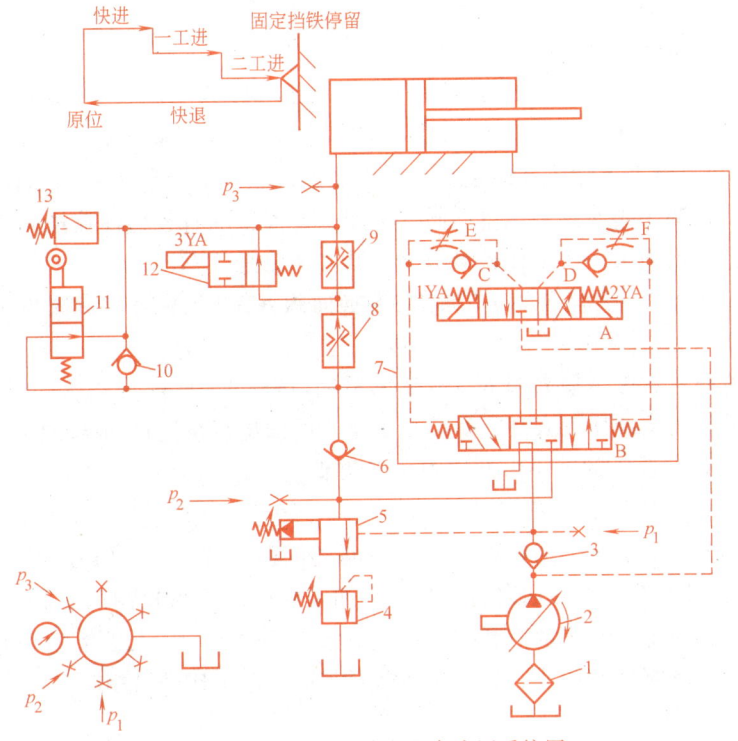

图 6-1 YT4543 型动力滑台液压系统图

二、液压系统工作原理及特点分析

在阅读和分析液压系统图时，可参阅电磁铁和行程阀的动作顺序表 6-1。以后一般用"+"表示电磁铁通电或行程阀压下，用"−"表示电磁铁断电或行程阀原位。

（一）液压系统工作原理

1. 快速前进（快进）

按下起动按钮，电磁铁 1YA 通电，电磁换向阀 A 的左位接入回路，液动换向阀 B 在控制油液的作用下其左位接入系统工作，这时系统中油液的通路为：

控制油路

进油路：过滤器 1→变量泵 2→换向阀 A→单向阀 C→换向阀 B 左端。

回油器：换向阀右端→节流阀 F→换向阀 A→油箱。

于是，换向阀 B 的阀芯右移，使其左位接入系统。

主油路

进油路：过滤器 1→变量泵 2→单向阀 3→换向阀 B→行程阀 11→液压缸左腔。

回油路：液压缸右腔→换向阀 B→单向阀 6→行程阀 11→液压缸左腔，形成差动连接。

此时由于负载较小，液压系统的工作压力较低，所以液控顺序阀 5 关闭，液压缸形成差动连接；又因变量泵 2 在低压下输出流量为最大，所

表 6-1 电磁铁和行程阀动作顺序表

元件名称	电磁铁			行程阀 11
动作顺序	1YA	2YA	3YA	
快进	+	−	−	−
一工进	+	−	−	+
二工进	+	−	+	+
固定挡铁停留	+	−	+	+
快退	−	+	−	+/−
原位停止	−	−	−	−

以动力滑台完成快速前进。

2. 第一次工作进给（一工进）

当滑台运动到预定位置时，控制挡铁压下行程阀 11，切断了快进油路，电液换向阀 7 的工作状态不变（阀 B 和阀 A 的左位仍接入系统工作），压力油须经二通流量控制阀 8、二位二通电磁阀 12 才能进入液压缸的左腔。由于油液流经二通流量控制阀而使阀前的系统压力升高，于是液控顺序阀 5 打开，单向阀 6 关闭，使液压缸右腔的油液经阀 5、背压阀 4 流回油箱，使滑台转换为第一次工作进给运动。其主油路是：

进油路：过滤器 1→变量泵 2→单向阀 3→换向阀 B→二通流量控制阀 8→电磁阀 12→液压缸左腔。

回油路：液压缸右腔→换向阀 B→顺序阀 5→背压阀 4→油箱。

因为工作进给时系统压力升高，所以变量泵 2 的输出流量便自动减小，以适应工作进给的需要，进给速度（量）的大小由调速阀 8 来调节。

3. 第二次工作进给（二工进）

第一次工作进给终了时，挡铁压下相应的电气行程开关，发出信号，使电磁铁 3YA 通电，二位二通电磁阀 12 将进油通路切断，压力油须经二通流量控制阀 8 和 9 才能进入液压缸的左腔。此时，由于二通流量控制阀 9 的开口量小于阀 8，所以进给速度再次降低，其大小可用二通流量控制阀 9 来调节。其他油路情况与第一次工作进给相同。

4. 固定挡铁停留

滑台第二次工作进给完毕，碰上固定挡铁后停止前进，停留在固定挡铁处，这时液压缸左腔油液的压力升高；当升高到压力继电器 13 的调整值时，压力继电器动作，发出信号给时间继电器；其停留时间由时间继电器控制，经过时间继电器的延时，再发出信号使滑台返回。

5. 快速退回（快退）

时间继电器延时发出信号，使电磁铁 1YA、3YA 断电，2YA 通电，这时换向阀 A 的右位接入回路，控制油液使换向阀 B 的右位接入系统工作。此时，由于滑台返回的负载小，系统压力较低，变量泵 2 的流量自动增至最大，所以动力滑台快速退回。这时系统油液的通路为：

控制油路

进油路：过滤器 1→变量泵 2→换向阀 A→单向阀 D→换向阀 B 右端。

回油路：换向阀 B 左端→节流阀 E→换向阀 A→油箱。

主油路

进油路：过滤器 1→变量泵 2→单向阀 3→换向阀 B→液压缸右腔。

回油路：液压缸左腔→单向阀 10→换向阀 B→油箱。

动力滑台快速后退，当其快退到一定位置（即第一次工作进给的起始位置）时，行程阀 11 复位，使回油路更为畅通，但不影响快速退回动作。

6. 原位停止

当滑台退回到原位时，挡铁压下行程开关而发出信号，使 2YA 断电，换向阀 A、B 都处于中位，液压缸失去动力源，滑台停止运动。变量泵 2 输出的油液经单向阀 3、换向阀 B 流回油箱，液压泵卸荷。单向阀 3 使泵卸荷时，控制油路中仍保持一定的压力。这样，当电磁换向阀 A 通电时，可保证液动换向阀 B 能正常工作。

（二）YT4543 型动力滑台液压系统的特点

由以上分析可知，基本回路的性能决定了系统的主要性能，YT4543 型动力滑台液压系统的具体特点如下：

1) 系统采用了限压式变量叶片泵和二通流量控制阀组成的进油路容积节流调速回速，并在回油路上设置了背压阀。这种回路能使滑台得到稳定的低速运动和较好的速度-负载特性，并且系统的效率较高。回油路中设置背压阀，是为了改善滑台运动的平稳性以及承受一定的负值负载。

2) 采用限压式变量泵和液压缸的差动连接回路来实现快速运动，能量的利用比较经济合理。滑台停止运动时，换向阀使液压泵在低压下卸荷，以减少能量损耗。

3) 采用行程阀、液控顺序阀实现快速前进与工作进给的速度切换，不仅简化了电路，而且动作可靠，速度切换平稳。同时，二通流量控制阀可起加载作用，在刀具接触工件之前就使进给速度变慢，因此不会引起刀具和工件的突然碰撞。

4) 在工作进给终了时采用了固定挡铁停留，因而工作台停留位置精度高，适合镗削阶梯孔、锪孔和锪端面等工序使用。

5) 由于采用了二通流量控制阀串联的二次进给进油路节流调速方式，可使起动和进给速度转换时的前冲量较小，并便于利用压力继电器发出信号进行自动控制。

三、液压系统的调整

（一）限压式变量叶片泵的调整

限压式变量叶片泵有两种调整方法。

1. 在试验台上调整

（1）准备工作

1) 将被调整液压泵按照图 6-2 所示连接在试验台上。

2) 在坐标纸上描绘出被调整液压泵的标准 p-q 特性曲线 ABC，如图 6-3 所示。（可从产品说明书或有关资料中取得）

3) 摘录或计算 $p_{快}$、$q_{快}$、$p_{工}$、$q_{工}$。上述数值一般可从工艺文件中摘录，若工艺文件中未提供此数值，也无切削力以及快进、工进速度等，则需要自己实测。当实测有困难时，可参照同类工况的机床拟订。

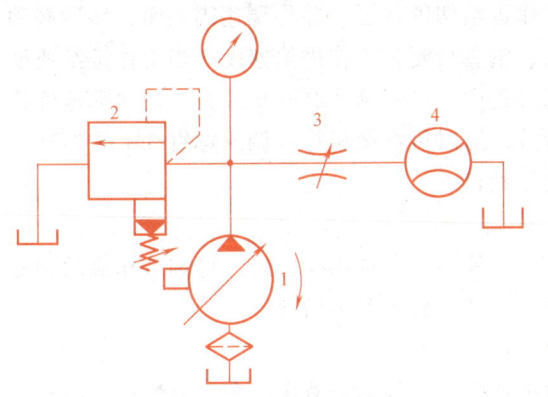

图 6-2　限压式变量泵调整试验系统

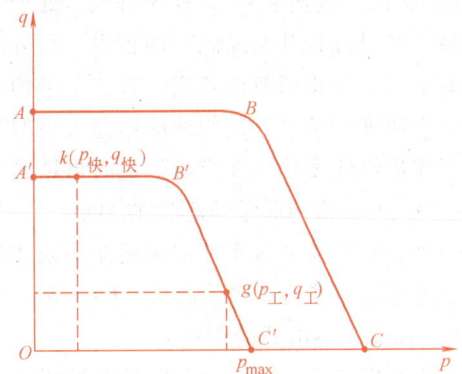

图 6-3　限压式变量叶片泵 p-q 特性曲线

（2）作图　根据拟订的 $p_{快}$、$q_{快}$、$p_{工}$、$q_{工}$，在图 6-3 上确定 k 点和 g 点，且通过 k 点作 AB 的平行线 $A'B'$，通过 g 点作 BC 的平行线 $B'C'$，两线交于 B' 点，曲线 $A'B'C'$ 即为泵实际

的特性曲线。

（3）调整　首先将图 6-2 中的溢流阀 2 的压力调至比最大额定压力大 15%（如对压力调节范围为 2~6.3MPa 的 YBX 型变量泵，可调至 7.2MPa），这对调试系统起安全保护作用。

1）调节流量 $q_{快}$（即调节 $A'B'$ 线的位置）。先将调压螺钉 3 处于放松状态（图 2-21），再将节流阀 3（图 6-2）全部打开，起动泵使其流量通过流量计 4（图 6-2）显示（若无流量计，可用量筒代替），然后调节流量调节螺钉 10（图 2-21）；当输出流量等于 $q_{快}$ 时，锁紧流量调节螺钉。

2）调节最大压力 p_{max}（即调节 $B'C'$ 的位置）。首先将节流阀 3（图 6-2）关闭，使泵输出流量为零；再起动泵，慢慢拧紧调压螺钉 3（图 2-21），直至流量计读数为图 6-3 中 p_{max} 值。

3）验证 $q_{工}$。将节流阀 3 逐步打开，当压力表读数降为 $p_{工}$ 时，立即停止调节节流阀。此时流量计的显示值应为 $q_{工}$，若有一定误差可再微量调节调压螺钉 3（图 2-21）。若流量不够，应将螺钉拧进；若流量过多，将螺钉拧出，直至流量相符为止，最后锁紧调压螺钉。

2. 在机床上调整

（1）准备工作

1）在坐标纸上描绘出被调整液压泵的标准 p-q 特性曲线 ABC，如图 6-3 所示。

2）摘录或计算 $p_{快}$、$q_{快}$、$p_{工}$、$q_{工}$。

3）备齐秒表、钢直尺、百分表。

（2）作图　与第一种调整方法的作图过程相同。

（3）调整

1）调节流量 $q_{快}$。首先将动力滑台处于快进状态，然后起动液压泵，并将调压螺钉 3（图 2-21）拧进 1~2 圈螺纹，以保证快进的推动力，再用秒表、钢直尺测量快进速度，同时调节流量调节螺钉 10（图 2-21）直至测得快进速度符合工艺要求，最后将流量调节螺钉锁紧。

2）调节最大压力 p_{max}。首先使动力滑台处于停止状态，然后起动液压泵，慢慢拧紧调压螺钉 3（图 2-21），直至压力表读数为 p_{max} 值。

3）验证工进速度 $v_{工}$。首先将机床处于工作进给切削状态，并将调速阀关闭，然后起动液压泵，并慢慢打开调速阀，用秒表、百分表、钢直尺测量工作进给速度。当工作进给速度符合要求时，停止调节调速阀。若在工进切削过程中，已将调速阀开至最大，而实际速度还低于要求速度，则是调速阀两端压差太小的缘故。这时可再微量拧进调压螺钉 3（图 2-21），直至工作进给速度达到要求且稳定时再锁紧调压螺钉。

（二）电液换向阀节流螺钉的调整

当动力滑台需要减小冲击缓慢换向或在某一端停留几秒钟再换向时，可调节相应阀端盖上的节流螺钉（图 6-1 中的阀 E、F）。旋紧时为减速，旋松时为增速。

（三）压力继电器的调整

压力继电器 13（图 6-1）安装在液压缸的进油路上，且位于液压缸和二通流量控制阀之间。当活塞杆带动滑台运动至固定挡铁后，滑台停止运动，液压缸无杆腔压力升高，压力继电器动作，所以在滑台运动时压力继电器不能压合，在滑台停止时才能压合。其调整方法是：适当调节调压弹簧，使工作进给时微动开关不能压合；而滑台停止运动时，压力继电器的微动开关压合。为了防止压力继电器误发信号，其动作压力应比滑台移动时的最高压力高 0.3~0.5MPa；为了可靠地发出信号，其调整值应比变量泵的 p_{max} 低 0.3~0.5MPa。注意仔细调整动作压力和返回区间，并观察压力计的数值。调定后将调节螺栓锁紧。

（四）液控顺序阀的调整

适当调整液控顺序阀 5（图 6-1），使滑台快速移动时，该阀关闭；当工作进给时，该阀打开。调整时注意和限压式变量泵的配合动作，边调整边观察滑台的运动，调定后将调压螺栓锁紧。

四、常见液压故障分析

1. 换向冲击大

可能原因：电液换向阀 7（图 6-1）的液动阀芯移动速度太快。

判断方法：当电液换向阀 7 的电磁铁通电后，滑台立即换向，此时可调整阀 7 端盖上的节流螺钉，减慢其阀芯的移动速度，从而改善换向性能。

2. 调节二通流量控制阀 8、9，工作进给速度降不下来

可能原因①：调速阀性能太差。

判断方法：换装性能优良的二通流量控制阀验证，或在试验台上检验二通流量控制阀性能。

可能原因②：二位二通行程阀 11 未压住或压不到位，检查排除。

可能原因③：二位二通行程阀 11 或单向阀 10 的内泄漏过大。

判断方法：将二通流量控制阀 8 或 9 关闭，滑台仍慢速移动，或在试验台上检测阀 11 和阀 10 的内泄漏，可见是否超过验收标准。

可能原因④：活塞密封圈损坏或失效，液压缸内泄漏严重。此时可看作压力油与无杆腔、有杆腔同时相通的差动连接状况相似。

判断方法：先让液压缸前进一段距离，再用刚性物体顶住液压缸，使液压缸无法后退，并松开无杆腔油管接头，另接一段软管；为了防止无杆腔内原来的油液流出，必须将软管出口略高于液压缸，然后将油路变换有杆腔通压力油。若见到软管出口处继续有油流出，则证明液压缸有内泄漏。

3. 动力滑台无快进

可能原因：单向阀 3 的弹簧太软或折断，阀前压力太低，使控制油路的压力过低，推不动电液动阀的液动阀芯，所以不能换向。

判断方法：观察电液动阀原位时，系统压力卸荷，压力表指示值小于 0.3MPa；电液动换向阀的电磁阀通电后，压力不见上升。

4. 动力滑台无快退

可能原因①：压力继电器 13 未发信号。

判断方法：压力继电器微动开关未压合。

可能原因②与判断方法同故障 3。

5. 油温升高迅速（高于 50℃）

可能原因①：变量泵的最大工作压力 p_{max} 调得过高。

判断方法：设法使液压缸工作进给，测量 p_1 和 p_3。若 $\Delta p = p_1 - p_3$ 超过 0.5MPa，说明压力调得偏高。

可能原因②：背压阀4的压力调得过高。

判断方法：设法使液压缸工作进给，测量工作压力p_2，一般为0.3~0.8MPa。若太高，则应适当降低。

可能原因③：单向阀3的弹簧太硬，使阀前压力过大。

判断方法：使工作台（液压缸）处于停止位置，测量卸荷压力p_1，一般为0.3MPa左右。若太高，则应设法降低。

第二节　M1432B型万能外圆磨床液压系统

一、概述

外圆磨床是生产中应用极为广泛的一种精密加工设备。它适用于磨削各种圆柱体、圆锥体以及阶梯轴等零件。若采用内圆磨头附件，还可磨削内圆及内锥孔等。为了完成上述零件的加工，磨床必须具有下列运动：砂轮旋转、工件旋转、工作台带动工件的往复运动和砂轮架的周期切入运动等。此外，还要求有砂轮架的快速进、退和尾座顶尖的伸缩等辅助运动。在这些运动中，一般砂轮和工件的旋转运动分别由电动机驱动，其余各种运动以及导轨、丝杠副润滑都采用液压传动方式。磨削工艺的特点对机床各种运动性能都有较高的要求，尤其对工作台往复运动的性能要求最高。一般工作台的往复运动应满足以下要求：

1）工作台运动速度在0.05~4m/min范围内，且能实现无级调速。高精度外圆磨床在修整砂轮时，要求最低稳定速度为10~30mm/min，并且要求运动平稳，无爬行现象。

2）要求换向频繁，过程平稳，制动和反向起动迅速。

3）换向精度要高。同一速度下，换向点变动量（同速换向精度）应小于0.02mm；不同速度下，换向点变动量（异速换向精度）应小于0.2mm。

4）外圆磨削时，砂轮一般不超出工件。为避免工件两端由于磨削时间较短而尺寸偏大的弊病，要求工作台在换向点能做短暂停留。停留时间应在0~5s内可调。

5）在进行切入磨削或工件长度略大于砂轮宽度时，为了提高生产率和改善表面粗糙度，工作台应能做短距离（1~3mm）、频繁（100~150次/min）的往复运动（称为抖动）。

从以上分析可知，在外圆磨床中，除第一项属于调速要求外，其余四项均与工作台换向有关，故换向问题是磨床液压系统中的核心问题。

外圆磨床工作台的换向性能要求较高，采用一般换向回路是不能满足要求的。若采用手动换向阀换向，则使用不便，又不能实现自动往复运动。采用机动换向阀换向时，用工作机构上的行程挡铁碰撞换向拨杆，由拨杆拨动换向阀阀芯实现换向。这虽能实现自动换向，但当工作台运动速度较低时，换向阀阀芯的运动速度也较低，当挡铁、拨杆拨动换向阀阀芯移到中位时，阀芯有可能将阀的进、出油孔封闭或互通，从而使工作台失去动力而停止运动，出现换向死点；若工作台运动速度较高，虽能克服死点，但因换向过快，由于运动惯性而引起冲击，这也不能满足磨床换向性能的要求。若采用电磁换向阀换向，因换向时间短（0.08~0.15s），换向冲击更严重。因此，采用机动-液动换向阀来换向，它是磨床工作台换向回路中常采用的一种换向形式。它一般由机动阀作先导阀，与液动阀等组成一个换向回路——操纵箱。这种操纵箱有时间控制式和行程控制式两种结构。在外圆磨床上，通常采用行程控制式操纵箱。

行程控制式操纵箱工作原理如图6-4所示，主要由起先导作用的机动阀和主液动阀组成。其特点是先导阀不仅对操纵主阀的控制压力油起控制作用，还直接参与工作台换向制动过程的控制。当图示位置的先导阀在换向过程中向左移动时，先导阀阀芯的右制动锥 T 将液压缸右腔的回油通道逐渐关小，使活塞速度逐渐减慢，这是对活塞进行预制动。当回油通道被关得很小，活塞速度变得很慢时，换向阀的控制油路才开始切换，换向阀芯向左移动，切断主油路通道，使活塞停止运动，并随即使它在相反的方向起动。这里，不管工作台原来的速度快慢如何，先导阀总是要先移动一定行程，将工作部件先进行预制动后，再由换向阀来使它换向。因此，称这种制动方式为行程控制式。由于在换向过程中有预制动和终制动两步，所以工作台换向平稳，冲击小。工作台制动完成以后，在一段时间内，主换向阀使工作台处于停止不动的状态，

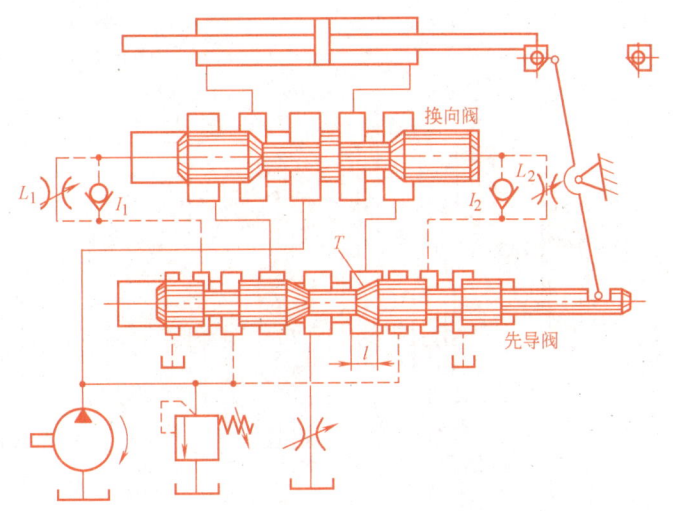

图 6-4 行程控制式操纵箱工作原理

直至主阀芯移动到使液压缸两腔的油路隔开，工作台才反向起动，这个阶段又称为端点停留阶段。其时间可由主阀芯两端的节流阀 L_1 和 L_2（一般称为停留节流阀）来调节。

二、M1432B 型万能外圆磨床液压系统工作原理及特点

图 6-5 所示为 M1432B 型万能外圆磨床液压系统图。由图可见，这个系统利用工作台挡块和先导阀拨杆，可连续地实现工作台的往复运动和砂轮架的周期进给运动。其工作情况如下所述。

（一）工作台的往复运动

在图 6-5 所示位置时，开停阀处于"开"的位置，节流阀也被打开，由于先导阀和液动换向阀阀芯都处于左端位置，这时工作台向左运动。液压缸的进、回油路如下所述。

进油路：液压泵→单向阀 I_5→油路 1→液动换向阀→油路 3→工作台液压缸左腔。

回油路：工作台液压缸右腔→油路 2→液动换向阀→油路 4→先导阀→油路 22→开停阀（A、B 截面）→油路 23→节流阀（M、N 截面）→油箱。

由于工作台液压缸左腔通压力油，右腔通油箱，故工作台向左运动。若先导阀阀芯处于右端位置，则工作台向右运动，其工作原理基本同上。

旋转节流阀即可调节节流口通流面积的大小，因此工作台的往复运动可实现无级调速。这里采用了回油节流调速，使液压缸的回油腔有一定的背压，因此工作台运动比较平稳。

（二）工作台的换向过程

当工作台向左运动到预定位置时，固定在工作台右端的挡铁推动换向拨杆向左摆动，使先导阀阀芯移到右端位置，切换控制油路，使液动换向阀换向，于是主油路随之切换，工作台便向右运动。当固定在工作台左端的挡铁碰到换向拨杆并使先导阀阀芯移到左端位置时，液动换向阀左移，工作台便向左运动。为了满足换向精度和换向性能的要求，工作台换向过程分为制动、端点停留、反向起动三个阶段。

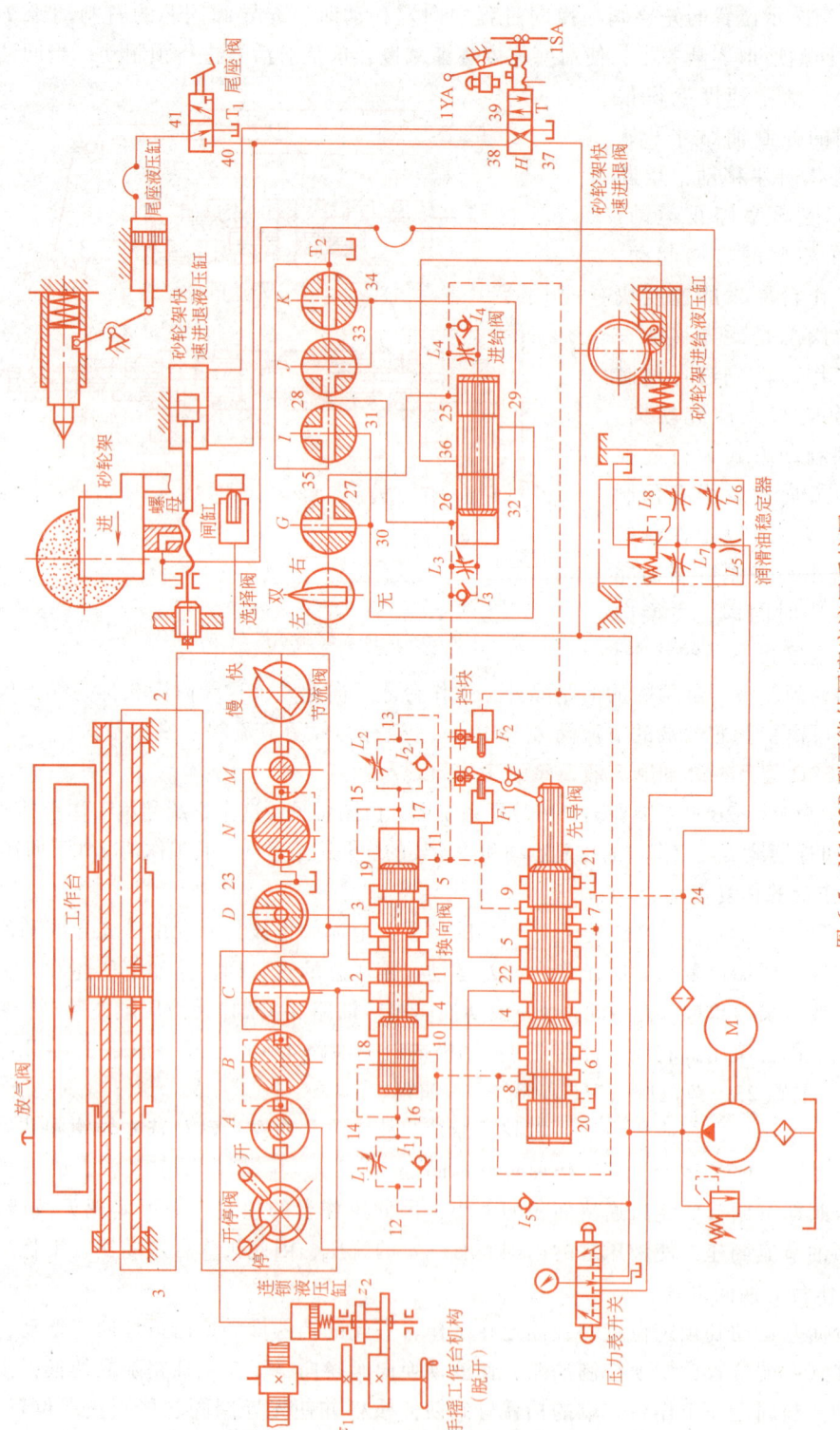

图 6-5 M1432B 型万能外圆磨床液压系统图

1. 制动阶段

制动阶段包括由先导阀中间制动锥实现预制动和由液动换向阀快跳完成终制动。工作台左行，使右端的挡铁碰上换向拨杆，拨动先导阀阀芯向右移动而使左侧制动锥把液压缸的主回油路 4、22 逐渐关小，使主回油路回油受阻，工作台逐渐减速，这就是预制动。工作台上的挡铁继续拨动先导阀阀芯右移，当阀芯移到使左端的控制油路 6、8 接通（油路 8、20 关闭）和先导阀右端控制油路 9、21 接通（油路 7、9 断开）时，控制油路切换，液动换向阀右端回油畅通（经油路 11），换向阀阀芯在左端油腔控制压力油推动下迅速向右移动，直到油路 11 被堵死为止（图 6-6a），换向阀阀芯实现第一次快跳。此时，由于液压缸两腔互通压力油，工作台停止运动，这就是终制动。与此同时，先导阀在抖动阀的作用下也迅速快跳到位，使预制动和终制动几乎同时完成。由于抖动阀的作用引起先导阀快跳，使换向阀两端的控制油路一旦切换就迅速打开，为换向阀阀芯快速移动创造了液流流动条件，因此工作台的换向精度高，工作台慢速运动时也不会发生换向迟缓等现象。

工作台终制动的油路如下所述。

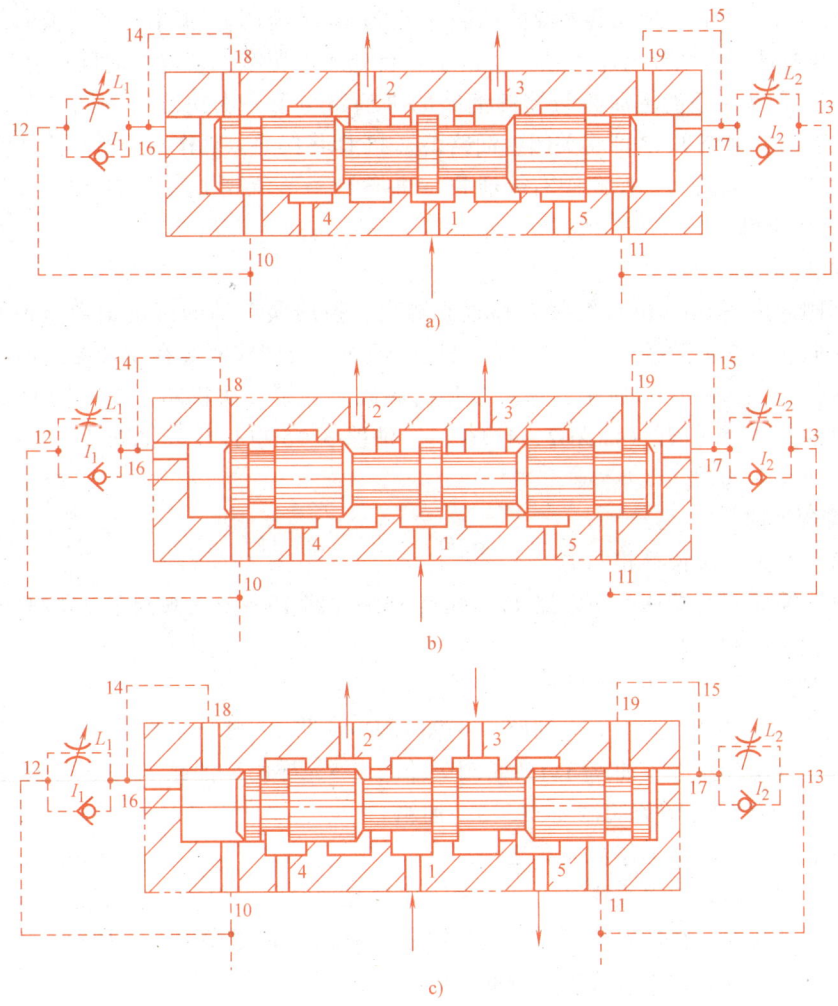

图 6-6　工作台换向过程中液动换向阀所处的位置
a) 换向阀快跳，工作台停止运动　b) 工作台停留阶段结束　c) 换向阀第二次快跳，工作台反向起动

(1) 控制油路

进油路：液压泵→精过滤器→油路 24→油路 6→先导阀→油路 8→
$\begin{cases} \text{油路 12→单向阀 } I_1 \text{→油路 16→换向阀左端油腔。} \\ \text{阀 } F_2 \end{cases}$

回油路：$\begin{matrix} \text{换向阀右端油腔→油路 11} \\ \text{阀 } F_1 \end{matrix}\Big\}$→油路 9→先导阀→油路 21→油箱。

于是，换向阀阀芯向右快跳，先导阀阀芯也迅速向右快跳。

(2) 主油路

进油路：液压泵→单向阀 I_5→油路 1→换向阀→$\begin{cases} \text{油路 3→工作台液压缸左腔} \\ \text{油路 2→工作台液压缸右腔} \end{cases}$

液压缸左、右两腔互通压力油，工作台实现终制动。

2. 端点停留

从油路 11 被阀芯遮盖时起至油路 19、阀芯沉割槽与油路 11 即将接通（阀芯由图 6-6a 移至图 6-6b 的位置）时止，换向阀右腔的油液只能经停留节流阀 L_2 流出，此时换向阀阀芯慢速移动，因液压缸两腔继续互通压力油，所以工作台处于停留状态。停留时间由停留节流阀 L_2 或 L_1 来调节。停留阶段的主油路与控制油路的进油路与第一次快跳的相同，当阀芯移至图 6-6b 所示位置时，油路 1、3 即将关闭，油路 19、11 即将接通，工作台停留阶段即将结束。

控制油路的回油路为：换向阀右端油腔→油路 17→节流阀 L_2→油路 13→油路 9→先导阀→油路 21→油箱。

3. 反向起动

换向阀阀芯由图 6-6b 位置继续右移很小距离，换向阀右端的沉割槽即将油路 19 和 11 接通，则换向阀右端油腔控制油液的回油路逐渐畅通。换向阀阀芯在左端控制油液作用下快跳到最右端位置，如图 6-6c 所示，这就是换向阀阀芯的第二次快跳。换向阀使主油路迅速切换，这时油路 1、2 打开（油路 2、4 关闭），油路 3、5 也打开（油路 1、3 关闭），于是工作台便迅速反向起动。

(1) 控制油路

进油路：与第一次快跳相同。

回油路：换向阀右端油腔→油路 17→油路 15→油路 19→换向阀阀芯沉割槽→油路 11→油路 9→先导阀→油路 21→油箱。

(2) 主油路

进油路：液压泵→单向阀 I_5→油路 1→换向阀→油路 2→液压缸右腔。

回油路：液压缸左腔→油路 3→换向阀→油路 5→先导阀→油路 22→开停阀 A 截面→开停阀 B 截面→油路 23→节流阀截面 M、N→油箱。

在上述油路状态下，工作台向右运动。

液动换向阀阀芯第二次快跳是为了缩短工作台起动时间，保证一定的起动速度，这对保证磨削质量是有利的。在换向前工作台液压缸左、右两腔都通压力油，所以在快速起动时，因回油具有一定的背压，可维持工作台起动的平稳性。

(三) 工作台运动和手动的互锁

为了保证操作安全，工作台运动时，手摇工作机构应脱开，以免手轮转动伤人。只有在工作台停止运动（开停阀处在"停"的位置）时，才能转动手轮使工作台移动。图 6-5 所示为开停阀处于"开"的位置。压力油经油路 1、换向阀、开停阀 D 截面进入连锁液压缸，推动活塞向下移动，使 z_1、z_2 脱开啮合，手摇机构不起作用。当开停阀置于"停"的位置时，连锁液压缸上腔的油液经开停阀 D 截面上的径向孔和中心孔接通油箱，活塞在弹簧力作用下使齿轮 z_1、z_2 进入啮合，手摇机构接通，同时开停阀 B 截面关闭了通往节流阀的回油通路，而开停阀 C 截面使工作台液压缸的左、右两腔连通，工作台停止运动。此时可通过手摇机构来操纵工作台移动，从而实现工作台液压驱动与手动操纵的互锁。

（四）砂轮架的快速进、退运动

装卸或磨削过程中对工件尺寸进行测量时，砂轮架应快速后退，以确保安全；磨削开始时砂轮架应快速趋近工件，以节省辅助时间。砂轮架的快速进、退是由二位四通手动换向阀 H 控制的。图 6-5 所示位置为快进结束的位置，其油路为：

进油路：液压泵→油路 37→阀 H→油路 39→砂轮架快速进退液压缸右腔。

回油路：砂轮架快速进退液压缸左腔→油路 38→阀 H→回油口 T→油箱。

于是，活塞带动丝杠、螺母及砂轮架一起快进。为了防止砂轮架快进、快退引起冲击，在快速进退液压缸的两端设有缓冲装置（结构参见图 3-24）。快进终点位置依靠活塞和缸盖的接触来保证，其重复位置误差不大于 0.005mm。在砂轮架前设置有闸缸，柱塞式闸缸始终通压力油，使砂轮架进给丝杠与螺母单边啮合，以消除丝杠和螺母的轴向间隙，保证横向进给的精度。

砂轮架快速进退阀 H 处于快进位置时，行程开关 1SA 接通，使砂轮主轴旋转，冷却泵起动。当砂轮架快速进退阀 H 右位接入系统时，砂轮架快速退回，这时 1SA 断电，砂轮主轴和冷却泵停止转动。

在进行内圆磨削时，应将内圆磨头翻下，压下微动开关，使电磁铁 1YA 通电吸合，将快速进退阀 H 的手柄锁住在快进后的位置上。这样，手柄无法扳动，砂轮架就不能实现快退运动；防止了砂轮尚未退出工件内孔时，因误操作而使砂轮架快速后退，从而造成事故；确保了机床的使用安全，实现了内、外圆磨削的互锁。

（五）砂轮架的周期进给运动

砂轮架周期进给是在工作台往复运动行程终了，工作台反向起动之前进行的。周期进给有双向进给、右端进给、左端进给和两端无进给四种方式，通过进给选择阀进行控制。其工作情况如下所述。

(1) 双向进给　如图 6-5 所示位置，当工作台向左运动时，固定在工作台右边的挡铁碰撞换向拨杆，拨动先导阀阀芯向右移动而使控制油路切换，通过先导阀的控制压力油一路流入换向阀左端的油腔，另一路油液经油路 8 和节流阀 L_4 流入砂轮架进给阀右腔，进给阀左腔经单向阀 I_3、油路 9、先导阀和油路 21 回油箱而使阀芯左移，同时控制油液又经油路 25、27、选择阀截面 G、油路 30、29、进给阀和油路 36 流入砂轮架进给液压缸右腔，从而推动柱塞左移。通过柱塞上的棘爪拨动棘轮转动，再经过齿轮、丝杠、螺母等传动元件，使砂轮架在工件的右端做横向进给一次。当进给阀阀芯左移将油路 29 堵住、油路 32 打开时，油路 29、36 断开，油路 36、32 接通，这时，砂轮架进给液压缸右腔的油液经油路 36、进给阀、油路 32、33、选择阀截面 J、油路 28、26、9、先导阀和油路 21 回油箱。于是，砂轮架进给液压缸柱塞在弹簧力的作用下右移复位，为下一次进给做好准备。

同理，当工作台在右端换向时，砂轮架在工件的左端横向进给一次，其工作原理与上述相同。调整节流阀 L_3、L_4 的开口大小，即可调节砂轮架进给阀阀芯的移动速度，以改变砂轮架进给液压缸柱塞的移动速度（通油时间），但必须保证每次进给时砂轮架进给液压缸柱塞必须到位。进给量的大小由棘爪棘轮机构调整。

（2）右端进给　将进给选择阀由图 6-5 所示位置顺时针转动 90°，此时进给选择阀 G 截面使油路 27、30 仍然接通，I 截面对油路 31、35 状况没有改变，J 截面使油路 28、33 切断，K 截面使油路 34 和 T_2 接通。当工作台在左端换向时，砂轮架进给阀的右腔进油，左腔回油，阀芯向左移动，砂轮架进给。其油路与双向进给时的右端进给情况相同。当进给阀芯左移到将油路 29 堵死、油路 32 打开时，进油完毕，这时砂轮架进给液压缸右腔的油液经油路 36、砂轮架进给阀、油路 32、34、进给选择阀 K 截面、油口 T_2 回油箱，使砂轮架进给液压缸的柱塞向右复位，为下次进给做好准备。当工作台在右端换向时，因油路 28、33 被选择阀 J 截面断开，油路 32、33 不与压力油相通，故砂轮架在工件的左端不进给。

（3）左端进给　将选择进给阀由图 6-5 所示位置逆时针方向旋转 90°，此时油路 27、30 被选择阀 G 截面断开，油路 28、33 被选择阀 J 截面接通，则砂轮架只能在工件的左端进给。其工作情况与右端进给相似，不再赘述。

（4）两端无进给　将进给选择阀由图 6-5 所示位置顺时针转动 180°，此时油路 27、30 和油路 28、33 分别被选择阀截面 G 和 J 断开，不管工作台左端还是右端换向，油路 29 或 32 均无压力油通入，故换向时没有进给。这时，砂轮架进给液压缸的右腔经选择阀截面 I 或截面 K 直接与油箱接通，活塞在弹簧力作用下处于复位状态。

（六）尾座顶尖的液动退出

尾座顶尖平时靠弹簧力作用而顶在工件上，只有在砂轮架处于退出位置时，尾座顶尖才能松开。为了操纵上的方便，采用脚踏板式的二位三通阀（又称尾座阀）进行控制。当砂轮架处于快退后的位置时，若踩下脚踏板，使尾座阀的右位接入系统工作，这时液压泵输出的液压油经油路 37、砂轮架快速进退阀 H、油路 38、40、尾座阀、油路 41 至尾座液压缸右腔，活塞左移，通过杠杆机构使尾座顶尖向右退回。若松开脚踏板，尾座阀复位，尾座液压缸的右腔通过尾座阀与油箱接通，尾座顶尖在弹簧力的作用下将工件预紧，同时尾座液压缸的活塞复位。

为了确保工作安全，当砂轮架处在快进后的位置时，由于砂轮架快速进退阀使油路 40、38 和油箱接通，尾座液压缸右腔无压力油通入，所以即使误踏脚踏板，尾座顶尖也不会退回，从而实现了砂轮架的进退与尾座顶尖的进退连锁。

（七）机床的润滑

液压泵输出的压力油经精过滤器后分成两路，一路进入先导阀作为控制压力油，另一路进入润滑调节器作为润滑油。润滑油用阻尼孔 L_5 降压，润滑油路中的压力用调节器中的压力阀调节，其值为 0.1~0.15MPa。压力油可经节流阀 L_6、L_7、L_8 后分别流入砂轮架丝杠螺母副、轴承以及 V 形导轨、平导轨等处润滑。各润滑点上所需的流量分别由各自的节流器调节。

（八）压力的测量

系统中各点压力，可转动压力表开关通过压力表进行测量。当压力表开关在中位时，压力表接通油箱；左位接入系统时，压力表的读数为润滑系统的压力；右位接入系统时，压力表的读数即为主油路的压力。

通过分析可见，M1432B 型外圆磨床的液压系统具有以下特点：

1) 采用了活塞杆固定的双杆液压缸，减小了机床的占地面积，同时也保证了左、右两个方向运动速度的一致。

2) 采用了结构简单、价格便宜而压力损失小的节流阀的调速回路，对调速范围不大、负载很小、磨削力基本恒定的磨床来说是完全合适的。

3) 系统采用出口节流式调速回路，使液压缸回油腔中有一定的背压，防止空气渗入液压系统，且有助于工作稳定和加速工作台的制动。对于停止后再起动时的工作台前冲现象，由于采用的是手动开停阀，它的转动范围较大（90°），开启速度相对较慢，系统压力又较低，故前冲现象得到了改善。

4) 由于系统中液动换向阀能实现一次快跳、慢速移动、二次快跳的油路结构和先导阀的快跳运动，使工作台获得理想的换向精度。

5) 由于设置了抖动阀，使工作台能做短距离的高频抖动，这有利于保证切入式磨削和阶梯轴（孔）磨削的加工质量。

6) 由于系统中的开停阀和节流阀单独设置，所以机床重复起动后，工作台速度仍保持不变，从而保证了加工质量。

7) 系统中有四种进给方式，采用一个进给选择阀控制，故使用方便。

8) 由于砂轮架的进退与尾座顶尖的进退是连锁的，所以保证了工作安全。

9) 磨削内孔时，采用电磁铁将快速进退阀锁在快进后的位置上，以防止因误操作而造成事故。

三、液压系统的调试

机床液压系统在制造厂已经全面试验及调整固定，使用单位一般可按使用程序开机运行，不必重新调整。但在运输及安装过程中可能产生某种情况而发生变化，可按调试方法中有关项目进行（大修后也必须进行调试才能投入使用）。

1) 按照液压系统调试，进行外观检查（参见第七章第一节）并进行开机准备。注意将各操纵手柄置于关闭位置，砂轮架位于退出位置，砂轮架离工作台的距离不少于快速进给的行程量。

2) 起动液压泵电动机并检查、记录泵的运转是否正常，如有异常，应予以排除。

3) 将开停阀的手柄置于"开"的位置。此时，由于溢流阀调压手轮处于放松状态，系统压力很低，故液压缸可能无法动作。

4) 调整工作台挡铁位置，然后逐渐旋紧溢流阀和润滑油稳定器的调压手轮，适当调节阻尼器 L_5 的开口，使系统压力为 $0.9 \sim 1.1 \mathrm{MPa}$，润滑系统压力为 $0.08 \sim 0.15 \mathrm{MPa}$；使液压缸全行程动作数次，由低速到中速，打开排气阀进行排气约 $2 \sim 3 \mathrm{min}$。

检查工作台动作是否正常并记录各压力值，特别要注意润滑油量是否正常，如发现导轨润滑油过多（会使工作台产生浮动而影响加工精度）或过少（会使工作台产生爬行现象），可调整润滑油稳定器的调节螺钉。一般若油量过多，则首先检查是否由于压力过高而引起的，必要时可降低压力；若油量过少，则应考虑是否由于压力过低而引起的，可先升高压力。

5) 验证并记录工作台的液动与手摇机构能否连锁。

6) 调整工作台挡铁，使工作台在床身中部以低速（约 1m/min）、较短行程（约 1/2 全行程）做往复运动，观察换向是否正常，然后调整至全行程以低速运行数次后，再逐渐转至最高速度运行。在工作台运行时，观察换向是否正常（两端点停留时间的可调性应在0~5s范围内，是否有冲击现象等），若有残留空气，可继续排出。

7）调整工作台行程为1m，验证工作台的调速性能。测出工作台的最大速度和最低稳定速度，并做好记录。

8）验证并记录砂轮架快速移动是否正常，注意观察快到终点位置时是否有冲击，并调节进给量，观察进给量为使用说明书中规定的数值时砂轮架是否正常。

9）验证并记录行程开关1SA的联动作用（砂轮架快进时，砂轮主轴旋转、冷却泵电动机起动；快退时，砂轮主轴、冷却泵电动机停止转动）。

10）验证并记录是否只在砂轮架快退时尾座顶尖才有可能退出。

11）验证并记录内圆磨头放下时，电磁铁1YA是否可靠地将砂轮架锁在快进位置上。

12）记录调试时的油温和室温，出现异常情况时，应及时予以排除。

上述所有动作循环运行、验证均正常后，机床液压系统就能进入正常运转并使用。但必须指出：若机床长期停止使用再开动时，仍应按上述程序进行检查，以免影响正常使用性能。调试完毕，必须整理调试记录并存入设备技术档案，作为以后设备故障分析的资料和数据。

四、常见液压故障分析

1）液压泵及液压泵装置工作不正常。

故障现象：

① 液压泵运转时有显著连续的或周期性的噪声。

② 液压泵运转时，压力有剧烈变动。

③ 液压泵运转时，输出流量在负载增加时有显著降低。

④ 液压泵的工作压力不能建立或调低。

可能原因及排除方法：参阅液压泵的故障排除方法。

2）工作台运动时，有爬行、跳动现象以及速度有显著的不均匀现象，且不能达到最高速度，最低速度时趋向停止。

可能原因及排除方法：参见液压缸的故障排除方法。

3）工作台换向时有冲击或振动，换向明显迟缓或冲出量太大等。

可能原因①：系统内有大量空气。

排除方法：利用排气阀排出系统中的空气。

可能原因②：单向阀I_1、I_2中的钢球与阀座接触不良。

排除方法：拆卸工作台换向时冲击大的那端的单向阀盖板，检查、更换不圆的钢球，将钢球放在阀座上，用油枪检查是否泄漏。

可能原因③：针形节流阀L_1、L_2调节过大、过小或泄漏严重，或有杂物堵塞。

排除方法：重新调节，若仍不能解决，则拆卸检查节流阀是否堵塞或是否泄漏严重，并予以排除。

可能原因④：液压缸（或活塞杆）连接处有松动现象。

排除方法：紧固各连接处。

可能原因⑤：操纵箱内的滑阀被卡住，移动不灵敏或磨损较大，管道有渗漏或操纵箱的纸垫被冲破而造成内泄漏。

排除方法：拆卸操纵箱，检查内部零件和密封情况。

第三节　YA32-200型四柱万能液压机液压系统

一、概述

液压机可以用来完成各种锻压工艺过程及加压成形过程，如钢材的锻压，金属结构件的成形以及塑料、橡胶、粉末冶金的压制等。液压机可以任意改变加压的压力及各行程的速度，因而能很好地满足各种压力加工工艺要求。液压机是最早应用液压传动的机械之一，按照其工作介质是油还是水，可分为油压机和水压机。液压机的类型很多，其中四柱式液压机最为典型，应用也最广泛。这种液压机在其四个立柱之间安置着上、下两个液压缸。本节介绍一种以油为介质的YA32-200型四柱万能液压机，该液压机主缸的最大压制力为2000kN。图6-7所示为该液压机的典型工作循环图。液压系统完成的主要动作如下：

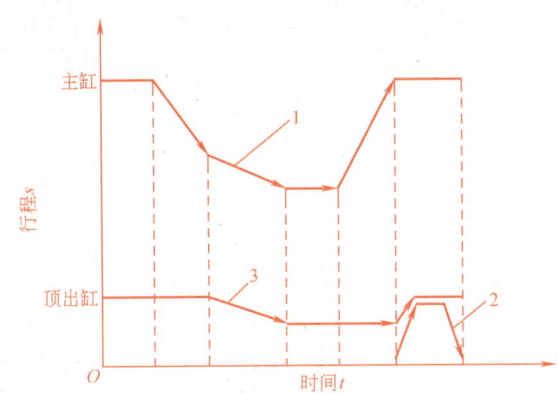

图6-7　YA32-200型四柱万能液压机的工作循环图
1—主缸工作循环　2—顶出缸工作循环
3—浮动压边工作循环

1）主缸（上液压缸）驱动上滑块实现"快速下行→慢速加压→保压→泄压→快速回程→原位停止"的工作循环（图中的曲线1）。

2）顶出缸活塞的顶出、退回（图中的曲线2）。

3）在进行薄板拉伸时，有时还需要利用顶出缸将坯料压紧，实现浮动压边（图中的曲线3）。

4）液压机液压系统是一种以压力变换为主的中、高压系统，一般工作压力为10～40MPa，有些高达100～150MPa，且流量大。因此，要求其功率利用合理，工作平稳性和安全可靠性高。

二、YA32-200型四柱万能液压机液压系统工作原理及特点

图6-8所示为YA32-200型四柱万能液压机液压系统原理图。系统中有两个泵，主泵1是一个高压、大流量恒功率（压力补偿）变量泵，最高工作压力为32MPa，由远程调压阀5调定，阀4用以防止系统过载。辅助泵2是一个低压、小流量定量泵，主要用以供给控制系统油液，其压力由溢流阀3调整。

（一）液压系统工作原理

1. 主缸运动

（1）快速下行　按下起动按钮，电磁铁1YA、5YA通电吸合，低压控制油使电液阀6切换至右位，同时经阀8将液控单向阀9打开。泵1输出的油液经阀6右位、单向阀13向主缸17上腔供油，主缸下腔的油液经液控单向阀9、阀6右位、阀20中位回油。因为此时主缸滑块19在自重作用下快速下降，但泵1的全部流量还不足以补充主缸上腔空出的容积，在上腔形成局部真空，置于液压缸顶部的充液箱15的油液经液控单向阀16（充液阀）进入

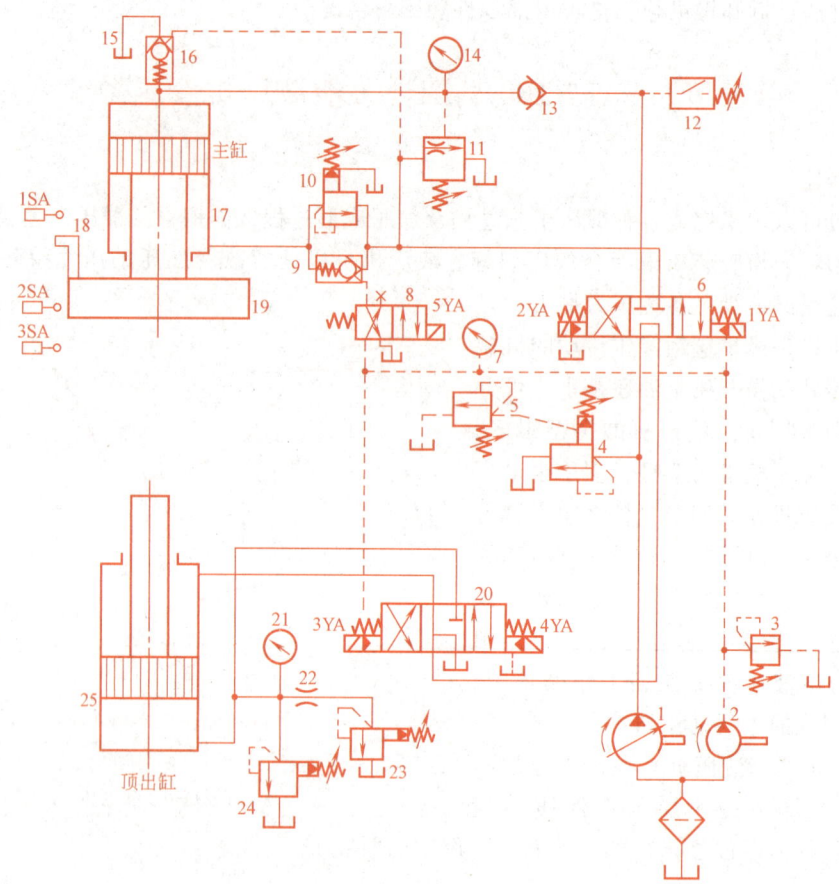

图 6-8 YA32-200 型四柱万能液压机液压系统原理图

主缸上腔。

（2）慢速接近工件并加压 当主缸滑块上的挡铁 18 压下行程开关 2SA 时，电磁铁 5YA 断电，阀 8 处于常态位置，阀 9 关闭。主缸回油经背压（平衡）阀 10、阀 6 右位、阀 20 中位至油箱。由于回油路上有背压力，滑块单靠自重不能下降，这时主缸上腔压力升高，充液阀 16 关闭，压力油推动活塞使滑块慢速接近工件。当主缸活塞的滑块抵住工件后，阻力急剧增加，上腔油液压力进一步提高，变量泵 1 的输出流量则自动减小，主缸活塞的速度变得更慢，此时滑块以极慢的速度对工件加压。

（3）保压 当主缸上腔的油液压力达到压力继电器 12 的调整值时，压力继电器发出信号使电磁铁 1YA 断电，阀 6 回到中位，将主缸上、下油腔封闭。此时，泵 1 的流量经阀 6、阀 20 的中位卸荷。由于单向阀 13 的密封性能好，保证了主缸上腔良好的密封性，使主缸上腔保持高压。保压时间可由压力继电器 12 控制的时间继电器调整。

（4）泄压并快速回程 保压结束时，压力继电器 12 控制的时间继电器发出信号，使电磁铁 2YA 通电（当定程压制成形时，则由行程开关 3SA 发信号），主缸处于回程状态。但由于液压机压力高，而主缸的直径大、行程长，缸内液体在加压过程中受到压缩而储存的能量相当大。为了防止上腔与回油路瞬间接通而产生液压冲击现象，造成机械设备和管路的剧烈振动，发出巨大的噪声，保压后回程时采用了先泄压然后再回程的措施。

当换向阀 6 切换至左位时，主缸上腔还未泄压，压力很高，卸荷阀 11（带阻尼孔）呈开启状态，由泵 1 输出的压力油经阀 6 后由阀 11 中的阻尼孔回油，这时泵 1 在低压下运转，此压力不足以使主缸活塞回程，但能够打开带卸荷阀芯的液控单向阀 16 的卸荷阀芯，使主缸上腔的高压油经卸荷阀芯的开口而泄回充液油箱 15，使上腔压力降低，这就是泄压。当主缸上腔压力降低到卸荷阀 11 关闭时，主泵 1 输出的油液压力进一步升高并推开液控单向阀 16 的主阀芯，此时压力油经液控单向阀 9 至主缸 17 的下腔，使活塞快速回程。充液油箱 15 中的油液达到一定高度时，由溢流管溢回主油箱。

（5）停止　当主缸滑块上的挡铁 18 压下行程开关 1SA 时，电磁铁 2YA 断电，主缸被中位为 M 形机能的换向阀 6 锁紧，主缸活塞停止运动，回程结束。此时，泵 1 的油液经阀 6、阀 20 的中位回油箱而处于卸荷状态。在使用过程中，主缸可停留在任意位置。

2. 顶出缸运动

顶出缸 25 在主缸停止运动时才能动作。由于系统压力油经过电液换向阀 6 后才进入控制顶出缸运动的电液换向阀 20，也即电液换向阀 6 处于中位时，才能使泵的压力油通向顶出缸，在电气配合下实现主缸和顶出缸的协调运动。

（1）顶出　按下起动按钮，3YA 通电，换向阀 20 左位接入系统，泵 1 输出的压力油经阀 6 中位、阀 20 左位进入顶出缸下腔，上腔的油液经阀 20 回油，活塞上升。

（2）退回　按下退回按钮，3YA 断电，4YA 通电，换向阀 20 右位接入系统，上腔进油，下腔回油，顶出缸活塞下降。

（3）停止　按下停止按钮，电磁阀 20 的电磁铁 3YA、4YA 断电，顶出缸即停止运动。

（4）浮动压边　在进行薄板拉伸压边时，要求顶出缸下腔既保持一定的压力，又能跟随主缸滑块的下压而下降。这时应先使 3YA 通电，使顶出缸停止在顶出位置上，然后又断电，顶出缸下腔的油液被阀 20 封住。主缸滑块下压时，顶出缸活塞被迫随之下行，顶出缸下腔回油经节流阀 22 和背压阀 23 流回油箱，从而建立起所需的压边力。图 6-8 中所示的溢流阀 24 是当节流器 22 阻塞时起安全保护作用的。

YA32-200 型四柱万能液压机完成上述动作的电磁铁动作顺序见表 6-2。

表 6-2　电磁铁动作顺序表

动作名称		信号来源	电磁铁				
			1YA	2YA	3YA	4YA	5YA
主缸	快速下行	按钮	+	−	−	−	+
	慢速加压	2SA	+	−	−	−	−
	保压	压力继电器	−	−	−	−	−
	泄压回程	时间继电器（按钮）	−	+	−	−	−
	停止	1SA	−	−	−	−	−
顶出缸	顶出	按钮	−	−	+	−	−
	退回	按钮	−	−	−	+	−
	停止	按钮	−	−	−	−	−
	压边	按钮	+	−	+/−	−	−

（二）液压机液压系统的特点

1）系统采用高压、大流量的恒功率变量泵供油，既符合工艺要求，又节省能量。这是液压机液压系统的一个特点。系统的工作压力由远程调压阀 5 来调节。

2）利用活塞滑块自重的作用实现快速下行，以缩短辅助时间；采用充液阀对主缸充液，使系统结构简单，液压元件少并能节省能量，这在中、小型液压机中是一种常用的方案。

3）采用密封性能好的单向阀13，使保压过程可靠。为了减少由保压转换为快速回程时的液压冲击，采用了由卸荷阀11和液控单向阀16组成的泄压回路。

4）顶出缸与主缸运动互锁。系统在电磁铁动作配合下，只有在电液换向阀6处于中位，即主缸不运动时，压力油才能进入阀20，使顶出缸运动。同样，主缸的回油要经过电液换向阀20才能回油箱，从而保证了顶出缸停止运动时，主缸才能运动，以确保安全。

第四节　SZ-250/160型塑料注射成型机液压系统

一、概述

塑料注射成型机简称注塑机。它是将颗粒状的塑料加热熔化到流动状态，快速、高压地注入模腔，并保压一定时间，经冷却后成型为塑料制品。

SZ-250/160型注塑机属中、小型注塑机，每次理论最大注射容量分别为201cm^3、254cm^3、314cm^3（ϕ40mm、ϕ45mm、ϕ50mm三种机筒螺杆的注射量，本机装ϕ50mm机筒螺杆，其他机筒螺杆由用户提出要求，另外选购），合模力为1600kN。要求液压系统完成的主要动作有合模和开模、注射座前移和后退、注射、保压以及顶出等。根据塑料注射成型工艺，注塑机的工作循环如图6-9所示。

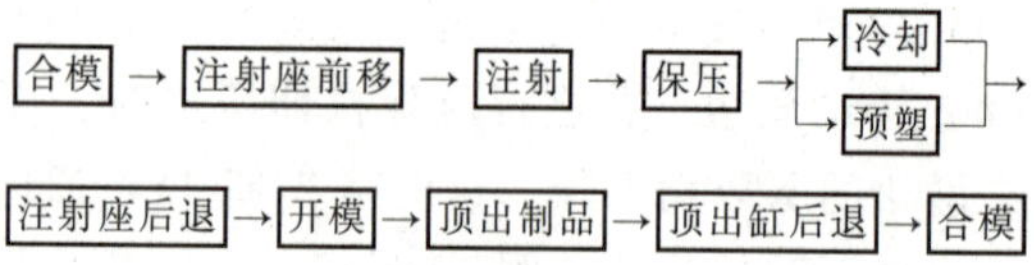

二、SZ-250/160型注塑机的液压系统

图6-10所示为SZ-250/160型注塑机液压系统原理图。该注塑机采用了液压-机械式合模机构。合模液压缸通过

图6-9　注塑机的工作循环图

对称五连杆机构推动动模板进行开模与合模。连杆机构具有增力和自锁作用，依靠连杆弹性变形所产生的预紧力来保证所需的合模力。液压系统多级压力通过多个远程调压阀获得，压力值大小由压力计26、37示出。多级速度是靠变量泵和节流阀组合而获得的。表6-3是SZ-250/160型注塑机动作循环及电磁铁动作顺序表。现将液压系统的工作原理说明如下。

1. 合模

合模过程按快、慢两种速度顺序进行。合模时，首先应将注塑机的安全门关上，此时行程换向阀8恢复常态位置，控制油得以进入电液换向阀7。

（1）快速合模　电磁铁19YA、3YA、5YA通电，系统压力由阀29调整，液压泵输出的压力油（由于负载小，所以压力低、流量大）经阀3、阀7进入合模缸左腔，推动活塞带动连杆进行快速合模，合模缸右腔的油液经阀7和过滤器39、冷却器40回油箱。

（2）慢速、低压合模　电磁铁5YA通电，系统压力由低压远程调压阀35控制，由于是低压合模，缸的推力较小，即使在两个模板间有硬质异物，继续进行合模动作也不致损坏模具表面，从而起保护模具的作用。合模缸的速度受固定节流孔L的影响，因此是慢速移动。

（3）慢速、高压合模　电磁铁5YA、15YA通电，系统压力由高压溢流阀38控制。由于压力高而流量小，利用高压油来进行高压合模，模具闭合并使连杆产生弹性变形，从而牢固地锁紧模具。

第六章 典型液压系统

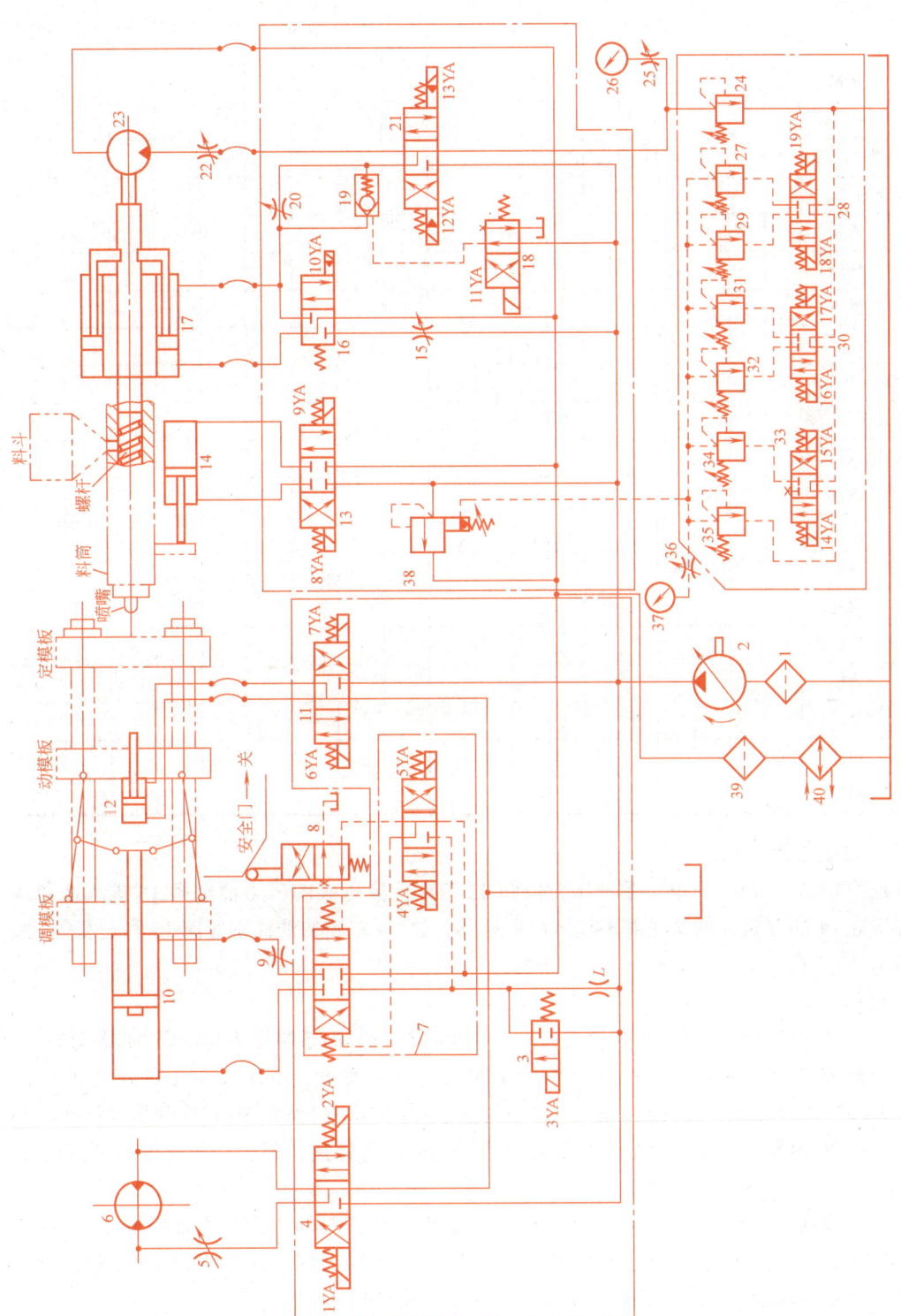

图 6-10 SZ-250/160 型注塑机液压系统原理图

表 6-3 SZ-250/160 型注塑机动作循环及电磁铁动作顺序表

动作循环		1YA	2YA	3YA	4YA	5YA	6YA	7YA	8YA	9YA	10YA	11YA	12YA	13YA	14YA	15YA	16YA	17YA	18YA	19YA
合模	快速			+		+														+
	慢速、低压					+														
	慢速、高压					+										+				
注射座前移									+									+		
注射	慢速								+			+		+			+			
	快速								+					+			+			
	慢速								+			+		+			+			
保压									+					+			+		+	
预塑									+		+		+							
防流涎									+	+							+			
注射座后退								+									+			
开模	慢速				+											+				
	快速			+	+															+
	慢速				+															
顶出缸	前进						+										+			
	后退							+									+			
装模	开模				+															+
	合模					+														+
调模	调开	+																+		
	调闭		+															+		

2. 注射座整体前移

电磁铁 8YA、17YA 通电，系统压力由阀 32 调整，液压泵的压力油经阀 13 进入注射座移动液压缸 14 的右腔，推动注射座整体向前移动，缸 14 左腔的油液则经阀 13 和过滤器 39、冷却器 40 回油箱。

3. 注射

注射过程按慢、快、慢三种速度进行。快、慢速注射时的系统压力均由阀 31 来调节。

（1）慢速注射 电磁铁 8YA、11YA、13YA、16YA 通电，液压泵输出的压力油经阀 21、阀 20 进入注射缸 17 的右腔，缸 17 左腔的油液经阀 16、过滤器 39 和冷却器 40 回油箱。由于节流阀 20 的作用，使注射缸的活塞带动注射螺杆进行慢速注射，注射速度由节流阀 20 调节。

（2）快速注射 电磁铁 8YA、13YA、16YA 通电，液压泵输出的压力油经阀 21、阀 19 进入注射缸 17 右腔，由于不再经过节流阀 20，压力油可以大量进入注射缸 17 右腔，所以注射缸 17 左腔回油经阀 16 回油箱，使注射活塞得到快速运动。

4. 保压

电磁铁 8YA、13YA、16YA、18YA 通电，系统压力由阀 27 控制。由于保压时只需要极少的油液，所以系统中的压力高，使液压泵 2 处于高压、小流量状态下运转。

5. 预塑

电磁铁 8YA、12YA、14YA 通电，液压泵输出的压力油经电液换向阀 21、节流阀 22 驱动预塑液压马达 23。液压马达 23 使螺杆旋转，料斗中的塑料颗粒进入料筒，并被转动着的螺杆带至前端，进行加热塑化。注射缸 17 右腔的油液在螺杆反推力的作用下，经单向阀 19、阀 21 和阀 24 回油箱。阀 24 作背压阀用，其背压力的大小可以调节。同时注射缸左腔产生局部真空，液压马达的部分回油经阀 16 被吸入注射缸左腔。液压马达的转速可由节流阀 22 调节。

6. 防流涎

电磁铁 8YA、10YA、17YA 通电，系统压力由阀 32 调节，液压泵输出的压力油经阀 16 进入注射缸 17 的左腔，注射缸 17 右腔的回油经阀 16 回油箱，使螺杆强制后退，同时压力油经阀 13 进入注射缸 14 的右腔，使喷嘴继续与模具保持接触，从而防止了喷嘴端部流涎。

7. 注射座后退

电磁铁 9YA、17YA 通电，系统压力由阀 32 调节。液压泵输出的压力油经阀 13 进入注射座液压缸 14 的左腔，右腔通油箱，使注射座后退。

8. 开模

（1）慢速开模　电磁铁 4YA、15YA 通电，系统压力由阀 38 限定，液压泵输出的压力油经固定节流孔 L、阀 7、阀 9 进入合模缸 10 的右腔，左腔则经阀 7 回油箱，使液压缸 10 的活塞后退而完成开模动作。

（2）快速开模　电磁铁 3YA、4YA、19YA 通电，系统压力由阀 29 控制。由于此时液压泵输出的压力油不再经过固定节流孔 L，而经过阀 3、阀 9 进入合模缸 10 的右腔，所以开模速度提高。在开模完成前，开模速度又减慢，压力降低，以减少冲击，此处不再赘述。

9. 顶出缸运动

（1）顶出缸前进　电磁铁 7YA、17YA 通电，系统压力由阀 32 调定，液压泵输出的压力油经阀 11 进入顶出缸 12 的左腔，顶出缸右腔则经阀 11 回油，于是推动顶出杆顶出制品。

（2）顶出缸后退　电磁铁 6YA、17YA 通电，液压泵输出的压力油经阀 11 进入顶出缸 12 的右腔，顶出缸左腔则经阀 11 回油，于是顶出缸后退。

10. 装模

安装、调整模具时，采用的是低压、慢速开、合模动作。

（1）开模　电磁铁 4YA、19YA 通电，系统压力由阀 29 控制，液压泵输出的压力油经阀 7、阀 9 进入合模缸 10 的右腔，使模具打开。

（2）合模　电磁铁 5YA、19YA 通电，系统压力由阀 29 调节，液压泵输出的压力油使合模缸合模。

11. 调模

调模采用液压马达 6 来进行，液压泵输出的压力油驱动液压马达 6 旋转，传动到中间一个大齿轮（图中未示出），再带动四根拉杆上的齿轮螺母同步转动，通过齿轮螺母移动调模板，从而实现调模动作。另外还有手动调模，只要扳动手动齿轮，便能实现调模板进退动作，但移动量很小（0.1mm），所以手动调模只作微调用。

（1）调开　电磁铁 1YA、17YA 通电，系统压力由阀 32 控制，液压泵输出的压力油经阀 4 进入液压马达，液压马达的回油经节流阀 5、阀 4 回油箱，使液压马达旋转，调模板后退，其速度由节流阀 5 来调节。

（2）调闭　电磁铁 2YA、17YA 通电，液压泵输出的压力油经阀 4、阀 5 进入液压马达，液压马达回油经阀 4 回油箱，使液压马达旋转，调模板前移。

由以上分析可以看出，注塑机液压系统中的执行元件数量多，是一种速度和压力均变化较多的系统。在完成自动循环时，主要依靠行程开关；而速度和压力的变化则主要靠电磁阀的切换来得到。近年来开始采用比例阀来调节速度和压力，这样可使系统中的元件数量减少。

SZ-250/160 型注塑机液压系统的特点如下：

1）由于注塑机通常要将熔化的塑料以 40~150MPa 的高压注入模腔，模具合模力要大，否则注射时会因模具闭合不严而产生塑料制品的溢边现象。系统中采用液压-机械式合模机构，合模液压缸通过增力和自锁作用的五连杆机构进行合模和开模，这样可使合模缸压力相应减小，且合模平稳、可靠。最后合模是依靠合模液压缸的高压，使连杆机构产生弹性变形来保证所需的合模力，并把模具牢固地锁紧。

2）为了缩短空行程时间以提高生产率，又要考虑合模过程中的平稳性，以防损坏制品和模具，合模机构在合模、开模过程中有慢速—快速—慢速的顺序变化。系统中的快速是用变量泵通过低压、大流量供油来实现的。

3）因为塑料品种、制品的几何形状和模具浇注系统不同，所以注射成型过程中的压力和速度是可调的。系统中采用了节流调速回路和多级调压回路。

4）为了使注射座喷嘴与模具浇口紧密接触，注射座移动液压缸右腔在注射、保压时，应一直与压力油相通，从而使注射座移动缸活塞具有足够的推力。

5）为了使塑料充满容腔而获得精确的形状，同时在塑料制品冷却收缩过程中，熔融塑料可不断补充，以防止充料不足而出现残次品，在注射动作完成后，注射缸仍通压力油来实现保压。

6）为了保证安全，注塑机安全门未关闭时，行程阀 8 切断了电液换向阀 7 左端的控制油路，合模缸左腔不能通压力油，从而使合模缸不能合模。

7）为了满足用户对注射工艺的要求，有三种不同直径和长径比的螺杆及螺杆头供选用。

8）调模采用液压马达驱动，因而给装拆模具带来极大的方便。

9）为了适应操作动作和维修，将阀类元件分装在三块阀板上（图 6-10）。这样可使连接管道减少，安装、调整和维修方便。

第五节　数控车床液压系统

一、概述

装有程序控制系统的车床简称为数控车床。在数控车床上进行车削加工时，其自动化程度高，能获得较高的加工质量。目前，在数控车床上大部分应用了液压传动技术。下面介绍 MJ-50 型数控车床的液压系统，图 6-11 所示为其原理图。

机床中由液压系统实现的动作有：卡盘的夹紧与松开、刀架的夹紧与松开、刀架的正转与反转、尾座套筒的伸出与缩回。液压系统中各电磁阀的电磁铁动作由数控系统的计算机控制实现，各电磁铁动作见表 6-4。

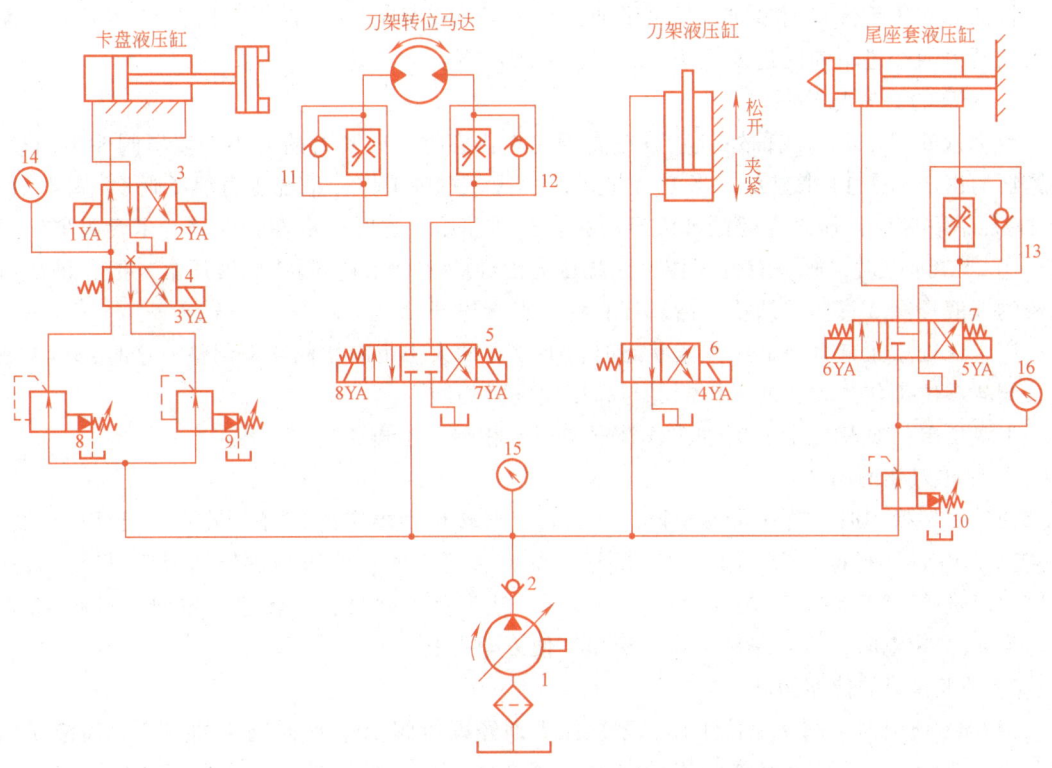

图 6-11　MJ-50 型数控车床的液压系统原理图

表 6-4　电磁铁动作

动作		电磁铁	1YA	2YA	3YA	4YA	5YA	6YA	7YA	8YA
卡盘正卡	高压	夹紧	+	−	−					
		松开	−	+	−					
	低压	夹紧	+	−	+					
		松开	−	+	+					
卡盘反卡	高压	夹紧	−	+	−					
		松开	+	−	−					
	低压	夹紧	−	+	+					
		松开	+	−	+					
刀架		正转							−	+
		反转							+	−
		松开				+				
		夹紧				−				
尾座		套筒伸出					−	+		
		套筒退回					+	−		

二、液压系统的工作原理

机床的液压系统采用单向变量泵供油，系统压力调至4MPa，压力由压力表15显示。泵输出的压力油经过单向阀进入系统，其工作原理如下：

1. 卡盘的夹紧与松开

当卡盘处于正卡（或称外卡）且在高压夹紧状态时，夹紧力的大小由减压阀8来调整，夹紧压力由压力表14来显示。当1YA通电时，阀3左位工作，系统压力油经阀8、阀4、阀3到液压缸右腔，液压缸左腔的油液经阀3直接回油箱。这时，活塞杆左移，卡盘夹紧。反之，当2YA通电时，阀3右位工作，系统压力油经阀8、阀4、阀3到液压缸左腔，液压缸右腔的油液经阀3直接回油箱，活塞杆右移，卡盘松开。

当卡盘处于正卡且在低压夹紧状态时，夹紧力的大小由减压阀9来调整。这时，3YA通电，阀4右位工作。阀3的工作情况与高压夹紧时相同。

卡盘反卡（或称内卡）时的工作情况与正卡相似，不再赘述。

2. 回转刀架的回转

回转刀架换刀时，首先是刀架松开，然后刀架转位到指定的位置，最后刀架复位夹紧。当4YA通电时，阀6右位工作，刀架松开。当8YA通电时，液压马达带动刀架正转，转速由单向流量阀11控制。若7YA通电，则液压马达带动刀架反转，转速由单向流量阀12控制。当4YA断电时，阀6左位工作，液压缸使刀架夹紧。

3. 尾座套筒的伸缩运动

当6YA通电时，阀7左位工作，系统压力油经减压阀10、换向阀7到尾座套筒液压缸的左腔，液压缸右腔油液经单向流量阀13、阀7回油箱，缸筒带动尾座套筒伸出，伸出时的预紧力大小通过压力表16显示。反之，当5YA通电时，阀7右位工作，系统压力油经减压阀10、换向阀7、单向流量阀13到液压缸右腔，液压缸左腔的油液经阀7流回油箱，套筒缩回。

三、数控车床液压系统的特点

1）采用单向变量液压泵向系统供油，能量损失小。

2）用换向阀控制卡盘，实现高压和低压夹紧的转换，并且可分别调节高压夹紧或低压夹紧压力的大小。这样可根据工件情况调节夹紧力，操作方便简单。

3）用液压马达实现刀架的转位，可实现无级调速，并能控制刀架正、反转。

4）用换向阀控制尾座套筒液压缸的换向，以实现套筒的伸出或缩回，并能调节尾座套筒伸出工作时的预紧力大小，以适应不同工件的需要。

5）压力表14、15、16可分别显示系统相应处的压力，便于故障诊断和调试。

第六节　加工中心液压系统

一、概述

加工中心是由计算机数字控制（CNC控制），可在一次装夹中完成钻、扩、铰、镗、铣、锪、攻螺纹、螺纹加工、测量等多道工序加工，集机、电、液、气、计算机于一体的高效自动化机床。机床各部分的动作均由计算机的指令控制，具有加工精度高、尺寸稳定性好、生产周期短、自动化程度高等优点，特别适合于加工形状复杂、精度要求高得多品种成批、中小批量及单件生产。目前，在加工中心中大多采用了液压传动技术，主要完成机床的各种辅助动作。下面介绍卧式镗铣加工中心的液压系统。

二、数控加工中心液压系统工作原理

图6-12所示为卧式镗铣加工中心液压系统原理图，各部分组成及工作原理如下：

1. 液压源

卧式镗铣加工中心液压系统采用变量叶片泵和蓄能器联合供油的方式，液压泵为限压式变量叶片泵，最高工作压力为7MPa。溢流阀4作安全阀用，其调整压力为8MPa。手动换向阀5用于卸荷，过滤器6的过滤精度为10μm，用于回油过滤，当回油压力越过0.3MPa时系统报警，此时应更换过滤器滤芯。

2. 液压平衡装置

由溢流减压阀7、溢流阀8、手动换向阀9、平衡缸10组成平衡装置，蓄能器11用于吸收液压冲击。平衡缸10为支承加工中心立柱丝杠的液压缸。为减小丝杠与螺母间的摩擦，并保持摩擦力均衡，保证主轴精度，用溢流减压阀7维持平衡缸10下腔的压力，使丝杠在正、反向工作状态下处于稳定状态。当平衡缸上行时，液压源和蓄能器向平衡缸下腔充油，当平衡缸受滚珠丝杠带动而下行时，缸下腔的油又挤回蓄能器或经过溢流减压阀7回油箱，因而起到平衡作用。调节溢流减压阀7可使平衡缸10处于最佳工作状态（这可用测量Y轴伺服电动机的电流来判断）。手动换向阀9用于卸载。

3. 主轴变速回路

主轴变速箱的换档变速由液压缸40完成。在图6-12所示位置时，液压油直接经电磁阀13的右位、电磁阀14的右位进入液压缸40的左腔，从而完成由低速向高速的换档。当电磁阀13切换至左位时，液压油经减压阀12、电磁阀13、14进入液压缸40的右腔，完成由高速向低速的换档。换档时液压缸40的速度由双单向节流阀15来调整。减压阀12的出口压力由测压接头16来测量。

4. 换刀回路及动作

加工中心在加工零件的过程中，前道工序完成后就需换刀，此时机床的Y轴、Z轴退至换刀点，主轴处在准停状态，所需的刀具已处在刀库的预定位置。换刀的动作由机械手完成，换刀的过程是：机械手抓刀→刀具松开和定位→拔刀→换刀→插刀→刀具夹紧和松销→机械手复位。

（1）机械手抓刀　当系统收到换刀信号时，电磁阀17切换至左位，液压油进入齿条液压缸38下腔，推动活塞上移，使机械手同时抓住主轴锥孔中的刀具和刀库上预选的刀具。双单向节流阀18控制抓刀和回位的速度，双液控制单向阀19保证系统失压时机械手位置不变。

（2）刀具松开和定位　抓刀动作完成后，发出信号使电磁阀20切换至左位，电磁阀21处于右位。从而使增压器22的高压油进入液压缸39左腔，活塞杆将主轴锥孔中的刀具松开；同时，液压缸24的活塞杆上移，松开刀库中预选的刀具；此时，液压缸36的活塞杆在弹簧力作用下将机械手上两个定位销伸出，卡住机械手上的刀具。松开主轴锥孔中刀具的压力可由减压阀23调节。

（3）机械手拔刀　主轴、刀库上的刀具松开后，无触点开关发出信号，电磁阀25处于右位，由缸26带动机械手伸出，使刀具从主轴锥孔和刀库链节中拔出。缸26带有缓冲装置，以防止在行程终点发生撞击和噪声。

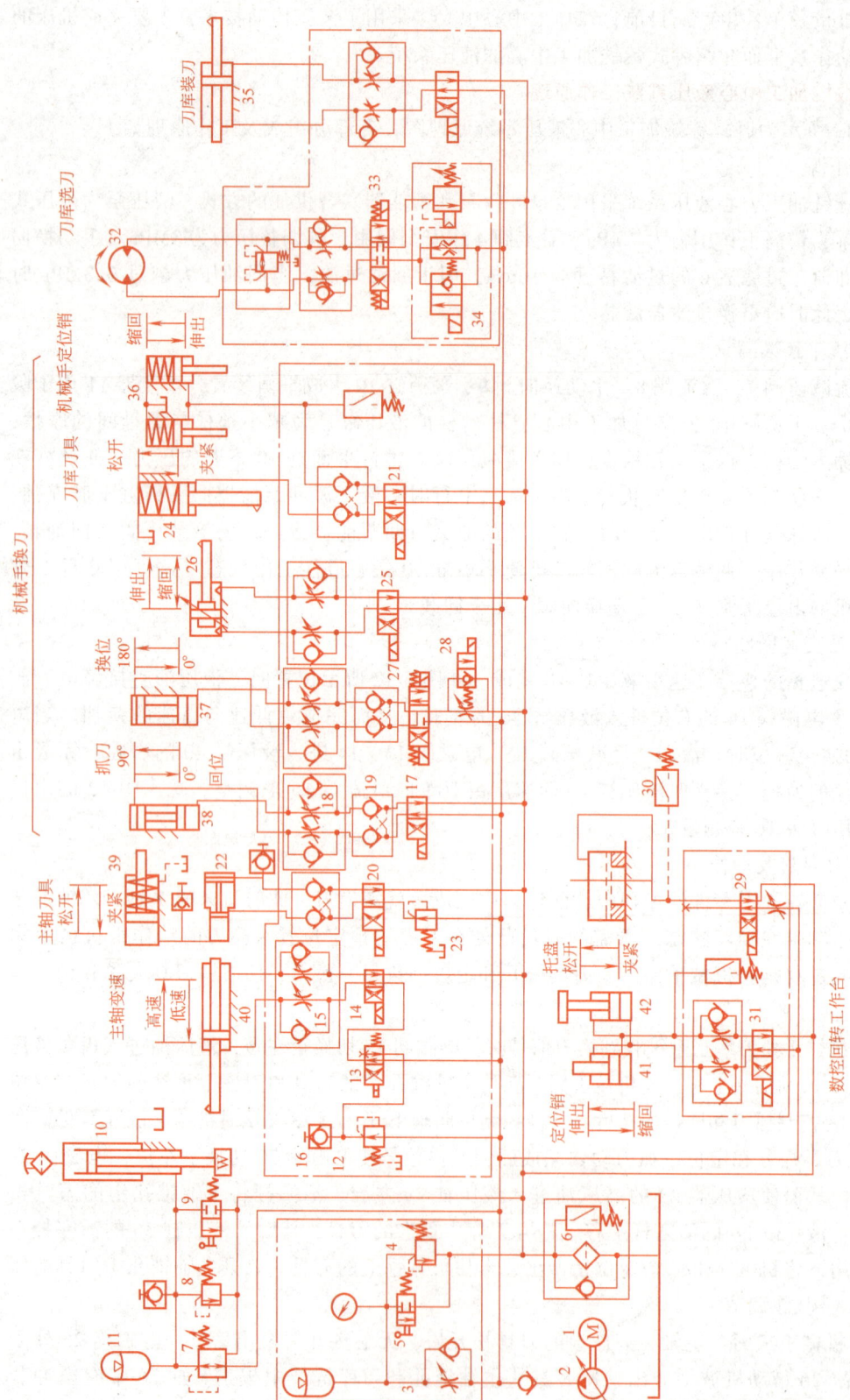

图 6-12 卧式镗铣加工中心液压系统原理图

（4）机械手换刀　机械手伸出后发出信号，使电磁阀27换向至左位。齿条缸37的活塞向上移动，使机械手旋转180°。转位速度由双单向节流阀调节，并可根据刀具的重量，由电磁阀28确定两种换刀速度。

（5）机械手插刀　机械手旋转180°后发出信号，使电磁阀25换向，液压缸26使机械手缩回，刀具分别插入主轴锥孔和刀库链节中。

（6）刀具夹紧和松销　机械手插刀后，电磁阀20、21换向。液压缸39使主轴中的刀具夹紧，缸24使刀库链节中的刀具夹紧。液压缸36使机械手上的定位销缩回，以便机械手复位。

（7）机械手复位　刀具夹紧后发出信号，电磁阀17换向，液压缸38使机械手旋转90°。回到起始位置。

至此，整个换刀动作结束，主轴启动进入零件加工状态。

5. 数控回转工作台回路

（1）数控回转工作台夹紧　数控回转工作台可使工件在加工过程中连续旋转。当进入固定位置加工时，电磁阀29切换至左位，使工作台夹紧，并由压力继电器30发出信号。

（2）托盘交换　交换工件时，电磁阀31处于右位，液压缸41使定位销缩回，同时液压缸42松开托盘，由交换工作台交换工件，交换结束后电磁阀31换向，定位销伸出，托盘夹紧，即可进入加工状态。

6. 刀库选刀、装刀回路

在零件加工过程中，刀库需把下道工序所需的刀具预选列位。首先判断所需的刀具在刀库中的位置，确定液压马达32的旋转方向，使电磁阀33换向，控制单元34控制马达启动、中间状态、到位、旋转速度，刀具到位后由旋转编码器组成的闭环系统发出信号。双向溢流阀起安全作用。

液压缸35用于刀库装卸刀具。

三、数控加工中心液压系统的特点

1）在加工中心中，液压系统所承担的辅助动作需要的力较小，主要负载是运动部件的摩擦力和起动时的惯性力，因此，一般采用压力在10MPa以下的中低压系统，液压系统流量一般在30L/min以下。

2）加工中心在自动循环过程中，各个阶段流量需求的变化很大，并要求压力基本恒定。采用限压式变量泵与蓄能器组成的液压源，可以减小能量损失和系统发热，提高机床加工精度。

3）加工中心的主轴刀具需要的夹紧力较大，而液压系统其他部分需要的压力为中低压，且受主轴结构的限制，不宜选用缸径较大的液压缸。采用增压器可以满足主轴刀具对夹紧力的要求，而且可以达到节约设备费用的目的。

4）在齿轮变速箱中，采用液压缸驱动滑移齿轮来实现两级变速，可以扩大伺服电动机驱动的主轴的调速范围。

5）加工中心的主轴、垂直滑板、变速箱、主电动机等联成一体，由伺服电动机通过Y轴滚珠丝杠带动其上下移动。采用平衡阀-平衡缸的平衡回路，可以保证加工精度，减小滚珠丝杠的轴向受力，结构简单、体积小、重量轻。

6）加工中心液压系统外观整齐，油路管道排列有序。在部分管路中设置压力表、测压接头，易于调整维修。

学习要求和习题

一、学习要求

1. 学会阅读液压系统的方法。
2. 学会分析总结液压系统的特点。
3. 了解典型液压系统的工作原理、调试方法和故障分析方法。

二、习题

（一）填空题

1. YT4543 型动力滑台液压系统采用_____和_____组成的_____调速回路；用_____实现换向，用_____实现快速运动；用_____实现快速前进和工作进给的速度切换。

2. 在 YT4543 型动力滑台液压系统中，液控顺序阀 5 的作用是_____，单向阀 10 的作用是_____，压力继电器 13 的作用是_____。

3. M1432B 型万能外圆磨床工作台的换向是由_____和_____所组成的换向回路完成的，换向过程分_____、_____、_____三个阶段。

4. YA32-200 型四柱万能液压机的液压系统中，采用由_____供油的_____调速回路，主油路的最高压力由_____限定。阀 11 的作用是_____，溢流阀 24 的作用是_____。

5. SZ-250/160 型塑料注射成型机的液压系统中，采用_____合模机构，多级调压的主溢流阀是_____，行程阀 8 的作用是_____。

6. 在图 6-11 中，阀 3 的作用是_____，采用双电磁铁的目的是_____。阀 11 和阀 12 的作用是_____，压力表 14 的作用是_____。

7. 在图 6-12 中，阀 7 是_____阀，它的作用是_____。阀 9 的作用是作_____用，在_____时使用。压力继电器 6 的作用是_____。阀 14 是_____，为了_____，本系统采用了多个这种元件。双液控单向阀 19 的作用是_____，控制单元 34 的作用是_____。

（二）分析题

1. YT4543 型动力滑台液压系统由哪些基本回路组成？如何实现差动连接？采用行程阀进行快慢速切换，有何特点？

2. 在 SZ-250/160 型注塑机液压系统中，是如何实现多级压力控制的？可否用别的方法实现多级压力控制？

3. 在加工中心的液压系统中，其平衡装置和一般设备中的平衡装置有什么区别？采用增压缸的目的是什么？

4. 图 6-13 所示为某镗床液压系统。试分析该系统的工作原理。

5. 图 6-14 所示的液压系统是如何工作的？试根据其循环动作填写电磁铁动作顺序表（两个进给缸可分别进行各自的工作循环，互不约束）。

6. 图 6-15 所示压力机液压系统能实现"快进→慢进→保压→快退→停止"的工作循环，读懂此液压系统图，并写出：

1) 各工况的油液流动情况。

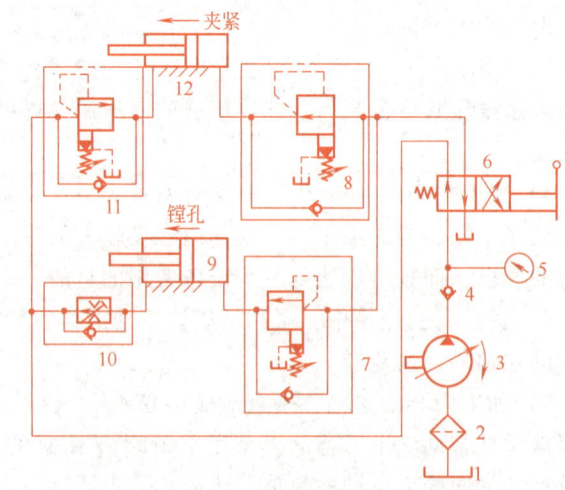

图 6-13 题 4 图

2）标出各元件的名称和功用。
3）若系统不能实现快进，试分析其原因。

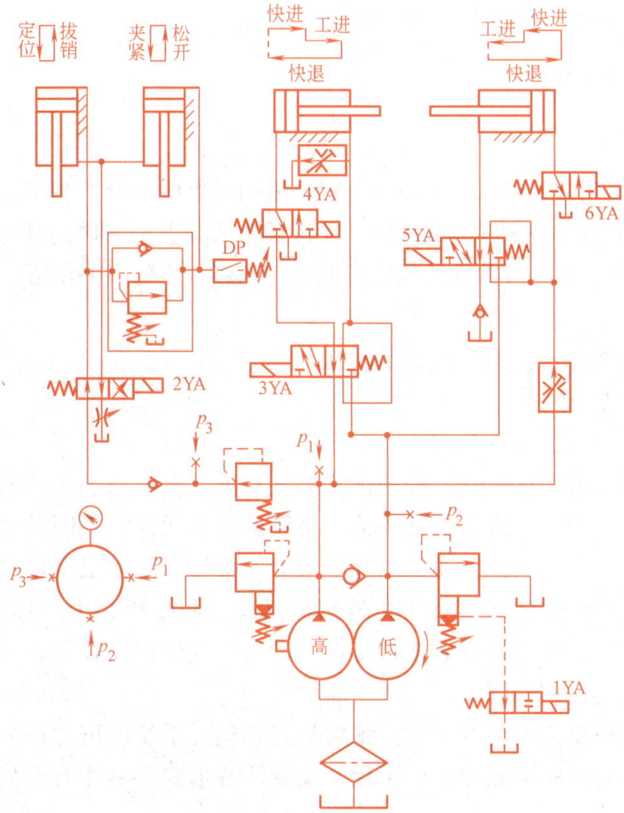

电磁铁 动作	1YA	2YA	3YA	4YA	5YA	6YA	DP
定位夹紧							
快进							
工进							
快退							
松开拔销							
原位卸荷							

图 6-14　题 5 图

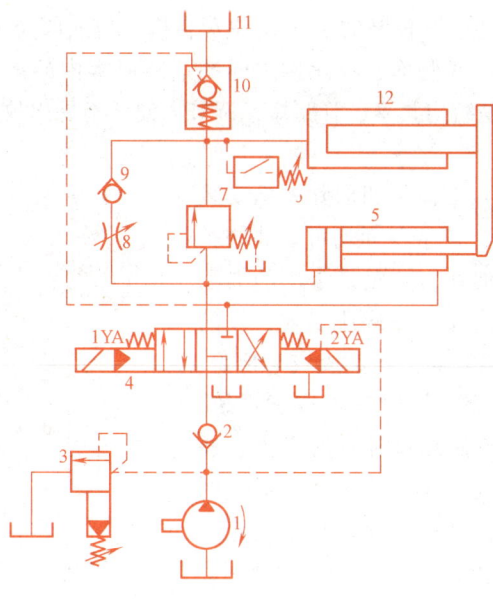

图 6-15　题 6 图

第七章 液压系统的安装和使用及设备的调试和故障分析

为了做到既能讲透,又不过于重复,在讲述调试和故障分析时,采用了集中与分散相结合的方法,即在讲述具体设备时,主要介绍该设备所固有的故障。在讲述调试时也是一样,对每台设备的具体调试放到具体设备中去讲述,对一般共性的故障和调试的内容与步骤集中介绍。

第一节 液压系统的安装与调试

一、液压阀的连接

液压阀的安装连接形式与液压系统的结构形式和元件的配置形式有关。液压系统的结构形式有集中式和分散式两种。对于固定式的液压设备,常将液压系统的动力元件、控制元件集中安装在主机外的液压站上,这样使安装与维修方便,消除了动力元件振动和油温变化对主机精度的影响。分散式结构是将液压元件分散放置在主机的某些部位,和主机合为一体。其优点是结构紧凑、占地面积小、管路短,缺点是安装连接复杂,动力元件的振动和油温的变化都会对主机的精度产生影响。

液压阀的配置形式分为管式、板式和集成式配置三种。配置形式不同,系统的压力损失和元件的连接安装结构也有所不同。目前,阀类元件广泛采用集成式配置形式,具体有下列三种形式。

1. 油路板式

油路板又称阀板。它是一块较厚的液压元件安装板,板式阀类元件用螺钉安装在板的正面,管接头安装在板的后面或侧面,各元件之间的油路由板内的加工孔道形成,如图 7-1 所示。这种配置形式的优点是结构紧凑,管路短,调节方便,不易出故障;缺点是加工较困难。

2. 集成块式

集成块是一块通用的六面体,四周除一面安装通向执行元件的管接头外,其余三面均可安装阀类元件。块内有钻孔形成的油路,一般是常用的典型回路。一个液压系统通常由几个集成块组成,块的上、下面是块与块之间的结合面,各集成块与顶盖、底板一起用长螺栓叠装起来,组成整个液压系统,如图 7-2 所示。总进油口和回油口开在底板上,通过集成块的公共孔道直接通顶盖。这种配置形式的优点是结构紧凑,管路少,已标准化,便于设计与制造,更改设计方便,通用性好,油压压力损失小。

3. 叠加阀式

叠加阀式配置不需要另外的连接块,只需用长

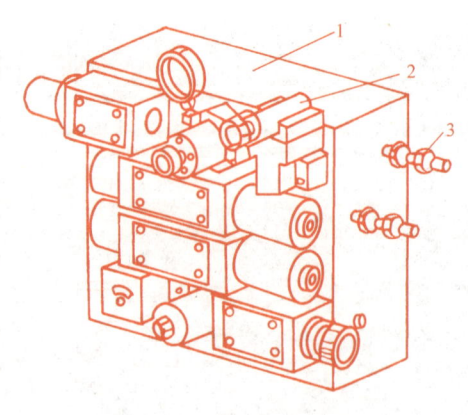

图 7-1 油路板式配置

1—油路板 2—阀体 3—管接头

螺栓直接将各叠加阀装在底板上，即可组成所需的液压系统，如图 7-3 所示。这种配置形式的优点是结构紧凑，管路少，体积小，重量轻，不需专用的连接块。

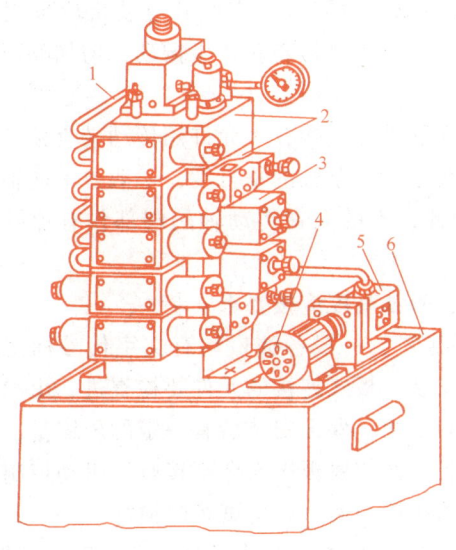

图 7-2　集成块式配置

1—油管　2—集成块　3—阀　4—电动机　5—液压泵　6—油箱

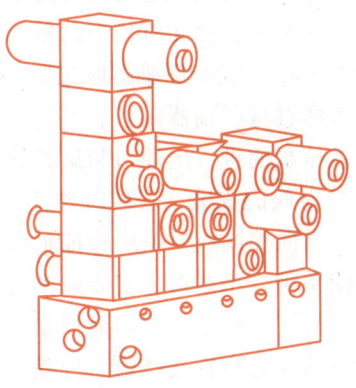

图 7-3　叠加阀式配置

二、液压系统的安装

液压系统由各种液压元件、辅助元件组成。各元件分布在设备的各个部位，它们之间由管路、管接头、连接体等零件有机地连接起来，组成一个完整的液压系统。因此，液压系统安装的正确与否，直接影响设备的工作性能和可靠性，必须认真做好这项工作。

1. 安装前的准备工作和要求

1) 对需要安装的液压元件，特别是自制或经过修理的元件，安装时应该用煤油清洗干净并进行认真的校验，必要时需进行密封和压力试验。试验压力可取工作压力的 2 倍或最高压力的 1.5 倍。

2) 对系统中所用的仪器、仪表应进行严格地调试，确保其灵敏、准确、可靠。

3) 仔细检查所用油管，应确保每根油管完好无损。在正式装配前要进行配管安装，试装合适后拆下油管，用 20% 的硫酸或盐酸进行酸洗 30~40min，清洗液的温度为 30~40℃，然后用温度为 30~40℃ 的 10% 的苏打水中和 15min，最后用温水清洗，干燥后涂油以备安装。

4) 安装前要熟悉液压系统工作原理图、管道连接图、有关的技术文件和泵、阀、辅助元件的安装使用方法，并准备好需要的元、部、辅件、专用和通用工具以及材料等。

5) 应保证安装场地清洁，并且有足够的维护空间，便于清洗、装配。

2. 安装时的注意事项

安装时一般是按先内后外、先难后易和先精密后一般的原则进行，安装过程中必须注意以下各点。

(1) 液压缸的安装　液压缸的安装应牢固可靠，保证液压缸的安装面与活塞杆（或柱塞）滑动面的平面度要求。为了防止热膨胀的影响，在行程长、温差大、要求高时，液压缸的一端必须保持浮动。

（2）泵和电动机的安装　泵通常是通过支座或法兰安装，支座和电动机应采用共同的基础。其基础、法兰和支座都应该有足够的刚性，以免泵运转时产生振动，增加噪声和影响泵的寿命。

液压泵传动轴和电动机驱动轴一般采用挠性联轴器连接，不允许用传动带直接带动泵轴转动。安装时，要注意检查两轴的同轴度和安装基面对泵轴的垂直度，一般要求同轴度偏差小于 0.1mm。安装联轴器时最好不要敲打，为此，有的泵在传动轴的端部作有螺纹孔，以备拧入螺钉将联轴器压入。

液压泵的进、出油口和旋转方向不得接反，吸油高度应按要求安装。

（3）阀的安装　安装时要注意各油口不要接错，一般各油口均有文字代号标明，容易辨认。方向控制阀一般应保证轴线呈水平位置安装。板式连接的元件要检查进、出油口处的密封圈是否合乎要求，安装前密封圈应突出安装平面，保证安装后有一定的压缩量，各连接螺钉应交叉、顺序、均匀地拧紧，并使元件安装平面与底板平面全部接触。机动控制阀的安装一般要注意凸轮或挡块的行程以及和阀之间的接近距离，以免试车时撞坏。

（4）油管的安装　安装时各接头必须拧紧，以免漏油，尤其是泵的吸油管，不得漏气。若在接头处涂以密封胶，可提高油管的密封性。接头上的钢质或尼龙材料密封垫的厚度应符合要求，应保证接头拧紧时有一定的压缩量，否则会漏油。油管穿过油箱应加密封装置。

吸油管、回油管应在油面以下有足够的深度，以防止产生泡沫。系统泄漏油路不应有背压，应单独设置回油管且出口端部在油面之上。

吸油管上应设置过滤器，过滤精度为 0.1~0.2mm，要有足够的通流能力。

溢流阀的回油口应尽量远离泵的吸油口，管路的布置要整齐，油管长度应尽量短，安装要牢靠，各平行与交叉油管之间应有 10mm 以上的空隙。刚性差的管路应可靠地固定，当拆卸复杂的系统管路时，为了避免重新安装时装错，可着色或编号加以区分。

系统中的主要管路和过滤器、蓄能器、压力表、流量计等辅助元件，应能自由拆装而不影响其他元件。布置活动接头时，应保证其拆装方便。各指示表的安装应便于观察和维修。

安装时，不要忘记取掉塑料塞或其他堵孔的东西，应最后检查一下元件或管子内是否留有其他东西。

三、液压系统的清洗

新制成或修理后的液压设备，当其液压系统安装好后，在试车以前必须对管路系统进行清洗。对于较复杂的系统可分区域对各部分进行清洗，要求高的系统可以分两次清洗。

第一次清洗，以回路为主。清洗前应先清洗油箱并用绸布或乙烯树脂海绵等擦净，然后注入油箱容量 60%~70% 的工作油或试车油（不能用煤油、汽油、酒精、蒸气等）；再将执行元件的进、出油管断开，并将其对接起来，将溢流阀及其他阀的排油回路在阀前进油口处临时切断，在主回油管处装上 80~150 目（根据过滤精度而定）的过滤网。为了提高清洗效果，将清洗油加热到 50~80℃，并使泵做间歇运转，且在清洗过程中用木棍或橡胶锤不断轻轻敲击油管。清洗时间视系统复杂程度而定，要一直清洗到过滤器上无大量的污染物为止，一般为十几个小时。第一次清洗结束后，应将系统中的油液全部排出，并清洗油箱，用绸布或乙烯树脂海绵等擦净。对于新装的设备，液压泵应在油温降低后再停止运转，以减少湿气停留在液压元件内部而使元件生锈的情况。对于不是新装的设备，应将油温升高后再排出，以便使可溶性的油垢更多地溶解在清洗油中后排出。

第二次清洗，清洗前先将系统按正式工作回路接好，然后注入实际工作所用的油液，起动液压泵对系统进行清洗，使执行机构连续动作。清洗时间一般为 1~3h。清洗结束时，过滤器的滤网上应无杂质。这次清洗后的油液可以继续使用。

四、液压系统的调试

新设备及修理后的设备，在安装和几何精度检验合格后必须进行调试，使其液压系统的性能达到预定的要求。调试的一般方法和步骤如下所述。

1. 外观检查

全面检查系统中各元件的规格是否与设计图样相符，管路连接和电气连接是否正确齐全和牢固，系统中是否有空循环回路，泵和电动机的转速、转向是否正确，电动机和电磁阀电源的电压、频率及电压的变化是否符合要求，油液的品种和牌号是否合适，油面高度是否在规定的范围内。此外，还应将控制手柄置于关闭或卸荷位置，将各压力阀的调压弹簧松开，将各行程挡块移至合适的位置，检查各仪表起始位置是否正确，检查运动涉及的各空间大小是否满足要求；然后向需要在注油的泵注油。待各处按试车要求调整好之后，方可合闸，准备试车。

2. 空载调试

空载调试是系统在空载运转条件下检查液压装置的工作情况。其调试方法如下：

（1）液压泵电动机的起动 断续直至连续起动液压泵电动机，若系统中有两个以上的大电动机，则应先后起动，以免电路超载跳闸；若系统中控制油路由控制液压泵单独供油，则应先起动控制液压泵。起动液压泵后，观察泵的工作情况，若排油及工作正常即可调试。

（2）压力阀的调整 各压力阀及压力继电器应按其在液压系统原理图上的位置，从泵源附近的压力阀开始依次调整，调整应在运动部件处于"停"位或低速运动状态下进行，压力由低到高，边观察压力表及油路工作情况边调整，注意检查系统各管道连接处、液压元件接合面处是否漏油，直至调至其规定值。将压力阀的锁紧螺母拧紧，并将相应的压力表油路关闭，以防止压力数值变动使压力计损坏。调整压力继电器时，应先调整返回区间，然后调整主弹簧。对于失压发信号的压力继电器，其调整压力应低于回油路背压阀的调整压力。

主油路液压泵出口处安全阀的调整压力，一般大于推动执行元件所需工作压力的 10%~25%；快速运动液压泵的压力阀调整压力，一般大于所需压力的 10%~20%。卸荷压力一般应小于 0.1~0.2MPa，若用卸荷压力油给控制油路和润滑油路供油时，其卸荷压力应保持 0.3~0.6MPa。压力继电器的调整压力一般低于供油压力 0.3~0.5MPa。

（3）液压缸的排气 按下相应的按钮，使运动部件速度由低到高、行程由小到大运行，直到全行程快速往复运动，打开排气阀或排气塞，使缸多次往复运动后，即可使缸内空气排出。对于压力高的液压系统应适当降低压力，一般降到 0.5~1MPa，以能使液压缸全行程往复运动为宜。排气塞排气时，可听到"嘘嘘"的排气声或喷出白浊的泡沫状油液，空气排尽时喷出的油液透明、无气泡。当缸内空气排完后，应将排气塞或排气阀关闭。对于精密设备用液压缸，应注意排气操作。

（4）流量阀的调整 流量阀在液压缸排气时已从小逐步开到最大，调整运动部件速度时，应先使液压缸的速度最大，然后逐渐关小流量阀并观察系统能否达到最低稳定速度、其平稳性如何，再按工作要求的速度来调节流量阀。对于调节润滑油流量的流量阀要仔细调整，因润滑油流量太少，达不到润滑的目的，而过多也会带来不良的影响。例如，导轨面的润滑油太多，会使运动部件"飘浮"起来而影响运动精度。对于调节换向时间或起缓冲作用的节流阀，应先将节流口调在较小的位置上，然后逐渐调大节流口，直到满足要求为止，并在调好后将锁紧螺母拧紧。

（5）行程控制元件位置的调整　行程挡铁常用于控制行程阀、行程开关、微动开关的动作，以使运动部件获得预定的运动或运动的自动转换。因此，行程挡铁的位置应按设计要求在调试时——仔细调整好并牢固地紧固在预定的位置。固定挡铁的位置亦应按要求事先调好。固定挡铁处若有延时继电器，也应一并调好。

以上各项工作往往是相互联系、穿插进行的，常常需要反复地测试、调整。复杂的液压系统可能有多个泵、多个执行元件，各执行元件的运动常按一定的顺序或同步、交叉进行，更需要花费一定时间进行仔细调试。调试时，要注意检查所有安全保护装置工作的正确性和可靠性。

各工作部件在空载条件下，按预定的工作循环或工作顺序连续运转 2~4h 后，应检查油温及液压系统所要求的各项精度，一切正常后，才能进入负载调试阶段。

3. 负载调试

负载调试时，一般应先在低于最大负载和速度的情况下试车，如一切正常，才逐渐将负载加至最大，速度调至规定值。每升一级都应使执行元件往复数次或工作一段时间，然后按要求检查各处的工作情况，特别要注意检查安全保护装置工作是否可靠。若系统工作正常，再将油箱中的全部油液放出，清洗油箱，调试使用过的液压油经精密过滤后可重新注入使用，或重新注入规定的液压油，交给操作者使用。

调试应有书面记载，作为以后设备维修的技术数据，便于当设备出现故障时分析和排除。调试结束时，应对设备和液压系统做出评价。

第二节　液压系统的使用与维护

液压系统工作性能的保持，在很大程度上取决于正确的使用与及时的维护，因此必须建立有关使用和维护方面的制度，以保证系统正常工作。

一、液压系统使用注意事项

1）操作者应掌握液压系统的工作原理，熟悉各种操作要点，调节手柄的位置、旋向等。

2）开机前应检查系统上的各调节手轮、手柄是否被无关人员动过，电气开关和行程开关的位置是否正常，工具的安装是否正确、牢固等，再对导轨和活塞杆的外露部分进行擦拭后才可开机。

3）开机前应检查油温。若油温低于 10℃，则可将泵反复开停数次，进行升温，一般应空载运转 20min 以上才能加载运转。若室温在 0℃ 以下，则应采取加热措施后再起动。若有条件，可根据季节更换不同黏度的液压油。

4）工作中应随时注意油位高度和温升。一般油液的工作温度在 35~60℃ 较合适。

5）液压油要定期检查和更换，保持油液清洁。对于新投入使用的设备，使用三个月左右应清洗油箱、更换新油，以后按设备说明书的要求每隔半年或一年进行一次清洗和换油。

6）使用中应注意过滤器的工作情况，滤芯应定期清洗或更换。平时要防止杂质进入油箱。

7）若设备长期不用，则应将各调节旋钮全部放松，以防止弹簧产生永久变形而影响元件的性能，甚至导致液压故障的发生。

二、液压设备的维护保养

维护保养应分日常维护、定期检查和综合检查三个阶段进行。

（1）日常维护　日常维护通常是用目视、耳听及手触感觉等比较简单的方法，在泵起动前、后和停止运转前检查油量、油温、压力、漏油、噪声以及振动等情况，并随之进行维护和保养。对重要的设备应填写"日常维护卡"。

（2）定期检查　定期检查的内容包括：调查日常维护中发现异常现象的原因并进行排除；对需要维修的部位，必要时进行分解检修。定期检查的时间间隔一般与过滤器的检修期相同，通常为 2~3 个月。

（3）综合检查　综合检查大约一年一次。其主要内容是检查液压装置的各元件和部件，判断其性能和寿命，并对产生故障的部位进行检修，对经常发生故障的部位提出改进意见。综合检查的方法主要是分解检查，要重点排除一年内可能产生的故障因素。

定期检查和综合检查均应做好记录，作为设备出现故障查找原因或设备大修的依据。

第三节　液压系统故障诊断方法

液压系统故障诊断本身是一个新的课题，它是人们在使用、维护液压设备过程中长期积累起来的经验总结，是人类生产知识宝库中的一个重要组成部分。

一、液压系统发生故障的概率和原因

液压系统的故障是多种多样的，虽然控制油液的污染度和及时维护检查可减少故障的发生，但不能完全杜绝故障。液压设备液压故障的分布如图 7-4 所示，其中故障率 $\lambda(t)$ 与工作时间的关系为一浴盆曲线，由三个区段组成。A 段为早期故障期，其故障称为早发性液压故障。此期间发生故障多为调整不当。另外，设计不良、制造或安装方面存在的问题也会不断暴露出来，因而在开始投入运行时有较高的故障率。但随着液压系统运行时间的延长和对出现的液压故障不断进行排除、改造和修理，故障率便逐渐降低。B 段为有效寿命故障期，其故障称为随机性液压故障。这段时间内故障偶然有所发生，故障率很低且大致趋于稳定，是液压系统工作的最佳时期。C 段为磨损故障期，其故障是渐发性故障，产生这类故障是由于元件的磨损、腐蚀和疲劳及老化等原因而引起的，故其故障率随时间的延长而升高。

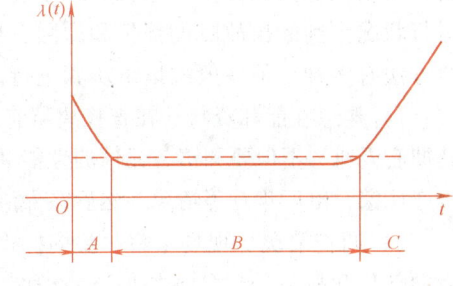

图 7-4　液压设备故障概率变化图

由此可见，如果提高液压元件的质量和加强液压设备整机的调试工作，就可以缩短 A 段时间；及时维护保养，可以延长 B 段时间并可将故障率降低到最低限度；定期检查和及时更换已磨损的液压元件或组件，可以推迟 C 段的到来，延长使用期限。

一般说来，液压系统的故障往往是诸多因素综合影响的结果。造成故障的主要原因有：

1）由于液压油和液压元件使用维护不当，使液压元件的性能变坏、损坏、失灵而引起故障。
2）装配、调整不当而引起故障。
3）由于设备年久失修、零件磨损、精度超差或元件制造不当而引起故障。
4）也有些故障是元件选用和回路设计不当所致。

前几种故障可以用修理或调整的方法解决，后一种必须根据实际情况，弄清原因后进行改进。

二、液压系统故障诊断的步骤

一个设计良好的液压系统与同等复杂程度的机械式或电气式机构相比，故障发生的概率是较低的，但寻找故障的部位比较困难，其原因主要是：

1）液压故障具有隐蔽性。液压部件的机构和油液封闭在壳体和管道内，故障不像机械传动故障那样容易直接观察到，又不像电气传动那样方便测量，所以确定液压故障的部位和原因是费时的。

2）液压故障具有难判断性。影响液压系统正常工作的原因，有些是渐发的，如因零件受损引起配合间隙逐渐增大、密封件的材质逐渐恶化等渐发性故障；有些是突发的，如元件因异物突然卡死、动作失灵所引起的突发性故障；也有些是系统中各液压元件综合性因素所致，如元件规格选择、配置不合理等，很难实现设计要求；有时还会因机械、电气以及外界因素影响而引起液压系统故障。以上这些因素都给分析故障的原因增加了难度，甚至难以判断。

3）液压故障具有可变性。由于系统中各个液压元件的动作是相互影响的，所以一个故障排除了，往往又会出现另一种故障。因此，在检查、分析、排除故障时，必须注意液压系统的严密性。

近年来，在设备维修部门开始采用状态监测技术，从而做到预防故障，给维修提供了依据。采用状态监测技术可以在液压系统运行中或基本上不拆卸零件的情况下了解和掌握系统运行状况，判断出故障的部位和原因，预测出液压系统未来的技术状态。虽然液压故障诊断的方法有多种，但一般按以下步骤进行。

1）熟悉性能和资料。在查找故障前，首先要了解设备的性能，反复钻研液压系统图，将其彻底弄通。不但要弄清各元件的性能和在系统中的作用，还要弄清它们之间的联系和型号、生产厂家、出厂年月等情况。然后在弄清原理的基础上，对液压系统进行全面的分析。

2）调查情况、现场考察。要向操作者询问设备出现故障前、后的状况和现象，产生故障的部位和故障的现象。如果还能动作，应亲自起动设备，查找故障部位并观察液压系统的压力变化和工作情况，听听噪声，查查漏油等。对照本次故障现象查阅技术档案，了解设备运行历史和当前的状况。

3）归纳分析、排除故障。将现场观察到的情况、操作者提供的情况和历史记载的资料进行综合分析，查找故障原因。目前常用的追查液压故障的基本方法有顺向分析法和逆向分析法。顺向分析法就是从引起故障的各种原因出发，逐个分析各种原因对液压故障影响的分析方法。这种分析方法对预防液压故障的发生、预测和监视液压故障具有重要的作用。逆向分析法就是从液压故障的结果向引起故障的原因进行分析的方法。这种分析方法是常用的液压故障分析方法，其目的明确，查找故障较简便，故应用较为广泛。分析时要注意事物的相互联系，逐步缩小范围，直到准确地判断出故障部位，然后拟订排除故障的方案并组织实施。

4）总结经验。排除故障，取得了成绩，应加以总结。将本次产生故障的现象、部位及排除方法归入设备技术档案，作为原始资料记载，积累维修工作的实际经验。

三、液压系统故障诊断的方法

液压系统故障诊断的方法很多，一般可分为简易诊断和精密诊断。简易诊断技术又称主观诊断法，它是靠维修人员利用简单的诊断仪器和凭个人的实践经验对液压系统出现的故障进行诊断，判断产生故障的部位和原因。这是近几十年来，将液压故障诊断经验上升为诊断理论的一种"中医辨证诊断"模式。它主要是通过人的感觉和简单仪器进行检测，故称为感觉诊断法。这种方法简便易行，目前应用广泛。现介绍简易诊断技术的主要方法。

（1）视觉诊断法　用眼睛观察液压系统工作的真实现象。观察执行机构的运动情况；观察液压系统各测压点的压力值及波动大小；观察油液的温度是多少，油液是否清洁、是否变质，油量是否满足要求，油的黏度是否符合要求，油的表面是否有泡沫；观察液压管路各接头处、阀板结合处、液压缸端盖处、液压泵传动轴处等，是否有渗漏、滴漏和出现油垢现象（一般一滴油约为 0.05mL）；观察液压缸活塞杆或工作台等运动部件工作时有无跳动等现象；观察用设备加工出来的产品，判断运动机构的工作状态、系统压力和流量的稳定性；观察电磁铁的吸合情况，判断电磁铁的工作状态。为判断液压元件各油口之间的通断情况，可用灌油法（或吹烟法），将清洁的液压油倒入某油口，出油的油口为相通口，不出油的油口为不通口。

（2）听觉诊断法　用耳听判断液压系统或液压元件的工作是否正常。听液压泵和液压系统噪声是否过大，溢流阀等元件是否有尖叫声；听工作台换向时冲击声是否过大，液压缸活塞是否有冲击缸底的声音；听油路板内部是否有微细而连续不断的声音；听液压泵运转时是否有敲打声；听电磁换向阀的工作状态（电磁铁发出"嗡嗡"声是正常的，若发出冲击声，则是由于阀芯动作过快或电磁铁铁心接触不良或压力差太大而发出的声响）；听液压元件和管道内是否有液体流动声或其他声音。听检判断液压油在油管中的流通情况，可用一根钢质杆，一端贴在耳边，一端与油管外壁接触，听到管内有"轰轰"声，为压力高而流速快的压力油在油管内的流动声；听到管内有"嗡嗡"声，为管内无油液而液压泵运转时的共振声；听到管内有"哗哗"声，为管内一般压力油的流动声；若一边敲击油管一边听检，听到清脆声为油管中没有油液，听到闷声为管中有油液。

（3）触觉诊断法　用手摸运动部件的温升和工作状况。用手摸液压泵外壳、油箱外壁和阀体外壳的温度，若手指触摸感觉较凉者，为 5~10℃；若手指触摸感觉暖而不烫者，为 20~30℃；若手指触摸感觉热而烫但能忍受者，为 40~50℃；若手指触摸感觉烫并只能忍耐 2~3s 者，为 50~60℃；若手指触摸感觉烫并急缩回者，约为 70℃以上。一般温度在 60℃以上时，就应检查原因。用手摸运动部件和油管，可以感到有无振动，一般用食指、中指、无名指一起接触振动体，以判断其振动情况。若手指略有微脉振感者，为微弱振动；若手指觉有波颤抖振感者，为一般振动；若手指觉有颤抖振感者，为中等振动；若手指觉有跳抖振感者，为强振动。用手摸油管，可判断管内有无油液流动。若手指没有任何振感者，为无油的空油管；若手指有不间断的连续微振感者，为有压力油的油管；若手指有无规则振颤感者，为有少量压力波动油的油管。用手摸工作台，可判断其慢速移动时有无爬行现象。用手摸挡铁、微动开关等控制部件，可判断其紧固螺钉的松紧程度。

（4）嗅觉诊断法　闻液压油是否有焦臭味。若闻到液压油局部有焦化气味，则为液压泵等液压元件局部发热使周围液压油被烤焦，据此可判断其发热部位及原因；闻液压油是否有恶臭味或刺鼻的辣味，若有则说明液压油已严重污染，不能继续使用。闻工作环境中是否有异味，可以判断电气元件绝缘是否烧坏等。

四、液压系统维修的原则

在液压系统中，由于液压元件都在充分润滑的条件下工作，液压系统均有可靠的过载保护装置（如安全阀等），很少发生金属零件破损、严重磨损等现象。对液压系统的修理可以总结为"观察、分析、严密、调整"八个字，即在"观察"上打基础，在"分析"上花时间，在"严密"上下功夫，在"调整"上找出路。大多数故障通过调整的办法可以排除，有些故障可用更换易损件（如密封圈等）、换液压油甚至更换个别标准液压元件或清洗液压元件的办法排除，只有部分故障是因设备使用年久，精度不够，需要修复才能恢复其性能。因此，排除故障时应注意采用"先外后内、先调后拆、先洗后修"的步骤，尽量通过调整来实现，只有在万不得已的情况下才大拆大卸。在清洗液压元件时，要用毛刷或绸布或塑料泡沫及海绵等，不能用棉布或棉纱等来擦洗液压元件，以免堵塞微小的通道。

五、液压系统拆卸应注意的问题

1）在拆卸液压系统之前，必须弄清液压回路内是否有残余的压力，把溢流阀完全松开。拆卸装有蓄能器的液压系统之前，必须把蓄能器所蓄能量全部释放出来。如果不了解系统回路中有无残余压力而盲目拆卸，可能发生重大机械或人身事故。

2）在拆装液压机械时，应将能作空间运动的运动部件（如挖掘机、推土机等）放至地面，或用立柱支好，不要将立柱支承在液压缸或活塞杆上，以免液压缸承受横向力。

3）液压系统的拆卸最好按部件进行。从待修的机械上拆下一个部件，经性能试验不合格者才进一步分解拆卸，检查修理。

4）液压系统的拆卸操作应十分仔细，以减少损伤。

5）拆卸时不得乱敲乱打，零件不得碰撞，以防损坏螺纹和密封表面。

6）在拆卸液压缸时，不应将活塞和活塞杆生硬地从缸体中拿出，以免损伤缸体表面。正确的方法是在拆卸前，即在未放出液压油以前，依靠液压力使活塞移动到缸体的任意一个末端，然后进行拆卸。

7）拆下零件的螺纹部分和密封面都要用胶布或胶纸缠好，以防碰伤。拆下的小零件要分别装入塑料袋中保存。

8）在拆卸油管时，要及时在拆下的油管上挂标签，以防装错位置。对拆下来的油管，要用冲洗设备将管内冲洗干净，再用压缩空气吹干，然后在管端堵上塑料塞。拆卸下来的泵、马达和阀的油口，也要用塑料塞塞好，或者用胶布、胶纸粘盖好。在没有塑料塞时，可以用塑料袋套在管口上，然后用胶布、胶纸粘牢。禁止用碎纸、棉纱或破布代替塑料塞。

第四节　液压系统常见故障及排除

液压系统发生故障时应进行周密仔细的分析，这不仅需要掌握液压系统的工作原理，而且还应了解每个元件的结构、工作原理、主要作用和常见故障及排除方法。液压系统的常见故障和排除方法见表7-1。

第七章　液压系统的安装和使用及设备的调试和故障分析　　193

表 7-1　液压系统的常见故障及排除方法

故障现象	产生原因	排除方法
无压力或压力很低	1. 液压泵 （1）电动机转向错误 （2）零件磨损,间隙过大,泄漏严重 （3）油箱液面太低,液压泵吸空 （4）吸油管路密封不严,造成吸空 （5）压油管路密封不严,造成泄漏 2. 溢流阀 （1）弹簧变形或折断 （2）滑阀在开口位置卡住 （3）锥阀或钢球与阀座密封不严 （4）阻尼孔堵塞 （5）远程控制口接回油箱 3. 压力表损坏或失灵造成无压假象 4. 液压阀卸荷 5. 液压缸高低压腔相通 6. 系统泄漏 7. 油液黏度太低 8. 温升过高,降低了油液黏度	1. 液压泵 （1）改变转向 （2）修复或更换零件 （3）补加油液 （4）检查管路,拧紧接头,加强密封 （5）同（4） 2. 溢流阀 （1）更换弹簧 （2）修研滑阀使其移动灵活 （3）更换锥阀或钢球,配研阀座 （4）清洗阻尼孔 （5）切断通油箱的油路 3. 更换压力表 4. 查明卸荷原因,采取相应措施 5. 修配活塞,更换密封件 6. 加强密封,防止泄漏 7. 提高油液黏度 8. 查明发热原因,采取相应措施
爬行	1. 系统负载刚度太低 2. 节流阀或调速阀流量不稳定 3. 液压缸产生爬行 4. 混入空气 （1）油箱液面过低,吸油不畅 （2）过滤器堵塞 （3）吸、回油管相距太近 （4）回油管未插入油面以下 （5）吸油管路密封不严,造成吸空 （6）机械停止运动时,系统油液流空 5. 油液污染 （1）污物卡住液动机,增加摩擦阻力 （2）污物堵塞节流孔,引起流量变化 6. 油液黏度不适当 7. 导轨 （1）滑板楔铁或压板调整过紧 （2）导轨精度不高,接触不良 （3）润滑油不足或选用不当	1. 改进回路设计 2. 选用流量稳定性好的流量阀 3. 见表 3-1 4. 防止空气进入 （1）补加液压油 （2）清洗过滤器 （3）将吸、回油管远离 （4）将回油管插入油液之下 （5）加强密封 （6）设背压阀或单向阀,防止油液流空 5. 保持油液清洁 （1）清洗液动机,更换油液、加强过滤 （2）清洗液压阀,更换油液、加强过滤 6. 用指定黏度的液压油 7. 使摩擦力均匀 （1）重新调整 （2）按规定刮研导轨,保持良好接触 （3）改善润滑条件
冲击	1. 液压缸 （1）运动速度过快,没设置缓冲装置 （2）缓冲装置中的单向阀失灵 （3）缓冲柱塞的间隙太小或过大	1. 消除液压缸冲击 （1）设置缓冲装置 （2）修理缓冲装置中的单向阀 （3）按要求修理、配制缓冲柱塞

(续)

故障现象	产生原因	排除方法
冲击	2. 节流阀开口过大 3. 换向阀 (1) 换向阀的换向动作过快 (2) 液动阀的阻尼器调整不当 (3) 液动阀的控制流量过大 4. 压力阀 (1) 工作压力调整太高 (2) 溢流阀发生故障,压力突然升高 (3) 背压过低或没有设置背压阀 5. 垂直运动的液压缸没采取平衡措施 6. 混入空气 (1) 系统密封不严,吸入空气 (2) 停机时油液流空 (3) 液压泵吸空	2. 调整节流阀开口 3. 减缓换向阀关闭或开启的速度 (1) 控制换向速度 (2) 调整阻尼器的节流口 (3) 减小控制油的流量 4. 采用性能好的压力阀 (1) 调整压力阀,适当降低工作压力 (2) 排除溢流阀故障 (3) 设置背压阀,适当提高背压力 5. 设置平衡阀 6. 加强密封 (1) 加强吸油管路密封 (2) 防止元件油液流空 (3) 补足油液,减小吸油阻力
振动和噪声	1. 液压泵产生振动和噪声 2. 液压泵流量、压力脉动太大 3. 溢流阀产生振动和噪声 4. 溢流阀与其他元件发生共振 5. 换向阀产生振动和噪声 (1) 电磁铁吸合不严 (2) 阀芯卡住 (3) 电磁铁焊接不良 (4) 弹簧损坏或太硬 6. 管路产生的振动和噪声 (1) 管路直径太小 (2) 管路弯曲过多或过长 (3) 管路与阀产生共振 7. 液压缸加工装配误差大、密封过紧 8. 由冲击引起振动和噪声 9. 由外界振动引起的系统振动 10. 电动机、液压泵转动引起的振动和噪声	1. 见表2-2、表2-3、表2-4 2. 选用脉动小的液压泵 3. 见表5-5 4. 调整压力避免共振,或改变振动系统的固有振动频率 5. 防止换向阀产生振动和噪声 (1) 修理电磁铁 (2) 清洗或修整阀体和阀芯 (3) 重新焊接 (4) 更换弹簧 6. 合理选择和安装管路 (1) 加大管路直径 (2) 改变管路布局和支撑 (3) 改变管路长度 7. 更换或修理不合格零件、重新装配,合理调整密封装置松紧 8. 见"冲击"故障排除方法 9. 采取隔振措施 10. 采取缓振措施
油温过高	1. 液压系统设计不合理,压力损失过大,效率低 2. 工作压力过大 3. 泄漏严重,容积效率低 4. 管路太细而且弯曲,压力损失大 5. 相对运动零件间的摩擦过大 6. 油液黏度过大 7. 油箱容积小,散热条件差 8. 由外界热源引起温升	1. 改进回路设计,采用变量泵或卸荷措施 2. 降低工作压力 3. 加强密封 4. 加大管径,缩短管路,使油流通畅 5. 提高零件加工装配精度,减小运动摩擦力 6. 选用黏度适当的液压油 7. 增大油箱容积,改善散热条件,设置冷却器 8. 隔绝热源
泄漏	1. 密封件损坏或装反 2. 管接头松动 3. 单向阀阀芯磨损,阀座损坏 4. 相对运动零件磨损,间隙过大 5. 某些铸件有气孔、砂眼等缺陷	1. 更换密封件,改正安装方向 2. 拧紧管接头 3. 更换阀芯,配研阀座 4. 更换磨损的零件,减小配合间隙 5. 更换铸件或修补缺陷

(续)

故障现象	产生原因	排除方法
泄漏	6. 压力调整过高 7. 油液黏度太低 8. 工作温度太高	6. 降低工作压力 7. 选用适当黏度的液压油 8. 降低工作温度或采取冷却措施
不能实现快速	1. 液压泵供油量不足,压力不够 2. 安全溢流阀失灵,压力太低 3. 液压缸串腔 4. 液压阀失灵 5. 管接头松动,密封纸垫击穿,板式结构内部串通	1. 见表2-2、表2-3、表2-4 2. 见表5-5 3. 修复液压缸,保证密封 4. 检修清洗 5. 检修,更换纸垫,消除内泄漏
工作台不运动	1. 系统建立不起压力,流量不足 (1)电动机转向、转速不对 (2)油温低或黏度大 2. 压力阀被脏物卡死或间隙过大 3. 流量阀故障 4. 换向阀故障 5. 液压泵故障 6. 系统漏油 7. 补液压泵供油不足	1. 检查排除 (1)检查纠正 (2)反复开停几次使系统升温 2. 见表5-5、表5-6、表5-7 3. 见表5-8、表5-9 4. 见表5-3、表5-4 5. 见表2-2、表2-3、表2-4 6. 检修排除 7. 增加补油量

根据上述常见的故障分析及实践经验,要使一个液压系统可靠地长期工作,必须在设计和使用过程中认真做到以下几点。

1)注入油箱的液压油必须经严格过滤且定期检查,要经常保持油液清洁,防止油液污染。

液压油的污染是指工作油液中有水、空气、固体、硬性物质以及橡胶状粘着物的进入。它是设备发生各种故障的根源。据统计,油液污染引起的故障约占液压系统故障总数的80%以上。这些故障轻则影响系统性能和使用寿命,重则使机件失灵以致损坏机件,导致液压元件和液压系统不能正常工作。其主要表现为:

① 污染颗粒侵入间隙,使相互配合零件的运动不灵活,造成动作的灵敏度降低或动作循环错乱。

液压泵:若污染颗粒进入叶片泵转子槽与叶片之间,就会产生卡死现象;若进入齿轮泵的轮齿与端面间,就会加速齿面和端面的磨损,使容积效率下降;若进入柱塞泵的滑履与斜盘之间,会使静压不能建立。

若污物侵入液压马达时,也将产生类似泵的不良后果。

换向阀:当污染颗粒进入滑阀的阀孔与阀芯的间隙时,会使阀芯移动不灵活甚至卡死。

流量阀:当污染颗粒集结在节流口上时,会使通流面积变化,从而影响速度的稳定性。

压力阀:当污染颗粒粘附在阀座处,会影响阀座的密封性。这种污染物粘附在阀座上是经常处于变化状态的,时而存在,时而被油液冲走,从而引起无规律性的间断故障。

② 污染颗粒、橡胶状粘着物会堵塞过滤器,使液压泵运转困难并产生噪声。

③ 油液污染使液压元件加速磨损,致使寿命缩短;擦伤密封件,使泄漏增加。

④ 污染颗粒或橡胶状粘着物堵塞液压元件的阻尼小孔,使液压元件失灵,造成各种故障。

⑤ 水分和空气的混入,使液压油的润滑能力下降并加速氧化变质,产生气蚀而使液压元件加速腐蚀,使液压系统产生振动、噪声、爬行等。

必须指出，空气进入液压系统后，会使油液变成乳化状，而液压油中混进水搅拌后，也会呈乳化状。两者的区别可用如下的方法：

a. 观察。停泵 1~2h，若乳化状消失，即是空气进入系统；若仍然呈乳化状，则是切削液混入油液中。

b. 听。空气侵入系统后必然发出嘶嘶声，且比较刺耳，而冷却液混入系统后发出的噪声较低沉。

c. 感觉。若有空气进入系统，手触及液压泵出油管时，有"触电"的感觉（即高频振荡的原因），而冷却液混入系统一般无此感觉。

2）防止空气混入系统，并将混入系统中的空气及时排出。工作中空气进入系统和系统内存在空气两种情况的区别：

① 工作中空气进入系统。液压系统工作时，由于液压泵压油口以后为压力区，管道内部为高压，外部为大气压，故只能漏油不能进入空气；而液压泵吸油口会连续吸入空气。其故障特征是：压力表显示值较低，压力升不高；执行元件工作无力；油箱内气泡严重；执行元件连续爬行，采取排气措施排气后 0.5~1h 又继续爬行。

液压泵工作过程中吸入空气时，应根据具体情况进行分析诊断，查明情况并采取相应措施防止空气侵入。诊断泵吸入空气的方法是涂油法，将泵的吸油侧和吸油管用油清洗干净后，涂上一层稀润滑脂，再起动液压泵，观察涂有稀润滑脂的部位，若为进气处，则稀润滑脂会出现吸破而成皱折或开裂状，可以此确定进气点。为了进一步验证进气部位，再将稀润滑脂擦掉，然后再涂上一层稠润滑脂，因其表面张力大，再次起动液压泵时是不会吸破也不会进气的。同时，也应严格观察油箱液面波浪状的波幅大小及吸油管是否会间断性地露在液面外而吸进空气，从而确切地诊断进气部位。

② 液压系统内存有空气。液压系统停止工作时，系统内油液漏掉而形成真空，空气此时乘虚而入。系统内进满了空气，再工作时就产生爬行。其特征是：执行元件到达终点或停止前发生爬行，规律性很强，有时伴有振动和噪声；泵供油正常，压力计显示值正常，升压也较正常；油箱内气泡较少或无气泡。

消除的方法是：在设备的高处部位设置排气装置（一般在液压缸上装有排气阀或排气塞），当设备长时间停止后再次使用时，先打开排气装置进行排气；若无排气装置，则可将挡铁调到最大行程处，起动设备以最快速度全行程使活塞往返运动数次（一般 6~7 次），以使空气排出，然后开始正常工作。若设备停止运动后再次起动，仍经常发生爬行，则应改进设计，防止停机时油液流失。

3）防止油温过高。最好控制在 60℃ 以下。

4）要防止泄漏。

学习要求和习题

一、学习要求

1. 掌握液压系统的安装原则。
2. 熟悉液压阀的连接形式与配置形式。
3. 掌握液压系统的调试内容及注意事项。
4. 了解液压元件的安装方法、清洗方法。
5. 掌握液压系统的维修原则和步骤。
6. 掌握液压系统故障诊断方法和追查方法。

7. 了解各液压元件的常见故障及排除方法。
8. 了解液压系统常见故障及排除方法。

二、习题

（一）填空题

1. 液压系统安装时，一般按照_____、_____和_____的原则进行。
2. 安装液压泵和液压阀时，必须注意各油口位置，不能_____。
3. 新制成或修理后的液压设备，当安装好后，在试车前必须对系统进行清洗，要求高的系统分两次清洗，第一次清洗以_____为主，第二次清洗是对_____清洗。
4. 液压系统的调试分为_____、_____、_____。
5. 液压设备的维护保养分_____、_____和_____三个阶段进行。
6. 寻找液压故障难的原因是液压故障具有_____、_____、_____。
7. 追查液压故障的基本方法有_____和_____。
8. 液压故障的诊断方法有_____和_____。
9. 排除液压故障时应注意采用_____、_____、_____的步骤。
10. 液压系统的修理可以总结为_____、_____、_____、_____。
11. _____是设备发生各种故障的根源。
12. 液压系统产生爬行的主要原因是_____、_____、_____、_____。
13. 液压阀的配置形式有_____、_____、_____。

（二）判断题

1. 为了维护方便，液压泵安装在液面 0.5m 以上的地方。（   ）
2. 蓄能器、压力表、流量计等辅助元件应安装在能自由拆装而不影响其他元件的位置。（   ）
3. 在行程长、温度变化大、要求高的液压系统中，液压缸的两端必须完全固定。（   ）
4. 新装的或修理后的设备，管道安装完成后，即可进行试车。（   ）
5. 吸油管、回油管应在液面以下足够的深度。（   ）
6. 系统泄漏油路应有背压，以便运动平稳。（   ）
7. 在清洗液压元件时，应用棉布擦洗。（   ）

（三）选择题

1. 吸油管和回油管的管道直径应比压油管路的管路直径_____。
   A. 粗   B. 细
2. 在油箱中，溢流阀的回油口应_____泵的吸油口。
   A. 远离   B. 靠近
3. 在安装泵传动轴和电动机驱动轴时，一般要求同轴度偏差小于_____。
   A. 0.1mm   B. 0.01mm   C. 1°   D. 0.1°
4. 液压系统的油温一般在_____以上时，应检查原因。
   A. 20℃   B. 40℃   C. 60℃
5. 在液压系统外观检查时，应将各压力阀的调压弹簧_____。
   A. 松开   B. 调紧   C. 调至适当位置
6. 背压阀应在执行元件_____时进行调整。
   A. 停止   B. 运动

（四）分析题

1. 如图 7-5 所示的系统，在液压缸返回行程时无最大速度，而且系统压力过高，检查结果是：单向阀动作正常，换向阀弹簧有些歪斜及阀芯动作不灵活。试分析故障原因并指出排除方法。
2. 在图 5-52 所示的回路中，发现溢流阀调压时调不上压力，有时还产生振动和噪声。当把二位二通阀拆下并堵死远程控制口时，溢流阀工作正常。另外，发现二位二通阀是一个额定流量比较大的阀。试分析产生故障的原因和消除方法。

3. 图 7-6 所示为采用电液换向阀的换向系统，其换向时冲击较大；当调节节流口时，换向阀的换向速度仍无明显变化，即使节流口关闭仍能换向。试分析产生故障的原因，并指出排除方法。

4. 在图 7-6 所示的系统中，若将三位四通电磁换向阀的 Y 型中位机能改为 O 形中位机能，则换向时有滞后现象，且运动部件需要停止时停不下来。试分析其原因。

5. 在图 5-61 所示的回路中，由换向阀 4 对流量阀 2 和 3 进行切换，以实现速度切换。若回路中无残留气体，各元件工作正常且性能良好，试分析比较各切换回路的特点。

6. 在图 7-7 所示回路中，为什么无论是进还是退，只要负载 G 越过中线，液压缸就会出现时走时停的现象？试分析其原因。当换向阀一到中位，为什么液压缸便左、右推不动？

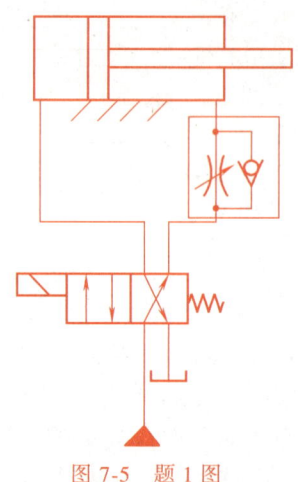

图 7-5　题 1 图

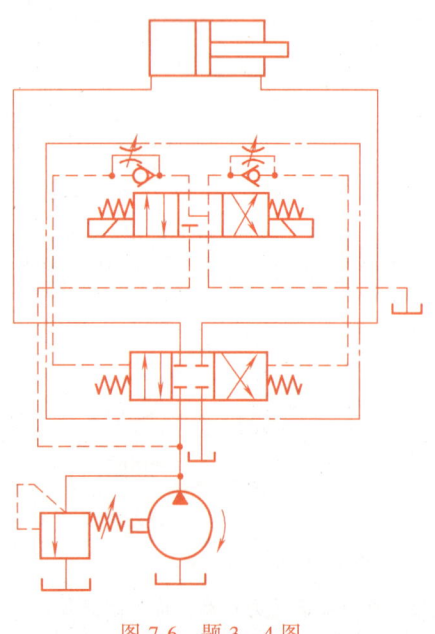

图 7-6　题 3、4 图

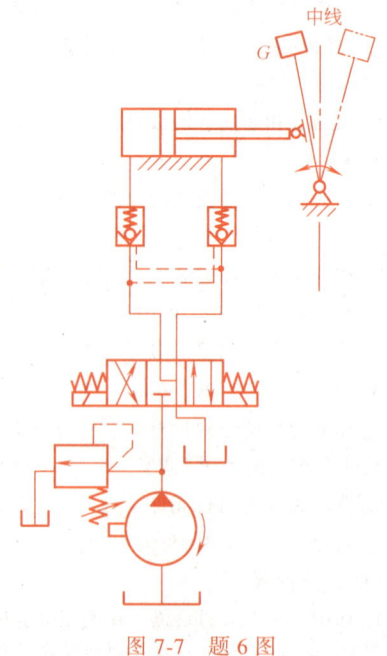

图 7-7　题 6 图

第八章　液压系统设计

液压系统的设计是整机设计的一部分,它的任务是,根据整机的用途、特点和要求,明确整机对液压系统设计的要求;进行工况分析,确定液压系统主要参数;拟订出合理的液压系统原理图;计算和选择液压元件的规格;验算液压系统的性能;绘制工作图,编制技术文件。

第一节　液压系统设计的步骤

液压系统设计的步骤,随设计的实际情况、设计者的经验而各有差异,但其基本内容是一致的:①明确设计要求,进行工况分析。②拟订液压系统原理图。③进行液压元件的计算和选择。④进行液压系统的性能验算。⑤绘制工作图和编制技术文件。

以上设计步骤的过程,有时需要穿插进行,交叉展开。对某些比较复杂的液压系统,需经过多次反复比较,才能最后确定。

第二节　明确设计要求,进行工况分析

一、明确设计要求

液压系统设计任务书中规定的各项要求是液压系统设计的依据,设计时必须明确:

(1) 液压系统的动作要求　液压系统应完成的运动、运动的方式、工作循环和动作周期,以及同步、互锁和配合要求等。

(2) 液压系统的性能要求　负载条件、速度要求、工作行程、运动平稳性和精度、工作可靠性等。

(3) 液压系统工作环境要求　环境温度、湿度、尘埃、通风情况,以及易燃易爆、振动、安装空间等。

二、工况分析

液压系统工况分析是指对液压执行元件的工作情况进行分析,主要是了解工作过程中执行元件在各个工作阶段中的流量、压力和功率的变化规律,并将该规律用曲线表示出来,作为确定液压系统主要参数、拟订液压系统方案的依据。

1. 运动分析

按照工作要求和执行元件的运动规律,绘制执行元件的工作循环图和速度循环图。

图 8-1 所示为某组合机床动力滑台的运动分析图。其中,图 8-1a 所示为动力滑台工作循环图,图 8-1b 所示为动力滑台速度-位移(时间)曲线图。

2. 负载分析

绘制执行元件的负载循环图。

图 8-2 所示为某组合机床动力滑台的负载-位移(时间)曲线图。

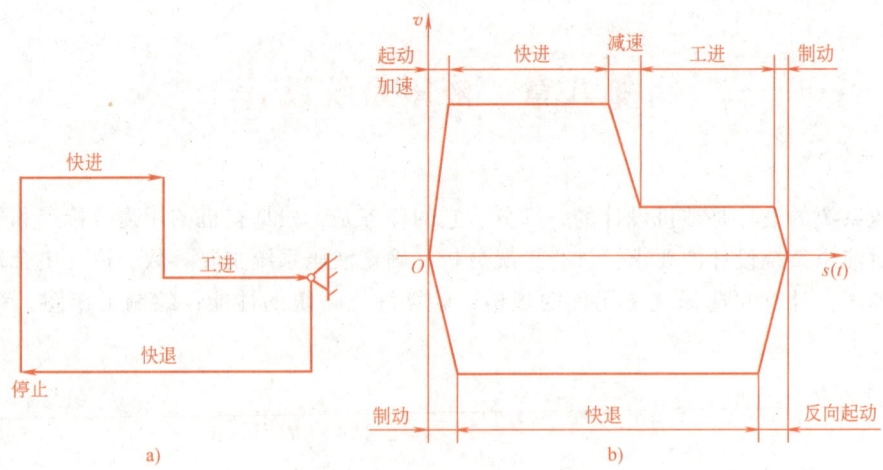

图 8-1 动力滑台运动分析图
a) 动力滑台工作循环图　b) 动力滑台速度-位移（时间）曲线图

绘制负载循环图时，应具体分析并计算执行元件所承受的负载。

做往复直线运动的液压缸所受到的工作负载 F(N) 为

$$F = F_q + F_u + F_a + F_G + F_m + F_b \tag{8-1}$$

式中　F_q——切削负载（N），是指沿液压缸运动方向的切削分力，切削分力与运动方向相反为正值，相同为负值；

　　　F_u——导轨摩擦负载（N），它与导轨的形状、受力大小及摩擦因数有关。

对于平导轨

$$F_u = fN \tag{8-2}$$

对于 V 形导轨

$$F_u = \frac{fN}{\sin(\alpha/2)} \tag{8-3}$$

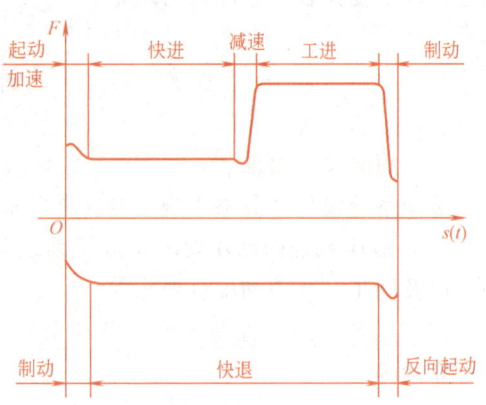

图 8-2 动力滑台负载-位移（时间）曲线图

式中　N——作用在导轨上的正压力（N）；

　　　α——V 形导轨的夹角（°）；

　　　f——导轨的摩擦因数，见表 8-1；

　　　F_a——惯性负载（N）；

$$F_a = \frac{G}{g}\frac{\Delta v}{\Delta t} \tag{8-4}$$

式中　G——运动部件所受的重力（N）；

　　　g——重力加速度（m/s²）；

　　　Δv——速度变化量（m/s）；

　　　Δt——起动或制动时间（s），一般机械 $\Delta t = 0.1 \sim 0.5$s，行走机械 $\Delta t = 0.5 \sim 1.5$s；

　　　F_G——重力负载（N），垂直放置的工作部件向上移动时为正值，向下移动时为负值，水平放置的工作部件为零；

F_m——密封阻力负载（N），其值与密封装置的类型、液压缸的制造质量，密封装置装配状况及液压缸的工作压力有关，常取 $F_m = 0.1F$，或者计入液压缸机械效率 η_{cm}，并取 $\eta_{cm} = 0.9 \sim 0.95$；

F_b——背压负载（N），初算时暂不考虑。

表 8-1　导轨摩擦因数 f

导轨种类	导轨材料	工作状态	摩擦因数 f
滑动导轨	铸铁对铸铁	起动时	0.16~0.20
		低速：$v<0.16$m/s 时	0.10~0.12
		快速：$v>0.16$m/s 时	0.05~0.08
滚动导轨	铸铁导轨对滚柱(珠)	起动或运动时	0.005~0.020
	淬火钢导轨对滚柱(珠)		0.003~0.006
静压导轨	铸铁对铸铁	起动或运动时	0.0005

以上切削负载 F_q、导轨摩擦负载 F_u、惯性负载 F_a、重力负载 F_G 为外负载，密封阻力负载 F_m、背压负载 F_b 为内负载。

液压缸在各个工作阶段的工作负载应分析计算如下：

起动时　　　　　　　　$F = (F_{uj} \pm F_G)/\eta_{cm}$　　　　　　　　(8-5)

加速时　　　　　　　　$F = (F_{ud} \pm F_G + F_a)/\eta_{cm}$　　　　　　(8-6)

快进时　　　　　　　　$F = (F_{ud} \pm F_G)/\eta_{cm}$　　　　　　　　(8-7)

工进时　　　　　　　　$F = (F_q + F_{ud} \pm F_G)/\eta_{cm}$　　　　　　(8-8)

快退时　　　　　　　　$F = (F_{ud} \pm F_G)/\eta_{cm}$　　　　　　　　(8-9)

若执行机构为液压马达，其负载力矩计算方法与液压缸相类似。

3. 执行元件的参数确定

（1）选定工作压力　当负载确定后，工作压力的选定决定液压系统的经济性和合理性。若工作压力低，则执行元件的尺寸就大，完成给定速度所需的流量也大；若工作压力过高，则密封要求就高，元件的压力等级高。因此，应根据实际情况选取适当的工作压力。常用类比法或负载法选取，见表 8-2 和表 8-3。

表 8-2　各类液压设备常用系统压力　　　　　　　　　　　　（MPa）

设备类型	机　床				农业机械 小型工程机械	液压机重型机械 起重运输机械
	磨床	组合机床	龙门刨床	拉床		
工作压力 p	0.8~2	3~5	2~8	8~10	10~16	20~32

表 8-3　根据负载选择系统压力

负载 F/kN	<5	5~10	10~20	20~30	30~50	>50
工作压力 p/MPa	0.8~1	1.5~2	2.5~3	3~4	4~5	>5~7

（2）确定执行元件的几何参数　对于液压缸来说，它的几何参数是有效工作面积 A，对于液压马达来说就是排量 V。

液压缸有效工作面积 A 为

$$A = \frac{F}{p} \quad (8\text{-}10)$$

式中 F——液压缸工作负载（N）；

p——液压缸工作压力（Pa）。

这样计算出来的工作面积 A 可以用于确定液压缸的缸筒内径 D、活塞杆直径 d。注意 D、d 的大小必须符合国家标准。

对于有低速稳定性要求的设备，还应按照液压缸所要求的最低稳定速度来验算，即

$$A \geqslant \frac{q_{\min}}{v_{\min}} \quad (8\text{-}11)$$

式中 $q_{\min}$——流量阀最小稳定流量（m^3/s），可由产品样本查得；

$v_{\min}$——液压缸最低速度（m/s）。

（3）编制液压执行元件工况图 根据负载图（或负载转矩图）和液压执行元件的有效工作面积（或排量）就可编制液压执行元件工况图，即压力图、流量图、功率图。图 8-3 所示为某组合机床液压缸工况图。其中图 8-3a 所示为压力图，图 8-3b 所示为流量图，图 8-3c 所示为功率图。

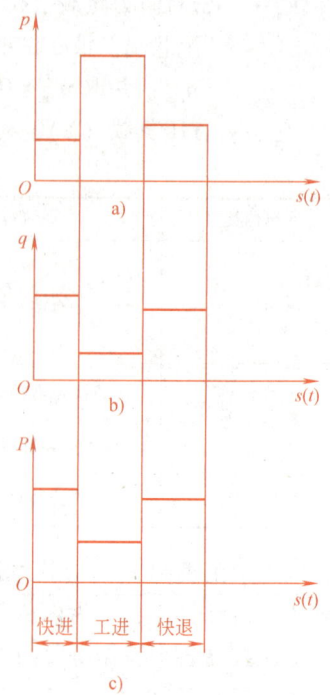

图 8-3 某组合机床液压缸工况图
a) 压力图 b) 流量图 c) 功率图

根据工况图可以直观地、方便地找出最大工作压力、最大流量和最大功率，根据这些参数即可选择液压泵、液压阀及电动机。

第三节 拟订液压系统原理图

拟订液压系统原理图是整个液压系统设计中最重要的一环，它的好坏从根本上影响整个液压系统。应综合应用前面的各章内容，多考虑几个方案，进行分析比较。一般的方法是：根据设备的性能要求选择合理的液压基本回路，再将基本回路组合成完整的液压系统。

一、液压回路的选择

1. 确定供油方式

一般根据液压系统的工作压力、流量、转速、效率、定量或变量等来选择液压泵。表 8-4 为液压泵种类和特性比较，表 8-5 为定量泵与变量泵比较。

表 8-4 液压泵种类与特性比较

特性 \ 种类	齿轮泵	叶片泵	柱塞泵	
			轴向式	径向式
额定压力/MPa	25	28	35	100
流量/(mL/r)	1~500	1~350	4~1000	6~500
最高转速/(r/min)	900~4000	1200~3000	5000	1800
总效率(%)	75~90	75~90	85~95	80~92

(续)

特性 \ 种类	齿轮泵	叶片泵	柱塞泵	
			轴向式	径向式
适用黏度/(mm²/s)	20~500	20~200	20~200	
自吸能力	非常好	好	差	
变量能力	不能	能	好	
输出压力脉动	大	小	中	
污染敏感度	大	小	小	
黏度对效率的影响	很大	较大	很小	
噪声	小~大	小~中	中~大	
适用场合	工程机械、搬运机械、车辆	机床	冶金机械、锻压机械、建筑机械	

表 8-5　定量泵与变量泵比较

特点 \ 种类	定量泵	变量泵
结构	简单	复杂
功率	损失小	损失大
效率	低	高
温升	大	小
价格	便宜	贵

2. 确定调速方法

选择调速方法时，除满足工艺上提出的速度要求外，还应考虑液压系统的功率、调速范围、速度刚性、温升、经济性等要求。表 8-6 为调速方法选择。

表 8-6　调速方法选择

调速方法	节流调速		容积调速	联合调速
	进油路	回油路		
适用	中小功率 速度不高		功率较大 调速范围大	中等功率 温升小、效率高 速度刚性好
	压力控制方便	承受负值负载		
应用	组合机床 机床类：车、镗、钻、磨		组合机床 刨床、拉床、液压机、注塑机	组合机床 粉末冶金压机

3. 速度换接回路选择

速度换接回路常用行程阀或电磁阀来实现。表 8-7 为采用行程阀和电磁阀回路的比较。

表 8-7　采用行程阀和电磁阀回路的比较

阀　类	行　程　阀	电　磁　阀
特　点	换接平稳,工作可靠,换接位置精度较高	结构简单,控制灵活,调整方便

4. 换向回路选择

根据执行元件对换向性能要求，选择换向阀机能和控制方式。表 8-8 为换向阀控制方式比较。

表 8-8 换向阀控制方式比较

控制方式	电磁阀	电液阀	行程阀	手动阀
特点	操作方便，便于布置，低速换向	部件重，流量大，换向速度可调	换向平稳，换向精度高	换向动作频繁，工作持续时间短，操作安全

5. 压力控制回路选择

节流调速中，常用溢流阀组成恒压控制回路。

容积调速和容积节流调速中，常用溢流阀组成限压安全保护回路。

6. 其他回路的设置

根据液压系统要求，可设置卸荷回路、减压回路、增压回路、多级调压回路、远程调压回路、顺序动作回路、同步回路等。

二、基本回路组合成液压系统

液压基本回路确定之后，即可综合成完整的液压系统。在综合过程中应注意以下几点：

1）综合成的液压系统应保证其循环时的每一个动作要求都安全可靠、相互间互不干涉。

2）综合成的液压系统应尽量选用标准元件，力求做到系统结构简单。

3）尽可能使液压系统经济合理，便于维修检测。

第四节 液压元件的计算和选择

初步拟订液压系统原理图后，便可进行液压元件的计算和选择，也就是通过计算各液压元件在工作中承受的压力和通过的流量，来确定各元件的规格和型号。

一、液压泵的选择

先根据设计要求和系统工况确定液压泵的类型（已确定），然后根据液压泵的最高供油压力和最大供油量来选择液压泵的规格。

1. 确定液压泵的最高工作压力 p_p

执行元件最大工作压力 p_{max} 的出现有两种情况：其一是执行元件在运动行程终了，停止运动时（如液压机、夹紧缸）出现；其二是执行元件在运动行程中（如机床、提升机）出现。确定液压泵的最高工作压力 p_p 就应分别对待：

对于第一种情况
$$p_p \geqslant p_{max} \tag{8-12}$$

对于第二种情况
$$p_p \geqslant p_{max} + \sum \Delta p \tag{8-13}$$

式中 p_{max}——执行元件的最大工作压力（MPa）；

$\sum \Delta p$——管路总压力损失（MPa）。

初步估算时，一般节流调速和管路简单的系统取 $\sum \Delta p = 0.2 \sim 0.5$ MPa；有调速阀和管路较复杂的系统取 $\sum \Delta p = 0.5 \sim 1.5$ MPa。

2. 确定液压泵的最大供油量 q_p

$$q_p \geqslant K \sum q_{max} \tag{8-14}$$

式中 K——系统泄漏系数，一般取 $K = 1.1 \sim 1.3$；

$\sum q_{max}$——同时工作的执行元件流量之和的最大值。

对于节流调速系统,如果最大供油量出现在调速时,尚需加溢流阀的最小溢流量 $0.05\text{m}^3/\text{s}$,来保持溢流阀溢流稳压状况。

3. 选择液压泵规格

1)液压泵的额定压力 p_n 应符合

$$p_n \geq (1.25 \sim 1.6)p_p \tag{8-15}$$

以保证液压泵安全可靠和有一定的压力储备。

2)液压泵额定流量 q_n 应符合

$$q_n = q_p \tag{8-16}$$

4. 确定液压泵驱动功率

1)使用定量泵时,P_n 应符合

$$P_n \geq \frac{pq}{\eta_p} \tag{8-17}$$

式中 p——液压泵的工作压力(Pa);

q——液压泵流量(m^3/s);

η_p——液压泵的总效率。

有不同工况时,取大值作为选择电动机规格的依据。

2)使用限压式变量泵时,用限压式变量泵的压力-流量特性曲线的最大功率点(拐点)估算。即

$$P_n \geq \frac{p_B q_B}{\eta_p} \tag{8-18}$$

式中 p_B——限压式变量泵拐点压力(Pa);

q_B——限压式变量泵拐点流量(m^3/s);

η_p——限压式变量泵的总效率。

二、阀类元件选择

液压泵的规格型号确定之后,参照液压系统原理图可以估算出各控制阀承受的最大工作压力和实际最大流量,查产品样本确定阀的型号规格。

一般要求选定的阀类元件的公称压力和流量大于系统最高工作压力和通过该阀的实际最大流量。对于换向阀,有时也允许短时间通过的实际流量略大于该阀的公称流量,但不超过20%。流量阀按系统中流量调节范围来选取,其最小稳定流量应能满足执行元件最低稳定速度的要求。

三、液压辅助元件选择

根据液压系统对各辅助元件的要求,按照第四章内容进行选择。

第五节 液压系统的性能验算

一、液压系统压力损失的验算

前面已初步确定了管路的总压力损失 $\sum \Delta p$,当时由于系统还没有完全设计完毕,管道的设置也没有确定,因此只是粗略估算。

当液压系统的元件型号、管路布置等确定后,需要验算管路的总压力损失 $\sum \Delta p$,看其

是否与初步确定值相符,并可借此较准确地确定泵的工作压力,较准确地调节变量泵或压力阀的调整压力,保证系统的工作性能。若计算结果与初步确定值相差较大时,则可对原设计进行修正。

1. 管路压力损失计算

管路内的压力损失包括沿程压力损失 Δp_λ、局部压力损失 $\Delta p_{\xi1}$ 及阀类元件的局部损失 $\Delta p_{\xi2}$,即 $\Sigma \Delta p = \Sigma \Delta p_\lambda + \Sigma \Delta p_{\xi1} + \Sigma \Delta p_{\xi2}$,式中的 Δp_λ、$\Delta p_{\xi1}$、$\Delta p_{\xi2}$ 可按第一章中有关公式和数据进行计算。

实际应用中,管路简单且短时,Δp_λ、$\Delta p_{\xi1}$ 的数值较小常略去不计,当管路较长时应计算。计算时先进行流态判断,以确定流态为层流,再用经验公式计算 Δp_λ

$$\Delta p_\lambda = \frac{80\nu q l}{d^4} \tag{8-19}$$

式中 ν——油液运动黏度（cm²/s）;

q——通过管路的流量（L/min）;

l——油管长度（m）;

d——油管内径（mm）。

局部损失按照下列公式计算

$$\Delta p_{\xi1} = (0.05 \sim 0.1) \Delta p_\lambda \tag{8-20}$$

$$\Delta p_{\xi2} = \Delta p_n \left(\frac{q}{q_n}\right)^2 \tag{8-21}$$

式中 Δp_n——阀的额定压力损失（MPa）;

q_n——阀的额定流量（L/min）;

q——阀的实际通过流量（L/min）。Δp_n、q_n 的值从产品目录中查阅。

液压回路（包括进油路和回油路）中的压力损失在计算时都必须折算到进油路上,这样便于确定系统的供油压力。因而进油路和回油路的压力损失应分别计算,然后再折算。

液压系统在不同工作阶段的压力损失是不相同的,因而对各种不同工作阶段的压力损失应分别计算。

2. 压力阀的调整压力

1）定量泵节流调速系统中溢流阀调整压力,按照工作进给时泵的工作压力 p_p 调整。

2）双联泵供油系统,溢流阀调整压力同上。卸荷阀（液控顺序阀）按照高于快进、快退时泵工作压力 (p_p) 0.5~0.8MPa 调整。

3）减压阀、背压阀、顺序阀按照实际工作需要调整。

二、液压系统发热温升的验算

液压系统在工作时有压力损失、机械效率、容积效率,这些大都转变为热能,使系统发热,油温升高,产生不良后果,影响正常工作。为此,必须控制油液温升 ΔT 在许可范围内。例如机床系统温升 $\Delta T \leq 25 \sim 30$℃,工程机械温升 $\Delta T \leq 35 \sim 40$℃,精密机床的温升 $\Delta T \leq 10 \sim 15$℃。

液压系统中产生热量的元件很多,散热的元件主要是油箱,在达到热平衡时控制温升,必须验算。

1. 发热量计算

功率损失转换为热量,因此系统单位时间的发热量为

$$\phi = p_{\mathrm{m}} - p_{\mathrm{z}} = p_{\mathrm{m}}(1-\eta) \tag{8-22}$$

式中 p_{m}——液压泵输入功率（kW）；

p_{z}——液压执行元件输出功率（kW）；

η——液压系统总效率，它等于液压泵效率 η_{p}、回路效率 η_{L}、液压执行元件效率 η_{c} 的乘积，即 $\eta = \eta_{\mathrm{p}} \eta_{\mathrm{L}} \eta_{\mathrm{c}}$。

2. 油箱单位时间散热量计算

$$\phi' = C_{\mathrm{T}} A \Delta T \tag{8-23}$$

式中 C_{T}——油箱散热系数（kW/m²·C），取 $C_{\mathrm{T}} = (15 \sim 18) \times 10^{-3}$；

A——油箱散热面积（m²）；

ΔT——油液温升（℃）。

3. 达到热平衡时的温升

$$\Delta T = \frac{\phi}{C_{\mathrm{T}} A} \tag{8-24}$$

计算所得温升大于允许温升时，可采取增大油箱散热面积或增设冷却装置。

第六节 绘制工作图和编制技术文件

一、绘制工作图

1. 液压系统原理图

应附有液压元件明细表，表中标明各液压元件的型号和压力阀、流量阀的调整值，画出执行元件工作循环图，列出相应电磁铁和压力继电器的工作状态表。

2. 液压系统装配图

液压系统装配图包括泵站装配图、集成油路装配图、管路安装图。

3. 非标准件的装配图和零件图

二、编写技术文件

技术文件一般包括液压系统设计计算说明书，液压系统原理图，液压系统工作原理说明和操作使用及维护说明书，部件目录表，标准件、通用件及外购件汇总表等。

第七节 液压 CAD 简介

计算机在液压技术领域中的应用正日益发展，从液压产品的设计、制造、测试和性能仿真，到液压设备的计算机控制等，所涉及的范围越来越大。下面简单介绍液压系统计算机辅助设计（液压 CAD）。

一、液压 CAD 的内容

目前，液压系统计算机辅助设计主要包括以下几个方面的内容：

(1) 液压系统原理图 CAD 它包括液压系统的设计、计算和元件的选择，能得出液压系统原理图和元件明细表及各种相关数据。

(2) 液压专用件 CAD 它包括专用的液压缸、液压阀、集成阀块、油箱等元件和装置的设计计算以及工作图的绘制。

(3) 液压系统安装图 CAD 它包括设计和绘制二维或三维的液压系统管路安装图、编制元件明细表等。

(4) 液压系统的性能分析 CAD 它包括静态特性分析和动态特性分析与预测。静态特性分析是通过对系统的负载特性、压力损失、系统发热与温升和系统效率的验算，反复修改参数，优化设计。动态性能分析和预测是根据前面设计好的液压系统建立起来的数学模型，进行稳定性分析或动态响应数字仿真，通过数据或图形曲线显示其结果，并可反复修改系统参数，直到获得满意的结果为止。

二、液压 CAD 系统的组成

采用液压系统计算机辅助设计，应具备相应的硬件和软件。硬件指拥有一套具有足够储存空间和较强的图形处理与显示输出能力的普通微型计算机，它包括执行运算与图形处理的中央处理器（CPU）和存储器、彩色显示器、绘图机等。

软件包括除计算机系统软件（操作系统等）外，还应有专用的液压系统设计软件包——液压 CAD。它是在通用绘图工具软件包二次应用开发的基础上发展而成的。液压 CAD 的功效在很大程度上取决于软件的水平。目前，一般液压 CAD 软件主要组成如下：

1. 图形库

图形库是参考国家标准和国内重要液压元件生产厂家标准，通过对液压原理图、装配图的构图分析，在液压 CAD 软件系统中建立一套完整的图形库支撑软件，以解决液压 CAD 中对图形输入、输出的要求。

图形库中含有各种液压元件的图形符号、常用液压回路块符号、各种通用液压集成块符号、各种通用叠加阀符号、插装阀符号，以及各类通用液压元件外形图和通用油箱外形图等。

2. 数据库

进行液压系统的计算机辅助设计需要利用数据库技术：将设计时所需要的各种数据、标准以及其他设计资料、信息和中间设计结果等存入数据库中，以供设计人员使用。

数据库中含有各种图形的有关数据（如基点准、所占位置尺寸等）、各类通用元件的结构和性能参数、设计计算所需的各种数据等。

3. 程序库

程序库中含有各类设计计算公式和完成液压系统 CAD 各项功能的程序等。

总之，我国液压 CAD/CAM 的研究与开发虽然起步较晚，但进展很快，随着软件系统的不断开发和完善，CAD 在液压技术中的应用必将越来越广泛和深入，在生产设计中发挥越来越大的作用。

第八节　液压系统设计计算举例

一、设计题目

设计一台卧式组合机床液压系统。

二、设计要求

组合机床切削过程要求实现"快进→工进→快退→停止"的自动循环，由动力滑台驱动工作台。最大切削力 $F = 30 \times 10^3$ N，工作台快进与快退速度相等，$v_1 = 4$m/min，工作台工作进给速度可调，$v_2 = 50 \sim 1000\text{mm/min}$。工作台最大行程 $L = 400\text{mm}$，工作行程 $L_1 = 200\text{mm}$。工作台自重 $G = 3 \times 10^3 \text{N}$。滑台采用平导轨。

三、设计内容与方法

（一）设计准备

研究设计课题，明确设计要求。

（二）工况分析

1. 运动分析

绘制动力滑台的工作循环图和速度循环图，如图 8-4、图 8-5 所示。

2. 负载分析

（1）阻力计算

1）切削阻力　$F_q = 30 \times 10^3 \text{N}$

2）摩擦阻力　取静摩擦因数 $f_j = 0.2$，动摩擦因数 $f_d = 0.1$，则：

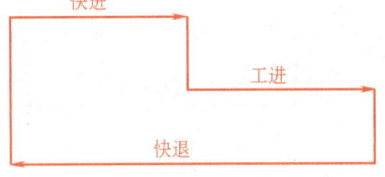

图 8-4　动力滑台工作循环图

静摩擦阻力　$F_{uj} = 0.2 \times 3 \times 10^3 \text{N} = 600\text{N}$

动摩擦阻力　$F_{ud} = 0.1 \times 3 \times 10^3 \text{N} = 300\text{N}$

3）惯性阻力　取起动、制动时间为 0.25s，则

$$F_a = \frac{G}{g} \frac{\Delta v}{\Delta t} = \frac{3 \times 10^3}{9.81} \times \frac{4}{0.25 \times 60} \text{N} = 82\text{N}$$

4）重力阻力　$F_G = 0$。

5）密封阻力　F_m 计入液压缸机械效率 η_{cm}，取 $\eta_{cm} = 0.9$。

6）背压力　初算时暂不考虑。

（2）液压缸各阶段工作负载计算

1）起动　$F_1 = F_{uj}/\eta_{cm} = 600\text{N}/0.9 = 667\text{N}$

2）加速　$F_2 = (F_{ud} + F_a)/\eta_{cm} = (300+82)\text{N}/0.9 = 424\text{N}$

3）快进　$F_3 = F_{ud}/\eta_{cm} = 300\text{N}/0.9 = 333\text{N}$

4）工进　$F_4 = (F_q + F_{ud})/\eta_{cm} = (30 \times 10^3 + 300)\text{N}/0.9 = 33667\text{N}$

5）快退　$F_5 = F_{ud}/\eta_{cm} = 300\text{N}/0.9 = 333\text{N}$

绘制动力滑台负载-位移曲线图，如图 8-6 所示。

（三）液压缸参数确定

（1）选定工作压力　初选工作压力 $p = 4.5\text{MPa}$。

（2）确定液压缸有效工作面积 A

$$A = \frac{F}{p} = \frac{33667}{4.5 \times 10^6} \text{m}^2 = 7482 \times 10^{-6} \text{m}^2$$

（3）确定缸筒内径 D、活塞杆直径 d

$$D = \sqrt{\frac{4A}{\pi}} = \sqrt{\frac{4 \times 7482}{3.14}} \text{mm} = 98\text{mm}$$

按照 GB/T 2348—1993　取 $D = 100\text{mm}$。

$d = 0.71D = 71\text{mm}$，按照 GB/T 2348—1993，取 $d = 70\text{mm}$。

（4）液压缸实际有效面积计算

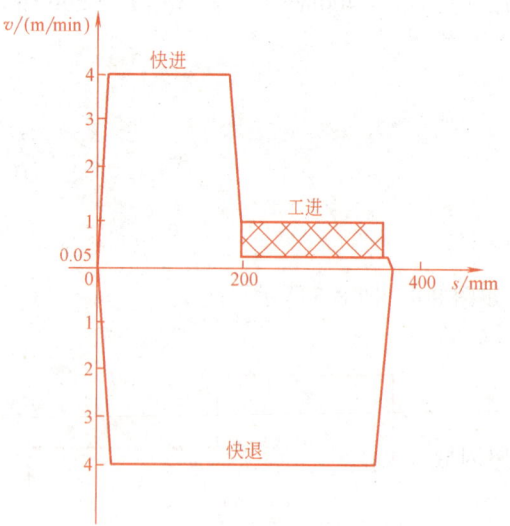

图 8-5 动力滑台速度-位移曲线图　　　　图 8-6 动力滑台负载-位移曲线图

无杆腔面积　　$A_1 = \dfrac{\pi}{4} D^2 = \dfrac{\pi}{4} \times (100)^2 \text{mm}^2 = 7850 \text{mm}^2$

有杆腔面积　　$A_2 = \dfrac{\pi}{4}(D^2 - d^2) = \dfrac{\pi}{4} \times (100^2 - 70^2)\text{mm}^2 = 4004 \text{mm}^2$

活塞杆面积　　$A_3 = \dfrac{\pi}{4} d^2 = \dfrac{\pi}{4} \times (70)^2 \text{mm}^2 = 3846 \text{mm}^2$

（5）最低稳定速度验算　最低速度为工作进给时 $v = 50\text{mm/min}$，工作进给采用无杆腔进油，单向行程流量阀调速，查得最小稳定流量 $q_{\min} = 0.1\text{L/min}$

满足最低速度要求。

$$A_1 \geq \dfrac{q_{\min}}{v_{\min}} = \dfrac{0.1 \times 10^6}{50} \text{mm}^2 = 2000 \text{mm}^2$$

（6）绘制液压缸工况图　计算各工况下的压力、流量和功率汇总于表 8-9，液压缸的工况图如图 8-7 所示。

表 8-9　液压缸压力、流量、功率计算

工况		计算公式	速度/(m/s)	有效面积/m²	负载/N	压力/MPa	流量/(L/min)	功率/kW	备注
差动快进	起动	$p = \dfrac{F}{A_3}$ $q = v_3 A_3$ $P = pq$	$v_3 = 0.067$	$A_1 = 7850 \times 10^{-6}$	667	0.2			
	加速				424	0.11			
	恒速				333	0.1	15.4	0.03	
工进		$p = \dfrac{F + p_2 A_2}{A_1}$ $q = v_1 A_1$ $P = pq$	$v_1 = 0.0008 \sim 0.017$	$A_2 = 4004 \times 10^{-6}$	33667	4.5	$0.39 \sim 7.85$	$0.03 \sim 0.59$	取背压 $p_2 = 0.4\text{MPa}$
快退	起动	$p = \dfrac{F + p_2 A_1}{A_2}$ $q = v_2 A_2$ $P = pq$	$v_2 = 0.067$	$A_3 = 3846 \times 10^{-6}$	667	0.75			
	加速				424	0.70			取背压 $p_2 = 0.3\text{MPa}$
	恒速				333	0.67	16	0.18	

（四）拟订液压系统原理图

拟订的液压系统原理图如图8-8所示。

（五）液压元件选择

1. 液压泵选择

（1）液压泵最高工作压力
$$p_p \geqslant p_{max} + \Sigma \Delta p = (4.5+0.6)\text{MPa} = 5.1\text{MPa}$$

（2）液压泵最大供油量　取 $K=1.1$，则
$$q_p \geqslant K\Sigma q_m = 1.1 \times 16\text{L/min} = 17.6\text{L/min}$$

选用双联泵 YB_1-10/10。

（3）确定电动机功率　根据分析最大功率发生在停止时，如溢流阀调定压力为5.5MPa，卸荷阀卸荷压力为0。双联泵效率为 $\eta=0.8$，液压泵的输入功率为
$$P = \frac{10 \times 10^{-3} \times 5.5 \times 10^6}{60 \times 0.8}\text{W} = 1.15\text{kW}$$

选用Y90L-4型电动机。

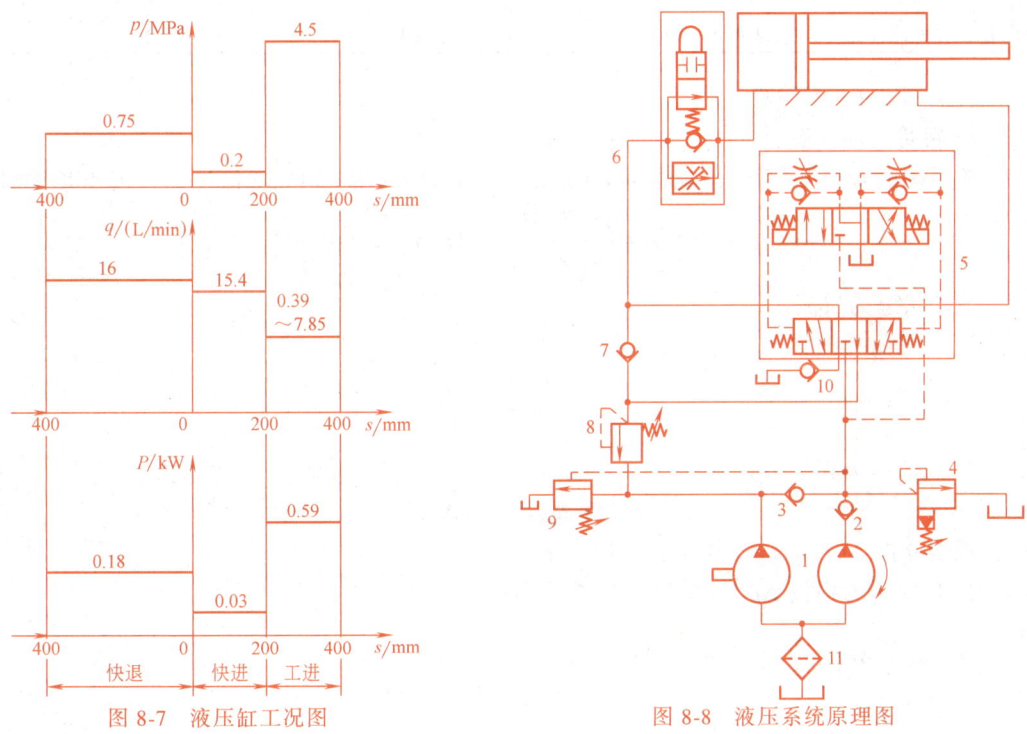

图8-7　液压缸工况图　　　图8-8　液压系统原理图

2. 液压阀选择

根据拟订的液压系统原理图，计算液压阀在不同工况时的工作压力和最大实际流量，将计算值填入表8-10，最后确定液压阀规格。

3. 确定辅助元件

（1）油管　取 $v=4\text{m/s}$，$d = \sqrt{\dfrac{4q}{\pi v}} = \sqrt{\dfrac{4 \times 40 \times 10^{-3}}{\pi \times 4 \times 60}}\text{m} = 14.5 \times 10^{-3}\text{m} = 14.5\text{mm}$

查手册确定采用 $\phi 18\text{mm} \times 1.5\text{mm}$ 的纯铜管。

（2）过滤器　采用 XU-25×180 型过滤器。

（3）油箱容积的确定　$V = (5 \sim 7) q_p = (5 \sim 7) \times 20L = (100 \sim 140)L$

表 8-10　液压元件明细表（GE 系列元件）

序号	名称	型号	规格			实际流量/(L/min)					
			p_n/MPa	q_n/L/min	Δp/MPa	快进		工进		快退	
1	双联泵	YB_1-10/10	6.3	10/10		10/10		10		10/10	
2	单向阀	AF_3-Fa10B	6.3	63	<0.2	10		10		10	
3											
4	溢流阀	YF_3-10B	6.3	63		停时 10					
5	三位五通电液阀	(35E-63BY)	6.3	63	<0.2	进	回	进	回	进	回
						20	20	<10	<5	20	40
6	单向行程流量阀	$AXQF_3$-E10L	6.3	63	<0.3 反向<0.2	40		10		40	
7	单向阀	AF_2-Ea10B	6.3	63	<0.2	20					
8	溢流阀	YF_3-10B	2.5	63				<5			
9	液控顺序阀	XF_3-10B	6.3	63				<15			
10	背压阀	AF_3-Eb20B	6.3	63						40	
11	过滤器	XU-J40×80		40	<0.02			20			

（六）液压系统验算

1. 判断流动状态

该系统油管长度为 2m，规格为 $\phi 18mm \times 1.5mm$，选用 L-HM32 液压油，按 40℃ 时计算

$$Re = \frac{vd}{\nu} = \frac{4 \times 15 \times 10^{-3}}{32 \times 10^{-6}} = 1875 < Re_{临} = 2300$$

流动状态为层流。

2. 沿程压力损失 Δp_λ

$$\Delta p_\lambda = \frac{128 \mu q l}{\pi d^4}$$

3. 局部压力损失 $\Delta p_{\xi 1}$

$$\Delta p_{\xi 1} = 0.1 \Delta p_\lambda$$

根据分析 Δp_λ 与 $\Delta p_{\xi 1}$ 较小，不做详细计算。

4. 局部压力损失 $\Delta p_{\xi 2}$（油液流经阀的损失）

按 $\Delta p_{\xi 2} = \Delta p \left(\dfrac{q}{q_n} \right)^2$ 计算或直接查产品得到。

（1）快进

1）进油路上。（阀 5）$\Delta p_{\xi 2} = 0.2 \times \left(\dfrac{20}{63} \right)^2 \text{MPa} = 0.02\text{MPa}$

2）合油路。（阀 6）$\Delta p_{\xi 2} = 0.3 \times \left(\dfrac{40}{63} \right)^2 \text{MPa} = 0.12\text{MPa}$

3）回油路上。（阀 5）$\Delta p_{\xi 2} = 0.2 \times \left(\dfrac{20}{63} \right)^2 \text{MPa} = 0.02\text{MPa}$

（阀 7）$\Delta p_{\xi 2} = 0.2 \times \left(\dfrac{20}{63} \right)^2 \text{MPa} = 0.02\text{MPa}$

第八章 液压系统设计

$$\Sigma\Delta p_{\xi 2} = 0.04\text{MPa}$$

4) 快进时总压力损失 $\Sigma\Delta p = (0.02+2\times0.12+0.04)\text{MPa} = 0.30\text{MPa}$

（2）工进

1) 进油路。（阀5） $\Delta p_{\xi 2} = 0.2\times\left(\dfrac{10}{63}\right)^2 \text{MPa} = 0.005\text{MPa}$

（阀6） $\Delta p_{\xi 2} = 0.5\text{MPa}$

$$\Sigma\Delta p_{\xi 2} = 0.505\text{MPa}$$

2) 回油路。（阀5） $\Delta p_{\xi 2} = 0.2\times\left(\dfrac{5}{63}\right)^2 \text{MPa} = 0.001\text{MPa}$

（阀8） $\Delta p_{\xi 2} = 0.4\text{MPa}$（已计入背压）

（阀9） $\Delta p_{\xi 2} = 0.5\text{MPa}$

折算到油路上 $\Sigma\Delta p_{\xi 2} = 0.501\times\dfrac{A_2}{A_1} = 0.501\times\dfrac{1}{2}\text{MPa} = 0.25\text{MPa}$

3) 工进时总压力损失 $\Sigma\Delta p = (0.51+0.25)\text{MPa} = 0.76\text{MPa}$

（3）快退

1) 进油路。（阀5） $\Delta p_{\xi 2} = 0.2\times\left(\dfrac{20}{63}\right)^2 \text{MPa} = 0.02\text{MPa}$

2) 回油路。（阀6） $\Delta p_{\xi 2} = 0.2\times\left(\dfrac{40}{63}\right)^2 \text{MPa} = 0.08\text{MPa}$

（阀5） $\Delta p_{\xi 2} = 0.2\times\left(\dfrac{40}{63}\right)^2 \text{MPa} = 0.08\text{MPa}$

（阀10） $\Delta p_{\xi 2} = 0.6\times\left(\dfrac{40}{63}\right)^2 \text{MPa} = 0.24\text{MPa}$

折算到油路上 $\Sigma\Delta p_{\xi 2} = (0.08+0.08+0.24)\times\dfrac{A_1}{A_2} = 0.4\times 2\text{MPa} = 0.8\text{MPa}$

3) 快退时总压力损失 $\Sigma\Delta p = (0.02+0.8)\text{MPa} = 0.82\text{MPa}$

5. 压力阀调整压力

溢流阀 $p_y = (4.5+0.76)\text{MPa} = 5.26\text{MPa}$，取 $p_y = 5.5\text{MPa}$。

卸荷阀 $p_x = (0.75+0.82)\text{MPa} = 1.57\text{MPa}$，取 $p_x = 2\text{MPa}$。

溢流阀8作背压阀用，取 0.4MPa。

6. 系统温升验算

本机床的主要工作时间是工作进给阶段，为了简化计算，主要按照工作进给阶段验算系统温升。

（1）液压缸输出功率 取工作进给时运动速度 $v = 0.5\text{m/min}$，液压缸的负载 $F_q = 30000\text{N}$，则液压缸的输出功率为

$$P_2 = F_q v = \dfrac{3\times 10^4\times 0.5}{60}\text{W} = 250\text{W}$$

（2）液压泵输入功率 此时低压大流量泵卸荷，压力近似为0，高压小流量泵的压力为 5.5MPa，则液压泵的输入功率为

$$P_1 = \dfrac{P_q}{\eta_p} = \dfrac{5.5\times 10^6\times 10\times 10^{-3}}{60\times 0.85}\text{W} = 1078\text{W}$$

(3) 液压油的温升验算 取 $A=2\text{m}^2$，$C_T=18\times10^{-3}$（$\text{kW/m}^2\cdot\text{°C}$）则

$$\Delta T = \frac{P_1-P_2}{C_T A} = \frac{1078-250}{18\times 2}\text{°C} = 23\text{°C}$$

验算表明，温升在许可范围（≤25～30℃）内。

学习要求和习题

一、学习要求

1. 掌握液压传动系统的设计步骤。
2. 能根据工况要求进行工况分析。
3. 学会拟订液压系统原理图。
4. 掌握液压元件的计算和选择。
5. 学会液压系统的性能验算。
6. 了解绘制工作图和编制技术文件的内容。
7. 了解液压 CAD 的内容。

二、习题

（一）填空题

1. 工况分析是指_____分析和_____分析。
2. _____是正确设计系统的前提和依据。
3. 在对液压缸进行负载分析时，其外工作负载包括_____、_____、_____、_____。
4. 液压缸的工况图包括_____、_____、_____。
5. 通过_____可以找出最高压力点、最大流量点和最大功率点。
6. 主要根据_____、_____、_____等因素来确定调速方案。
7. 为了避免垂直运动部件的下落，应采用_____回路。
8. 若用一个泵给两个以上执行元件供油时，应考虑_____问题。
9. 为了保证液压系统长期可靠的工作，应_____、_____、_____、_____。
10. 为了便于测量压力及分析系统故障，应合理地设置_____。
11. 进行系统设计时，主机要求连续旋转，应采用_____作为执行元件。
12. 在系统设计时，主机要求摆动，其摆动的角度大于360°时，应采用_____作为执行元件来实现。
13. 在设计液压系统时，要求执行元件具有良好的低速稳定性，又要求尽量减少能量损失，应采用_____调速回路。
14. 限压式变量泵可以采用_____卸荷，也可以采用_____卸荷。而定量泵只能采用_____卸荷。
15. 节流调速回路是_____循环方式。
16. 为了防止过载，要设置_____。
17. 根据_____和_____选择压力阀的规格。
18. 根据_____和_____及_____来选择流量阀的规格。
19. 在设计系统时，计算_____是为了确定各压力元件的调整值。
20. 液压系统的效率取决于_____、_____和_____。
21. 液压装置的结构形式有_____和_____两种。

（二）判断题

1. 双作用叶片泵在运转中，密封容积的交替变化可以实现双向变量。（　）
2. 液压泵的工作压力和输出流量应大于液压缸所需压力和流量。（　）

3. 液压缸的最低稳定速度与流量阀的最小稳定流量无关。　　　　　　(　)
4. 通过工况图的分析，可以合理地选择主要回路。　　　　　　　　　(　)
5. 在系统设计时，通常调速已确定，供油方式也就随之确定了。　　　(　)
6. 节流调速回路可以做成闭式循环形式。　　　　　　　　　　　　　(　)
7. 在选择液压阀时，其所选阀的公称压力要小于实际工作压力。　　　(　)
8. 液压系统中的能量损失将变为热能，使油温升高。　　　　　　　　(　)
9. 液压元件的配置形式采用管式配置时，安装和维修方便。　　　　　(　)

（三）设计计算题

1. 设计一台卧式钻、镗组合机床液压系统。该机床用于加工铸铁箱形零件的孔系，运动部件总重 $G=10000N$，液压缸机械效率为 0.9，加工时最大切削力为 12000N，工作循环为："快进→工进→固定挡铁停留→快退→原位停止"。行程长度为 0.4m，工作进给行程为 0.1m。快进和快退速度为 0.1m/s，工作进给速度范围为 $3\times10^{-4}\sim5\times10^{-3}$ m/s，采用平导轨，起动时间为 0.2s。要求动力部件可以手动调整，快进转工作进给平稳、可靠。

2. 设计一台专用铣床液压系统。该机床工作台的移动及工件的压紧采用液压传动。要求实现的工作循环为："夹紧→快进→工作进给→快退→原位停止→松开工件"，工作进给速度为 60~1000mm/min，快速速度为 4.5m/min，工作进给行程为 200mm，工作行程为 400mm，最大切削力为 9000N，工作台加速、减速时间为 0.05s，工作台自重 1000N，采用平导轨。

第九章　液压伺服系统及其他液压技术的应用

伺服系统（又称随动系统或跟踪系统）是自动控制系统的一种重要类型。它除了具有液压传动的各种优点外，还有反应快、系统刚性大、伺服精度高等特点，所以它在机床中获得了广泛的应用，如驱动机床工作台、实现机床部件的精确调整、实现变量泵的流量调节等。此外，它也用于国防（如火炮的瞄准跟踪系统、坦克炮的稳定系统）、航空（如飞机的操纵系统）、船舶（如舰船上的雷达稳定平台控制系统）和其他机械制造工业中。在更多的情况下，电气液压伺服系统得到了广泛的应用，因为它同时发挥了电气和液压两方面的优势。车床上的仿形刀架就是一种简单的液压伺服系统。

第一节　液压仿形刀架的工作原理

一、车床仿形刀架液压伺服系统的工作原理

在车床上，利用液压仿形刀架可以仿照样件（或样板）的形状自动加工出多台肩的轴类零件或曲线轮廓的旋转表面，从而大大提高劳动生产率和减轻工人劳动强度。

图 9-1 所示为装在卧式车床上的液压仿形刀架原理图，用它来说明机床液压伺服系统的工作原理最为方便。仿形刀架装在车床溜板箱后部，随溜板箱一起做纵向移动，并按照样件的轮廓形状车削工件，样件 7 安装在床身支架上，是固定不动的，液压泵站安放在车床附近的地面上，与仿形刀架以软管相连。

仿形刀架的活塞杆 2 固定在刀架的底座上，液压缸的缸体连同刀架 1 可在刀架底座的导轨上沿液压缸的轴向移动。控制滑阀 11 的一端有弹簧 5，经杆 4 使触头 6 经常压紧在样件 7 上。

仿形刀架工作时，压力油从液压泵 9 经过滤器 10 通入伺服阀的通道 f 并分成二路：一路不经节流进入油路 a 至液压缸前腔 A，所以液压缸前腔 A 的油压始终等于液压泵的供油压力 p_1（由溢流阀 8 调整），在工作过程中是不变的；另一路经节流缝隙 δ_1 至环槽 b 进入油路 c 至液压缸后腔 B，同时压力油从环槽 b 经节流缝隙 δ_2 进入油路 e 而回油箱。可以看出，液压缸后腔 B 一方面通过缝隙 δ_1 和进油相通，另一方面又通过缝隙 δ_2 和油箱相通。因此，液压缸后腔 B 中的压力 p_2，由节流缝隙 δ_1 和 δ_2 的比例关系来决定。

车削圆柱面时，触头 6 沿样件 7 的圆柱表面滑动，这时滑阀 11 不动，节流缝隙 δ_1 和 δ_2 保持某一比例关系，使得液压缸后腔 B 中压力油的作用力能和液压缸前腔 A 中压力油的作用力以及车刀 13 处沿液压缸轴向的切削分力互相平衡。如果车刀上所受到的沿液压缸轴向的切削分力为 F，液压缸前腔 A 的有效工作面积为 A_1，压力为 p_1，液压缸后腔 B 的有效工作面积为 A_2，压力为 p_2，并且略去摩擦力，这样，作用力的平衡关系可以用下式来表示

$$p_1 A_1 = p_2 A_2 + F$$

这时，仿形刀架处于相对平衡状态，由溜板箱带动仿形刀架做纵向进给，车出圆柱面，

第九章 液压伺服系统及其他液压技术的应用

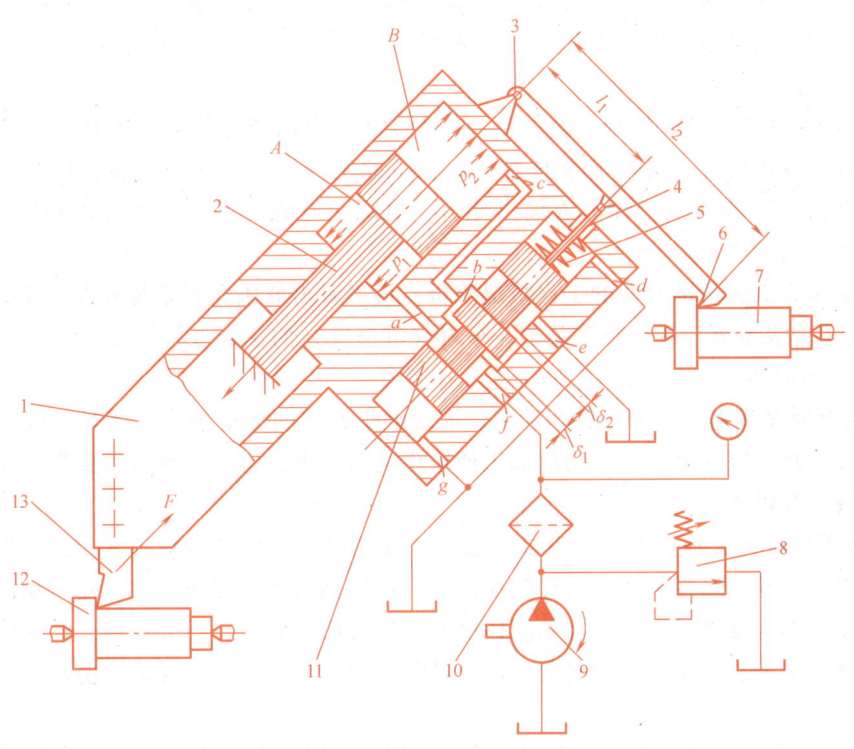

图 9-1 车床液压仿形刀架原理图

1—刀架 2—活塞杆 3—支点 4—杆 5—弹簧 6—触头 7—样件 8—溢流阀
9—液压泵 10—过滤器 11—滑阀 12—工件 13—车刀

如图 9-2 中所示的 a 点。

车台肩时，当触头 6 碰到样件 7 上的凸肩时，触头 6 就绕本身的支点 3 抬起，并经杆 4 向右上方拉动滑阀 11，使节流缝隙 δ_1 增大、δ_2 减小，于是液压缸后腔中的油压增大，破坏了原来的平衡，液压缸的缸体连同刀架 1 带动车刀 13 后退，这时溜板箱的纵向进给运动速度 $v_纵$ 和仿形刀架带动车刀 13 的后退运动速度 $v_仿$ 所形成的合成运动速度 $v_合$，就使车刀车出工件的台肩部分，如图 9-2 中所示的

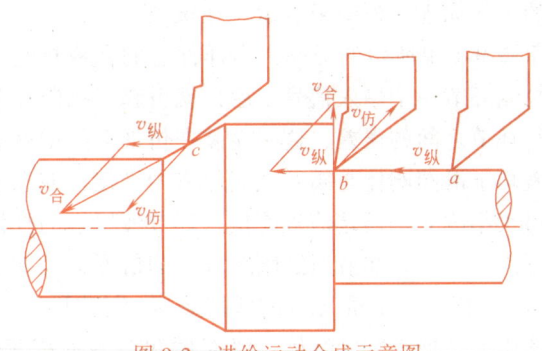

图 9-2 进给运动合成示意图

b 点。因此，一般作为附件的仿形刀架的液压缸轴线，多与主轴中心线安装成 45°~60° 的斜角，目的就是可以车削直角的肩部。

当液压缸的缸体后退时，带动触头 6 的支点 3 后退，同时通过杆 4 也拉滑阀 11 作较小的后退。这样，当触头只抬起了一小段距离时，在液压缸的缸体也跟着后退同样一小段距离后，就使节流缝隙 δ_1 和 δ_2 恢复到原来的大小，仿形刀架又处于平衡状态。在车台肩时，由于样件 7 的凸肩不断将触头 6 抬起使节流缝隙 δ_1 增大、δ_2 减小，使平衡状态连续受到破坏，所以液压缸的缸体连同刀架带动车刀 13 不断后退，跟随触头做随动运动。因此，仿形过程就是不平衡和恢复平衡的不断相互转化的过程。

二、液压伺服系统的特点

在伺服系统中，一般称控制元件（控制滑阀等）为控制环节或输入环节，加给控制元件的信号称为输入信号，输入信号的大小（触头的位移量）称为输入量，用 y 表示。执行元件（液压缸等）称为执行环节或输出环节，执行元件的位移变化量（液压缸的位移量）称为输出量，用 x 表示。

通过对车床液压仿形刀架的工作情况分析，可以看出液压伺服系统有以下几个特点：

1）液压伺服系统是一个跟踪系统。车刀（液压缸）的位置（输出）完全跟踪触头的位置（输入）而运动。

2）液压伺服系统是一个力放大系统。推动触头所需的力很小，只需几牛或几十牛，但仿形刀架液压缸克服阻力、完成切削加工所输出的力很大，可以达数千牛到数万牛。输出的能量是由液压泵供给的。

3）液压伺服系统是一个反馈系统。触头位移经过杠杆使节流缝隙 δ_1 与 δ_2 变化，刀架移动，而刀架运动的结果又使节流缝隙保持原有的比例关系，使液压缸停止运动，这种作用称为负反馈。因为反馈是由于缸体和阀体的刚性连接而完成的，所以这种反馈又称刚性负反馈。负反馈的结果总是使输入信号变小以至消除。如果没有这个负反馈，仿形刀架是无法工作的。

4）液压伺服系统是一个误差系统。仿形刀架工作时，为了克服工作阻力并以一定的速度运动，控制滑阀阀芯相对于阀体必须保持一定的偏置量，即车刀的移动落后于触头的移动。触头位置和车刀位置的差值，称为伺服系统的误差。如果没有误差存在，伺服系统就不能工作。

仿形刀架液压伺服系统的工作过程可用图 9-3 所示的工作原理方框图来表示。在该图中，控制环节相当于图 9-1 中所示的滑阀，当样件上的台肩抬起触头给控制环节一个输入信号 y 后，就引起了控制环节和执行环节之间的误差，这一误差在仿形刀架中就表现为破坏了滑阀阀体与阀芯之间原来的平衡，使原来的阀口大小改变。误差信号使执行环节液压缸的缸体作仿形运动，车刀在液压缸轴线方向的仿形运动就是输出量 x，这一输出量又通过反馈装置（在图 9-1 所示

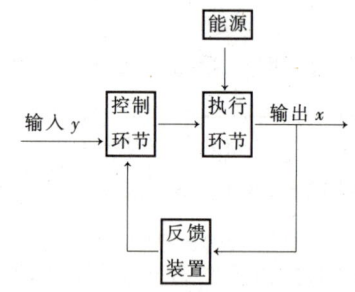

图 9-3 液压伺服系统的工作原理方框图

系统中就是液压缸的缸体、滑阀体和触头杠杆相互间的机械联系）送到控制环节，以消除误差。图 9-3 中所示的能源相当于图 9-1 所示系统中液压泵输入仿形刀架的压力油。

第二节　液压伺服系统基本形式及实例

一、液压伺服系统的基本形式

液压伺服系统按拖动装置的控制方式和控制元件的形式分为节流式（阀控制式）和容积式（变量泵控制或变量马达控制）两大类。在节流式液压伺服系统中，主要的控制元件

是伺服阀或电液伺服阀。在容积式液压伺服系统中，主要控制元件是变量泵。目前变量马达控制用得较少。

变量泵控制液压伺服系统的优点是效率较高、系统刚性大，缺点是响应速度慢、结构复杂。另外，操纵变量泵变量机构所需的力较大，需要一套专门的操纵机构，从而使系统复杂化。变量泵控制液压伺服系统特别适合大功率而响应速度要求又不太高的场合。阀控制伺服系统的优点是响应速度快、控制精度高，缺点是效率低。由于它的性能优越而得到广泛应用，特别是在中、小功率的快速、高精度液压伺服系统中被普遍采用。这里主要介绍阀控制伺服系统的滑阀式、射流管式、喷嘴挡板式三种常见的基本类型。

1. 滑阀式液压伺服系统

滑阀式液压伺服系统的典型结构和工作原理前面已介绍过了。根据滑阀上控制的边数（即起控制作用的阀口数）的不同，这种系统又分为单边滑阀控制式、双边滑阀控制式和四边滑阀控制式三种。在图9-1所示系统中，控制滑阀11有两个阀边起控制液流的作用，这种系统称为双边滑阀式液压伺服系统。

单边滑阀式液压伺服系统的简图如图9-4所示。控制滑阀只有一个阀边起控制液流的作用。压力油进入液压缸的小腔A后，经过固定活塞上的小孔a流入液压缸的大腔B，然后再经过开口量为δ的单边滑阀的开口流回油箱。它的工作原理与双边滑阀式类似，不过液压缸大腔B中的油压只由一个阀边来控制。

四边滑阀式液压伺服系统的简图如图9-5所示。它的工作原理与双边滑阀式类似，不过液压缸的两个油腔都分别由滑阀上的四个阀边δ_1、δ_2、δ_3和δ_4来控制，同时液压缸两腔的有效工作面积是相等的。

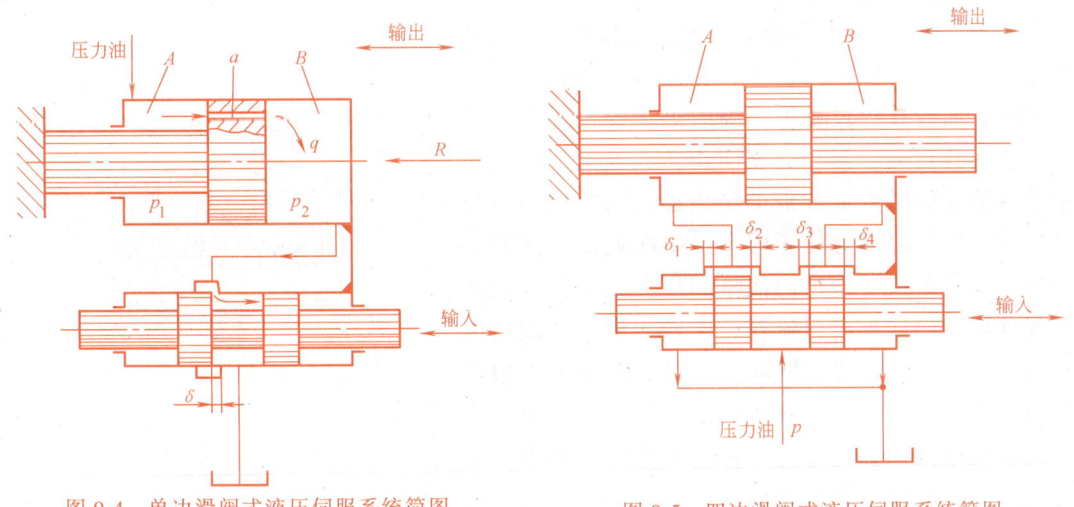

图9-4 单边滑阀式液压伺服系统简图   图9-5 四边滑阀式液压伺服系统简图

由上述可见，单边、双边、四边滑阀的控制作用是相同的。单边式、双边式控制用以控制差动连接的液压缸，四边式控制既可用来控制差动连接的液压缸，也可用来控制非差动连接的液压缸。从控制质量上看，控制边数越多越好；但从结构工艺上看，控制边数越少越容易制造。一般说来，四边式控制用于精度和稳定性要求较高的系统，单边式、双边式控制则用于一般精度的系统。滑阀式伺服阀装配精度要求较高，价格较贵，对液压油的污染也较敏感。

根据滑阀在平衡状态时阀口初始开口量的不同可将其分为三种类型，如图 9-6 所示。在图 9-6a 中，阀芯台肩的宽度 h 小于阀套上开口的宽度 H，即具有正开口量。因其制造较简单而用得较多，但工作油液有功率损耗，所以开口应做得小些。一般可取 $H-h=(0.01\sim 0.02)$ mm，这样可在油压一定时，使流量和滑阀移动量（即开口量）近似呈线性关系。在图 9-6b 中，阀芯台肩的宽度 h 等于阀套上开口的宽度 H，即具有零开口量。这种滑阀要精确地做成 $h=H$ 在工艺上是很困难的，所以用得较少。在图 9-6c 中，$h>H$，即具有重叠量。当这种滑阀在中间平衡位置时，可以断开液压泵与执行元件间的通路，因此便于将执行元件固定在一定的位置，其缺点是阀芯要移动一小距离后才能把阀口打开，以控制执行元件运动，因此存在一个不灵敏区域。

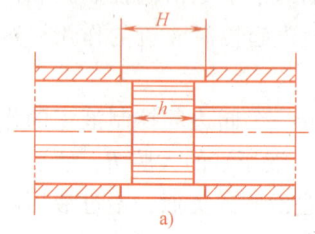 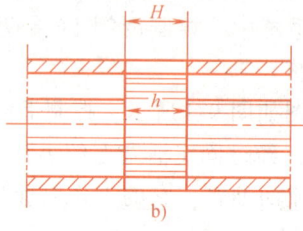 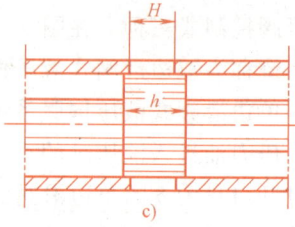

a)　　　　　　　　b)　　　　　　　　c)

图 9-6　滑阀阀口的几种类型

2. 射流管式液压伺服系统

射流管式液压伺服系统的工作原理如图 9-7 所示。它由射流管 3、接受板 2 和液压缸 1 等组成。射流管可绕垂直于图面的轴线 o 向左右摆动一不大的角度。接受板上有两个并列的接受孔道 a 和 b，分别与液压缸的两腔相通。压力油从通道 c 输入射流管内，并从射流管端部的锥形喷嘴射出，油液在经过锥形喷嘴时速度提高，当油液进入接受孔道后，由于通流面积扩大，又使高速运动油液的动能转变成油液的压力能，用以推动液压缸工作。如果射流管处于两个接受孔道的中间对称位置，则两个按受孔道内油液的压力相等，因此执行元件不动。如果给射流管一个输入信号，就是推动射流管使它绕轴线 o 摆动一个很小的角度而偏离中间位置，则一个接受孔道内的油压升高，而另一个接受孔道内的油压降低，在压力差的作用下，液压缸就向射流管偏移的相同方向移动，直到跟着液压缸移动的接受板到达射流孔又处于两个接受孔道的中间对称位置时为止。

射流管式液压伺服系统的优点是：结构简单，元件加工精度要求低；射流管出口处面积大，抗污染能力强，能在恶劣条件下工作；射流管上没有不平衡的径向力，不会产生"卡紧"现象。其缺点是射流管运

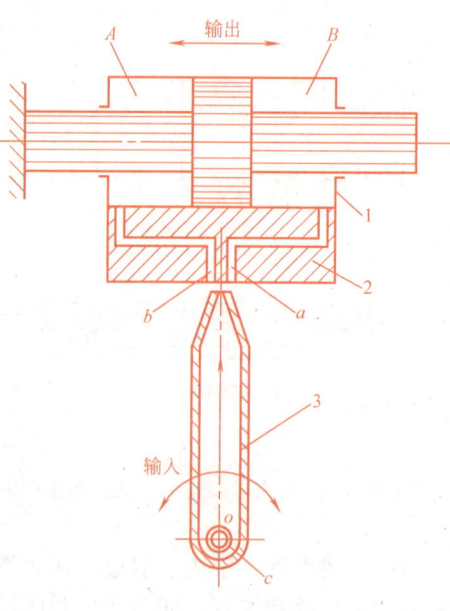

图 9-7　射流管式液压伺服系统工作原理简图

1—液压缸　2—接受板　3—射流管

动部分惯性较大,工作性能较差;射流能量损失大,零位处功率损耗也大,效率较低。因此,这种伺服系统只适用于低压、功率较小的场合,如某些液压仿形机床的伺服系统中。

3. 喷嘴挡板式液压伺服系统

喷嘴挡板式液压伺服系统的工作原理如图 9-8 所示。它由固定节流孔 a、中间油室 b、喷嘴 1 及挡板 2 等组成。喷嘴和挡板共同组成一个可变截面的节流装置。中间油室 b 与执行元件的工作油腔相连通。

设从液压泵来的压力油压力为 p_1,经过固定节流孔 a 后,一部分油液经喷嘴端面和挡板所形成的间隙 δ 排出而流回油箱。挡板的位置(即间隙 δ 的大小)由输入信号来控制,可以直接用机械方法控制,也可以由电信号控制。当 δ 的大小改变时,就改变了喷嘴和挡板处的节流作用,因而使中间油室中的油压力 p_2 也随之变化,这样就使执行元件产生运动。

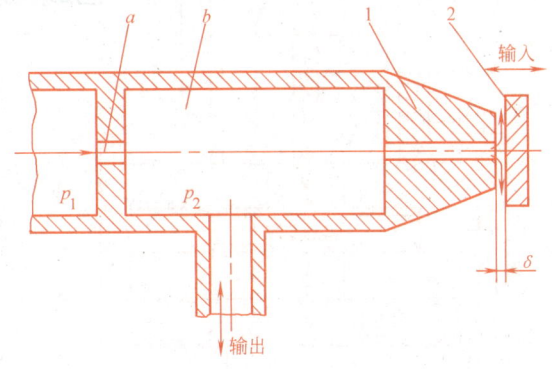

图 9-8 喷嘴挡板式液压伺服系统工作原理简图
1—喷嘴 2—挡板

喷嘴挡板式液压伺服系统的优点是结构简单,运动部分惯性小,位移小,反应快,精度和灵敏度高,加工要求低,没有径向不平衡力,不会发生卡紧现象,因而工作较可靠。其缺点是功率损耗大,喷嘴挡板间距离很小时的抗污染能力差,因此宜在多级放大伺服系统中用作第一级(前置级)伺服装置。具体实例可见电液伺服阀。

二、液压伺服系统实例

1. 电液伺服阀的工作原理

在伺服系统中,用电气作为输入信号有传递快、线路连接方便、适于远距离控制、易于测量、比较和校正等优点;用液压能作为动力就有输出力大、惯性小、反应快等优点。因此,两者结合而成的电液伺服系统是一种控制灵活、精度高、快速性好、输出功率大的系统。这种系统中一定要有一个使电气信号转变为液压信号的转换装置,即电液伺服阀。

电液伺服阀的工作原理如图 9-9 所示。它由电磁和液压两部分组成。现分述如下。

(1) 电磁部分 电磁部分由永久磁铁 1、导磁体 9、线圈 8 和衔铁 2 等组成。它的作用是把输入的电信号转变成力矩,使衔铁偏转,以便控制液压部分,一般称它为力矩马达。

永久磁铁将两个导磁体磁化为 N 极和 S 极。衔铁由扭轴 3 支承,处于两个导磁体间形成的固定磁场中间。这时,通过导磁体和衔铁间隙处的磁通都是 $\varPhi_{定}$,并且方向相同,因而衔铁处于两个导磁体的中间位置。当有控制电流输入线圈 8 时,衔铁被磁化,如果通入的电流方向使衔铁上端为 N 极、下端为 S 极,则在衔铁和导磁体中又产生磁通 $\varPhi_{控}$。由图 9-10 可以看出,在右边的气隙中,磁通 $\varPhi_{定}$ 和 $\varPhi_{控}$ 的方向相同,因此总磁通是两者相加。在左边的气隙中,磁通 $\varPhi_{定}$ 和 $\varPhi_{控}$ 的方向相反,因此总磁通是两者相减的差值。这样,右边气隙中的磁通就大于左边气隙中的磁通,因此在衔铁上产生转矩,使衔铁连同挡板 5 顺时针偏转。衔铁的偏转使得支承它的扭轴 3 产生扭转变形,并因而产生一个抵抗衔铁偏转的弹性反转矩,当这一弹性反转矩等于磁通在衔铁上产生的转矩时,衔铁就处于相对平衡位置。由于使衔铁偏转的力矩与输入的控制电流的大小成正比,同时扭轴的反转矩与它的转角也成正比，所以衔铁的转角与输入的控制电流的大小成正比。控制电流越大，衔铁的偏转角度也越大。如果输入控制电流的方向相反，则衔铁偏离中间位置的方向也相反。

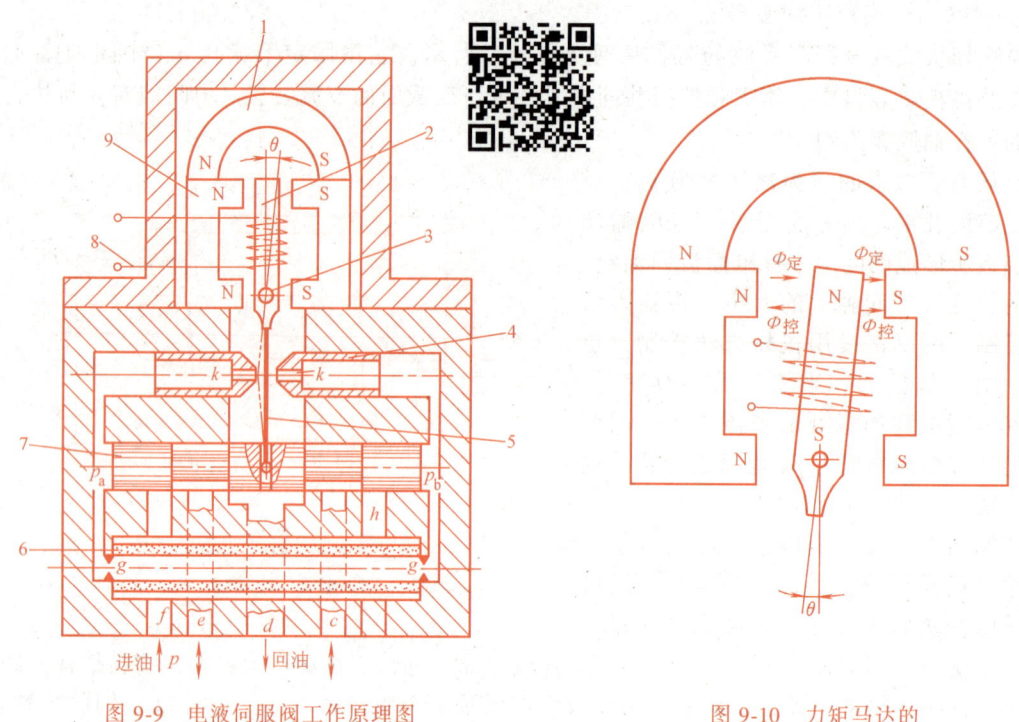

图 9-9　电液伺服阀工作原理图
1—永久磁铁　2—衔铁　3—扭轴　4—喷嘴　5—挡板
6—过滤器　7—滑阀　8—线圈　9—导磁体

图 9-10　力矩马达的磁通变化情况

这种力矩马达的特点是：由于其衔铁很小，因而惯性小，灵敏度较高；同时衔铁由扭轴支承，没有摩擦阻力，所以不灵敏区小。

（2）液压部分　液压部分是一个两级放大器。其中，第一级是喷嘴挡板式，称为前置放大级；第二级是四边滑阀式，称为功率放大级。

压力为 p 的油液从进油口 f 进入，经过滤器 6 后再分别流经两个节流孔 g 进入滑阀 7 两端的油腔，然后再从两个喷嘴 4 与挡板 5 中间的缝隙排出。当力矩马达部分没有控制电流输入时，挡板处于两个喷嘴的中间位置。因两边的喷嘴孔 k 和两个固定节流孔 g 的参数分别是相等的，所以滑阀 7 两端油腔中的油压 p_a 和 p_b 相等，这时滑阀的位置由挡板上的小球决定；又因滑阀的左、右两部分是对称的，所以滑阀处于中间平衡位置，这时管路 c 和 e 中的油压相等，液压马达（图 9-9 中未表示）不转动。当有控制电流输入时，力矩马达的衔铁连同挡板偏转一个角度 θ，如顺时针方向偏转。这时，左喷嘴与挡板间的间隙减小，液流阻力增加，因此滑阀左端的油压 p_a 增大；相反，由于右喷嘴与挡板间的间隙加大，液流阻力减小，使滑阀右端的油压 p_b 降低。在两端油压差的作用下，滑阀被推向右移，并且带动挡板 5 下端的小球右移，挡板本身的结构上是一弹簧片，弹簧片在电磁力和滑阀推动力的作用下，产生弯曲变形。弹簧片的变形，一方面使挡板的偏移量减小，从而使滑阀两端的油压差也相应减小；另一方面，弹簧片变形所产生的弹性反作用力阻止滑阀向右移动。因此，滑阀移动到它上面所受的油液作用力与弹簧片反作用力相互平衡为止。在这里，弹簧片起了反馈作用。当四边式滑阀向右偏离中间位置时，右边的阀口被打开，压力油经油路 f、过滤器 6 外面的通道到油路 h，再经右边的阀口及油路 c 进入液压马达，使液压马达回转，从液压马达来的回油经油路 e、滑阀 7 及回油路 d 流回油箱。

输入的控制电流越大，滑阀的偏移量也越大，输出的流量越多，液压马达的转速也越高。如果输入的控制电流方向相反，则衔铁作逆时针方向偏转，使 p_b 大于 p_a，滑阀向左偏移，压力油从油路 e 输出，使液压马达作反向回转。由此可知，输入控制电流的方向及大小决定了液压马达的回转方向及回转速度。

2. 汽车转向液压助力器

在大型载货汽车中，为了减轻驾驶员操作转向盘的体力劳动、提高汽车的转向灵活性，常常采用转向液压助力器。这种液压助力器也是一种液压伺服机构。图 9-11 所示为转向液压助力器工作原理图。转向液压助力器主要由液压缸和控制滑阀两部分组成。液压缸活塞 1 的右端通过铰链固定在汽车车架上，液压缸缸体 2 和控制滑阀阀体连在一起，形成负反馈，由转向盘 5 通过摆杆 4 控制滑阀阀芯 3 移动。当缸体前后移动时，通过转向梯形机构 6 等控制车轮向左或向右偏转，从而操纵汽车转向。控制滑阀的阀芯和缸体做成负开口。当阀芯 3 处于图 9-11 所示位置时，因液压缸左、右腔油液被封闭，因此缸体固定不动，汽车保持直线运动。滑阀阀芯的这一相应位置通常称为平衡位置。由于控制滑阀为负开口，可以防止引起不必要的扰动。转向时，若逆时针方向转动转向盘，通过摆杆带动阀芯向右移动，则液压缸右腔进油、左腔回油，使液压缸缸体向右移动，带动转向梯形机构向逆时针方向摆动，使车轮向左偏转，实现向左转弯；反之，顺时针方向转动转向盘，通过摆杆带动阀芯向左移动，则液压缸左腔进油、右腔回油，使液压缸缸体向左移动，带动转向梯形机构向顺时针方向摆动，使车轮向右偏转，实现向右转弯。

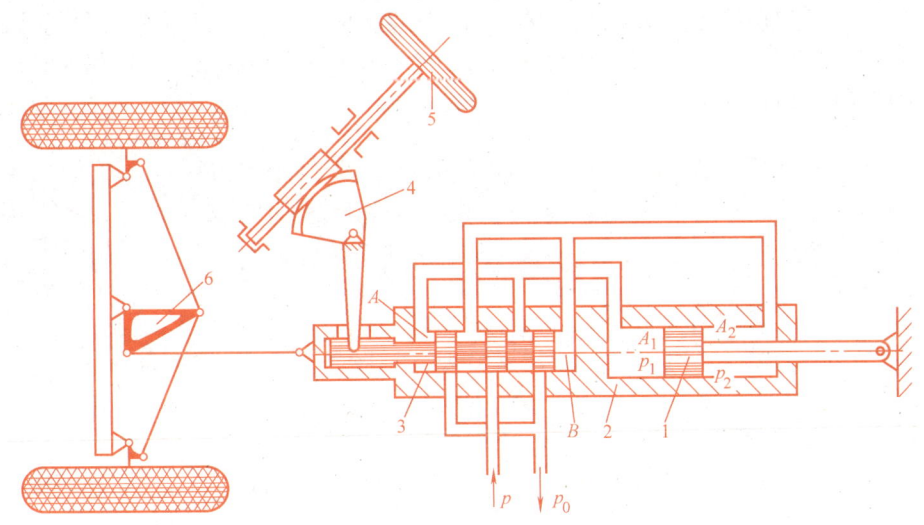

图 9-11 转向液压助力器工作原理图

1—活塞 2—缸体 3—阀芯 4—摆杆 5—转向盘 6—转向梯形机构

缸体左、右移动时，控制滑阀阀体同时左、右移动，即实现刚性负反馈，使阀体和阀芯重新恢复到平衡位置，保证车轮偏转角度由转向盘控制。

为了使驾驶员操纵转向盘时能感觉到路面的好坏，在控制滑阀两端增加两个油腔 A、B，分别与液压缸左、右腔相通。这时，移动控制滑阀阀芯时所需的力和液压缸两腔的压力差成正比，驾驶员操纵转向盘时就会感觉到转向阻力的大小。

第三节　其他液压技术及应用

一、液体动压支承技术

两个互相倾斜的平板构成楔形间隙，如图 9-12 所示。设 A 板固定，B 板按图示方向移动，在移动过程中油液被带进楔形间隙，形成油楔。间隙由大端向小端逐渐变小，由于油液具有不可压缩性和黏性，从而使油楔内产生压力，出口处油液的平均流速增加，保持流进的流量和流出的流量相等。B 板速度越大，油液黏度越大，则油楔内的压力越高。油楔的压力作用到两个板上就产生了承载能力，这就是液体动压支承的原理。由此可见，形成液体动压支承必须具备的条件是：

1) 有收敛的楔形间隙。
2) 有一定的相对运动速度。
3) 液体具有一定的黏度。
4) 两个表面均有较低的表面粗糙度值。

对于点、线、面接触的运动副，如滑动轴承、齿轮、凸轮等都能形成液体动压支承，使相对运动金属零件表面磨损转为流体的内摩擦，以减少和避免磨损，提高零件工作能力。图 9-13 所示为普通径向滑动轴承副示意图。轴颈的直径比轴瓦的孔径小，装配后有间隙。静止时，在自重作用下轴颈偏在一边，自然形成楔形间隙。在轴承和轴瓦适当的部位钻孔，选择适当的油品及供油装置，保证以一定的数量连续供油。工作中轴以转速 n 转动，轴颈表面相对轴瓦表面有滑动速度，形成全液体润滑状态。由此可见，液体动压支承油膜的形成及承载能力的大小，与两摩擦面相对速度有关，相对速度低时，压力油膜不容易形成。因此，在低速、重载或速度变化范围大时，特别在起动、停机及换向等情况下，不能保证获得液体摩擦，造成两摩擦面的磨损。

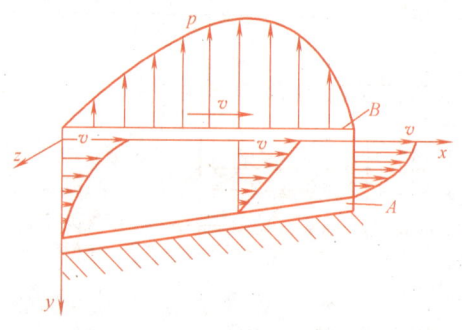

图 9-12　流体动压支承原理

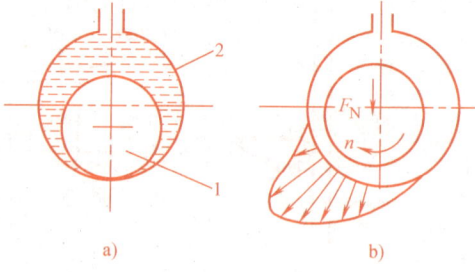

图 9-13　普通径向滑动轴承副示意图

二、液体静压支承技术

（一）静压支承技术概述

液体静压支承是利用外部的一个液压系统，将润滑油压入两摩擦表面之间形成承压油膜，产生支承负载的液体压力，从而将两摩擦面分开，实现液体摩擦。液体静压支承是一种高精度滑动支承。它包括液体静压轴承、液体静压导轨和液体静压丝杠等。静压支承在工作时，无论被支承的元件（如轴颈、工作台等）是处于静止状态，还是处于运动状态，两摩擦面之间都有承压油膜存在，都能实现液体摩擦。液体静压支承在所有的工况下（甚至相对速度为零时），都能使部件处在液体摩擦状况下工作，所以有工作寿命长、对摩擦副的材质无特殊要求、摩擦因数比较低而且变化小、油膜刚度大、支承的承载能力与相对速度无关等特点。液体静压支承的应用甚为广泛，特别适宜用在精密、重型设备中。

液体静压支承系统通常由三个最基本的部分组成，即供油装置、补偿元件（节流器）以及静止支承，如图9-14所示。

供油装置是能提供具有一定压力和流量的液压站。它通常由油箱、电动机与液压泵、溢流阀、过滤器、蓄能器、管路以及必要的监控仪表等组成。

节流器是一种补偿元件，用以调节或补偿液体的流量，以便维持油腔中所需的压力。

静压支承通常包括油腔、封油面以及回油槽等结构要素。工作时，油腔中的压力 p_r 所建立的承载油膜，将轴颈或工作元件抬起并承受外载。当外载变化时，封油面的间隙 h 也将变化，并改变其节流面积，从而使封油面与节流器的液体流量在新的工况下达到平衡，建立相应的油腔压力，使其油膜承载力与外载达到平衡。

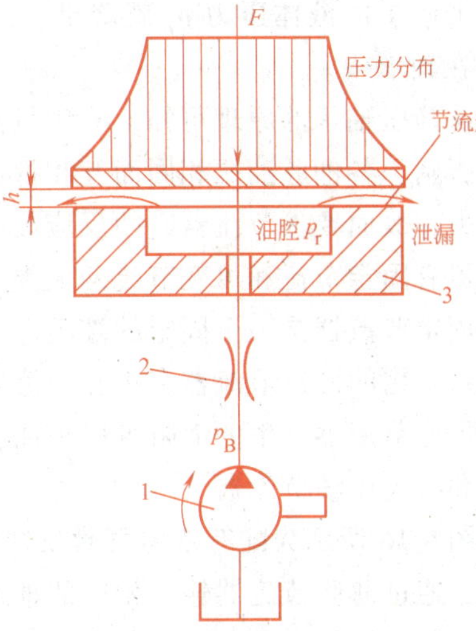

图 9-14 液体静压支承系统示意图

（二）液体静压支承的工作原理

1. 静压轴承的工作原理

图 9-15 所示为静压轴承的工作原理图。在轴承内圆柱面上，等间距的开有四个矩形油腔，各油腔之间开有回油槽。回油槽和油腔之间是圆周封油面，油腔和轴承两端面之间是轴向封油面，轴承与轴颈的间隙是封油面间隙 h。液压泵供给有一定压力 p_p 的液体，经节流器 L 降压后进入各油腔，形成承压油膜，产生支承负载的液体压力，将轴颈推向中央，然后再经封油面，降压到零，流回油箱。这样，不论轴颈是否转动，在轴颈和轴承之间都充满具有一定压力的液体，使两摩擦面分开，从而实现液体摩擦。

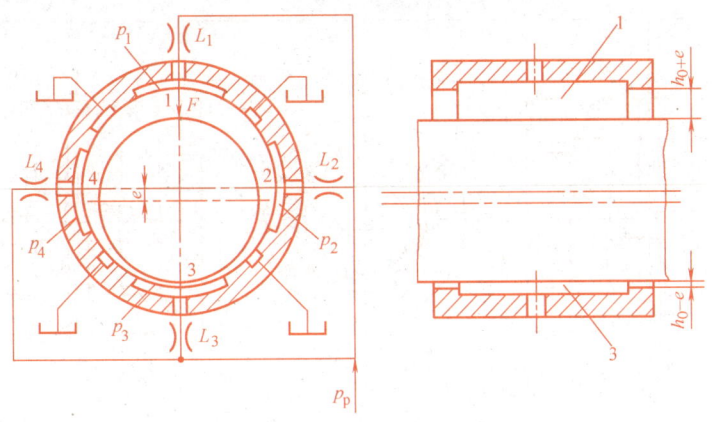

图 9-15 静压轴承的工作原理图

若轴上不受载荷并且忽略轴的自重,则轴承各油腔的液体压力相同而保持平衡状态,轴在正中央,这时轴承与轴颈间的间隙均为 h_0。如轴上受径向载荷 F(包括轴的自重),轴颈将产生偏心距 e,这时轴颈与轴承在油腔 3 处的间隙减小为 h_0-e,而油腔 1 处增大到 h_0+e。在油腔 3 处,由于液体流经间隙小的地方阻力大,流量减小,因而流经节流器 L_3 的压降减小。供给的液体压力 p_p 是一定的,所以油腔 3 的液体压力 p_3 就升高。反之,在油腔 1 处,由于液体流经间隙大的地方阻力小,流量增大,因而流经节流器 L_1 的压降增大,油腔 1 的液体压力 p_1 就降低。这种压差的变化使轴颈受到一个向上的支承力,从而悬浮在轴承中。

从静压轴承的原理可知,集中供油的静压轴承在每一油腔的进油口之前必须有一个节流器,否则,各油腔油压相同而互相抵消,就不能把轴推向中央。节流器对静压轴承的性能影响很大,故而要求节流器必须反应灵敏,使轴承具有足够的刚度,不容易堵塞且便于制造。节流器有固定节流和可变节流两大类。

固定节流器是一个固定的液阻。在一定流量下它能产生一定的压降,就像一个固定的节流阀。常用的固定节流器有小孔节流器和毛细管节流器两种。

可变节流器产生的液阻可以随油腔的压力变化而变化。常用的可变节流器有薄膜反馈节流器和滑阀反馈节流器。

图 9-16 所示为配有双向薄膜反馈节流器的静压轴承原理图。液压泵输出压力为 p_p 的压力油,通过薄膜节流器输入相应的轴承油腔,压力油经过薄膜节流后压力降低。若轴上不受载荷且忽略轴的自重,由于各油腔面积相等并且对称分布,则薄膜两面所受液压相等,薄膜处于平直状态,不变形,薄膜两面的节流缝隙相等为 h_0,各个节流液阻相等,则各油腔的承载力相等,使轴浮在轴承的中央。

如轴上受径向载荷 F(包含轴的自重),轴颈将产生偏心距 e,轴承的油腔 3 的间隙减小,压力 p_3 升高,油腔 1 的间隙增大,压力 p_1 降低,两油腔形成压差 $\Delta p = p_3 - p_1$。由于油腔 1 和油腔 3 分别和右边一只薄膜反馈节流器上、下两油室相通,薄膜节流器上、下油室也产生同样的压差 Δp,所以薄膜受到压差 Δp 产生的液压力的作用而向上凸起,使上面的节流缝隙 h_0 减小,液阻增大,下面的节流缝隙 h_0 增大,液阻减小。这种反馈作用使上、下油腔的压差进一步增大,直至与载荷 F 相平衡为止,这时,轴处于相对稳定状态。

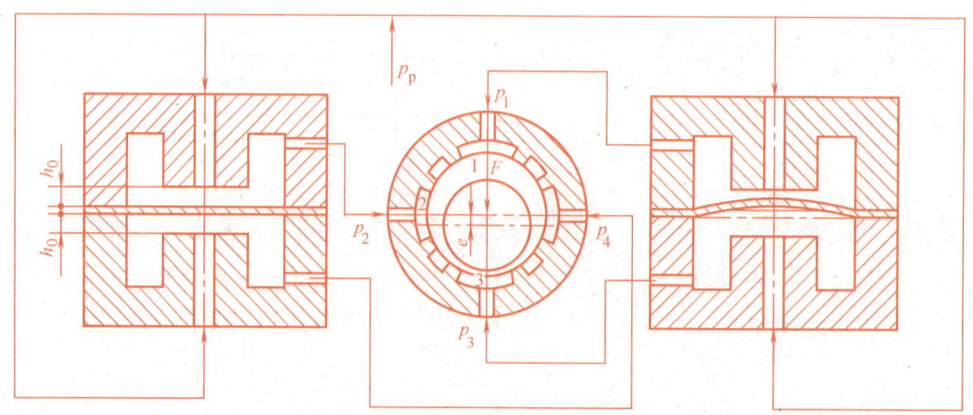

图 9-16 配有双向薄膜反馈节流器的静压轴承原理图

理论上，只要有外载引起轴的偏心距 e 存在，那么就有压差 Δp 存在，而压差 Δp 又必然反映到薄膜上，以改变相应油腔的液阻，促使压差 Δp 增大，直到平衡外载，消除偏心距 e 为止。这种利用外载的作用促进、加速消除外载影响的过程，通常称为反馈作用。可变节流器的节流阻力随外载的变化自动改变，形成轴承腔中的压差，从而平衡外载。因此，设计合理、适当选择薄膜反馈节流器薄膜的弹性和其他参数，可以使轴承得到很高的刚度，即承受很大的外载而轴颈只有很小的位移。

2. 静压导轨的工作原理

由于静压导轨承受载荷的要求不同，按照导轨结构形式可将其分为开式和闭式两大类。

开式静压导轨是指导轨只设置在床身的一个方向上，并在开式导轨上开若干个油腔，不能限制工作台从床身上分离的液压导轨，如图 9-17 所示。液压泵 5 输出的压力油经过精过滤器 4 和节流阀 3 把压力降为 p_0，进入导轨 2 的油腔。p_0 达到一定值，便把工作台浮起一定高度 h_0，从而实现液体摩擦。油腔中的油经过油腔封油间隙 h_0 流回油箱，压力降为零。当工作台受到外载作用向下移动一个距离 e 时，封油间隙减小为 h，使油腔回油阻力增大，油腔压力升高，油腔的承载力同外载平衡。该承载力始终阻止工作台沿外载方向移动，将工作台的微小位移限制在一定的范围内。

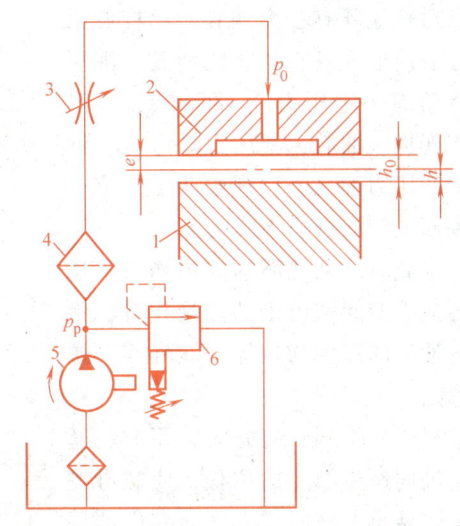

图 9-17　开式静压导轨工作原理图

闭式静压导轨是指导轨设置在床身的几个方向上，并在闭式导轨的各个方向的工作面上开若干个油腔，能限制工作台从床身上分离的静压导轨，如图 9-18 所示。若工作台不受载荷并且忽略工作台自重，则液压泵输出的压力油经过精过滤器 4，分别经过节流阀 3 和 5 进入

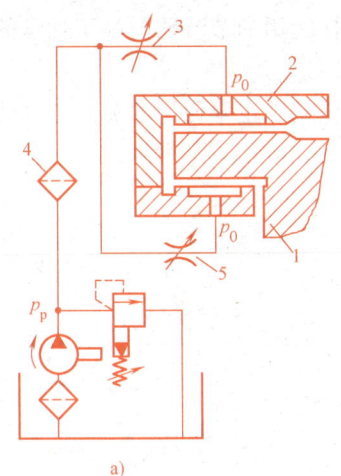
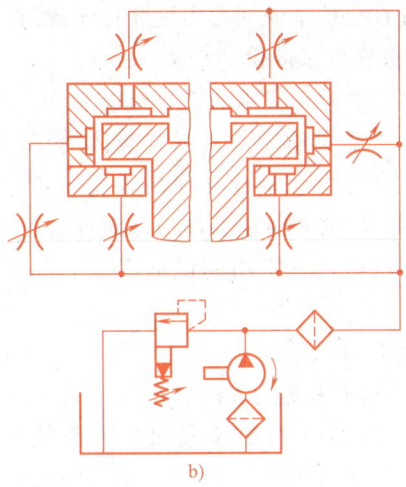

图 9-18　闭式静压导轨工作原理图

导轨上、下油腔，压力均为 p_0，从而使工作台浮起。当工作台受外载（包含工作台自重）作用向下移动一个距离时，上油腔封油间隙减小，压力升高，下油腔封油间隙增大，压力降低，这样就形成一个向上的承载力与外载平衡。

闭式静压导轨的承载力是由上、下油腔的压力差产生的，工作台有可能很少下降甚至不下降，这样，油腔中形成的压力差所产生的作用力就能完全克服外载，因而闭式静压导轨刚度高。闭式静压导轨可以承受颠覆力矩，也可以承受水平方向的外载，如图 9-18b 所示。

静压导轨节流器工作原理与静压轴承节流器相同，此处不再重复。

3. 静压丝杠的工作原理

静压丝杠-螺母（简称静压丝杠）的工作原理如图 9-19 所示。在螺母每个螺纹两侧面中径上对称地开有三个油腔，丝杠旋入螺母后便形成各自独立的油腔。液压泵供给有一定压力 p_p 的油液，经过节流器进入油腔，其压力降为 p_0，油腔中的压力油又经过螺纹两侧节流间隙流回油箱，其压力降为零。

空载时，两侧面的间隙相等，通过各油腔沿间隙流出的流量相等，因此各油腔的压力均相等，丝杠浮在螺母中间。

当丝杠受到轴向力 F 作用时，丝杠沿轴向产生微小的位移，使螺母左侧间隙减小，液阻增大，油腔中的压力升高，另一侧则相反。这样，螺母左右两侧便形成压力差，产生承载力与轴向力 F 平衡。该承载力始终阻止丝杠沿轴向移动，使丝杠保持在某一个新的位置并稳定下来。

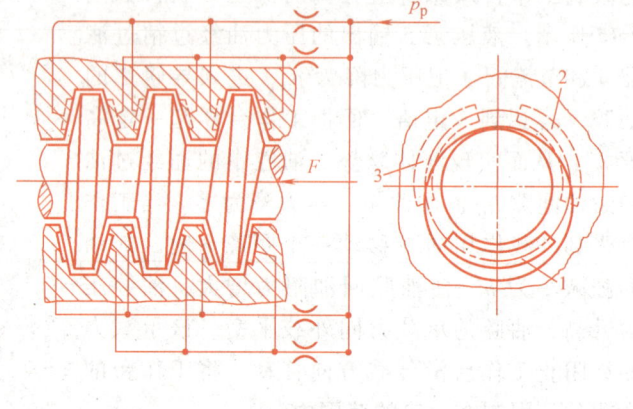
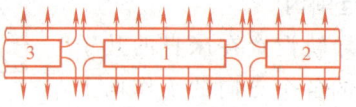

图 9-19 静压丝杠的工作原理图

静压丝杠也能承受颠覆力矩和径向载荷。静压丝杠所用的节流器与静压轴承的相同。

（三）静压支承的供油系统

供油系统是静压支承的重要组成部分，是保证静压支承正常使用的关键。供油系统的设计原则是：①能供给支承所需要液体的压力和流量。②能保证液体干净。③能起安全保护作用。④必要时能控制液体温度。

目前，机械设备常用的供油系统有如下几种。

1. 简式供油系统

图 9-20 所示为简式静压轴承供油系统图。液压泵 2（定量泵或变量泵）向系统的供油压力 p_p 由溢流阀 4 调节。系统中设有粗过滤器 1 和纸质精过滤器 6。它适用

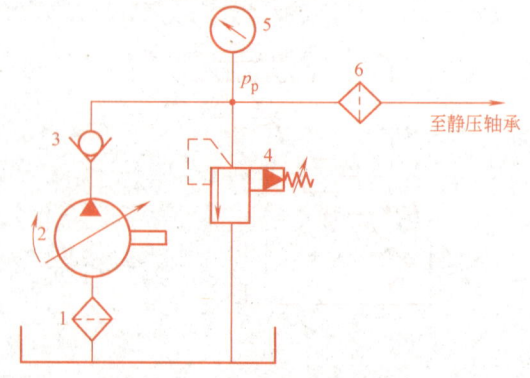

图 9-20 简式静压轴承供油系统图

于油的黏度低、主轴的转动惯性小、有制动机构的轴承。该系统结构简单，成本低。

2. 具有蓄能器的供油系统

图 9-21 所示为具有蓄能器的静压支承供油系统图。液压泵 2（定量泵或变量泵）向系统供油，压力 p_p 由溢流阀 4 调节。系统设有网式粗过滤器 1，线隙式粗过滤器 6 和纸质精过滤器 7，用以滤去杂质，保证油液干净。压力继电器用来保证系统必须具有一定压力时才能起动机床主轴。蓄能器 5 保证动力突然中断时，仍有一定的压力油供给主轴轴承，以防主轴由于惯性继续转动，从而磨损或烧坏轴承。如轴承温度要求严格，还可以在系统中增加冷却散热和恒温控制设备。该系统适用于主轴系统惯性比较大的机床或者其他机械的静压轴承。

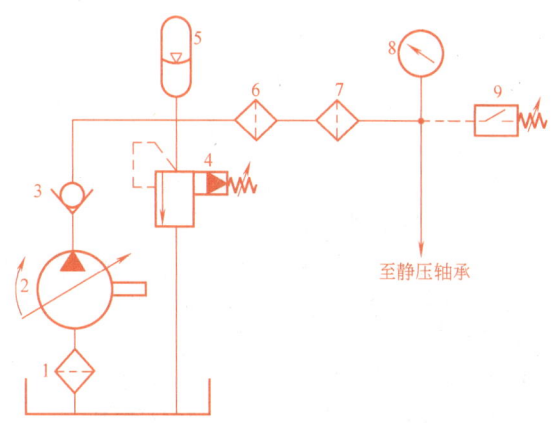

图 9-21　具有蓄能器的静压支承供油系统图

对于主轴系统惯性比较小、转速比较低的静压轴承以及静压导轨和静压丝杠，可以采用去掉蓄能器 5 的供油系统。因为在这种场合下，动力突然中断时，由于主轴惯性小，可很快停止转动，并且轴承中存留的油液能起短时润滑作用，不致磨损或者烧坏轴承。

三、超高压液压技术概述

工程应用中的液压技术采用的压力通常小于 35MPa，因为在这个压力下液压元件和液压系统具有比较高的技术经济性，但在某些场合（如液压机械、压力容器、金属挤压、液压成型、粉末冶金、人造金刚石合成等静压处理，以及超高压设流加工、耐压实验等）采用的压力常在 100MPa 以上，有的甚至在 600MPa 以上。当液压系统或液压机械的压力超过 32MPa 时，通常称为超高压液压压力。在这一压力域中，有着许多一般高压液压技术没有考虑的特殊性，这些特殊性即形成了独特的超高压液压技术。

超高压液压压力值界限的划分，在我国以大于 32MPa 为准，其他各国则有各自的超高压液压压力界限，如英国将压力值高于 350MPa 的液压压力称为超高压。目前，以流体为传动介质的机械中采用的压力值已高达 1400MPa 以上，在以流体为静压介质的应用中，所采用的压力值更，高达 2400MPa 以上。一种压力发生装置 Piston-Belt 设备的最高压力可达到 15000MPa，远远大于人造金刚石生成时的压力值 5000MPa。

解决好强度和密封问题是超高压技术的关键。在现代科学技术领域和工业生产中，超高压液压技术已经是不可缺少的了，它已广泛应用于建筑、化工、石油、冶金、机械、地质、电力建设、安装、科学实验等领域。

学习要求和习题

一、学习要求

1. 掌握车床仿形刀架液压伺服系统的工作原理。

2. 掌握液压伺服系统的特点。

3. 了解液压伺服系统的基本形式。

4. 了解电液伺服阀的工作原理。
5. 了解汽车转向助力器的工作原理。
6. 了解动压支承的工作原理。
7. 掌握静压支承的工作原理。
8. 掌握静压支承供油系统的组成及工作原理。
9. 了解超高压液压技术的概念。

二、习题

(一) 填空题

1. 为了_____，仿形刀架的液压缸轴线与车床主轴中心线安装成 40°~60° 的斜角。
2. 液压伺服系统的特点是_____、_____、_____、_____。
3. 在伺服系统中，一般称_____为控制环节，加给_____的信号称为输入信号。
4. 在液压伺服系统中，四边滑阀的控制性能_____，单边滑阀的控制性能_____。
5. 在液压伺服系统中，控制滑阀有____、____、_____三种基本形式。
6. 在伺服系统中，从结构工艺上看，四边滑阀____加工，单边滑阀____加工。
7. 在伺服系统中，阀体和阀芯的开口形式有_____、_____、_____三种。
8. 在仿形刀架中，控制阀的阀体和液压缸的缸体连在一起，其目的是_____。
9. 常见的阀控液压伺服系统有_____、_____、_____三种。
10. 液体动压支承油膜的形成与两摩擦面相对速度_____。
11. 液体静压支承油膜的形成与两摩擦面相对速度_____。
12. 液体静压支承系统通常由_____、_____、_____组成。
13. 在静压轴承中，每一油腔的进油口之前必须有_____。
14. 静压导轨按导轨结构形式分为_____和_____两大类。
15. 简式供油系统适合于_____、_____、_____的轴承。
16. 在具有蓄能器的供油系统中，_____用来保证系统必须具有一定压力时才能起动机床主轴。
17. 当液压系统的压力超过_____时，通常称为超高压液压压力。
18. _____保证动力突然中断时，仍有一定的压力油供给主轴轴承，以防主轴磨损或烧坏轴承。

(二) 判断题

1. 液压伺服系统不一定有反馈环节。　　　　　　　　　　　　　　　　　　　　( )
2. 液压伺服系统不存在误差。　　　　　　　　　　　　　　　　　　　　　　　( )
3. 执行元件的位移变化量称为输出量。　　　　　　　　　　　　　　　　　　　( )
4. 在液压仿形刀架中，作用在靠模上的力很小。　　　　　　　　　　　　　　　( )
5. 液压伺服阀一般是三位阀。　　　　　　　　　　　　　　　　　　　　　　　( )
6. 四边滑阀的性能最好，最容易加工。　　　　　　　　　　　　　　　　　　　( )
7. 因为液压伺服系统具有力、功率放大作用，所以系统效率高。　　　　　　　　( )
8. 阀控液压伺服系统的响应速度大，控制精度高、效率高。　　　　　　　　　　( )
9. 液体动压支承油膜的形成与两摩擦面相对速度无关。　　　　　　　　　　　　( )
10. 液体动压支承油膜常用于低速、重载或速度变化范围大的场合。　　　　　　( )
11. 液体静压支承油膜的形成与两摩擦面相对速度有关。　　　　　　　　　　　( )
12. 静压丝杠不能承受颠覆力矩和径向载荷。　　　　　　　　　　　　　　　　( )

第十章 气 压 传 动

气压传动是指以压缩空气为工作介质传递动力和控制信号的一门技术,包含传动技术和控制技术两方面的内容。本章主要介绍传动技术。由于气压传动具有防火、防爆、节能、高效、无污染等优点,因此在国内外工业生产中应用较普遍。

气压传动像液压传动一样,都是利用流体作为工作介质而传动的,在工作原理、系统组成、元件结构及图形符号等方面,二者之间存在着不少相似之处,所以在学习本章时,前面的液压传动的基本知识,在此有很大的参考和借鉴作用。

第一节 气压传动基本知识

一、气压传动系统的工作原理

现以气动剪切机为例,介绍气压传动的工作原理。图10-1所示为气动剪切机的工作原理图,图示位置为剪切前的情况。空气压缩机1产生的压缩空气经后冷却器2、油水分离器3、气罐4、分水过滤器5、减压阀6、油雾器7到达换向阀9,部分气体经节流通路 a 进入换向阀9的下腔,使上腔弹簧压缩,换向阀阀芯位于上端;大部分压缩空气经换向阀9后由 b 路进入气缸10的上腔,而气缸的下腔经 c 路、换向阀与大气相通,故气缸活塞处于最下端位置。当上料装置把工料11送入剪切机并到达规定位置时,工料压下行程阀8,此时换向阀阀芯下腔压缩空气经 d 路、行程阀排入大气,在弹簧的推动下,换向阀阀芯向下运动至下端;压缩空气则经换向阀后由 c 路进入气缸的下腔,上腔经 b 路、换向阀与大气相通,气缸活塞向上运动,剪刃随之上行剪断工料。工料剪下后,即与行程阀脱开,行程阀阀芯在弹簧作用下复位,d 路堵死,换向阀阀芯上移,气缸活塞向下运动,又恢复到剪断前的状态。

由以上分析可知,剪刃克服阻力剪断工料的机械能来自于压缩空气的压力能;负责提供压缩空气的是空气压缩机;气路中的换向阀、行程阀起改变气体流动方向、控制气缸活塞运动方向的作用。图10-1b所

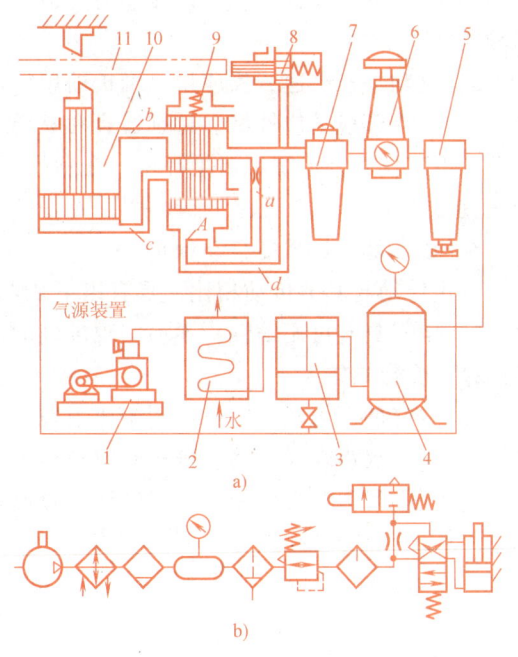

图10-1 气动剪切机的工作原理图
a) 结构原理图 b) 图形符号图
1—空气压缩机 2—后冷却器 3—油水分离器 4—气罐
5—分水过滤器 6—减压阀 7—油雾器 8—行程阀
9—换向阀 10—气缸 11—工料

示为用图形符号（又称职能符号）绘制的气动剪切机系统原理图。

二、气压传动系统的组成

根据气动元件和装置的不同功能，可将气压传动系统分成以下四部分：

（1）气源装置　获得压缩空气的装置和设备，如各种空气压缩机。它将原动机供给的机械能转变为气体的压力能，还包括气罐等辅助设备。

（2）气动执行元件　将压缩空气的压力能转变为机械能的装置，如做直线运动的气缸、做回转运动的气马达等。

（3）气动控制元件　控制压缩空气的流量、压力、方向以及执行元件工作程序的元件，如各种压力阀、流量阀、方向阀、逻辑元件等。

（4）辅助元件　使压缩空气净化、润滑、消声以及用于元件间连接等所需的装置，如各种过滤器、油雾器、消声器、管件等。

三、气压传动系统的分类

按照选用的控制元件类型，气动系统可分为气阀控制气动系统、逻辑元件控制气动系统、射流元件控制气动系统。本书重点介绍气阀控制气动系统。

四、气压传动的优缺点

气压传动能够得到迅速发展和广泛应用是由于它具有以下优点：

1）工作介质是空气，来源方便，取之不尽，使用后直接排入大气而无污染，不需要设置专门的回气装置。

2）空气的黏度很小，所以流动时压力损失较小，节能、高效，适用于集中供应和远距离输送。

3）气动动作迅速，反应快，维护简单，调节方便，特别适合于一般设备的控制。

4）工作环境适应性好。特别适合在易燃、易爆、潮湿、多尘、强磁、振动、辐射等恶劣条件下工作，外泄漏不污染环境，在食品、轻工、纺织、印刷、精密检测等环境中采用最为适宜。

5）成本低，过载能自动保护。

气压传动与其他传动相比，具有以下缺点：

1）空气具有可压缩性，不易实现准确的速度控制和很高的定位精度，负载变化时对系统的稳定性影响较大。

2）空气的压力较低，只适用于压力较小的场合。

3）排气噪声较大，高速排气时应加消声器。

4）因空气无润滑性能，故在气路中应设置给油润滑装置。

第二节　气源装置及辅助元件

向气动系统提供压缩空气的装置为气源装置，其主体是空气压缩机。由空气压缩机产生的压缩空气，因含有过高的杂质，不能直接使用，必须经过降温、除尘、除油、过滤等一系列处理后才能用于气压系统。

一、空气压缩机

空气压缩机是将机械能转换成压力能的装置，是产生压缩空气的机器。

1. 空气压缩机的分类

空气压缩机的种类很多，按照工作原理可分为容积式和动力式两大类。在气压传动中，一般采用容积式空气压缩机。

按照输出压力分为低压压缩机（$0.2\text{MPa}<p\leqslant 1\text{MPa}$）、中压压缩机（$1\text{MPa}<p\leqslant 10\text{MPa}$）、高压压缩机（$10\text{MPa}<p\leqslant 100\text{MPa}$）、超高压压缩机（$p>100\text{MPa}$）。

按照输出流量分为微型压缩机（$q<1\text{m}^3/\text{min}$）、小型压缩机（$1\text{m}^3/\text{min}\leqslant q<10\text{m}^3/\text{min}$）、中型压缩机（$10\text{m}^3/\text{min}<q<100\text{m}^3/\text{min}$）、大型压缩机（$q\geqslant 100\text{m}^3/\text{min}$）。

按照润滑方式分为有油润滑压缩机（采用润滑油润滑，结构中有专门的供油系统）和无油润滑压缩机（不采用润滑油润滑，零件采用自润滑材料制成，如采用无油润滑的活塞式空压机中的活塞组件）。

2. 空气压缩机的工作原理

在容积式空气压缩机中，最常用的是活塞式空气压缩机，其工作原理图如图 10-2 所示。曲柄 8 做回转运动，带动气缸活塞 3 做直线往复运动，当活塞 3 向右运动时，气缸腔 2 因容积增大而形成局部真空，在大气压的作用下，吸气阀 9 打开，大气进入气缸腔 2，此过程为吸气过程；当活塞向左运动时，气缸腔 2 内的气体被压缩，压力升高，吸气阀 9 关闭，排气阀 1 打开，压缩空气排出，此过程为排气过程。单级单缸的空气压缩机就这样循环往复运动，不断产生压缩空气。大多数空气压缩机是由多缸多活塞组合而成的。

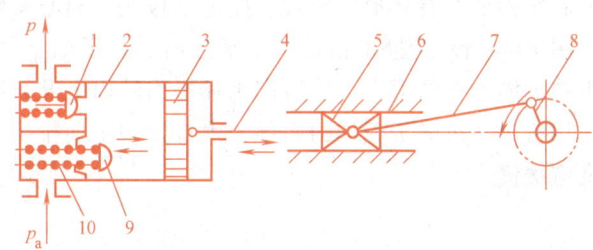

图 10-2　活塞式空气压缩机工作原理图

1—排气阀　2—气缸腔　3—活塞　4—活塞杆　5—滑块　6—滑道
7—连杆　8—曲柄　9—吸气阀　10—弹簧

3. 空气压缩机的选用

选用空气压缩机的依据是气动系统所需的工作压力和流量。目前，气动系统常用的工作压力为 0.5~0.8MPa，可直接选用额定压力为 0.7~1MPa 的低压空气压缩机，有特殊需要的也可选用中、高压或超高压的空气压缩机。

在确定空气压缩机的排气量时，应该满足各气动设备所需的最大耗气量（应转变为自由空气耗气量）之和。

二、气源净化装置

一般使用的空气压缩机都采用油润滑，在空气压缩机中空气被压缩，温度可升高到 140~170℃，这时部分润滑油变成气态，加上吸入空气中的水和灰尘，形成了水气、油气、灰尘等混合杂质。如果将含有这些杂质的压缩空气供给气动设备使用，将会产生极坏的影响。

1）混在压缩空气中的油气聚集在气罐中形成易燃物，甚至有爆炸的危险；同时油分在高温汽化后形成有机酸，使金属设备腐蚀，影响设备的寿命。

2）混合杂质沉积在管道和气动元件中，使通流面积减小，流通阻力增大，致使整个系统工作不稳定。

3）压缩空气中的水汽在一定压力和温度下会析出水滴，在寒冷季节会使管道和辅件因冻结而破坏或使气路不畅通。

4）压缩空气中的灰尘对气动元件的运动部件产生研磨作用，使之磨损严重，影响它们的寿命。

由此可见，在气动系统中设置除水、除油、除尘和干燥等气源净化装置是十分必要的。下面具体介绍几种常用的气源净化装置。

1. 后冷却器

后冷却器一般安装在空气压缩机的出口管路上，其作用是把空气压缩机排出的压缩空气的温度由 140~170℃ 降至 40~50℃，使其中大部分的水、油转化成液态，便于排出。

后冷却器一般采用水冷却法，其结构形式有蛇管式、列管式、散热片式、套管式等。图 10-3 所示为蛇管式后冷却器的结构示意图。热的压缩空气由管内流过，冷却水从管外水套中流动以进行冷却。在安装时应注意压缩空气和水的流动方向。

2. 油水分离器

油水分离器的作用是将经后冷却器降温析出的水滴、油滴等杂质从压缩空气中分离出来。其结构形式有环形回转式、撞击挡板式、离心旋转式、水浴式等。

图 10-4 所示为撞击挡板式油水分离器。压缩空气从入口进入分离器壳体，气流受隔板的阻挡被撞击折向下方，然后产生环形回转而上升，油滴、水滴等杂质由于惯性力和离心力的作用析出并沉降于壳体的底部，由排污阀定期排出。为达到较好的效果，气流回转后上升速度应缓慢。

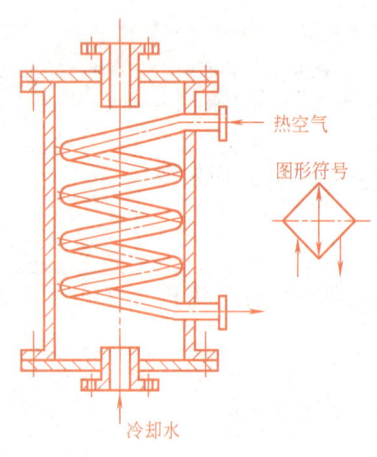

图 10-3 蛇管式后冷却器

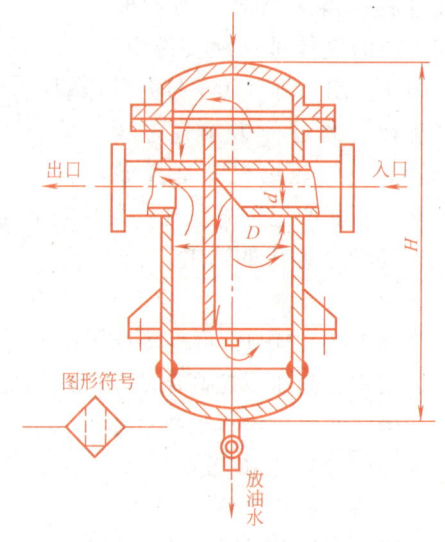

图 10-4 撞击挡板式油水分离器

3. 气罐

气罐的作用是消除压力波动，保证供气的连续性、稳定性；储存一定数量的压缩空气以备应急时使用；进一步分离压缩空气中的油分、水分。

图 10-5 所示为立式气罐的结构示意图。

4. 干燥器

经过以上净化处理的压缩空气已基本能满足一般气动系统的需求，但对于精密的气动装置和气动仪表用气，还需经过进一步的净化处理后才能使用。干燥器的作用是进一步除去压缩空气中的水、油和灰尘，其方法主要有吸附法和冷冻法。吸附法是利用具有吸附性能的吸附剂（如硅胶、铝胶或分子筛等）吸附压缩空气中的水分而使其达到干燥的目的。冷冻法是利用制冷设备使压缩空气冷却到一定的露点温度，析出所含的多余水分，从而达到所需要的干燥度。

图10-6所示为吸附式干燥器的结构。它的外壳为一金属圆筒，里面设置有栅板、吸附剂、滤网等。其工作原理是：压缩空气由湿空气进气管18进入干燥器内，通过上吸附剂层、铜丝过滤网16、上栅板15、下部吸附剂层14之后，湿空气中的水分被吸附剂吸收而干燥，再经过铜丝过滤网12、下栅板11、毛毡层10、铜丝过滤网9过滤气流中的灰尘和其他固体杂质，最后干燥、洁净的压缩空气从干燥空气输出管6输出。

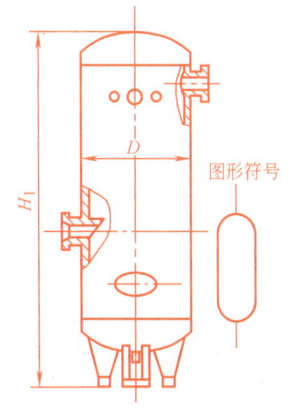

图10-5 立式气罐

当吸附剂在使用一定时间之后，吸附剂中的水分达到饱和状态时，吸附剂失去继续吸湿的能力，因此需要设法将吸附剂中的水分排出，使吸附剂恢复到干燥状态，即重新恢复吸附剂吸附水分的能力，这就是吸附剂的再生。图10-6中所示的管3、4、5即是供吸附剂再生时使用的。工作时，先将压缩空气的进气管和出气管关闭，然后从再生空气进气管5向干燥器内输入干燥热空气（温度一般高于180°C），热空气通过吸附层，使吸附剂中的水分蒸发成水蒸气，随热空气一起经再生空气排气管3、4排入大气中。经过一段时间的再生以后，吸附剂即可恢复吸湿的性能。在气压系统中，为保证供气的连续性，一般设置两套干燥器，一套使用，另一套对吸附剂再生，交替工作。

5. 分水过滤器

分水过滤器又称二次过滤器，其主要作用是分离水分、过滤杂质，滤灰效率可达70%~99%。QSL型分水过滤器在气动系统中应用很广，其滤灰效率大于95%，分水效率大于75%。在气动系统中，一般称分水过滤器、减压阀、油雾器为气源处理装置（旧称气动三大件，气动三联件），是气动系统中必不可少的辅助装置。

图10-7所示为分水过滤器的结构简图。从输入口进入的压缩空气被旋风叶子1导向，沿存水杯3的四周产生强烈的旋转，空气中夹杂的较大的水滴、油滴等在离心力的作用下从空气中分离出来，沉到杯底；当气流通过滤芯时，气流中的灰尘及部分雾状水分被滤芯拦截滤去，较为洁净干燥的气体从输出口输出。为防止气流的漩涡卷起存水杯中的积水，在滤芯的下方设置了挡水板4。为保证分水过滤器的

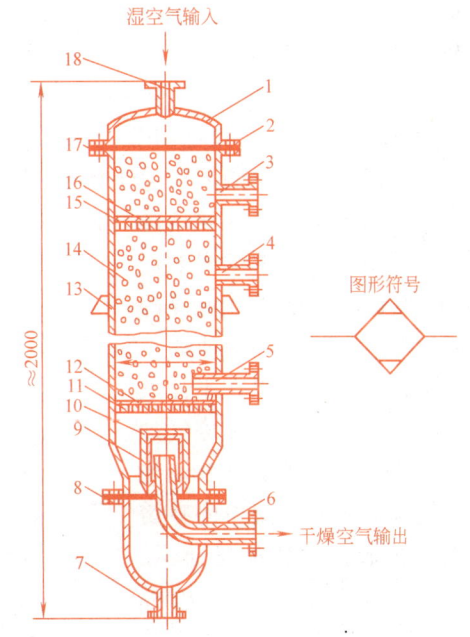

图10-6 吸附式干燥器的结构

1—顶盖 2—法兰 3、4—再生空气排气管 5—再生空气进气管 6—干燥空气输出管 7—排水管 8、17—密封垫 9、12、16—铜丝过滤网 10—毛毡层 11—下栅板 13—支撑板 14—吸附剂层 15—上栅板 18—湿空气进气管

正常工作，应及时打开放水阀，放掉存水杯中的污水。

三、辅助元件

（一）油雾器

气动系统中的各种气阀、气缸、气马达等，其可动部分都需要润滑，但以压缩空气为动力的气动元件都是密封气室，不能用一般方法注油，只能以某种方法将油混入气流中，带到需要润滑的地方。油雾器就是这样一种特殊的注油装置。它使润滑油雾化后注入空气流中，随空气进入需要润滑的部件。用这种方法加油，具有润滑均匀、稳定、耗油量少和不需要大的储油设备等特点。

图 10-8 所示为油雾器的结构。压缩空气从气流入口 1 进入，大部分气体从主气路流出，一小部分气体由小孔 2 通过截止阀 10 进入储油杯 5 的上腔 A，使杯中油面受压，迫使储油杯中的油液经吸油管 11、单向阀 6 和可调节流阀 7 滴入透明的视油器 8 内，然后再滴入喷嘴小孔 3，被主气路通过的气流引射出来，雾化后随气流由出口 4 输出，送入气动系统。透明的视油器 8 可供观察滴油情况，上部的节流阀 7 可用来调节滴油量。

这种油雾器可以在不停气的情况下加油，实现不停气加油的关键零件是截止阀 10。当没有气流输入时，阀中的弹簧把钢球顶起，封住加压通道，阀处于截止状态，如图 10-9a 所示；正常工作时，压力气体推开钢球进入储油杯，储油杯内气体的压力加上弹簧的弹力使钢球悬浮于中间位置，截止阀 10 处于打开状态，如图 10-9b 所示；当进行不停气加油时，拧松加油孔的油塞，储油杯中的气压立刻降至大气压，输入的气体压力把钢球压至下端位置，使截止阀 10 处于反向关闭状态，这样便封住了储油

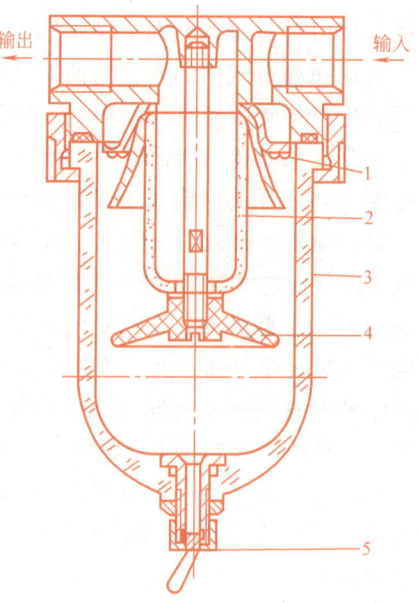

图 10-7 分水过滤器的结构简图
1—旋风叶子 2—滤芯 3—存水杯
4—挡水板 5—排水阀

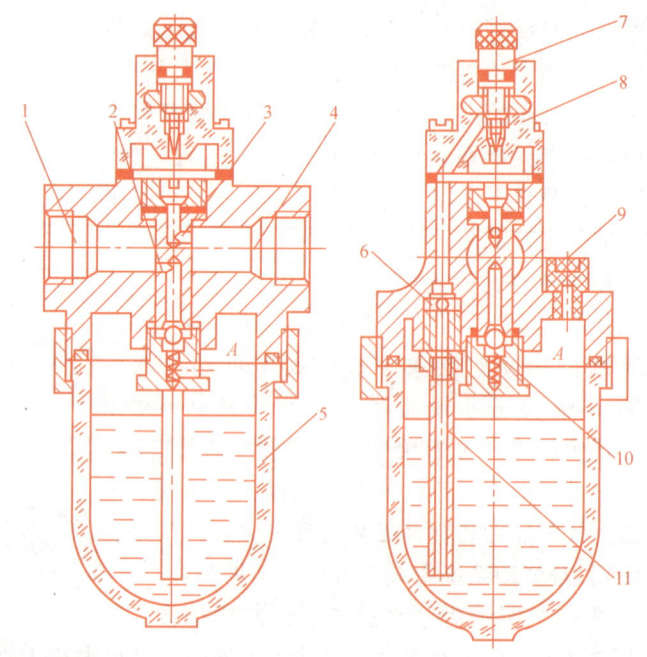

图 10-8 油雾器结构
1—气流入口 2、3—小孔 4—出口 5—储油杯 6—单向阀
7—节流阀 8—视油器 9—旋塞 10—截止阀 11—吸油管

杯的进气道，不致使储油杯中的油液因高压气体流入而从加油孔中喷出，如图 10-9c 所示。由于单向阀 6 的作用，压缩空气不能从吸油管倒流入储油杯，所以，可在不停气的情况下从油塞口往储油杯内加油。当加油完毕拧紧油塞后，由于截止阀有少许的漏气，A 腔内压力逐渐上升，直至把钢球推至中间位置，油雾器重新正常工作。

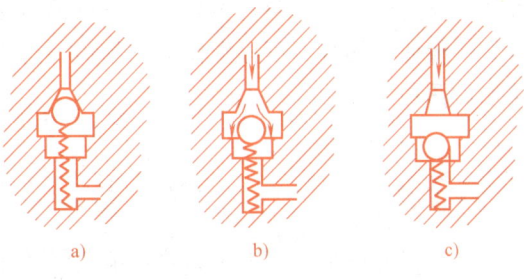

图 10-9 特殊单向阀
a) 不工作时 b) 工作时（进气） c) 不停气加油时

油雾器一般应安装在分水过滤器、减压阀之后，尽量靠近换向阀。应避免把油雾器安装在换向阀与气缸之间，以免造成浪费。

（二）消声器

气动回路与液压回路不同，它没有回气管道，压缩空气使用后直接排入大气，因其排气速度较高，会产生强烈的排气噪声。为降低噪声，一般在换向阀的排气口安装消声器。常用的消声器有以下几种。

1. 吸收型消声器

这种消声器主要依靠吸声材料消声。QXS 型消声器就是吸收型的，如图 10-10 所示。消声套是多孔的吸声材料，用聚苯乙烯颗粒或铜珠烧结而成。当有高压气体通过消声套排出时，引起吸声音材料细孔和狭缝中的空气振动，使一部分声能由于摩擦转换成热能，从而降低了噪声。

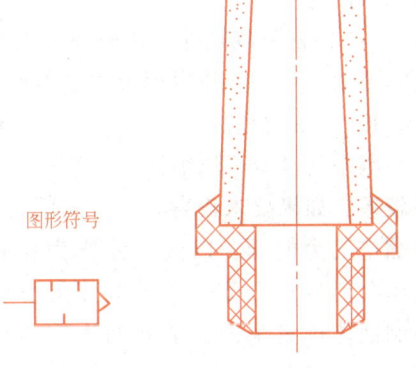

图形符号

图 10-10 吸收型消声器

这种消声器结构简单，吸声材料的孔眼不易堵塞，可以较好地消除中、高频噪声，消声效果大于 20dB。气动系统的排气噪声主要是中、高频噪声，尤其是高频噪声居多，所以这种消声器适合于一般气动系统使用。

2. 膨胀干涉型消声器

膨胀干涉型消声器的直径比排气孔径大得多，气流在里面扩散、碰壁反射，互相干涉，降低了噪声的强度。这种消声器的特点是排气阻力小，可消除中、低频噪声，但结构不够紧凑。

3. 膨胀干涉吸收型消声器

膨胀干涉吸收型消声器是上述两种消声器的结合，即在膨胀干涉型消声器的壳体内表面敷设吸声材料而制成的。图 10-11 所示为膨胀干涉吸收型消声器。这种消声器的入口开设了许多中心对称的斜孔，它使得高速进入消声器的气流被分成许多小的流束，在进入无障碍的扩张室 A 后，气流被极大地减速，碰壁后反射到 B 室，气流束相互撞击、干涉而使噪声减弱，然后气流经过吸声材料的多孔侧壁排入大气，噪声又一次被削弱。

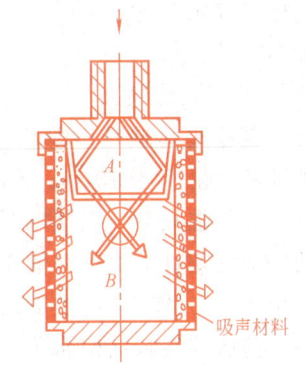

图 10-11 膨胀干涉吸收型消声器

这种消声器的效果比前两种更好，低频可消声 20dB，高频可消声 40dB。

在一般使用场合，可根据换向阀的通径选用吸收型消声器，对消声效果要求高的场合，可选用后两种消声器。

第三节　气动执行元件

气动执行元件是气动系统中将压缩空气的压力能转变成机械能的元件，包括气缸和气动马达。气缸用于实现直线往复运动或摆动，气动马达用于实现连续的回转运动。

一、气缸

（一）气缸的分类

1）按照活塞端面受压状态可分为单作用气缸和双作用气缸。

2）按照结构特征可分为活塞式气缸、柱塞式气缸、薄膜式气缸、叶片式摆动气缸、齿轮齿条式摆动气缸等。

3）按照功能可分为普通气缸和特殊气缸。普通气缸是指一般活塞式气缸，用于无特殊要求的场合。特殊气缸用于有特殊要求的场合，如气-液阻尼缸、薄膜式气缸、冲击气缸、伸缩气缸等。

（二）常见气缸的工作原理及用途

普通气缸的工作原理及用途类似于液压缸，此处不再赘述，下面仅介绍特殊气缸。

1. 气-液阻尼缸

因空气具有可压缩性，一般气缸在工作载荷变化较大时，会出现爬行或自走现象，平稳性较差，如果要求较高时，可采用气-液阻尼缸。气-液阻尼缸由气缸和液压缸组合而成，以压缩空气为能源，以液压油作为控制和调节气缸运动速度的介质，利用液体的可压缩性小和控制液体排量来获得活塞的平稳运动和调节活塞的运动速度。

图 10-12 所示为气-液阻尼缸的工作原理图。气缸活塞的左行速度可由节流阀 4 来调节，油箱 1 起补油作用。一般将双活塞杆腔作为液压缸，这样可使液压缸两腔的排油量相等，以减小补油箱 1 的容积。

2. 薄膜式气缸

薄膜式气缸是以薄膜取代活塞带动活塞杆运动的气缸。图 10-13a 所示为单作用薄膜式气

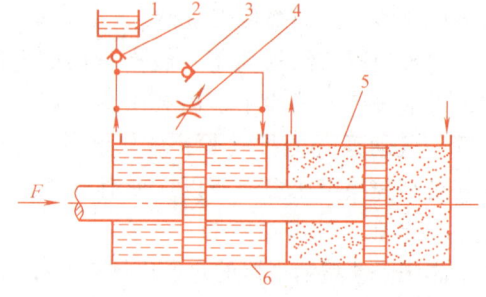

图 10-12　气-液阻尼缸的工作原理图

1—油箱　2、3—单向阀　4—节流阀
5—气缸　6—液压缸

缸，此气缸只有一个气口。当气口输入压缩空气时，推动膜片 2、膜盘 3、活塞杆 4 向下运动，而活塞杆的上行需依靠弹簧力的作用。图 10-13b 所示为双作用薄膜式气缸，此气缸有两个气口，活塞杆的上下运动都依靠压缩空气来推动。

薄膜式气缸结构简单、紧凑、制造容易，维修方便，寿命长，但因膜片的变形量有限，气缸的行程较小，且输出的推力随行程的增大而减小。薄膜式气缸的膜片一般由夹织物橡胶、钢片或磷青铜片制成，膜片的结构有平膜片（图 10-13b）、碟形膜片（图 10-13a）和滚

动膜片。根据活塞杆的行程可选择不同的膜片结构,平膜片气缸的行程仅为膜片直径的 0.1 倍,碟形膜片行程可达膜片直径的 0.25 倍,而滚动膜片气缸的行程可以更长。

3. 冲击气缸

冲击气缸是将压缩空气的能量转化为活塞高速运动能量的一种气缸,活塞的最大速度可达每秒十几米,能完成下料、冲孔、镦粗、打印、弯曲成形、铆接、破碎、模锻等多种作业,具有结构简单、体积小、加工容易、成本低、使用可靠、冲裁质量好等优点。

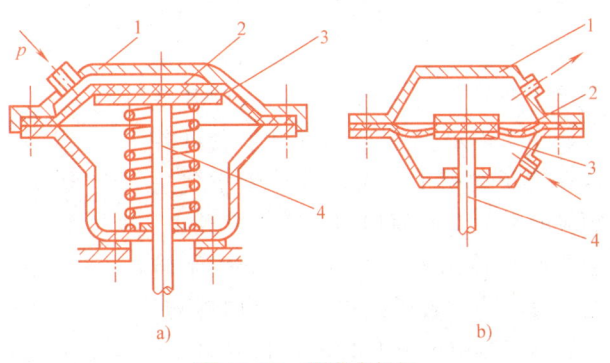

图 10-13 薄膜式气缸
a) 单作用薄膜式气缸 b) 双作用薄膜式气缸
1—缸体 2—膜片 3—膜盘 4—活塞杆

冲击气缸有普通型、快排型、压紧活塞式三种。图 10-14 所示为普通型冲击气缸的结构简图。冲击气缸由缸体、中盖、活塞、活塞杆等零件组成,中盖 6 与缸体固结在一起,其上开有喷嘴口 4 和泄气口 3,喷嘴口直径约为缸径的 1/3。中盖和活塞把缸体分成三个腔室:蓄能腔 5、活塞腔 2 和活塞杆腔 1。活塞上安装有橡胶密封垫 7,当活塞退回到顶点时,密封垫便封住喷嘴口,使蓄能腔和活塞腔之间不通气。

当压缩空气刚进入蓄能腔时,其压力只能通过喷嘴口的小面积作用在活塞上,还不能克服活塞杆腔的排气压力所产生的向上推力以及活塞和缸之间的摩擦阻力,喷嘴口处于关闭状态。随着空气的不断进入,蓄能腔的压力逐渐升高,当作用在喷嘴口面积上的总推力足以克服活塞受到的阻力时,活塞开始向下运动,喷嘴口打开。此时蓄能腔的压力很高,活塞腔的压力为大气压力,所以蓄能腔内的气体通过喷嘴口以声速流向活塞腔作用于活塞全面积上。高速气流进入活塞腔后进一步膨胀并产生冲击波,其压力可达气源压力的几倍到几十倍,而此时活塞杆腔的压力很低,所以活塞在很大压差的作用下迅速加速,活塞在很短的时间(约为 0.25~1.25s)内,以极高的速度(平均速度可达 8m/s)冲下,从而获得巨大的动能。

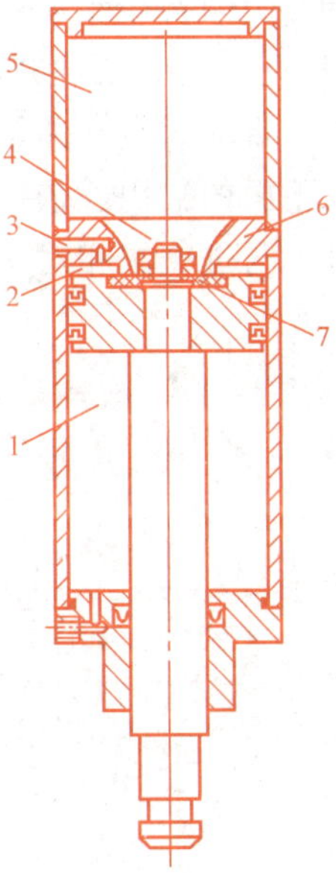

图 10-14 冲击气缸结构简图
1—活塞杆腔 2—活塞腔
3—泄气口 4—喷嘴口
5—蓄能腔 6—中盖
7—橡胶密封垫

4. 回转气缸

图 10-15 所示为回转气缸的工作原理图。它由导气头 9、缸体 3、活塞杆 1 和活塞 4 等组成,其缸体连同缸盖及导气头芯 6 可被携带回转,活塞及活塞杆只能做往复直线运动,导气头体外接管路且固定不动。

二、气动马达

气动马达是把压缩空气的压力能转换成回转机械能的能量转换装置,其作用相当于电动机或液压马达。它输出转矩,驱动执行机构做旋转运动。在气压传动中使用最广泛的是叶片式气动马达和活塞式气动马达。

1. 叶片式气动马达的工作原理

图 10-16 所示为叶片式气动马达的工作原理图。压缩空气由 A 孔输入，小部分经定子两端的密封盖的槽进入叶片底部（图中未表示），将叶片推出，使叶片贴紧在定子内壁上；大部分压缩空气进入相应的密封空间而作用在两个叶片上，由于两叶片伸出长度不等，就产生了转矩差，使叶片与转子按逆时针方向旋转；做功后的气体由定子上的孔 C 和 B 排出。若改变压缩空气的输入方向（即压缩空气由 B 孔进入，A 孔和 C 孔排出），则可改变转子的转向。

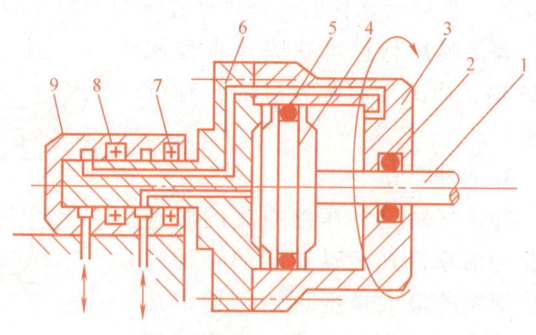

图 10-15 回转气缸工作原理图

1—活塞杆　2、5—密封装置　3—缸体　4—活塞
6—缸盖及导气头芯　7、8—轴承　9—导气头

2. 径向活塞式气动马达的工作原理

图 10-17 所示为径向活塞式气动马达的工作原理图。压缩空气经进气孔进入分配阀（又称配气阀）后再进入气缸，推动活塞及连杆组件运动，再使曲轴旋转；在曲轴旋转的同时，带动固定在曲轴上的分配阀同步运动，使压缩空气随着分配阀角度位置的改变而进入不同的缸内，依次推动各个活塞运动，并由各活塞及连杆带动曲轴连续运转；与此同时，与进气缸相对应的气缸则处于排气状态。

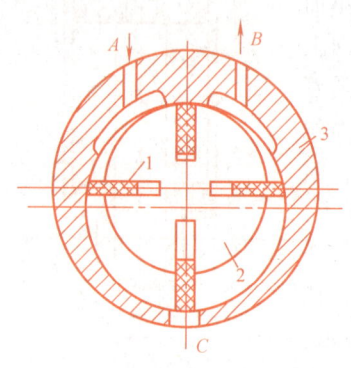

图 10-16 叶片式气动马达工作原理图

1—叶片　2—转子　3—定子

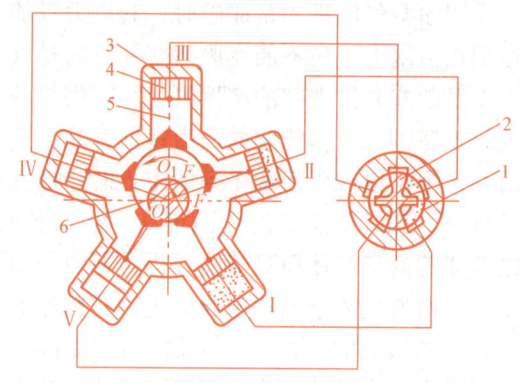

图 10-17 径向活塞式气动马达工作原理图

1—分配阀套　2—分配阀芯　3—气缸体
4—活塞　5—连杆　6—曲轴

3. 气动马达的特点及应用

（1）气动马达的特点

1）工作安全，具有防爆性能，适用于恶劣的环境，在易燃、易爆、高温、振动、潮湿、粉尘等条件下均能正常工作。

2）有过载保护作用。过载时马达只是降低转速或停止，当过载解除后，可立即重新正常运转，并不产生故障。

3）可以无级调速。只要控制进气流量，就能调节马达的功率和转速。

4）气动马达的重量比同功率的电动机轻 1/10~1/3，输出功率惯性比较小。

5）可长期满载工作，而温升较小。

6）功率范围及转速范围均较宽。功率小至几百瓦，大至几万瓦；转速可从每分钟几转到上万转。

7）具有较高的起动转矩，可以直接带负载起动，起动、停止迅速。

8）结构简单，操纵方便，可正、反转，维修容易，成本低。

9）速度稳定性差。输出功率小，效率低，耗气量大，噪声大，容易产生振动。

（2）气动马达的应用 气动马达的工作适应性较强，可适用于无级调速、起动频繁、经常换向、高温潮湿、易燃易爆、负载起动、不便人工操纵及有过载可能的场合。目前，气动马达主要应用于矿山机械、专业性的机械制造业、油田、化工、造纸、炼钢、船舶、航空、工程机械等行业。许多气动工具如风钻、风扳手、风砂轮、风动铲刮机均装有气动马达。随着气压传动的发展，气动马达的应用将日趋广泛。

第四节 气动控制元件

气动控制元件是指在气压传动系统中，控制和调节压缩空气的压力、流量和方向等的各类控制阀，按功能可分为压力控制阀、流量控制阀、方向控制阀以及能实现一定逻辑功能的气动逻辑元件。

一、压力控制阀

在气压传动系统中，控制压缩空气的压力以控制执行元件的输出推力或转矩和依靠空气压力来控制执行元件动作顺序的阀统称为压力控制阀。它包括减压阀、顺序阀和溢阀。压力控制阀是利用压缩空气作用在阀芯上的力和弹簧力相平衡的原理来进行工作的。

1. 减压阀

气动装置的气源一般来自压缩空气站。压缩空气站的压力通常都高于每台装置所需的工作压力，且压力波动较大，因此在系统入口处需要安装一个具有减压、稳压作用的元件（即减压阀），以将入口处空气压力调节到每台气动装置实际需要的压力，并保持该压力值的稳定。

减压阀按照压力调节的方式可分为直动式和先导式。图 10-18 所示为 QTY 型直动式减压阀的结构。其工作原理是：当阀处于工作状态时，将手柄 1 旋下，由压缩弹簧 2、3 推动膜片 5 和阀芯 8 下移，进气阀口被打开，压缩空气从左端输入。压缩空气经阀口节流减压后从右

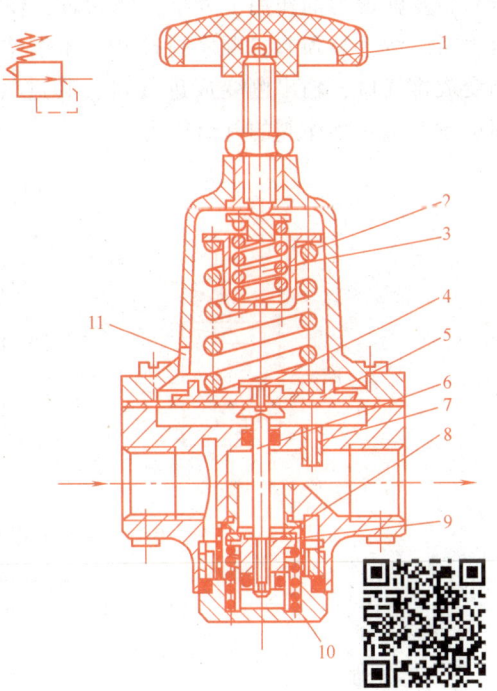

图 10-18 QTY 型直动式减压阀
1—手柄 2、3、10—弹簧 4—溢流孔 5—膜片
6—阀杆 7—阻尼管 8—阀芯
9—阀座 11—排气孔

端输出,一部分气流经阻尼管 7 进入膜片气室,在膜片 5 的下面产生一个向上的推力,这个推力总是企图把阀口开度关小,使其输出压力下降。当作用在膜片上的推力与弹簧力互相平衡时,减压阀的输出压力便保持稳定。

减压阀可自动调整阀口的开度以保证输出压力的稳定。当输入压力发生波动,如输入压力瞬时升高时,此时输出压力也随之升高,作用在膜片 5 上的气体推力也相应增大,破坏了原来的力平衡,使膜片 5 向上移动,有少量气体经溢流孔 4、排气孔 11 排出。在膜片上移的同时,因复位弹簧 10 的作用,使阀芯 8 也向上移动,进气阀口开度减小,节流作用增大,使输出压力下降,直到新的平衡为止。重新平衡后的输出压力又基本上恢复至原值。这种减压阀在使用过程中,常常从溢流孔排出少量气体,因此称为溢流式减压阀。

当阀不使用时,可旋松手柄 1,使弹簧 2、3 恢复自由状态,阀芯 8 在复位弹簧 10 的作用下关闭进气阀口。这样,减压阀便处于截止状态,无气流输出。

安装减压阀时,最好手柄在上,以便操作。要按气流的方向和阀体上的箭头方向,依照分水过滤器→减压阀→油雾器的安装次序进行安装,注意不要装反。调压时应由低向高调,直至规定的调压值为止。阀不用时应把手柄放松,以免膜片经常受压变形。

2. 顺序阀

顺序阀是依靠气路中压力的大小来控制气动回路中各执行元件动作的先后顺序的压力控制阀,其作用和工作原理与液压顺序阀基本相同。顺序阀常与单向阀组合成单向顺序阀。图 10-19 所示为单向顺序阀的工作原理图及图形符号。当压缩空气由 P 口输入时,单向阀 4 在压差力及弹簧力的作用下处于关闭状态,作用在活塞 3 上输入侧的空气压力超过弹簧 2 的预紧力时,活塞被顶起,顺序阀打开,压缩空气由 A 口输出;当压缩空气反向流动时,输入侧变成排气口,输出侧变成进气口,其进气压力将顶开单向阀,由 O 口排气。调节手柄 1 即可改变单向顺序阀的开启压力。

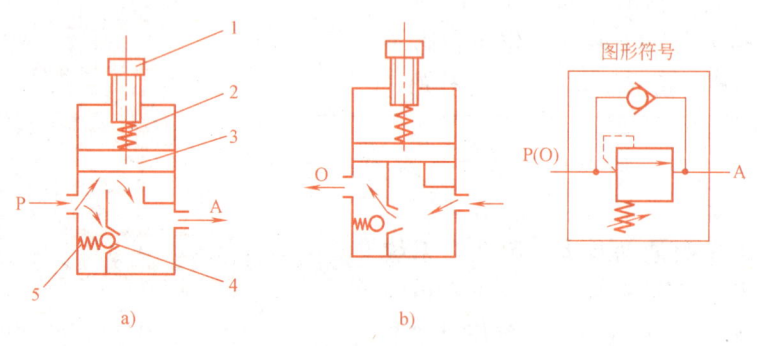

图 10-19 单向顺序阀的工作原理及图形符号
a) 正向流动 b) 反向流动
1—手柄 2—压缩弹簧 3—活塞 4—单向阀 5—小弹簧

3. 溢流阀

在气压系统中,为防止管路、气罐等被破坏,应限制回路中的最高压力,此时应采用溢流阀。溢流阀的工作原理是:当回路中的压力达到某给定值时,使部分或全部气体从排气口溢出,以保证回路压力的稳定。

图 10-20 所示为溢流阀的工作原理图及图形符号。当系统中的压力低于调定值时,阀处

于关闭状态。当系统压力升高到安全阀的开启压力时，压缩空气推动活塞 3 上移，阀门开启排气，直到系统压力降至低于调定值时，阀口又重新关闭。安全阀的开启压力可通过调整弹簧 2 的预压缩量来调节。

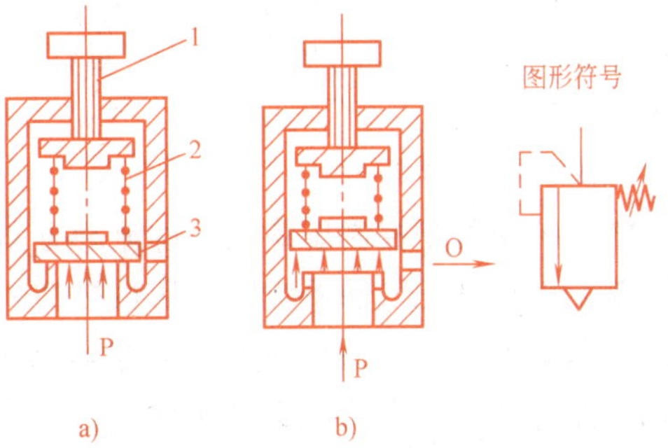

二、流量控制阀

流量控制阀是通过改变阀的通流面积来调节压缩空气的流量，而控制气缸的运动速度、换向阀的切换时间和气动信号的传递速度的气动控制元件。流量控制阀包括节流阀、单向节流阀、排气节流阀等。

图 10-20 溢流阀的工作原理图及图形符号
a) 关闭状态　b) 开启状态
1—旋钮　2—弹簧　3—活塞

1. 节流阀

图 10-21 所示为圆柱斜切型节流阀的结构及图形符号。压缩空气由 P 口进入，经过节流后，由 A 口流出。旋转阀芯螺杆可改变节流口的开度。由于这种节流阀的结构简单，体积小，故应用范围较广。

2. 单向节流阀

单向节流阀是由单向阀和节流阀并联而成的组合式流量控制阀，常用来控制气缸的运动速度，又称为速度控制阀。图 10-22 所示为单向节流阀工作原理图。当气流由 P 向 A 流动时，单向阀关闭，节流阀节流（图 10-22a）；反方向流动时，单向阀打开，不节流（图 10-22b）。

3. 排气节流阀

排气节流阀是装在执行元件的排气口处，调节排入大气的流量，以改变执行元件的运动速度的一种控制阀。它常带有消声器件以降低排气噪声，并能防止不清洁的环境通过排气孔污染气路中的元件。图 10-23 所示为排气节流阀的工作原理图。

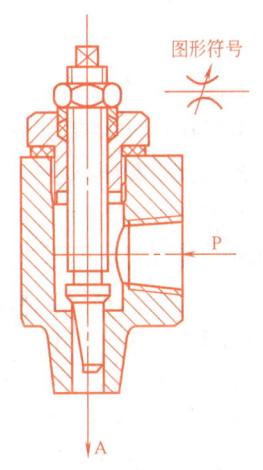

图 10-21 节流阀的结构及图形符号

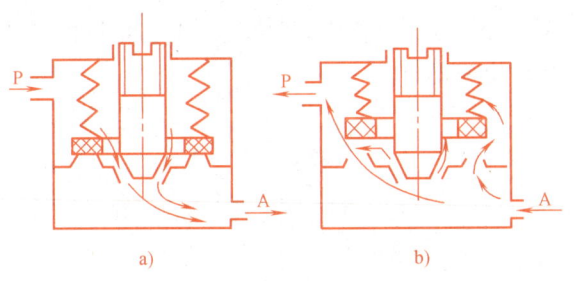

图 10-22 单向节流阀工作原理图
a) P—A 状态　b) A—P 状态

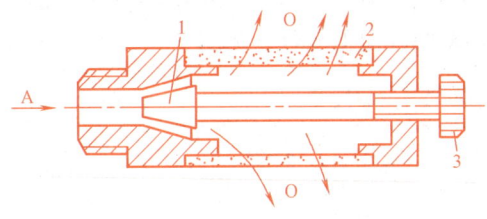

图 10-23 排气节流阀工作原理图
1—节流口　2—消声套　3—调节杆

在气压传动中，用流量控制的方式来调节气缸的运动速度是比较困难的，特别是在超低速控制中，要按照预定行程来控制速度，只用气动很难实现；在外部负载变化很大时，仅用气动流量阀也不会得到满意的效果。但注意以下几点，可使气动控制速度达到比较满意的效果：①彻底防止管道中的泄漏。②特别注意气缸内表面加工精度和表面粗糙度。③保持气缸内的正常润滑状态。④加在气缸活塞杆上的载荷必须稳定。⑤流量控制阀尽量装在气缸附近。

三、方向控制阀

方向控制阀是控制压缩空气的流动方向和气路的通断，以控制执行元件的动作的一类气动控制元件，它是气动系统中应用最多的一种控制元件。

按照气流在阀内的流动方向，方向阀可分为单向型控制阀和换向型控制阀；按照按控制方式，方向阀分为手动控制方向阀、气动控制方向阀、电动控制方向阀、机动控制方向阀、电气动控制方向阀等；按照切换的通路数目，方向阀分为二通阀、三通阀、四通阀和五通阀等；按照阀芯工作位置的数目，方向阀分为二位阀和三位阀。

（一）单向型控制阀

1. 单向阀

单向阀气体只能沿一个方向流动，反方向不能流动的阀，与液压阀中的单向阀相似。其结构和图形符号如图 10-24 所示。

2. 梭阀

梭阀相当于两个单向阀的组合，其作用相当于逻辑元件中的"或门"，即 P_1 或 P_2 有压缩空气输入时，A 口就有压缩空气输出，但 P_1 口与 P_2 口不相通。其结构及图形符号如图 10-25 所示。

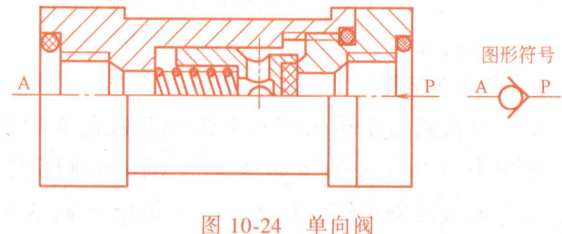

图 10-24 单向阀

P_1 口进气时，推动阀芯左移，使 P_2 口堵死，压缩空气从 A 口输出；当 P_2 进气时，推动阀芯左移，使 P_1 堵死，A 口仍有压缩空气输出；当 P_1、P_2 都有压缩空气输入时，按压力加入的先后顺序和压力的大小而定，若压力不同，则高压口的通路打开，低压口的通路关闭，A 口输出高压。

3. 快速排气阀

快速排气阀简称快排阀，是为使气缸快速排气，加快气缸运动速度而设置的，一般安装在换向阀和气缸之间。图 10-26 所示为膜片式快速排气阀结构及图形符号。当 P 口进气时，推动膜片向下变形，打开 P 口与 A 口的通路，关闭 O 口；当 P 口没有进气时，A 口的气体推动膜片向上复位，关闭 P 口，A 口气体经 O 口快速排出。

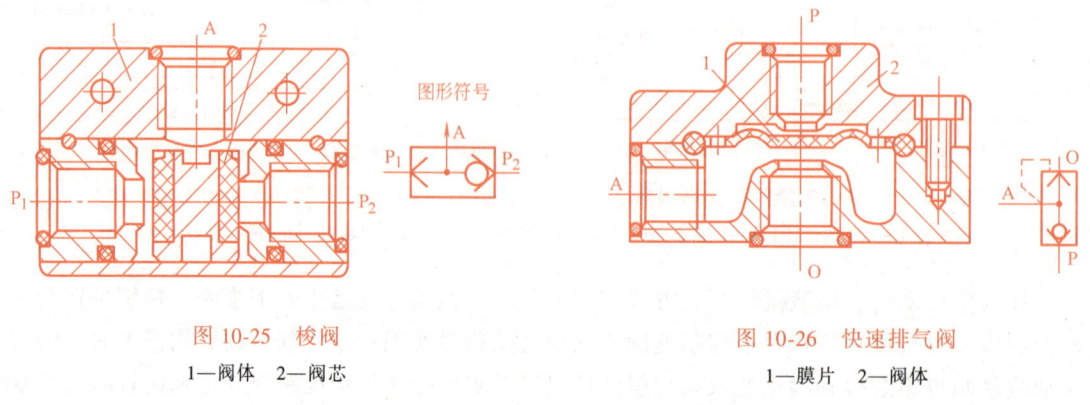

图 10-25 梭阀
1—阀体 2—阀芯

图 10-26 快速排气阀
1—膜片 2—阀体

(二) 换向型控制阀

1. 气压控制换向阀

气压控制换向阀是利用空气压力推动阀芯运动，使得换向阀换向，从而改变气体的流动方向的换向阀。在易燃、易爆、潮湿、粉尘大的工作条件下，使用气压控制安全可靠。

气压控制分为加压控制、泄压控制、差压控制和延时控制。常用的是加压控制和差压控制。加压控制是指加在阀芯上的控制信号的压力值是渐升的，当控制信号的气压增加到阀的切换动作压力时，阀便换向。气压控制有单气控和双气控之分。差压控制是利用控制气压在阀芯两端面积不等的控制活塞上产生推力差，从而使阀换向的一种控制方式。

(1) 单气控加压式换向阀 利用空气的压力与弹簧力相平衡的原理来进行控制。图10-27 所示为二位三通单气控加压式换向阀。当 K 口有压缩空气输入时，阀芯下移，P 口与 A 口通，O 口不通。当 K

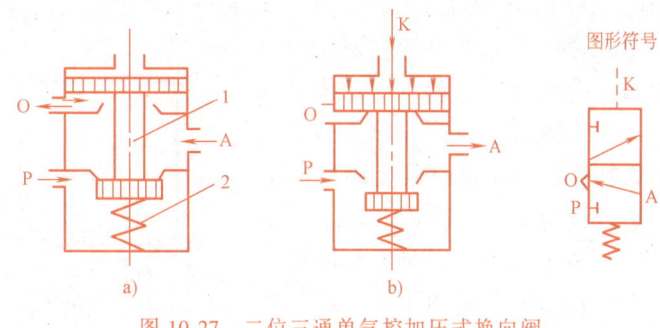

图 10-27 二位三通单气控加压式换向阀
1—阀芯　2—弹簧

口没有压缩空气输入时，阀芯在弹簧力和 P 腔气体压力的作用下位于上端，A 口与 O 口通，P 口不通。

(2) 双气控加压式换向阀 换向阀阀芯两边都可作用压缩空气，但一次只作用于一边。这种换向阀具有记忆功能，即控制信号消失后，阀仍能保持在信号消失前的工作状态。如图10-30 中元件 3，当阀芯左端压缩空气输入时，阀位于右位；信号消失后，因阀的记忆功能，仍位于右位；直到右端有压缩空气输入，阀才改变工作状态。

(3) 气压延时换向阀 图10-28 所示为气压延时换向阀。它是一种带有时间信号元件的换向阀。由气容 C 和一个单向节流阀组成时间信号元件，用它来控制主阀换向。当 K 口通入信号气流时，气流通过节流阀 1 的节流口进入气容 C，经过一定时间后，使主阀芯 4 左移而换向。调节节流口的大小可控制主阀延时换向的时间，一般延时时间为几分之一秒至几分钟。当去掉信号气流后，气容 C 经单向阀快速放气，主阀芯在左端弹簧作用下返回右端。

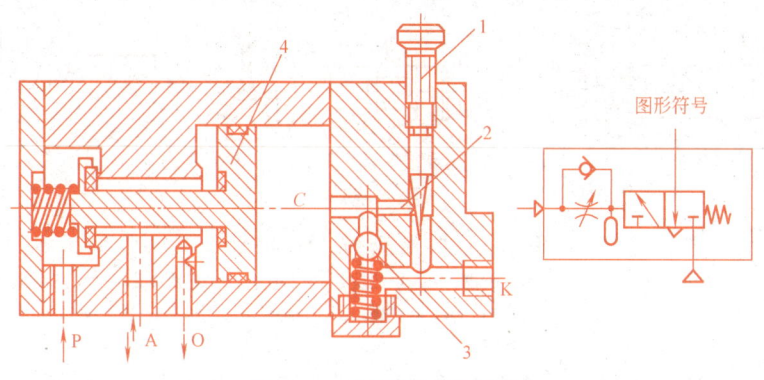

图 10-28 气压延时换向阀
1—节流阀　2—恒节流孔　3—单向阀　4—主阀芯

2. 电磁控制换向阀

电磁控制换向阀是利用电磁力的作用推动阀芯换向,从而改变气流方向的气动换向阀。按照电磁控制部分对换向阀的推动方式的不同,可将其分为直动式和先导式两大类。

(1) 直动式电磁换向阀 电磁铁的动铁心在电磁力的作用下直接推动阀芯换向的气阀,有单电控和双电控两种。工作原理与液压传动中电磁换向阀相似。

(2) 先导式电磁换向阀 先导式电磁换向阀是由电磁先导阀和气动换向阀组成,它利用直动式电磁阀输出的先导气压去控制主阀阀芯的换向,相当于一个电气换向阀。按照该类换向阀有无专门的外接控制气口,可将其分为外控式和内控式两种。

图 10-29a 所示为二位三通先导式电磁阀(内控式)结构。图示位置 A 口进入的气体通过 O 口排出,当通电时衔铁被吸上,压缩空气经阀杆中间孔到活塞皮碗上腔,把阀芯压下,使进气口 P 和工作口 A 相通,切断排气口 O。图 10-29b 所示为二位三通先导式电磁阀的图形符号。

图 10-30 所示为二位五通先导式电磁阀的工作原理图和图形符号。图 10-30a 所示为电磁先导阀 1 的线圈通电时(先导阀 2 断电)的状态,此时主阀 3 的 K_1 口进气,K_2 口排气,使主阀阀芯向右移动,P_1 与 A 接通,同时 B 与 O_2 接通。图 10-30b 所示为电磁先导阀 2 的线圈通电时(先导阀 1 断电)的状态,K_2 口进气,K_1 口排气,主阀芯向左移动,P_2 与 B 接通,A 口排气。先导式双电控阀具有记忆功能,即通电时换向,断电时并不返回原位。应注意的是,两电磁铁不能同时通电。

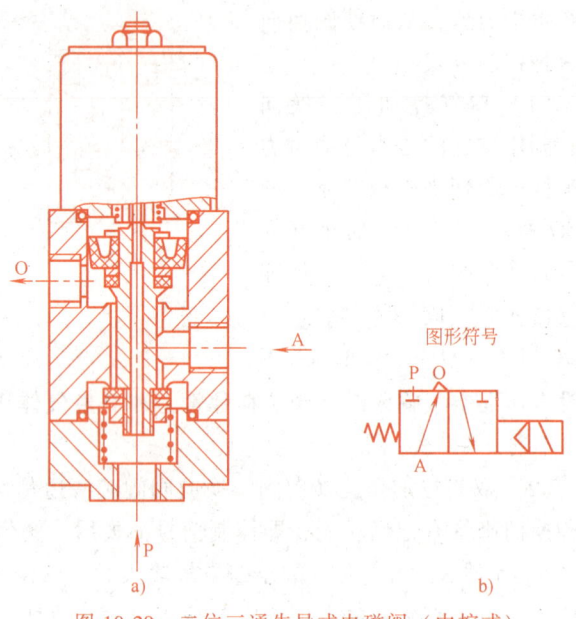

图 10-29 二位三通先导式电磁阀(内控式)

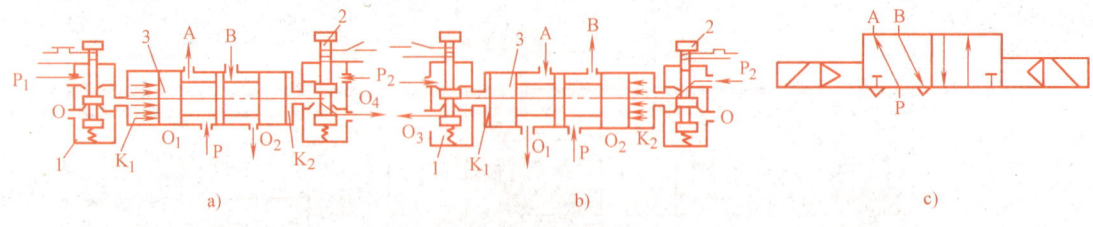

图 10-30 二位五通先导式电磁阀

a) 电磁先导阀 1 通电,先导阀 2 断电 b) 电磁先导阀 2 通电,先导阀 1 断电 c) 图形符号

1、2—先导阀 3—主阀

人力控制换向阀和机械控制换向阀是利用人力(手动或脚踏)和机动(通过凸轮、滚轮、挡块等)来控制换向阀换向的。其工作原理与液压阀相类似,在此不再重复。

四、气动逻辑元件简介

气动逻辑元件是以压缩空气为工作介质,利用元件的动作改变气流方向以实现一定逻辑功能的流体控制元件。实际上气动方向控制阀也具有逻辑元件的各种功能,所不同的是它的输出功率较大,尺寸较大,而气动逻辑元件的尺寸则较小。因此,在气动控制回路中广泛采用各种形式的气动逻辑元件(简称为逻辑阀)。

1. 气动逻辑元件的分类

气动逻辑元件按照工作压力可分为高压元件(工作压力 0.2~0.8MPa)、低压元件(工作压力为 0.02~0.2MPa)、微压元件(工作压力为 0.02MPa 以下);按照逻辑功能可分为"或门"元件、"与门"元件、"非门"元件、"双稳"元件等;按照结构形式可分为截止式逻辑元件、膜片式逻辑元件、滑阀式逻辑元件等。

2. 高压截止式逻辑元件

高压截止式逻辑元件是依靠控制气压信号推动阀芯或通过膜片变形推动阀芯动作,改变气流的流动方向以实现一定功能的逻辑阀。这类元件的特点是行程小,流量大,工作压力高,对气源净化要求低,便于实现集成安装和集中控制,其拆卸也很方便。

(1) "是门"和"与门"元件 图 10-31 所示为"是门"和"与门"元件的结构,图中 a 口为信号输入孔,S 为输出口,中间孔接气源 P 口时为"是门"元件。在 a 口无输入信号时,阀片 1 在弹簧及气源压力作用下紧压在阀座上(图示位置),封住 P、S 之间的通道,使输出口 S 与排气孔相通,S 无输出。在 a 口有输入信号时,膜片 4 在输入信号作用下将阀芯 3 推动下移,紧压在阀座上,封住输出口 S 与排气口间的通道,P、S 之间相通,S 有输出。这就是说,无输入信号则无输出,有输入信号就有输出。元件的输入和输出信号之间始终保持相同状态。

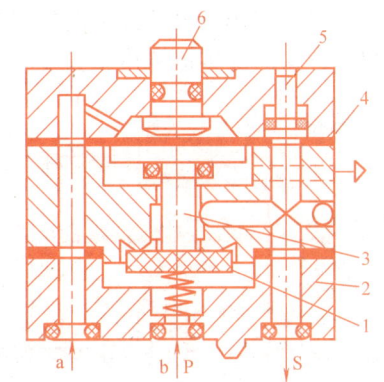

图 10-31 "是门"和"与门"元件结构
1—阀片 2—阀体 3—阀芯 4—膜片
5—显示活塞 6—手动按钮

若将中间孔不接气源 P 而接另一输入口 b 时,则成"与门"元件,即只有当 a、b 口同时有输入信号时,S 口才有输出。

显示活塞 5 用来显示输出的状态,即活塞伸出时表示 S 有输出,反之 S 无输出。手动按钮 6 用于手动发送信号。

(2) "或门"元件 图 10-32 所示为"或门"元件结构,图中 a、b 为信号输入口,S 为信号输出口。当仅 a 口有输入信号时,阀芯 3 就下移而封住口 b,气流经 S 口输出。当仅 b 口有输入信号时,阀芯 3 就上移而封住信号口 a,S 口也会有输出。当 a、b 口均有输入信号时,阀芯上移或下移,或保持中位,无论阀芯处于何种状态,S 口均会有输出。总之,在 a

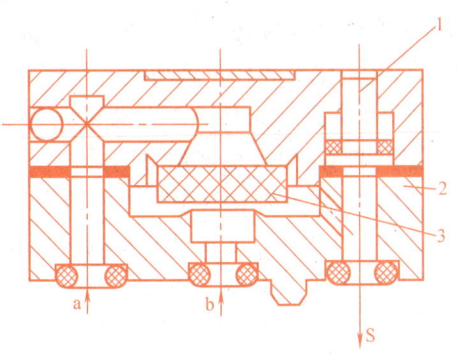

图 10-32 "或门"元件结构
1—显示活塞 2—阀体 3—阀芯

和 b 两个输入端中，只要有一个输入信号或同时都有输入信号，则输出端 S 口就会有输出信号。

（3）"非门"和"禁门"元件　图 10-33 所示为"非门"和"禁门"元件结构，图中 a 为信号输入口，S 为信号输出口，中间孔接气源口 P 时为"非门"元件。在 a 口无输入信号时，阀片 1 在气源压力作用下上移，封住输出 S 口与排气孔间的通道，S 口有输出。当 a 口有输入信号时，膜片 6 在压差的作用下，推动阀杆 3 下移，推动阀片 1 封住气源口 P，S 口无输出。即只要 a 口有输入信号时，输出端就没有输出。

若把中间孔不接气源口 P 而接另一输入信号 b 时，即成为"禁门"元件。此时，当 a、b 口均有输入信号时，阀杆及阀片在 a 口输入信号作用下封住 b 口，S 口无输出；在 a 口无输入信号而 b 口有输入信号时，S 口就有输出。也就是说，a 口的输入信号对 b 口的输入信号起"禁止"作用。

（4）"或非门"元件　图 10-34 所示为三输入"或非门"元件的原理图。它是在"非门"元件的基础上增加两个信号输入口，即具有 a、b、c 三个输入信号口，P 为气源口，S 为输出口。三个信号膜片和阀柱 1、2 各自是独立的，即阀柱 1、2 相应的上、下膜片是可以分开的。从图中可以看出，只要有一个输入信号出现，输出端就没有输出信号。

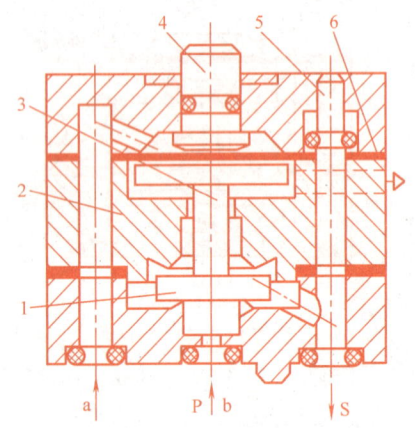

图 10-33　"非门"和"禁门"元件结构
1—阀片　2—阀体　3—阀杆　4—手动按钮
5—显示活塞　6—膜片

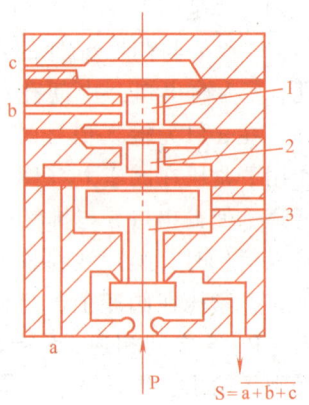

图 10-34　"或非门"元件
1、2—阀柱　3—阀芯

"或非门"元件是一种多功能逻辑元件，用这种元件可以实现"是门""或门""与门""非门"及记忆等各种逻辑功能。

（5）"双稳"元件　"双稳"元件属于记忆元件，在逻辑回路中起很重要的作用。

图 10-35 所示为"双稳"元件的原理图。当 a 口有输入信号时，阀芯 2 被推向右端（图示位置），气源的压缩空气便由 P 至 S_1 输出，而 S_2 口与排气口相通，此时"双稳"处于"1"状态。在控制端口 b 的输入信号到来之前，即使 a 口的信号消失，阀芯 2 仍能保持在右端位置，S_1 口总有输出。

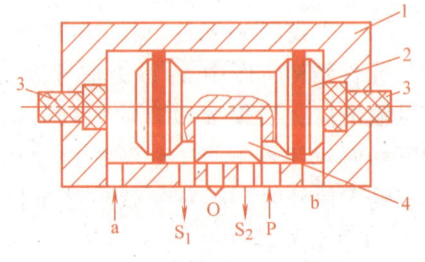

图 10-35　"双稳"元件
1—阀体　2—阀芯　3—手动按钮　4—滑块

当 b 口有输入信号时，阀芯 2 被推向左端，此时压缩空气由 P 口至 S_2 口输出，而 S_1 口与排气孔相通，于是"双稳"处于"0"状态。在 a 口信号未到来之前，即使 b 口的信号消失，阀芯 2 仍能处于左端位置，S_2 口总有输出。

把以上气动逻辑元件按一定的逻辑方式组合起来，就成为能实现各种动作要求的气动控制回路。

第五节　真空元件及其应用

在气压传动系统中，低于大气压力下工作的元件称为真空元件，由真空元件组成的气压传动系统称为真空系统。在电子、半导体元件组装、汽车组装、自动搬运机械、食品机械、印刷机械、机器人等许多方面，真空吸附作为实现自动化的一种手段得到了广泛的应用。对任何具有较光滑表面的物体，特别对于有色金属、非金属且不适合夹紧的物体，如薄的柔软的纸张、塑料膜，易碎的玻璃及其制品，集成电路等微型精密零件，都可使用真空吸附来完成各种工作。

在工业中，真空系统一般由真空发生装置（真空压力源）、吸盘（执行元件）、控制阀（有手动阀、机控阀、气控阀和电磁阀）及附件（过滤器、消声器等）组成。

一、真空发生装置

真空发生装置有真空泵和真空发生器两种。真空泵在吸入口形成负压，排气口直接通大气，吸入口和排气口两端可获得很大的压力比。真空发生器是利用压缩空气的流动而形成一定真空度的气动元件。由它们组成的典型真空回路如图 10-36 所示。在图 10-36a 所示回路中，当吸持物体时，真空切换阀 12 的电磁铁通电，真空泵吸气，在真空吸盘 10 处产生真空，将物体吸住。当放开物体时，真空切换阀 12 的电磁铁

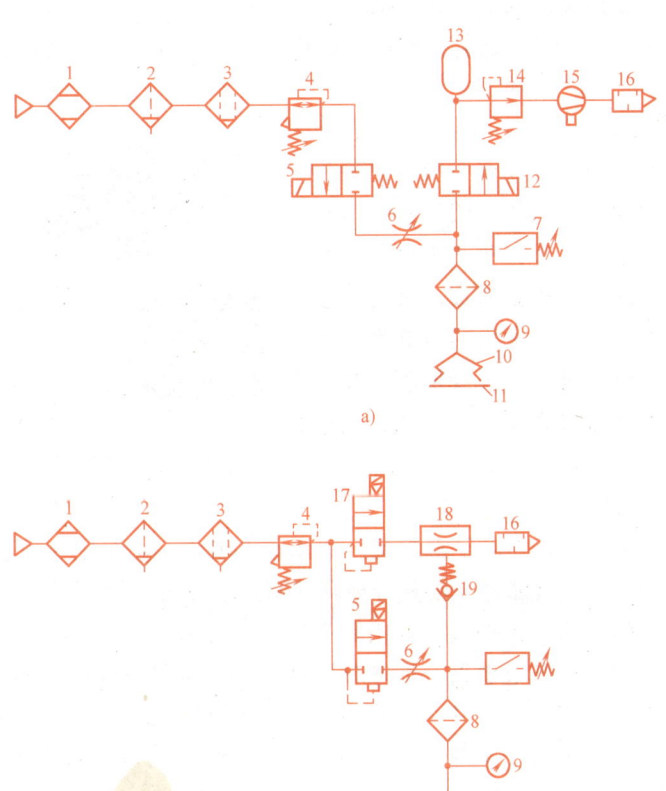

图 10-36　典型的真空回路

a）由真空泵组成的真空回路　b）由真空发生器组成的真空回路

1—干燥器　2—过滤器　3—油雾分离器　4—减压阀　5—真空破坏阀
6—节流阀　7—真空压力继电器　8—真空过滤器　9—真空压力表
10—真空吸盘　11—被吸物体　12—真空切换阀　13—真空罐
14—真空调压阀　15—真空泵　16—消声器　17—供给阀
18—真空发生器　19—单向阀

断电，真空破坏阀 5 的电磁铁通电，真空系统被破坏，将物体放开。在图 10-36b 所示回路中，当吸持物体时，供给阀 17 的电磁铁通电，压缩空气通过真空发生器 18、消声器排入大气，由于真空发生器的作用，在真空吸盘 10 处产生真空，将物体吸住。当放开物体时，供给阀的电磁铁断电，真空破坏阀 5 的电磁铁通电，真空系统被破坏，将物体放开。

图 10-37 所示为真空发生器工作原理图及图形符号。当供气压力高于一定值后，压缩空气通过喷嘴 1 射入接收室 2，形成超声速射流。射流卷吸接收室内的静止空气并和它一起向前流动进入混合室 3 并由扩散室 4 导出。由于卷吸作用，在接收室内形成很低的真空度，接收室下方与吸盘相连就能在吸盘内产生真空，靠真空度便能将吸附的物体吸持住。

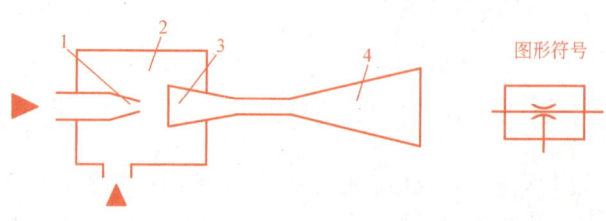

图 10-37 真空发生器工作原理图及图形符号
1—喷嘴 2—接收室 3—混合室 4—扩散室

二、真空吸盘

图 10-38 所示为真空吸盘示意图及图形符号。真空吸盘是真空系统中的执行元件，用于吸持表面光滑平整的工件，通常它由橡胶材料和金属骨架压制而成。吸盘有多种不同的形状，常用的有圆形平吸盘和波纹形吸盘。波纹形吸盘相对圆形平吸盘有更强的适应性，允许工作表面有轻微的不平、弯曲或倾斜，同时在吸持工件进行移动时有较好的缓冲性能。

图 10-38 真空吸盘示意图
a) 圆形平吸盘 b) 波纹形吸盘

三、其他真空元件

真空系统中除了真空发生器和真空吸盘这两个主要元件外，还有真空电磁阀、真空压力开关、空气过滤器、油雾分离器、真空安全开关等元件。

（1）真空电磁阀 控制真空发生器通断。

（2）空气过滤器、油雾分离器 防止压缩空气中污染物引起真空元件故障。

（3）真空压力开关 检测真空度是否达到要求，防止工件因吸持不牢而跌落。

（4）真空安全开关 在由多个真空吸盘构成的真空系统中确保一个吸盘失效后维持系统真空度不变。

四、真空系统使用注意事项

真空系统在使用时主要有以下注意事项：

1）在恶劣环境中工作时，应在真空压力开关前安装过滤器。供给真空系统的气源应经过净化处理，不能含有油雾。

2）吸盘的吸附面积应小于工件的表面积，以免发生泄漏。

3）真空发生器与吸盘间的连接管应尽量短，且不承受外力。拧动时要防止因连接管扭曲变形造成漏气。

4）为保证停电后保持一定真空度、防止真空失效造成工件松脱，应在吸盘与真空发生器间设置单向阀，真空电磁阀应采用常通型结构。

5）对于大面积的板材宜采用多个大口径吸盘吸吊，以增加吸吊平稳性。

6）一个真空发生器带多个吸盘时，其中一个吸盘漏气，会减小其他吸盘的吸力，因此应单独配置真空压力开关或选用带单向阀的真空吸盘。

第六节 气动基本回路

虽然气动系统和液压系统一样越来越复杂，但它们都是由一些基本回路组成的。气动基本回路是由有关气动元件组成的、能完成某种特定功能的气动回路。

一、换向回路

在气动系统中，执行元件的起动、停止或改变运动方向是利用控制进入执行元件的压缩空气的通、断或变向来实现的，这些控制回路称为换向回路。

1. 单作用气缸换向回路

图 10-39a 所示为二位三通电磁阀控制的换向回路。电磁铁通电时靠气压使活塞上升；断电时靠弹簧作用（或其他外力作用）使活塞下降。该回路比较简单，但对由气缸驱动的部件有较高要求，以保证气缸活塞可靠退回。图 10-39b 所示为用两个二位二通电磁阀代替图 10-39a 中的二位三通电磁阀控制单作用缸的回路。图 10-39c 所示为三位三通电磁阀控制单作用气缸的回路。气缸活塞可在任意位置停留，但由于泄漏，其定位精度不高。

2. 双作用气缸换向回路

图 10-40 所示为双作用气缸的换向回路。其中，图 10-40a 所示为二位五通电磁阀控制的换向回路。图 10-40b 所示为二位五通单气控换向阀控制的换向回路，气控换向阀由二位三通手动换向控制切换。图 10-40c 所示为双电控换向阀控制的

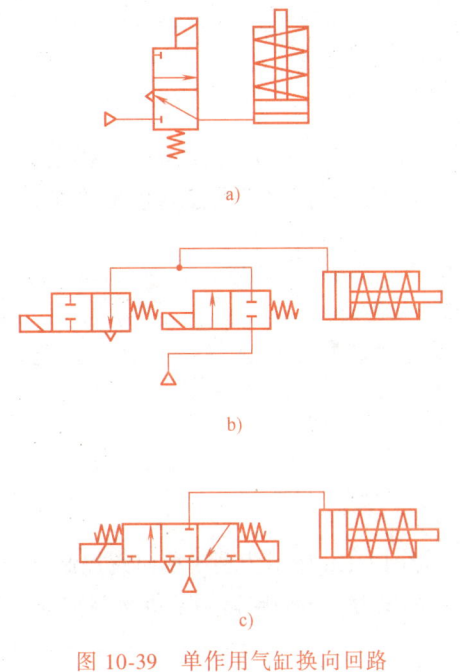

图 10-39 单作用气缸换向回路

换向回路。图 10-40d 所示为双气控换向阀控制的换向回路，主阀由两侧的两个二位三通手动阀控制，手动阀可远距离控制，但两阀必须协调动作，不能同时按下。图 10-40e 所示为三位五通电磁换向阀控制的换向回路。该回路可控制双作用缸换向，还可使活塞在任意位置停留，但定位精度不高。

二、压力控制回路

对系统压力进行调节和控制的回路称为压力控制回路。

图 10-41 所示为一次压力控制回路。该回路常用外控溢流阀 1 保持供气压力基本恒定或用电接点式压力表 5 来控制空气压缩机的转、停，使气罐内压力保持在规定的范围内。采用溢流阀结构较简单、工作可靠，但气量浪费大；采用电接点式压力表对电动机进行控制，要求较高，常用于对小型空压机的控制。一次压力控制回路的主要作用是控制气罐内的压力，

使其不超过规定的压力值。

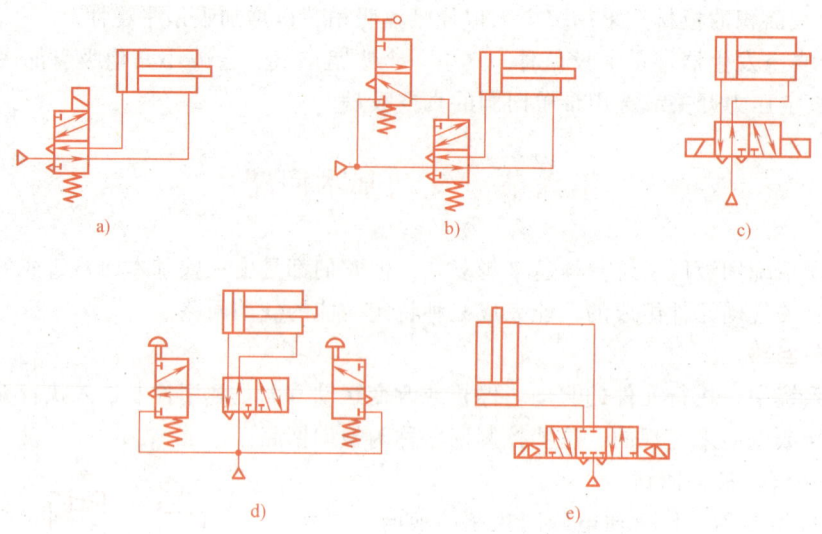

图 10-40 双作用气缸的换向回路

图 10-42 所示为二次压力控制回路。利用溢流式减压阀来实现定压控制。二次压力回路的主要作用是控制气动控制系统的气源压力。

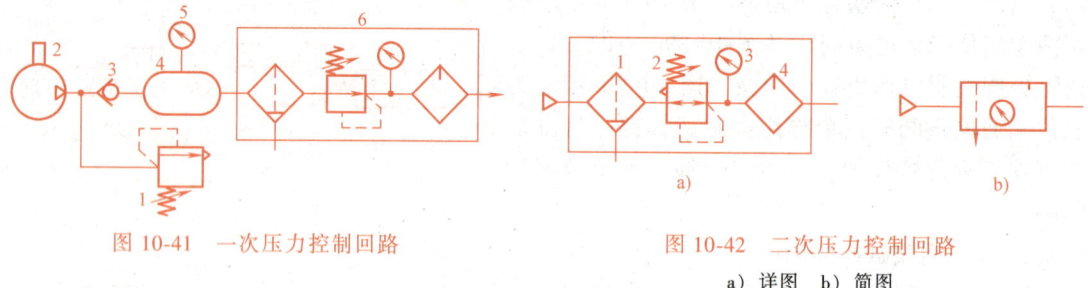

图 10-41 一次压力控制回路　　图 10-42 二次压力控制回路
　　　　　　　　　　　　　　　　　　a）详图　b）简图

图 10-43a 所示为利用换向阀控制高、低压力切换的回路。由换向阀控制输出气动装置所需要的压力，该回路适用于负载差别较大的场合。图 10-43b 所示为同时输出高、低压的回路。

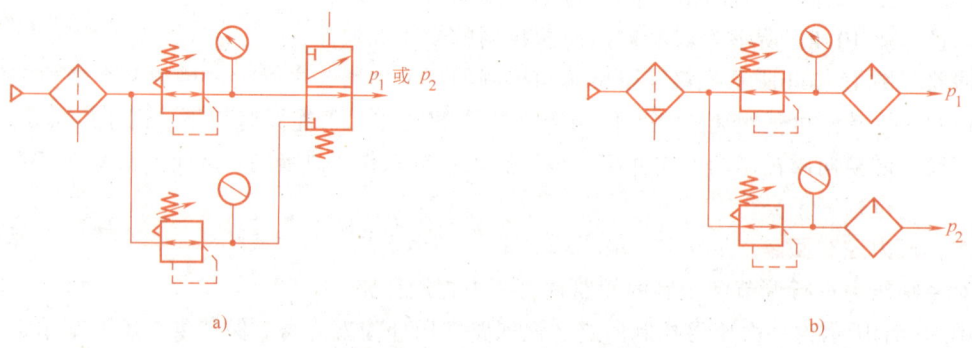

图 10-43 二级压力控制回路

三、速度控制回路

速度控制回路的功用是调节或改变执行元件的工作速度。

1. 单作用缸速度控制回路

图 10-44a 所示为采用节流阀的调速回路，通过改变节流阀的开口来调节活塞速度。该回路的运动平稳性和速度刚度都较差，易受外负载变化的影响，适用于对速度稳定性要求不高场合。

图 10-44b 所示为采用单向节流阀的调速回路，活塞的两个方向运动速度分别由二个单向节流阀调节。该回路的特点和图 10-44a 所示回路相同。

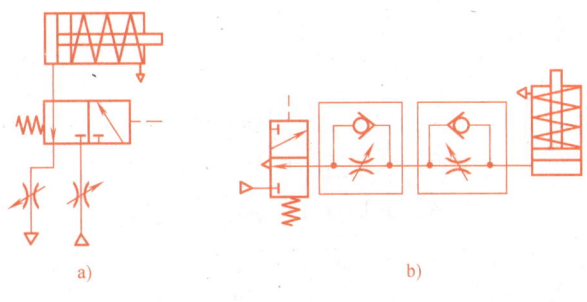

图 10-44 单作用缸速度控制回路

2. 双作用缸速度控制回路

图 10-45a 所示为进口节流调速回路。活塞的运动速度靠进气侧的单向节流阀调节。该回路承载能力大，但不能承受负值负载，运动平稳性差，受外负载变化的影响大。它适用于对速度稳定性要求不高的场合。

图 10-45b 所示为出口节流调速回路。活塞的运动速度靠排气侧的单向节流阀调节。该回路可承受负值负载，运动平稳性好，受外负载变化的影响较小。

3. 气液联动速度控制回路

气液联动速度控制回路是用气动控制实现液压传动，具有运动平稳、停止准确、泄漏途径少、制造维修方便、能耗低等特点。

图 10-46a 所示为利用气液转换器的速度控制回路，通过改变节流阀开口来实现两个运动方向的无级调速。它要求气液转换器的储油量大于液压缸的容积，并有一定的余量。该回路运动平稳，但气、油之间要求密封性好，以防止空气混入油中，保证运动速度的稳定。

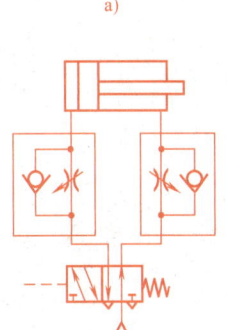

图 10-45 双作用缸速度控制回路

图 10-46b 所示为利用气液转换器和行程阀来实现变速的速度控制回路，靠行程阀的切换，使活塞由快进转变为慢进。改变单向节流阀开口可获得任意低速。

图 10-46c 所示为利用气液阻尼缸的速度控制回路，通过调节两个单向节流阀的开口来分别获得两个运动方向的无级调速。

四、位置控制回路

位置控制回路的功用是控制执行元件在预定或任意位置停留。

图 10-47a 所示为用缓冲挡铁的位置控制回路，靠缓冲器 1 使活塞在预定位置之前缓冲，最后由定位块 2 强迫小车停止。该回路结构简单，但有冲击振动，小车与挡铁的经常碰撞、磨损对定位精度有影响；适用于惯性负载较小，且运动速度不高的场合。

图 10-47b 所示为用二位阀和多位缸的位置控制回路，由手动阀 1、2、3 经梭阀 6、7 控制两个换向阀 4 和 5。当阀 2 动作时，两活塞杆都缩回；阀 1 或 3 动作时，两活塞杆一伸一缩。该回路多应用于流水线上对物件进行检测、分选等。

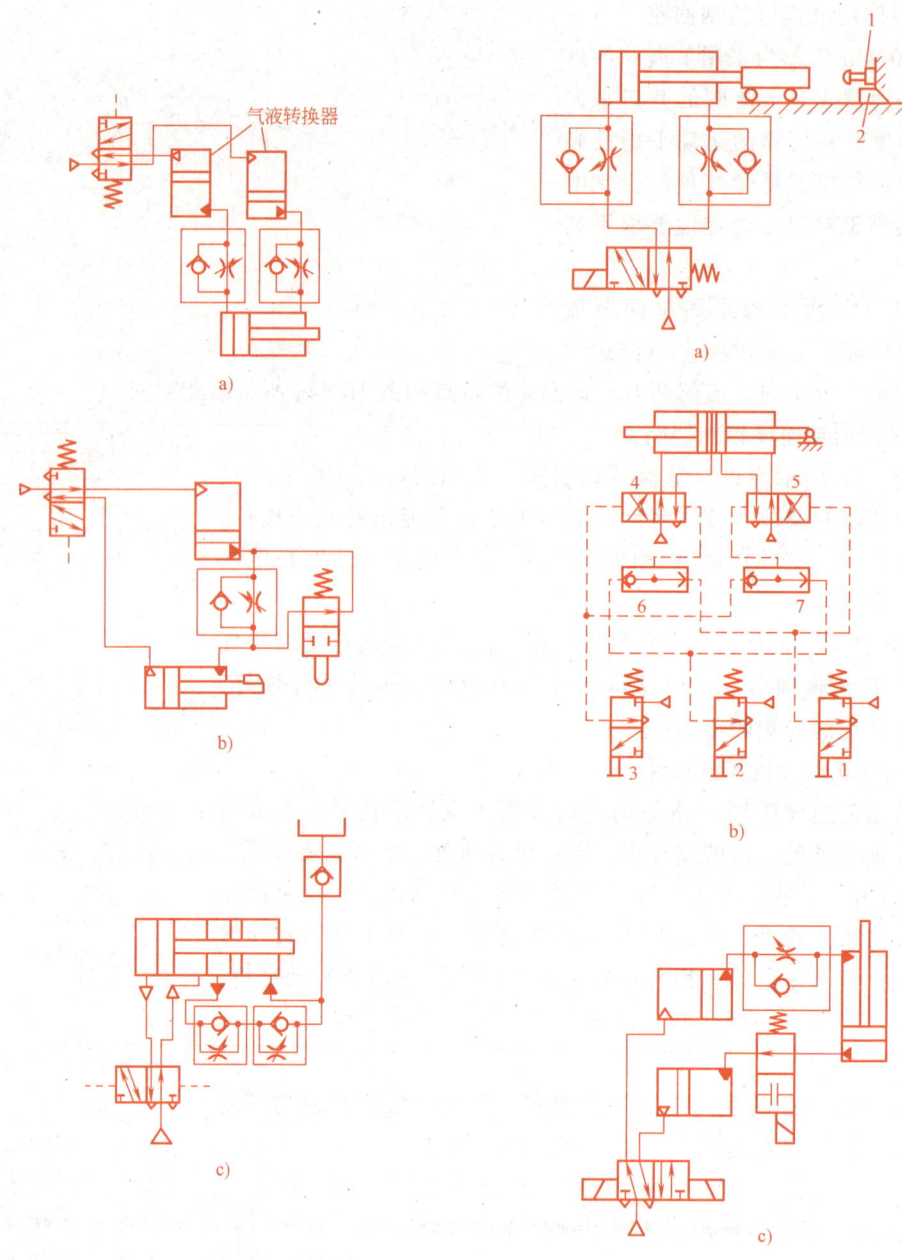

图 10-46 气液联动速度控制回路　　图 10-47 位置控制回路

图 10-47c 所示为用气液转换器的位置控制回路，利用二位二通阀可使液压缸活塞停留在任意位置。该回路适用于要求定位精度较高的场合。

五、往复及程序动作控制回路

往复动作控制回路可使执行元件按所要求的往复次数或状态动作；程序动作控制回路可使执行元件按预定的程序动作。

图 10-48a 所示为行程阀控制的单往复回路。每按一次手动阀，气缸往复动作一次。

图 10-48b 所示为延时复位的单往复动作回路。活塞右行到达预定行程压下行程阀后，

需经一定时间延迟，气源对气容 C 充气后，主控阀才换向，使活塞返回。该回路结构简单，可用于行程终点需短时间停留的场合。

图 10-48c 所示为双缸顺序动作控制回路。两缸 A、B 按 A 进→B 进→B 退→A 退（即 $1 \rightarrow 2 \rightarrow 3 \rightarrow 4$）的顺序动作。每按一次手动阀，气缸实现一次工作循环。

六、延时回路

图 10-49a 所示为延时接通是门回路。延时元件在主阀先导信号输入侧形成进气节流。输入先导信号 A 后需延迟一定时间，待气容中的压力达到一定值时，主阀才能换向，使 F 有输出。延时时间由节流阀调节。

图 10-49b 所示为延时切断是门回路。延时元件组成排气节流回路，输入信号 A 后，单向阀被推开，主阀迅速换向，立即有信号 F 输出。但当信号 A 切断后，气容内尚有一定的压力，需延迟一定时间后，输出 F 才能被切断。延时时间由节流阀调节。

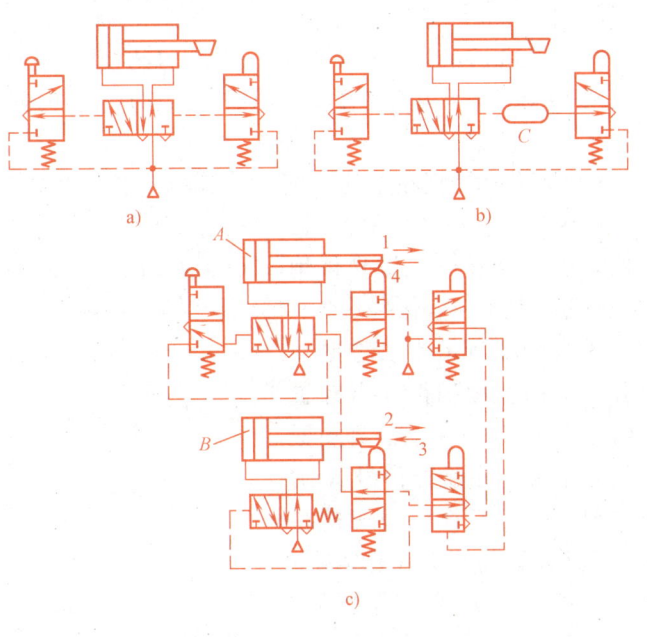

图 10-48 往复动作控制回路

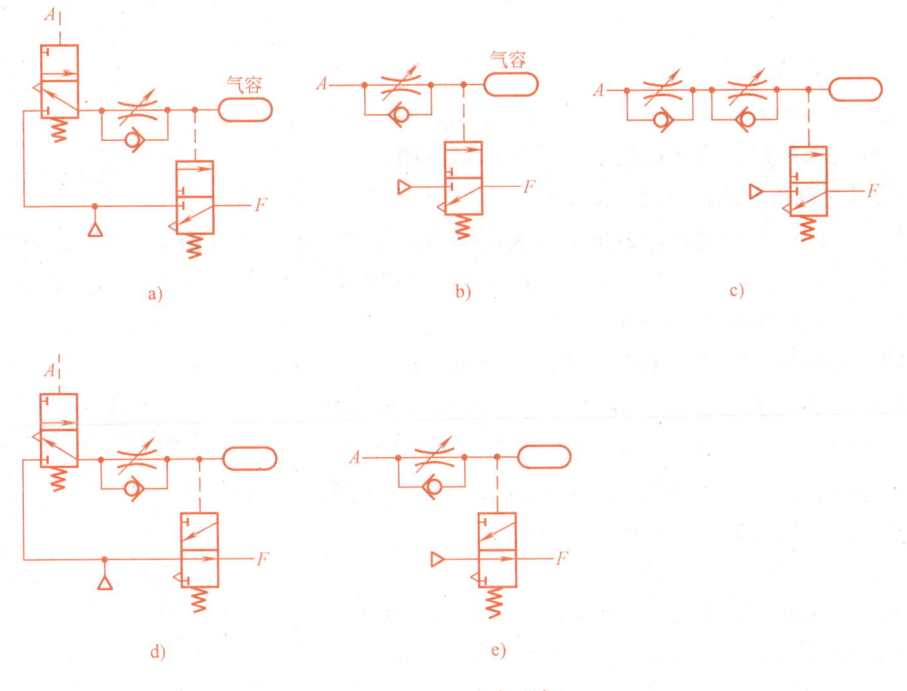

图 10-49 延时回路

图10-49c所示为延时通断是门回路。调节两个单向节流阀可分别调节接通和断开的延时时间。

图10-49d所示为延时动作非门回路。延时动作时间由单向节流阀调节。

图10-49e所示为延时复位非门回路。延时复位时间由单向节流阀调节。

七、双稳回路

双稳回路的功用在于其"记忆"机能。当有置位（或复位）信号作用后，输出对应某一工作状态；在该信号取消后，其他复位（或置位）信号作用前，原输出状态一直保持不变。

图10-50a所示为双稳型二位五通阀的双稳回路。当有置位信号S后，缸1右行，即使置位信号消失，在复位信号R到来之前，由于双稳型阀切换在左位，所以缸仍处于（稳定在）右行状态；当R信号作用后，则缸处于（稳定在）左行状态。

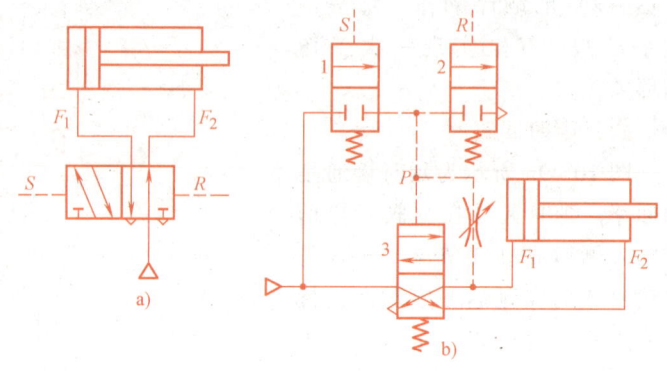

图10-50 双稳回路

图10-50b所示为反馈型双稳回路。当置位信号S输入后，阀1和阀3依次切换，活塞为前进状态；若信号S消失后，反馈信号P被封闭于阀1、2之间，阀3仍然为上位工作，气缸活塞仍然处于前进状态。复位信号R输入后，气缸活塞即处于后退状态。

第七节 气动系统实例

一、门户开闭装置

门的形式多种多样，有推门、拉门、屏风式的折叠门、左右门扇的旋转门以及上下关闭的门等。在此就拉门、旋转门的气动回路加以说明。

1. 拉门的自动开闭回路之一

这种形式的自动门是在门的前、后装有略微浮起的踏板，行人踏上踏板后，踏板下沉压至检测用阀，门就自动打开。行人走过去后，检测阀自动地复位换向，门就自动关闭。图10-51所示为该装置的回路图。

此回路较简单，不再做详细说明。只是回路中单向节流阀3与4起着重要的作用，通过对它们的调节可实现门开、关速度的调节。另外，在有"X"处装有手动闸阀，作为故障时的应急办法。当检测阀1发生故障而打不开门时，打开手动阀把空气放掉，用手可把门打开。

2. 拉门的自动开闭回路之二

图10-52所示为拉门的另一种自动开闭回路。该装置是通过连杆机构将气缸活塞杆的直线运动转换成门的开闭运动。利用超低压气动阀来检测行人的踏板动作。在踏板6、

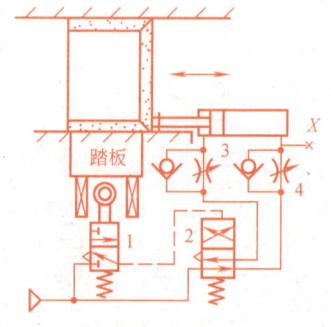

图10-51 拉门的自动开闭回路之一

11 的下方装有一端完全密封的橡胶管,而管的另一端与超低压气动阀 7 和 12 的控制口相连接,因此,当人站在踏板上时,橡胶管内的压力上升,超低压气动阀就开始工作。

首先用手动阀 1 使压缩空气通过阀 2 让气缸 4 的活塞杆伸出来(关闭门)。若有人站在踏板 6 或 11 上,则超低压气动阀 7 或 12 动作,使气动阀 2 换向,气缸 4 的活塞杆收回(门打开)。若是行人已走过踏板 6 和 11 的时候,则阀 2 控制腔的压缩空气经由储气罐 10 和阀 9、8 组成的延时回路而排气,阀 2 复位,气缸 4 的活塞杆伸出使门关闭。由此可见,行人从门的哪边出入都可以。另外,通过调节压力调节器 13 的压力,使由于某种原因把行人夹住时,也不至于使其达到受伤的程度。若将手动阀 1 复位,则变成手动门。

3. 旋转门的自动开闭回路

旋转门是左右两扇门绕两端的枢轴旋转而开的门。图 10-53 所示为旋转门的自动开闭回路。此回路只能单方向开启,不能反向打开;为防止发生危险,只用于单向通行的地方。

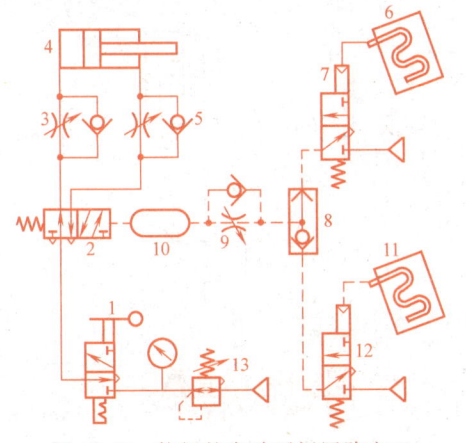

图 10-52 拉门的自动开闭回路之二

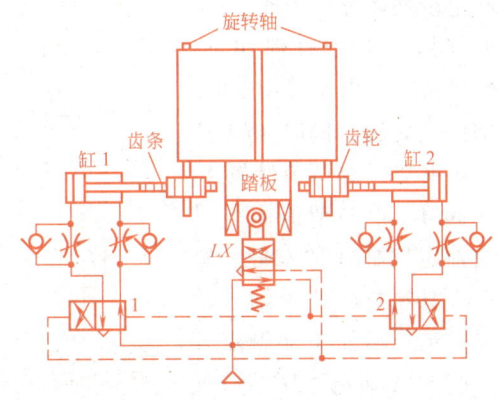

图 10-53 旋转门的自动开闭回路

行人踏上门前的踏板时,由于其重量使踏板产生微小的下降,检测用阀 LX 被压下,主阀 1 与主阀 2 换向,空气进入气缸 1 与气缸 2 的无杆侧,通过齿轮齿条机构,两边的门扇同时向一方打开。行人通过后,踏板恢复到原来的位置,检测用阀 LX 自动复位。主阀 1 与主阀 2 换向到原来的位置,气缸活塞杆后退,使门关闭。

二、气动夹紧系统

图 10-54 所示为机床夹具的气动夹紧系统。其动作循环是:垂直缸活塞杆首先下降将工件压紧,两侧的气缸活塞杆再同时前进,对工件进行两侧夹紧,然后进行钻削加工,加工完后各夹紧缸退回,将工件松开。

其具体工作原理如下:用脚踏下阀 1,压缩空气进入缸 A 的上腔,使夹紧头下降夹紧工件。当

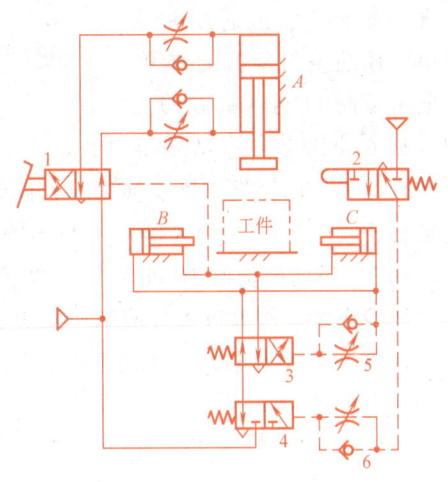

图 10-54 气动夹紧系统

压下行程阀 2 时,压缩空气经单向节流阀 6 进入二位三通气控换向阀 4(调节节流阀开口可以控制阀 4 的延时接通时间),压缩空气通过主阀 3 进入两侧气缸 B 和 C 的无杆腔,使活塞

杆前进而夹紧工件。然后钻头开始钻孔，同时流过主阀 3 的一部分压缩空气经过单向节流阀 5 进入主阀 3 右端，经过一段时间（由节流阀控制）后主阀 3 右位接通，两侧气缸后退到原来位置。同时，一部分压缩空气作为信号进入脚踏阀 1 的右端，使阀 1 右位接通，压缩空气进入缸 A 的下腔，使夹紧头退回原位。

夹紧头上升的同时使机动行程阀 2 复位，气控换向阀 4 也复位（此时主阀 3 右位接通），由于气缸 B、C 的无杆腔通过阀 3、阀 4 排气，主阀 3 自动复位到左位，完成一个工作循环。该回路只有再踏下脚踏阀 1 才能开始下一个工作循环。

三、加工中心气动换刀系统

图 10-55 所示为某加工中心气动换刀系统原理图。该系统在换刀过程中实现主轴定位、主轴松刀、拔刀、向主轴锥孔吹气、插刀、主轴夹紧刀具和定位缸 A 复位动作。

其具体工作原理如下：当数控系统发出换刀指令时，主轴停止旋转，同时 4YA 通电，压缩空气源调节装置 1、换向阀 4、单向节流阀 5 进入主轴定位缸 A 的右腔，缸 A 的活塞左移，使主轴自动定位。定位后压下无触点开关，使 6YA 通电，压缩空气经换向阀 6、快速排气阀 8 进入气液增压器 B 的上腔，增压腔的高压油使活塞伸出，实现主轴松刀，同时使 8YA 通电，压缩空气经换向阀 9、单向节流阀 11 进入缸 C 的上腔，缸 C 下腔排气，活塞下移实现拔刀。由回转刀库交换刀具，同时 1YA 通电，压缩空气经换向阀 2、单向节流阀 3 向主轴锥孔吹气。稍后 1YA 断电、2YA 通电，停止吹气，8YA 断电、7YA 通电，压缩空气经换向阀 9、单向节流阀 10 进入缸 C 的下腔，活塞上移，实现插刀动作。6YA 断电、5YA 通电，压缩空气经阀 6 进入气液增压器 B 的下腔，使活塞退回，主轴的机械机构使刀具夹紧。4YA 断电、3YA 通电，缸 A 的活塞复位，回复到开始状态，换刀结束。

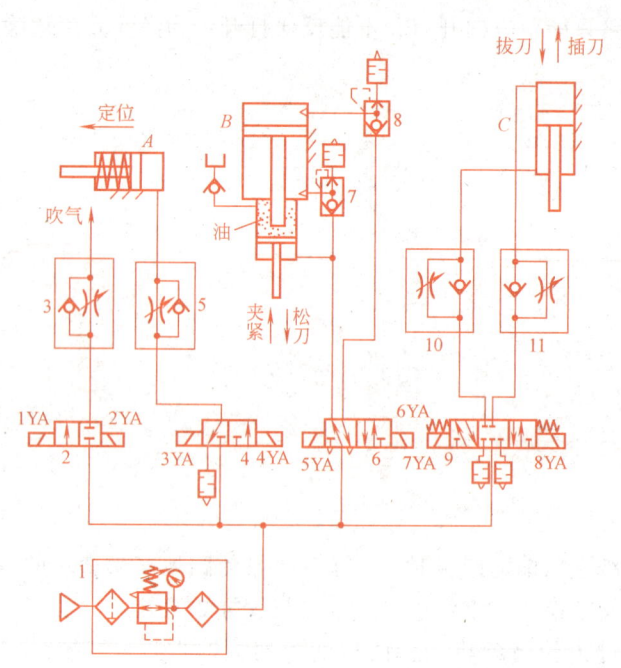

图 10-55　加工中心气动换刀系统原理图

学习要求和习题

一、学习要求

1. 掌握气压传动系统的工作原理和组成。
2. 掌握气源装置及辅助元件的工作原理。
3. 掌握气缸的工作原理。

4. 了解气动马达的工作原理。
5. 掌握减压阀、顺序阀、溢流阀的工作原理及应用。
6. 掌握流量阀的工作原理及应用。
7. 掌握方向控制阀的工作原理及应用。
8. 了解气动逻辑元件的工作原理及应用。
9. 了解真空元件的工作原理及应用。
10. 掌握气动基本回路的工作原理及应用。
11. 学会阅读气动系统图。

二、习题

（一）填空题

1. 气压传动系统由_____、_____、_____、_____组成。
2. 后冷却器一般装在空压机的_____。
3. 油雾器一般应装在_____、_____之后，尽量靠近_____。
4. 气缸用于实现_____或_____。
5. 马达用于实现连续的_____。
6. 气-液阻尼缸是由_____和_____组合而成的，以_____为能源，以_____作为控制调节气缸速度的介质。
7. 压力控制阀是利用_____和弹簧力相平衡的原理进行工作的。
8. 流量控制阀是通过_____来调节压缩空气的流量，从而控制气缸的运动速度。
9. 排气节流阀一般应装在_____的排气口处。
10. 快速排气阀一般应装在_____。
11. 气压控制换向阀分为_____、_____、_____和_____控制。
12. 气动逻辑元件按逻辑功能可分为_____、_____、_____、_____元件。
13. 换向回路是控制执行元件的_____、_____或_____。
14. 二次压力回路的主要作用是_____。
15. 速度控制回路的功用是_____。
16. 双稳回路的功用在于其_____。
17. 在气压传动系统中，低于大气压力下工作的元件称为_____。
18. 真空系统一般由_____、_____、_____、_____组成。
19. 真空发生器是利用_____的流动而形成一定真空度的气动元件。
20. 吸盘的吸着面积应_____工件的表面积。

（二）判断题

1. 气压传动能使气缸实现准确的速度控制和很高的定位精度。（ ）
2. 由空气压缩机产生的压缩空气，一般不能直接用于气压系统。（ ）
3. 压缩空气具有润滑性能。（ ）
4. 一般在换向阀的排气口应安装消声器。（ ）
5. 气动逻辑元件的尺寸较大、功率较大。（ ）
6. 常用外控溢流阀保持供气压力基本恒定。（ ）
7. 气压传动中，用流量控制阀来调节气缸的运动速度，其稳定性好。（ ）
8. 出口节流调速可以承受负值负载。（ ）
9. 气液联动速度控制回路具有运动平稳、停止准确、能耗低等特点。（ ）
10. 气动回路一般不设排气管道。（ ）

11. 真空吸盘是真空系统中的控制元件。（   ）
12. 供给真空系统的气源应含有油雾。（   ）

（三）问答题

1. 气压传动由哪几部分组成？试说明各部分的作用。
2. 气源调节装置包括哪些元件？分别起什么作用？
3. 油雾器为什么可以在不停气的状态下加油？
4. 试简述几种特殊气缸的工作原理。
5. 减压阀、顺序阀和溢流阀在图形符号、工作原理和用途上有什么不同？
6. 什么是气动逻辑元件？试述"是""与""非""或"的概念，画出其逻辑符号。
7. 什么是一次压力控制回路和二次压力控制回路？
8. 有人设计一双手控制气缸往复运动回路如图10-56所示，问此回路能否工作？为什么？
9. 用一个二位三通阀能否控制双作用气缸的换向？若用两个二位三通阀控制双作用气缸，能否实现气缸的起动和停止？

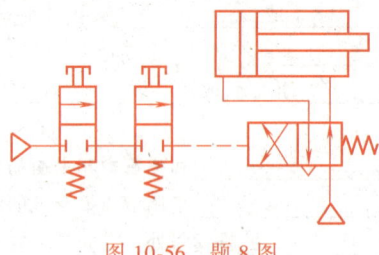

图 10-56 题 8 图

第十一章　气动系统的使用、维护与故障分析

第一节　气动系统的安装与调试

一、气动系统的安装

1. 管路系统的安装

安装前应彻底检查管路，管路中不应有粉尘及其他杂物，否则要清洗后才能安装。导管外表面及两端接头应完好无损，加工后的几何形状应符合要求，经检查合格的管路需吹风后才能安装。按照管路系统安装图中标明的安装、固定方法安装，并要注意以下问题：

1) 导管扩口部分的几何轴线必须与管接头的几何轴线重合。否则，当外套螺母拧紧时，扩口部分的一边压紧过度，而另一边则压得不紧，导致产生安装应力或密封不好。

2) 螺纹连接接头的拧紧力矩要适中，拧得太紧，扩口部分受挤压太大而损坏，拧得不够紧则影响密封。

3) 为了防止漏气，连接前管嘴表面和螺纹处应涂密封胶。为了防止密封胶进入管路内，螺纹前端 2~3 牙不涂密封胶或拧入 2~3 牙后再涂密封胶。

4) 软管的抗弯曲刚度小，在软管接头的接触区内产生的摩擦力不足以消除接头的转动，因此在安装后有可能出现软管的扭曲变形。检查方法是在安装前给软管表面涂一条纵向色带，安装后用色带判断软管是否被扭曲。为了防止软管的扭曲，可在最后拧紧外套螺母之前将软管向拧紧外套螺母相反的方向转动 1/8~1/6 圈。

软管不允许急剧弯曲，通常弯曲半径应大于其外径的 9~10 倍。为了防止软管挠性部分的过度弯曲和在自重作用下发生的变形，往往采用能防止软管过度弯曲的接头。

5) 为了保证焊缝质量，零件上应开焊缝坡口，焊缝部位要清理干净（除去氧化皮、油污、镀锌层等），焊缝管道的装配间隙最好保持在 0.5mm 左右。应尽量采用平焊位置，焊接时可以边焊边转，一次焊完整条焊缝。

6) 管路的走向要合理，尽量平行布置，减少交叉，力求最短，弯曲要少，并避免急剧弯曲。短软管只允许做平面弯曲，长软管可以做复合弯曲。

7) 管路中任何一段均应能自由拆装。

2. 元件的安装

1) 安装前应对元件进行清洗，必要时要进行密封试验。

2) 各类阀体上的箭头方向或标记，要符合气流流动方向。

3) 应按照控制回路的需要，将逻辑元件成组地装于底板上，并在底板上开出气路，用软管接出。

4) 密封圈不要装得太紧，以免阻力太大。

5) 气缸的中心线与负载作用力的中心线要同心，否则会引起侧向力，使密封件加速磨损，活塞杆弯曲。

6）各种自动控制仪表、自动控制器、压力继电器等，在安装前应进行校验。

系统安装后应进行吹风，以除去安装过程中带入的杂质。可用洁净的细白布判断系统内部的清洁程度。吹风前应将系统的某些气动元件用工艺附件或管路替换。整个系统吹干净后，再把全部气动元件还原安装。

二、气动系统的调试

1. 调试前的准备工作

1）气动回路的调试必须要在机械部分动作完全正常的情况下进行。如果机械部分尚未调整好，不能进行气动回路的调试。

2）在调试气动回路前，首先要仔细阅读气动回路图。阅读气动回路图时应注意下面几点：

① 阅读程序框图。通过阅读程序框图，大体了解气动回路的概况和动作顺序及要求等。

② 气动回路图中表示的位置（包括各种阀、执行元件的状态等）均为停机时的状态。因此，要正确判断各行程发信元件，如机动行程阀或非门发信元件在此时所处的状态。

③ 详细检查各管道的连接情况，在绘制气动回路图时，为了减少线条数目，有些管路在图中并未表示出来。例如，非门元件、逻辑双稳元件等的气源在绘制回路时一般都省略了，但在布置管路时却应连接上。

④ 在回路图中，线条不代表管路的实际走向，只代表元件与元件之间的联系与制约关系。

⑤ 熟悉换向阀（包括行程阀等）的换向原理和气动回路的操作规程。

3）熟悉气源，向气动系统供气时，首先要把压力调整到工作压力范围（一般为 $0.4\sim0.5$MPa），然后观察系统有无泄漏。如发现泄漏处，应先解决泄漏问题。调试工作一定要在无泄漏情况下进行。

4）气动回路无异常的情况下，首先继续手动调试。在正常工作压力下，按照程序节拍逐个进行手动调试，如发现机械部分或控制部分存在不正常的现象，应逐个予以排除，直至完全正常为止。

5）在手动动作完全正常的基础上，方可转入自动循环的调试工作，直至整机正常运行为止。

2. 空载试运转

空载试运转不得少于 2h，注意观察压力、流量、温度的变化。如果发现异常现象，应立即停机检查，待排除故障后才能继续试运转。

3. 负载试运转

负载试运转应分段加载，运转不得少于 4h，要注意油位变化、摩擦部位的温升等变化。在调试中应做好记录，以便总结经验，找出问题。

第二节　气动系统的使用与维护

一、气动系统使用注意事项

1）开机前、后要放掉系统中的冷凝水。

2）定期给油雾器加油。

3）随时注意压缩空气的清洁度，定期清洗分水过滤器的滤芯。

4) 开机前检查各调节手柄是否在正确位置,行程阀、行程开关、挡块的位置是否正确、牢固。对导轨、活塞杆等外露部分的配合表面进行擦拭后方能开机。

5) 设备长期不用时,应将各手柄放松,以免弹簧失效而影响元件的性能。

6) 熟悉元件控制机构操作特点,严防调节错误造成事故。要注意各元件调节手柄的旋向与压力、流量大小变化的关系。

二、压缩空气的污染及防治方法

压缩空气的质量对气动系统的性能影响极大,它若被污染,将使管路和元件锈蚀、密封件变形、喷嘴堵塞,使系统不能正常工作。压缩空气的污染主要来自水分、油分和粉尘三个方面,其污染原因及防治方法如下所述。

1. 水分

压缩空气中水分等杂质经常引起元件腐蚀或动作失灵。特别是我国南方或沿海一带的夏季及雨季,空气潮湿,这常常是气动系统发生故障的重要原因。而事实上,一些用户不了解除去水分的重要性,或者是管路设计不合理,或者是元件安装位置不合理,或者是不在必要的地方设置冷凝水排除器,或者设备管理、维修不善,根本不能排出冷凝水或杂质。这样往往造成严重的后果。因此,对空气的干燥必须给予足够的重视。

空气压缩机吸入的是含水分的湿空气,经压缩后提高了压力,当再度冷却时就要析出冷凝水。介质中水分造成的故障见表 11-1。

表 11-1 介质中水分造成的故障

故障	原因及后果
管路故障	(1) 管路内部生锈 (2) 管路腐蚀造成空气泄漏、容器破裂 (3) 管路底部滞留水分引起流量不足、压力损失过大
元件故障	(1) 因管路生锈加速过滤器网眼堵塞,过滤器不能工作 (2) 管内锈屑进入阀的内部,引起动作不良,泄漏空气 (3) 锈屑能使执行元件咬合,不能顺利地运转 (4) 使气动元件的零部件(弹簧、阀芯、活塞杆、活塞)受腐蚀。引起转换不良、空气泄漏、动作不稳定 (5) 水滴侵入阀体内部,引起动作失灵 (6) 水滴进入执行元件内部,使其不能顺利运转 (7) 水滴冲洗掉润滑油,造成润滑不良,引起阀动作失灵,执行元件运转不稳定 (8) 阀内滞留水滴引起流量不足,压力损失增大 (9) 因发生冲击现象引起元件破损

为了排出水分,把压缩机排出的高温气体尽快冷却下来析出水滴,需在压缩机出口处安装冷却器。在空气输入主管路的地方应安装过滤器以清除水分。此外在水平管路安装时,要保留一定的倾斜度,并在末端设置冷凝水积留处,使空气流动过程中产生的冷凝水沿斜管流到积水处经排水阀排水。为了进一步净化空气,要安装干燥器。其除水方法有多种:①吸附除水法,用吸附能力强的吸附剂如硅胶、铝胶和分子筛等。②压力除湿法,利用提高压力缩小体积、降温使水滴析出。③机械出水法,利用机械阻挡和旋风分离的方法析出水滴。④冷冻法,利用制冷设备使压缩空气冷却到露点以下,使空气中的水汽凝结成水而析出。

2. 油分

油分是由于压缩机使用的一部分润滑油呈雾状混入压缩空气中,随压缩空气一起输送出去。介质中的油分会使橡胶、塑料、密封材料变质、喷嘴孔堵塞、食品医疗机械污染。介质中油分造成的故障见表 11-2。

表 11-2 介质中油分造成的故障

故障	原因及后果
使密封圈变形	(1) 引起密封圈收缩,空气泄漏,动作不良,执行元件输出力不足 (2) 引起密封圈泡胀、膨胀、摩擦力增大,使阀不能动作,使执行元件输出力不足 (3) 引起密封圈硬化,摩擦面早期磨损,使空气泄漏 (4) 因摩擦力增大,使阀和执行元件动作不良
污染环境	(1) 食品、医药品直接和空气接触时有碍卫生 (2) 防护服、呼吸器等空气直接接触人体的场所,危害人体健康 (3) 工业原料、化学药品直接接触空气的场所,使原料化学药品的性质变化 (4) 工业炉等直接接触火焰的场所,有引起火灾的危险 (5) 使用空气的计量测试仪器会因污染而失灵 (6) 射流逻辑回路中射流元件内部小孔被油堵塞,元件失灵 (7) 要求极度避忌油的环境,从阀、执行元件的密封部分渗出的油以及换向阀排气中含有的油雾都会污染环境

介质中油分的清除注意采用油过滤器。空气中含有的油分包括雾状粒子、溶胶状粒子以及更小的具有油质气味的粒子。雾状油粒子可用离心式过滤器清除,但是比它更小的油粒子就难以清除。更小的粒子可利用活性炭的活性作用吸收,也可用多孔滤芯使油粒子通过纤维层空隙时,相互碰撞逐渐变大而清除。

3. 粉尘

空气压缩机吸入有粉尘的介质而流入系统中。它会引起气动元件的摩擦副损坏,增大摩擦力,也会引起气体泄漏,甚至控制元件动作失灵,执行元件推力降低。介质中粉尘造成的故障见表 11-3。

表 11-3 介质中粉尘造成的故障

故障	原因及后果
粉尘进入控制元件	(1) 使控制元件摩擦副磨损、卡死,动作失灵 (2) 影响调压的稳定性
粉尘进入执行元件	(1) 使执行元件摩擦副损坏甚至卡死,动作失灵 (2) 降低输出力
粉尘进入计量测试仪器	使喷射挡板节流孔堵塞,仪器失灵
粉尘进入射流回路中	射流元件内部小孔堵塞,元件失灵

在压缩机吸气口安装空气过滤器,可减少进入压缩机中气体的灰尘量。在气体进入气动装置前设置过滤器,可进一步过滤灰尘杂质。

三、气动系统的噪声

气动系统的噪声已成为文明生产的一种严重污染,是妨碍气动技术推广和发展的一个重要原因。目前消除噪声的主要方法有两种:一是利用消声器,二是实行集中排气。

四、密封问题

气动系统中的阀类、气缸以及其他元件,都存在着密封问题。密封的作用就是防止气体在元件中的内泄漏和向元件外的外泄露以及杂质从外部侵入气动系统内部。密封件虽小,但与元件的性能和整个系统的性能都有密切的关系。个别密封件的失效可能会导致元件本身以及整个系统不能工作。因此,对于密封问题千万不可忽视。

密封性能的优良,首先要求结构设计合理。此外,密封材料的质量及其对工作介质的适应性,也是决定密封效果的重要方面。气动系统中常用的密封材料有石棉、皮革、天然橡胶、合成橡胶及合成树脂等。其中合成橡胶中的耐油丁腈橡胶用得最多。

第三节 气动系统主要元件的常见故障及排除方法

一、控制元件的故障及排除方法

1. 调压阀的故障及排除方法

调压阀是气动装置的重要元件,其故障将影响整个装置压力的建立。产生故障的原因是调压阀本身机能不良和介质的净化程度较差,详见表 11-4。

表 11-4 调压阀的故障及排除方法

故障	原因	排除方法
出口压力升高	(1) 弹簧损坏 (2) 阀座有伤痕,或阀座密封圈剥离 (3) 阀体中夹入灰尘,阀导向部分粘附异物,导向部分和阀体的 O 形密封圈收缩、膨胀	(1) 更换弹簧 (2) 更换阀体 (3) 清洗检查过滤器,更换 O 形密封圈
压力降很大（流量不足）	(1) 阀通径小 (2) 阀下部积存冷凝水,阀内混入异物	(1) 使用大通径调压阀 (2) 清洗、检查过滤器
溢流孔处向外漏气	(1) 溢流阀座有伤痕(溢流式) (2) 膜片破裂 (3) 出口压力升高 (4) 出口侧背压增加	(1) 更换溢流阀座 (2) 更换膜片 (3) 见出口压力升高对应的排除方法 (4) 检查出口侧的装置回路
阀体泄漏	(1) 密封件损坏 (2) 弹簧松弛	(1) 更换密封件 (2) 张紧弹簧
异常振动	(1) 弹簧的弹力减弱,或弹簧错位 (2) 阀体和阀杆的中心错位 (3) 因耗气量变化,使阀不断开启、关闭,与调压阀引起共振	(1) 把弹簧调整到正常位置,或更换弹力减弱的弹簧 (2) 检查位置偏差 (3) 改变阀的固有频率
溢流口不溢流	(1) 溢流阀座孔堵塞 (2) 使用非溢流阀式调压阀	(1) 清洗、检查调压阀及过滤器 (2) 在出口侧安装高压溢流阀

2. 溢流阀的故障及排除方法

溢流阀是保持一次压力为恒定值的元件,当气源气体压力超过规定值时,能自动开启排气。它是一种安全保护装置,对它产生的故障应及时排除（表 11-5）,预防事故发生。

3. 换向阀的故障及排除方法

换向阀产生故障的主要原因是气体泄漏,介质中有冷凝水,供气不足,混入粉尘,制造缺陷等,详见表 11-6。

表 11-5 溢流阀的故障及排除方法

故障	原因	排除方法
压力虽然升高,但不溢流	(1)阀内部孔堵塞 (2)阀的导向部分进入杂质	(1)清洗 (2)清洗
压力虽没有超过规定值,但在溢流口处却已溢流	(1)阀内进入异物 (2)阀座损坏 (3)调压弹簧损坏 (4)膜片破裂	(1)清洗 (2)更换阀座 (3)更换调压弹簧 (4)更换膜片
溢流时发生振动	(1)压力上升很慢,溢流阀放出流量多,引起阀振动 (2)因从气源到溢流阀之间被节流,阀前部压力上升慢而引起振动	(1)出口处安装针阀微调溢流量,使其与压力上升量匹配 (2)增大气源到溢流阀的管路通径
从阀体和阀盖向外漏气	(1)膜片破裂 (2)密封件损坏	(1)更换膜片 (2)更换密封件
压力调不高	(1)弹簧断裂 (2)膜片漏气	(1)更换弹簧 (2)更换膜片

表 11-6 换向阀的故障及排除方法

故障	产生原因	排除方法
不能换向	(1)阀的滑动阻力大,润滑不良 (2)O形密封圈变形 (3)粉尘卡住滑动部分 (4)弹簧损坏 (5)阀操纵力小 (6)活塞密封圈磨损 (7)膜片破裂	(1)进行润滑 (2)更换密封圈 (3)清除粉尘 (4)更换弹簧 (5)检查阀的操纵部分 (6)更换密封圈 (7)更换膜片
阀产生振动	(1)空气压力低(先导型) (2)电源电压低(电磁式)	(1)提高控制压力或采用直动型 (2)提高电源电压或使用低电压线圈
交流电磁铁有蜂鸣声	(1)粉尘进入铁心的滑动部位,使铁心不能密切接触 (2)活动铁心的铆钉脱落,铁心叠层分开不能吸合 (3)短路环损坏 (4)电源电压低 (5)外部导线拉得太紧	(1)检查、清除粉尘,必要时更换铁心总成 (2)更换活动铁心 (3)更换固定铁心 (4)提高电源电压 (5)外部导线应宽裕
电磁铁动作时间偏差太大,或有时不能动作	(1)活动铁心锈蚀,不能移动 (2)由于密封不完善而向磁铁部分泄漏 (3)电源电压低 (4)粉尘等进入活动铁心的滑动部分,使运动恶化	(1)铁心除锈 (2)修理好对外部的密封,更换坏的密封件 (3)提高电源电压或使用符合电压的线圈 (4)清除粉尘

(续)

故障	产生原因	排除方法
线圈烧毁	(1)环境温度高 (2)换向过于频繁 (3)因为吸引时电流大,单位时间耗电多,温度升高快,使绝缘损坏而短路 (4)粉尘夹在阀和铁心之间,活动铁心不能吸合 (5)线圈上残余电压	(1)按规定温度范围使用 (2)使用高频电磁阀 (3)使用气动逻辑回路 (4)清除粉尘 (5)使用正常电源电压,使用符合电压的线圈
切断电源,电磁铁不能复位	粉尘进入活动铁心滑动部分	清除粉尘

二、气缸的故障及排除方法

气缸是气动装置的重要元件,相当于装置的手足,若产生故障,则使装置不能工作。气缸产生故障的原因很多,如气缸制造质量不好、介质净化程度不够、安装不正确、操纵不合理等,详见表11-7。

表11-7 气缸的故障及排除方法

故障		原因	排除方法
外泄漏	活塞杆与密封衬套间漏气	(1)衬套密封圈磨损,润滑油不足 (2)活塞杆偏心 (3)活塞杆有伤痕 (4)活塞杆与密封衬套的配合处有杂质	(1)更换衬套密封圈 (2)重新安装,使活塞杆不受偏心负载 (3)更换活塞杆 (4)除去杂质,安装防尘盖
	缸体与端盖间漏气	密封圈损坏	更换密封圈
	从缓冲装置的调节螺钉处漏气	密封圈损坏	更换密封圈
内泄漏(两腔串气)		(1)活塞密封圈损坏 (2)润滑不良 (3)活塞被卡住 (4)活塞配合面有缺陷 (5)杂质挤入密封面	(1)更换密封圈 (2)改善润滑 (3)重新安装,使活塞不受偏心负载 (4)缺陷严重者,更换零件 (5)除去杂质
动作不稳定,输出力不足		(1)润滑不良 (2)活塞或活塞杆被卡住 (3)气缸体内表面有锈蚀或缺陷 (4)进入了冷凝水及杂质	(1)注意润滑 (2)检查安装情况,消除偏心 (3)视缺陷大小决定排除故障方法 (4)加强过滤,清除水分、杂质
缓冲效果不好		(1)缓冲部分的密封圈密封性能差 (2)调节螺钉损坏 (3)气缸速度太快	(1)更换密封圈 (2)更换调节螺钉 (3)调节缓冲机构
损伤	活塞杆折断	(1)有偏心负载 (2)摆动气缸安装销轴的摆动面与负载摆动面不一致 (3)摆动销轴的摆动角过大 (4)负载大,摆动速度太快,又有冲击 (5)装置的冲击加到活塞杆上,活塞杆承受负载的冲击 (6)气缸的速度太快	(1)消除偏心负载 (2)使摆动面与负载摆动面一致 (3)减小销轴的摆动 (4)减小摆动速度和冲击 (5)冲击不得加在活塞杆上 (6)设置缓冲装置
	端盖损坏	缓冲机构不起作用	在外部或回路中设置缓冲装置

三、气动辅助元件的故障及排除方法

气动装置的辅助元件比较多,它们是保证气动系统正常工作不可缺少的元件,若出现故障则影响整个系统的正常工作。

1. 分水过滤器的故障及排除方法

分水过滤器可以清除介质中的水分、油分、粉尘等,它的故障及排除方法见表11-8。

表 11-8 分水过滤器的故障及排除方法

故障	原因	排除方法
压力降过大	(1)使用的滤芯过细 (2)分水过滤器的公称流量小 (3)分水过滤器滤芯网眼堵塞	(1)更换适当的滤芯 (2)换公称流量大的分水过滤器 (3)用净化液清洗滤芯
从输出端溢流出冷凝水	(1)未及时排除冷凝水 (2)自动排水器发生故障 (3)超过分水过滤器的流量范围	(1)养成定期排水的习惯或安装自动排水器 (2)检查修理 (3)在适当流量范围内使用或更换大规格的分水过滤器
输出端出现异物	(1)分水过滤器滤芯破损 (2)滤芯密封不严 (3)用有机溶剂清洗	(1)更换滤芯 (2)更换滤芯的密封,紧固滤芯 (3)用清洁的热水或煤油清洗
塑料水杯破损	(1)在有机溶剂的环境中使用 (2)空压机输出某种焦油 (3)对塑料有害的物质被压缩机吸入	(1)使用不受有机溶剂侵蚀的材料 (2)更换压缩机的润滑油或使用无油压缩机或用金属杯 (3)换用金属杯
漏气	(1)密封不良 (2)因物理(冲击)化学原因使塑料杯破裂 (3)排水阀自动排水失灵	(1)更换密封件 (2)用金属杯 (3)修理

2. 油雾器的故障及排除方法

油雾器是给气动装置润滑部位供油的元件,在系统中应把油雾器装在靠近润滑的元件。其故障及排除方法见表11-9。

表 11-9 油雾器的故障及排除方法

故障	原因	排除方法
油不能滴下来	(1)没有产生油滴下落所需的压差 (2)油雾器方向装反 (3)油道堵塞 (4)通往油杯的空气通道堵塞,油杯未加压	(1)加上文吐里管或换成适当规格的油雾器 (2)改变安装方向 (3)清洗、检查、修理 (4)清洗、检查、修理
油杯未加压	(1)通往油杯的空气通道堵塞 (2)油量大,油雾器使用频繁	(1)检查、修理,加大通往油杯的空气管路 (2)使用快速循环式油雾器
油滴数不能减少	油量调节阀失效	检修油量调节阀
空气向外泄露	(1)油杯破裂 (2)密封不良 (3)观察玻璃破损	(1)更换油杯 (2)检修密封 (3)更换观察玻璃
油杯破损	(1)用有机溶剂清洗 (2)周围存在有机溶剂	(1)更换油杯 (2)使用金属杯或耐有机溶剂的油杯或与有机溶剂隔离

学习要求和习题

一、学习要求

1. 掌握气动系统的安装方法。
2. 掌握气动系统的调试方法。
3. 熟悉气动系统的使用注意事项。
4. 了解气动系统主要元件的常见故障及排除方法。

二、习题

（一）填空题

1. 为了防止漏气，螺纹连接处在连接前应_____。
2. 密封圈不要装得_____，以免阻力太大。
3. 气动回路的调试必须在_____进行。
4. 压缩空气的污染主要来自_____、_____和_____三个方面。
5. 在压缩机吸气口安装_____，可减少进入压缩机中气体的灰尘量。
6. 消除气动噪声的主要方法是_____和_____。
7. 换向阀产生故障的主要原因是_____、_____、_____、_____、_____。
8. 气缸产生故障的主要原因是_____、_____、_____、_____。
9. 调压阀产生故障的原因是_____和_____。
10. _____是保持一次压力为恒定值的元件。

（二）问答题

1. 在安装气动回路时，应注意什么问题？
2. 气动系统的调试内容有哪些？
3. 使用气动系统时，应注意哪些问题？
4. 气缸常见的故障有哪些？如何排除？
5. 油雾器常见的故障有哪些？

附　　录

由于 GB/T 786.1—2021 中规定的图形符号与 GB/T 786.1—2009 中规定的图形符号很多相同，而工程技术人员和专业技术人员对 GB/T 786.1—1993 中规定的图形符号熟知。因此，我们这里列举 GB/T 786.1—2021 与 GB/T 786.1—1993 中常用流体传动系统及元件图形符号新旧标准对照。

附录 A　常用流体传动系统及元件图形符号新旧标准对照

表 A-1　图形符号的基本要素

新标准（GB/T 786.1—2021）		旧标准（GB/T 786.1—1993）	
名称及说明	符　　号	名称及说明	符　　号
供油管路 回油管路 元件外壳 和外壳符号	（实线，0.1M）	工作管路	（实线）
控制管路 泄油管路 冲洗管路 放气管路	（虚线，0.1M）	控制管路	（虚线）
组合元件 框线	（点画线，0.1M）	组合元件线	（点画线）
两个流体 管路的连接	（0.75M）	管路连接 点滚轮轴	（实心圆点）
软管管路	（2.5M / 4M）	柔性管路	
封闭管路 或封密端口	（1M × 1M）	封闭油、气 路或油、气口	⊥

（续）

新标准（GB/T 786.1—2021）		旧标准（GB/T 786.1—1993）	
名称及说明	符　号	名称及说明	符　号
机械连接（如轴杆）		机械连接的轴、操纵杆、活塞杆等	
弹簧（控制元件）		弹簧	
有盖油箱			
回到油箱		油箱	
气压源		气压源	
液压源		液压源	

表 A-2　泵（空气压缩机）和马达

新标准（GB/T 786.1—2021）		旧标准（GB/T 786.1—1993）	
名称及说明	符号	名称及说明	符号
变量泵（顺时针单向旋转）		单向变量液压泵	
变量泵（双向流动,带外泄油路,顺时针单向旋转）		双向变量液压泵	
双向变量泵/马达（双向流动,带外泄油路,双向旋转）		变量液压泵-马达	
定量泵/马达（顺针针单向旋转）		定量液压泵-马达	
摆动执行器/旋转驱动装置（带有限制旋转角度功能,双作用）		摆运马达	
气马达		单向定量马达	
空气压缩机			

(续)

新标准(GB/T 786.1—2021)		旧标准(GB/T 786.1—1993)	
名称及说明	符号	名称及说明	符号
气马达(双向流通,固定排量,双向旋转)	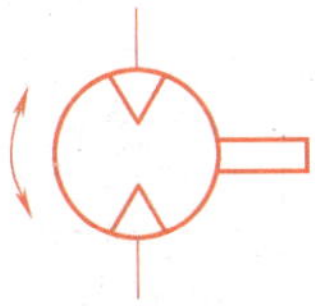	双向定量马达	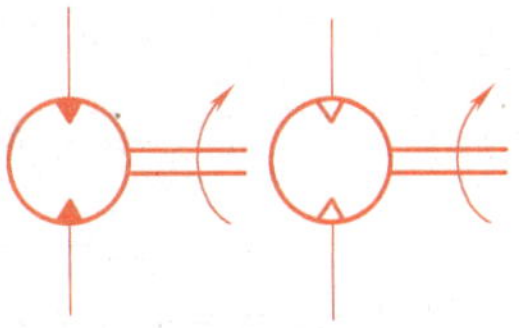
真空泵	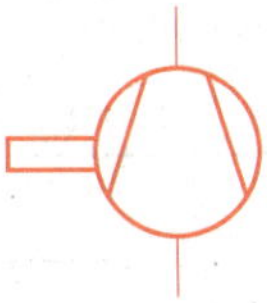		

表 A-3 缸

新标准(GB/T 786.1—2021)		旧标准(GB/T 786.1—1993)	
名称及说明	符号	名称及说明	符号
单作用单杆缸,弹簧腔带连接油口	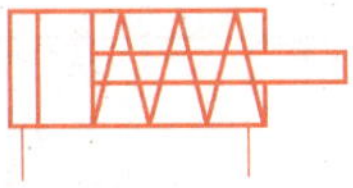	单作用弹簧复位缸	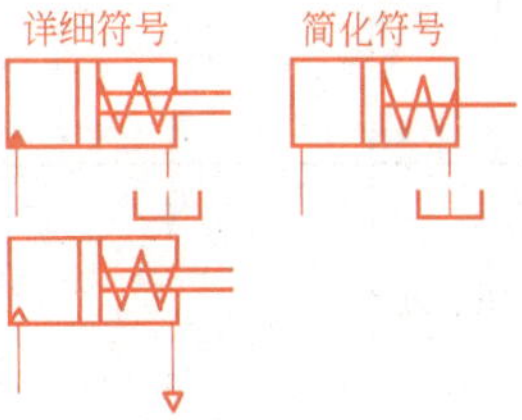 详细符号　简化符号
双作用单杆缸	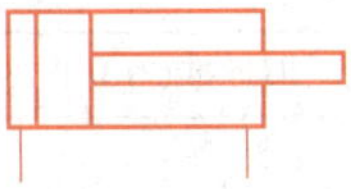	双作用单活塞杆缸	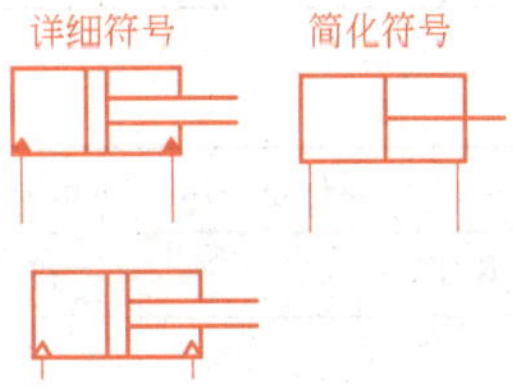 详细符号　简化符号
双作用双杆缸(活塞杆直径不同,双侧缓冲,右侧缓冲带调节)	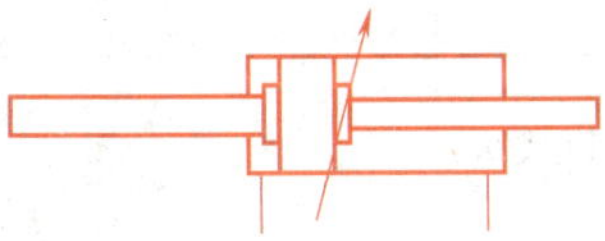	双作用双活塞杆缸	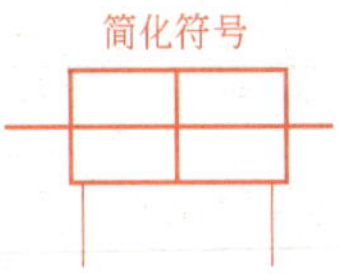 简化符号
双作用膜片缸(带有预定行程限制器)	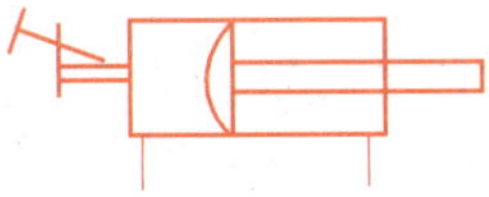		

（续）

新标准（GB/T 786.1—2021）		旧标准（GB/T 786.1—1993）	
名称及说明	符号	名称及说明	符号
单作用柱塞缸	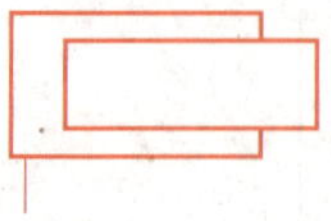		
单作用多级缸	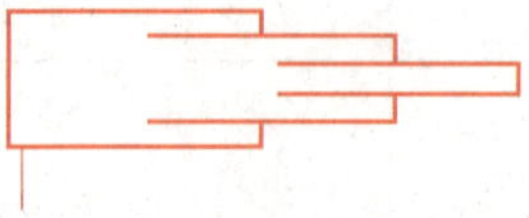	单作用伸缩缸	
双作用多级缸	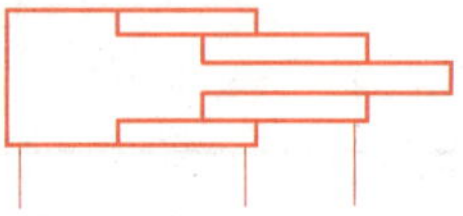	双作用伸缩缸	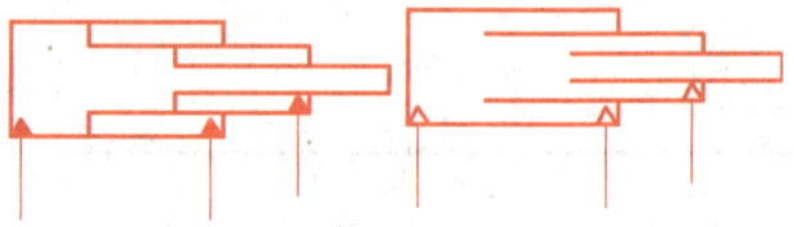
		双向缓冲缸（可调）	简化符号 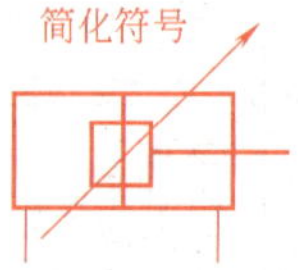
单作用压力气液转换器		气-液转换器	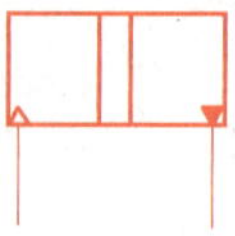

表 A-4 阀

新标准（GB/T 786.1—2021）		旧标准（GB/T 786.1—1993）	
名称及说明	符号	名称及说明	符号
具有可调行程限位推杆		可变行程控制式	
带有定位的推/拉控制机构		按钮式人力控制	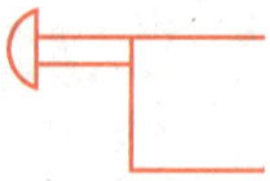
用于单向行程控制的滚轮杠杆		单向滚轮式	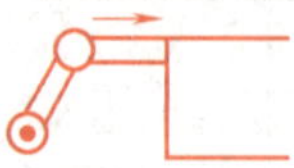
使用步进电动机的控制机构			

(续)

新标准(GB/T 786.1—2021)		旧标准(GB/T 786.1—1993)	
名称及说明	符号	名称及说明	符号
带有一个线圈的电磁铁(动作指向阀芯)		单作用电磁铁	
带有一个线圈的电磁铁(动作背离阀芯)			
带有两个线圈的电气控制装置(一个动作指向阀芯,另一个动作背离阀芯)		双作用电磁铁	
带有一个线圈的电磁铁(动作指向阀芯,连续控制)		比例电磁铁	
带有一个线圈的电磁铁(动作背离阀芯,连续控制)			
带有两个线圈的电气控制装置(一个动作指向阀芯,另一个动作背离阀芯,连续控制)		双作用可调电磁操纵器(力矩马达)	
电控气动先导控制机构		电磁-气压先导控制	
外部供油的电液先导控制机构		电-液先导控制	
二位二通方向控制阀(双位流动,推压控制,弹簧复位,常闭)		二位二通手动换向阀(常闭)	

（续）

新标准（GB/T 786.1—2021）		旧标准（GB/T 786.1—1993）	
名称及说明	符号	名称及说明	符号
二位二通方向控制阀（电磁铁控制，弹簧复位，常开）		二位二通换向阀（常开）	
二位四通方向控制阀（电磁铁控制，弹簧复位）		二位四通换向阀	
三位四通方向控制阀（双电磁铁控制，弹簧对中）		三位四通换向阀	
三位四通方向控制阀（电液先导级控制，先导级电气控制，主级液压控制，先导级和主级弹簧对中，外部先导供油，外部先导回油）		三位四通电液换向阀	
溢流阀（直动式，开启压力由弹簧调节）		直动型溢流阀	
顺序阀（直动式，手动调节设定值）		直动型顺序阀	
二通减压阀（直动式，外泄型）		直动型减压阀	

附　录

（续）

新标准（GB/T 786.1—2021）		旧标准（GB/T 786.1—1993）	
名称及说明	符　号	名称及说明	符　号
三通减压阀		溢流减压阀	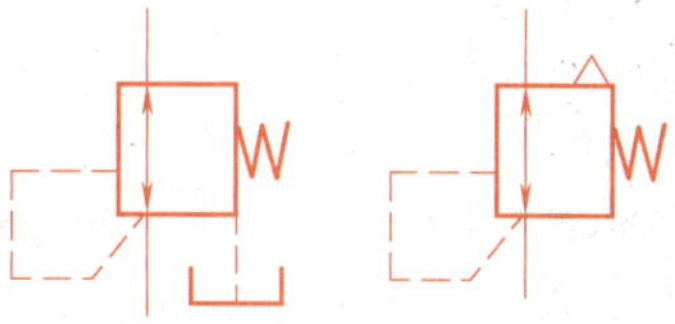
二通减压阀（先导式，外泄型）	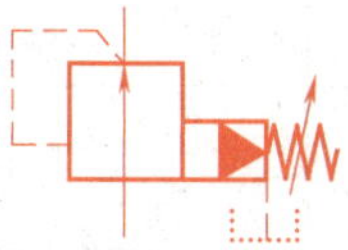	先导型减压阀	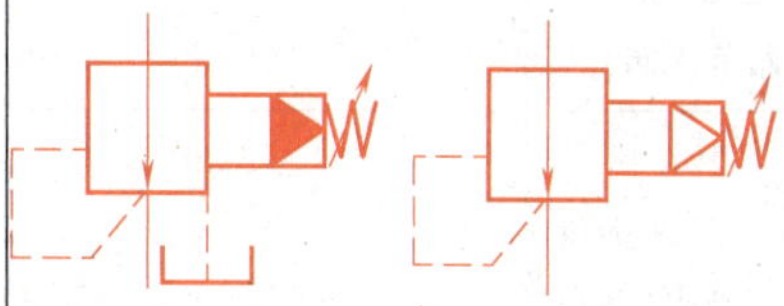
电磁溢流阀（由先导式溢流阀与电磁换向阀组成，通电建立压力，断电卸荷）	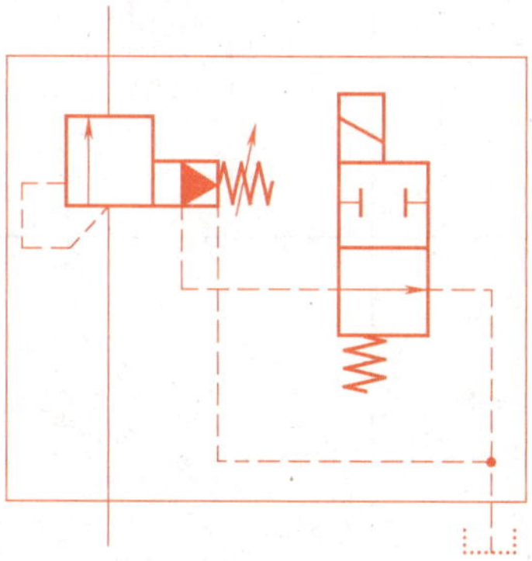	先导型电磁式溢流阀	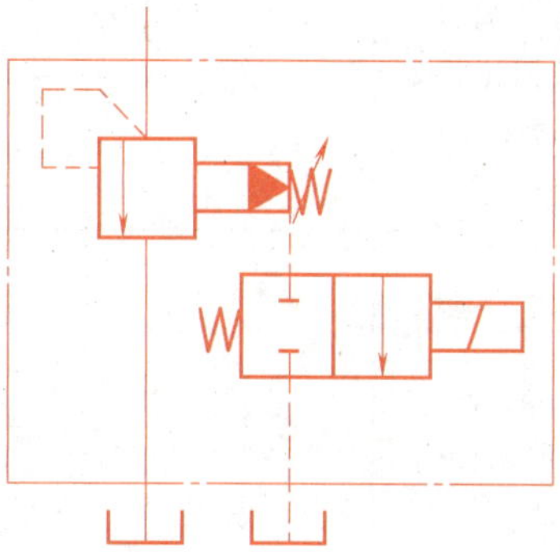
可调节流量控制阀		可调节流阀	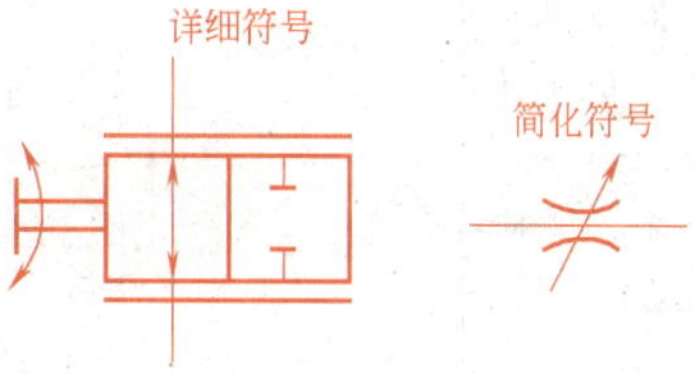 详细符号　简化符号
可调节流量控制阀，单向自由流动	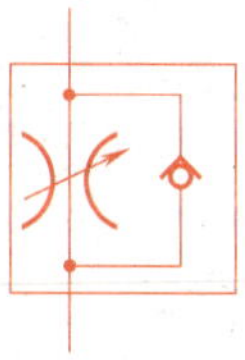	可调单向节流阀	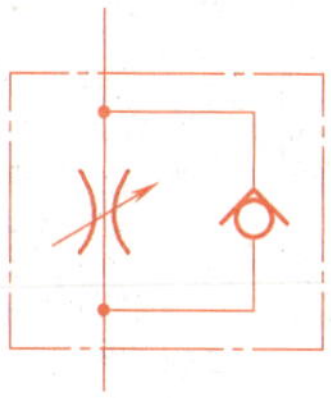
流量控制阀（滚轮连杆控制，弹簧复位）	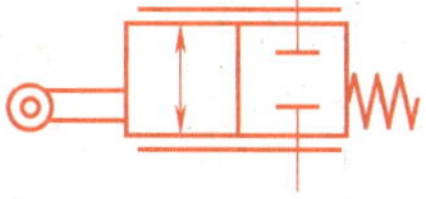	滚轮控制可调节流阀	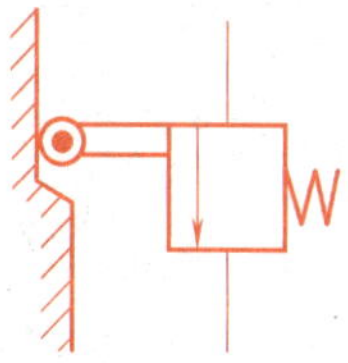

（续）

新标准（GB/T 786.1—2021）		旧标准（GB/T 786.1—1993）	
名称及说明	符号	名称及说明	符号
二通流量控制阀（开口度预设置，单向流动，流量特性基本与压降和黏度无关，带有旁路节流阀）		单向调速阀	
三通流量控制阀（开口度可调节，将输入流量分成固定流量和剩余流量）		旁通型调速阀	详细符号　　简化符号
单向阀		单向阀	
液控单向阀（带有弹簧，先导压力控制，双向流动）		液控单向阀	弹簧可以省略
双液控单向阀		液压锁	
梭阀（"或"逻辑）		或门型梭阀	

(续)

新标准(GB/T 786.1—2021)		旧标准(GB/T 786.1—1993)	
名称及说明	符号	名称及说明	符号
快速排气阀（带消音器）		快速排气阀	
比例方向控制阀（直动式）			
比例溢流阀（直控式，通过电磁铁控制弹簧来控制）			
比例溢流阀（直控式，电磁铁直接控制，集成电子器件）			
比例溢流阀（带电磁铁位置反馈的先导控制，外泄型）		先导型比例电磁式压力控制阀	
比例流量控制阀（直控式）			
比例节流阀（不受黏度变化的影响）			

表 A-5 附件

新标准(GB/T 786.1—2021)		旧标准(GB/T 786.1—1993)	
名称及说明	符号	名称及说明	符号
软管总成		柔性管路	
三通旋转接头		三通路旋转接头	
快换接头(不带有单向阀,断开状态)			
快换接头(带有一个单向阀,断开状态)			
快换接头(带有两个单向阀,断开状态)			
快换接头(不带有单向阀,连接状态)		不带单向阀的快换接头	
快插管接头(带有一个单向阀,连接状态)			
快插管接头(带有两个单向阀,连接状态)		带单向阀的快换接头	

(续)

新标准(GB/T 786.1—2021)		旧标准(GB/T 786.1—1993)	
名称及说明	符号	名称及说明	符号
两个流体管路的连接应标出连接点		连接管路	
两个流体管路交叉但没有连接点 表明它们之间没有连接		交叉管路	
压力开关（机械电子控制）		压力继电器	详细符号　一般符号
温度计		温度计	
液位指示器（油标计）		液面计	
流量计		流量计	
压力表		压力计	
过滤器		过滤器	
离心式分离器			

（续）

新标准（GB/T 786.1—2021）		旧标准（GB/T 786.1—1993）	
名称及说明	符号	名称及说明	符号
不带冷却方式指示的冷却器		冷却器	
采用液体冷却的冷却器		冷却器	（带冷却剂管路）
加热器		加热器	
隔膜式蓄能器		蓄能器（气体隔离式）	
囊式蓄能器		蓄能器（一般符号）	
活塞式蓄能器			
手动排水式油雾器		油雾器	
气源处理装置		气源调节装置	

(续)

新标准(GB/T 786.1—2021)		旧标准(GB/T 786.1—1993)	
名称及说明	符号	名称及说明	符号
空气干燥器		空气干燥器	
油雾器		油雾器	
真空发生器			
带有集成单向阀的单级真空发生器			
吸盘			
手动排水分离器		分水排水器	人工排出 / 自动排出
自动排水分离器			
带有手动排水分离器的过滤器		空气过滤器	自动排出

附录 B 习题（部分）参考答案

第一章

（一）填空题

1. 液体；压力能
2. 密封的容器内；静压力；密封容积的变化
3. 动力元件；执行元件；控制元件；辅助元件；工作介质
4. 动力；机械；压力；压力油液
5. 执行；压力；机械
6. 压力；流量；方向；工作性能
7. 职能；控制方式；外部接口；具体结构；参数；安装位置
8. 非工作状态
9. 产生内摩擦力；黏度；动力黏度；运动黏度；相对黏度
10. 运动黏度；ν
11. 运动黏度
12. 黏温特性；黏度指数；$\geqslant 90$
13. 可压缩性；不可压缩的；压力变化较大；有动态特性要求；显著增加
14. 大；小
15. 液体的静压力；p；Pa；MPa
16. 负载
17. 曲面在该方向的投影面积
18. 无黏性；无可压缩性
19. 体积；体积流量；m^3/s；L/min
20. 平均流速
21. 输入液压缸的流量
22. 雷诺数；流速；运动黏度；直径
23. 液体流速；安装高度；压力损失；较大直径的；0.5m
24. 2.5
25. 同心

（二）判断题

1. × 2. × 3. √ 4. × 5. × 6. × 7. √ 8. × 9. × 10. × 11. √ 12. √

（三）略

（四）计算题

1. 3；$19.8 \times 10^{-6} m^2/s$；$16.83 \times 10^{-3} Pa \cdot s$
2. $9.8 \times 10^3 Pa$
3. $\dfrac{4(F+mg)}{\pi d^2 \rho g} - h$
4. 80321Pa

5. 13085N；133085N

6. $1.462\times10^{-3}\,\mathrm{m}^3/\mathrm{s}$

7. 18434Pa

8. $0.26\times10^{-4}\,\mathrm{m}^2$

9. 1016s；406s

第二章

（一）填空题

1. 齿轮式液压泵；叶片式液压泵；柱塞式液压泵

2. 指它的输出压力；负载

3. 在使用中允许达到

4. 泵轴每转一转，由其密封容积的几何尺寸变化计算而得的排出液体的体积

5. 在公称转速和公称压力下的输出流量

6. 容积效率；机械效率

7. 减轻困油现象的影响

8. 缩小压油口

9. 轴向间隙泄漏；浮动轴套式；浮动侧板式，挠性侧板式

10. 两段大圆弧；两段小圆弧；四段过渡曲线；等加速等减速曲线

11. 往叶片底部通压力油

12. 平衡法；减少低压区叶片底部的供油面积

13. 定子和转子的偏心量；斜盘的倾角

14. 使柱塞处于吸油位置时具有自吸能力；使缸体与配油盘接触良好，密封可靠

15. 径向；换向频率较高；转速高；转矩小；动作要求灵敏

（二）判断题

1. × 2. × 3. ✓ 4. × 5. ✓ 6. ×

（三）选择题

1. B；D；A 2. C 3. A 4. C；A 5. A 6. B 7. E；D 8. B

（四）略

（五）计算题

1. 10kW；11.82kW

2. 6.4r/s；123.2N·m；6000W；4954W

3. 2668W；3085W；17.58N·m；2086.34W；18.9r/s

4. 1000W；1777W

第三章

（一）填空题

1. 最高处 2. 缓冲 3. 单向 4. 先大活塞，后小活塞 5. 大 6. 速度较高；压力较小；尺寸较小

（二）判断题

1. × 2. × 3. ✓ 4. × 5. ×

（三）选择题

1. B 2. B 3. C 4. B

（四）略

（五）计算题

1. 0.14m/s；1.04×10^6Pa

2. 0.02m/s；12763N；0.028m/s；7854N

3. 0.071m/s

4. 0.151m/s

5. 1）54000N，45000N 2）112500N

第四章

（一）填空题

1. 过滤器 2. 蓄能器 3. 油管；管接头 4. 蓄能器

5. 储油；散热；分离油中的空气和杂质

6. 网式；线隙式；纸芯式；烧结式；磁性

（二）判断题

1. × 2. × 3. √ 4. × 5. × 6. ×

（三）选择题

1. A 2. B 3. B、C 4. C 5. B

（四）略

第五章

（一）填空题

1. 液控单用阀；正向 2. 稳定不变 3. 减小 4. 增加

5. 压力；流量

6. 方向控制阀；压力控制阀；流量控制阀；方向；压力；速度

7. 某种特定功能；方向控制；压力控制；速度控制

8. 管式；板式；法兰式

9. 控制油液的单向流动；流动阻力损失小；密封性能好

10. 手动；机动；电动；液动；电液动

11. 挡铁；逐渐关闭；运动部件附近

12. 交流；直流；湿式；干式；本整形

13. 电磁换向阀；液动换向阀；控制液动换向阀换向；控制执行元件换向

14. 直动型；先导型；低压系统；中高压系统

15. 进口；进口；无

16. 稳压；安全；调压；卸荷；背压

17. 压力信号；电信号；通断调节区间（返回区间）

18. 定差减压阀；节流阀；保持压力差不变；调节流量

19. 流量阀；节流调速回路

20. 比例电磁铁；输入电流；输入电流

21. 控制；通道体

（二）判断题

1. √ 2. × 3. × 4. √ 5. √ 6. × 7. × 8. × 9. √ 10. × 11. √ 12. √

(三) 选择题

1. C 2. B 3. A、C 4. A；A；C 5. A 6. A 7. B 8. C 9. A 10. C 11. A 12. B 13. B 14. B 15. B；D；A；E 16. A

(四) 略

(五) 分析计算题

1. 3.85MPa；11.55MPa

2. 1) 5MPa；5MPa；5MPa

   2) 3MPa；3MPa；0

3. 1) 0；0；0

   2) 4MPa；2.5MPa；2.5MPa

   3) 1.5MPa；1.5MPa；2.5MPa

4. 1MPa

5. 1) 4MPa；4MPa；2MPa

   2) 移动时；3.5MPa；3.5MPa；2MPa。终点时，4MPa；4MPa；2MPa

   3) 移动时；0；0；0。碰到挡铁时，4MPa；4MPa；2MPa

6. 0.011m/s，10.8MPa

7. 1) 0.015m/s 2) 4.25L/min 3) 0.044m/s，0.75L/min，0.05m/s，0

8. 8500N

9. 不适宜。

10. 使通过节流阀的压力差不变；将定差减压阀和节流阀（在后）串联放在回油路可使速度稳定

11. (1) 缸1向右行，缸2不能运动

    (2) 缸2先向右行，缸1后向右运动

    (3) 缸2先向右行，缸1后向右运动

12~14 略

第六章

(一) 填空题

1. 限压式变量泵；二通流量控制阀；容积节流；三位五通电液换向阀；限压式变量泵和液压缸的差动连接；行程阀和液控顺序阀

2. 实现快速与慢速的速度切换；实现快退；控制液压缸工进终了转快退

3. 机动换向阀；液动换向阀；制动；端点停留；反向启动

4. 变量泵；容积；远程调压5；与阀16配合实现液压缸的泄压；安全保护

5. 液压—机械式；溢流阀38；保证安全工作

6. 控制工件的夹紧与松开；防止突然断电产生意外事故；控制刀架转位的速度；测量夹紧压力

7. 溢流减压阀；维持平衡缸10下腔的压力；卸载；调整机床时；保护过滤器；二位四通双电磁铁控制的换向阀；防止突然断电出现意外事故；防止系统失压时，机械手位置不变；控制马达启动、中间状态、到位、旋转速度

(二) 略

第七章

(一) 填空题

1. 先内后外；先难后易；先精密后一般
2. 接反
3. 回路；系统
4. 外观检查；空载调试；负载调试
5. 日常维护；定期检查；综合检查
6. 隐蔽性；难判断性；可变性
7. 顺向分析法；逆向分析法
8. 简易诊断；精密诊断
9. 先外后内；先调后拆；先洗后修
10. 观察；分析；严密；调整
11. 液压油的污染
12. 系统负载刚度太低；节流阀或流量控制阀流量不稳定；液压缸爬行；混入空气
13. 管式；板式；集成式

(二) 判断题

1. × 2. √ 3. × 4. × 5. √ 6. × 7. ×

(三) 选择题

1. A 2. A 3. A 4. C 5. A 6. B

(四) 略

第八章

(一) 填空题

1. 运动；负载
2. 工况分析
3. 切削负载；导轨摩擦负载；惯性负载；重力负载
4. 压力图；流量图；功率图
5. 工况图
6. 系统功率；调速范围；速度刚性
7. 平衡
8. 互不干扰问题
9. 防止油液污染；防止空气混入系统；防止油温过高；防止泄漏
10. 测压点
11. 液压马达
12. 齿条缸
13. 容积节流
14. 压力；流量；压力
15. 开式
16. 溢流阀（作安全阀用）
17. 系统最高工作压力；通过阀的最大流量

18. 系统最高工作压力；通过阀的最大流量；阀的最小稳定流量

19. 压力损失

20. 泵的效率；回路的效率；执行元件的效率

21. 集中式；分散式

(二) 判断题

1. × 2. √ 3. × 4. √ 5. √ 6. × 7. × 8. √ 9. ×

(三) 略

第九章

(一) 填空题

1. 车削直角的台肩

2. 具有跟踪；放大；反馈；误差调节的功能

3. 控制元件；控制元件

4. 最好；最差

5. 单边滑阀；双边滑阀；四边滑阀

6. 最难；容易

7. 正开口；零开口；负开口（重叠量）

8. 形式刚性负反馈

9. 滑阀式；射流管式；喷嘴挡铁式

10. 有关

11. 无关

12. 供油装置；补偿元件；静压支承

13. 节流阀（器）

14. 开式；闭式

15. 油的黏度低；主轴的转动惯性小；有制动机构

16. 压力继电器

17. 32MPa

18. 蓄能器

(二) 判断题

1. × 2. × 3. √ 4. √ 5. × 6. × 7. × 8. × 9. × 10. × 11. × 12. ×

第十章

(一) 填空题

1. 气源装置；执行元件；控制元件；辅助元件

2. 出口管路上

3. 分水过滤气器；减压阀；换向阀

4. 直线往复运动；摆动

5. 回转运动

6. 气缸；液压缸；压缩空气；液压油

7. 压缩空气作用在阀芯上的力

8. 改变阀的通流面积

9. 执行元件

10. 换向阀和气缸之间

11. 加压控制；泄压控制；差压控制；延时控制

12. 或门；与门；非门；双稳

13. 启动；停止；改变运动方向

14. 控制气动控制系统的气源压力

15. 调节执行元件的工作速度

16. 其"记忆"机能

17. 真空元件

18. 真空发生装置；吸盘；控制阀；附件

19. 压缩空气

20. 小于

（二）判断题

1. × 2. √ 3. × 4. √ 5. × 6. √ 7. × 8. √ 9. √ 10. √ 11. × 12. ×

（三）略

第十一章

（一）填空题

1. 涂密封胶

2. 太紧

3. 机械部分动作完全正常的情况下

4. 水分；油分；粉尘

5. 空气过滤器

6. 利用消声器；实行集中排气

7. 气体泄漏；介质中有冷凝水；供气不足；混入粉尘；制造缺陷

8. 气缸制造质量不好；介质净化程度不够；安装不正确；操作不合理；密封圈损坏

9. 本身机能不良；介质的净化程度较差

10. 溢流阀

（二）略

附录 C 液压与气压传动实训指导书

项目 1 液压泵拆装实验

1.1 实验目的

（1）通过对液压泵拆装，进一步了解常用液压泵的类型、结构、组成及工作原理。

（2）通过液压泵拆装实验，掌握正确的拆卸、装配方法。

（3）通过拆装实验，熟悉有关液压传动的国家标准，培养学生发现问题、善于思考的能力。

（4）通过拆装实验，加强学生与学生之间的信息交流活动、相互合作的能力。

（5）通过拆装实验，培养学生的质量意识、安全意识和一丝不苟的专业精神。

1.2 实验器材

（1）实物：建议选用 CB-B 型齿轮泵、CB 型齿轮泵、YB_1 叶片泵、YBX 叶片泵、SCY14-1B 型轴向柱塞泵。

（2）工具：内六方扳手、固定扳手、螺钉旋具、卡簧钳、油盆或油盘等。

（3）辅料：铜棒、煤油等。

1.3 实验要求

（1）实验前认真预习，搞清楚相关液压泵的工作原理，对其结构组成有一个基本的认识。

（2）针对不同的液压元件，利用相应工具，严格按照规范步骤进行拆卸、装配，严禁违反操作规程进行私自拆卸、装配。

（3）拆装中应用铜棒敲打零部件，以免损坏零部件和轴承。

（4）拆卸过程中，遇到元件卡住的情况时，不要乱敲硬砸，请指导老师来解决。

（5）拧紧螺栓，注意使其受力均匀。

（6）在实训教师的指导下，拆解各类液压泵，观察、了解各零件在液压泵中的作用，熟悉各种液压泵的工作原理，按照规定的步骤装配各类液压泵。

1.4 实验步骤

1.4.1 齿轮泵拆装实验

以 CB-B 型齿轮泵为例，其结构如图 2-9 所示。

1. 拆装步骤

（1）拆解顺序 先用内六方扳手在对称位置松开 6 个紧固螺栓，之后取出螺栓，取出定位销，打开左泵盖，从泵体中取出主动齿轮及轴、从动齿轮及轴。观察卸荷槽、吸油腔、压油腔等结构，弄清楚其作用，并分析工作原理。

（2）装配要领 装配前，先用煤油清洗各零部件，将轴与端盖之间、齿轮与泵体之间的配合面涂润滑油，然后遵循先拆的零部件后安装，后拆的零部件先安装的原则，正确合理地安装。安装完毕后应使泵转动灵活平稳，没有阻滞、卡死现象。

2. 思考题

（1）齿轮泵的密封腔是怎样形成的？

（2）什么是齿轮泵的困油现象？怎样消除齿轮泵的困油现象？

（3）齿轮泵是如何实现吸油、压油配油作用的？

（4）齿轮泵产生泄漏的途径有哪些？

（5）齿轮泵中减小径向液压不平衡力的措施有哪些？

1.4.2 双作用叶片泵拆装实验

以 YB_1 型叶片泵为例，其结构如图 2-12 所示。

1. 拆装步骤

（1）拆解顺序

1）拆解叶片泵时，先用内六方扳手在对称位置松开后泵体上的螺栓，再取出螺栓，用铜棒轻轻敲打使花键轴和前泵体及泵盖部分从轴承上脱下，把叶片泵分成两部分。

2）观察后泵体内定子、转子、叶片、配油盘的安装位置，分析其结构、特点，理解其工作过程。

3）取出泵盖，取出花键轴，观察所用的密封元件，理解其特点、作用。

（2）装配要领　装配前，各零部件必须仔细清洗干净，不得有切屑磨粒或其他污物。装配时，遵循先拆的零部件后安装，后拆的零部件先安装的原则，正确合理地安装。注意配油盘、定子、转子、叶片应保持正确的装配方向，安装完毕后应使泵转动灵活，没有卡死现象。

2. 思考题

（1）双作用叶片泵的密封容积是怎样形成的？
（2）双作用叶片泵的定子内表面由哪几段曲线组成？
（3）在双作用叶片泵中，定子、配油盘是如何保证正确位置的？
（4）在双作用叶片泵中，如何保证叶片始终靠在定子上？

1.4.3　单作用式变量叶片泵拆装实验

以 YBX 叶片泵为例，其结构如图 2-21 所示。

1. 拆卸步骤

（1）拆解顺序

1）拆解叶片泵时，先用内六方扳手在对称位置松开后泵体上的螺栓，再取出螺栓，用铜棒轻轻敲打使花键轴和前泵体及泵盖部分从轴承上脱下，把叶片泵分成两部分。

2）观察后泵体内定子、转子、叶片、配油盘的安装位置，分析其结构、特点，理解其工作过程。

3）取出泵盖，取出花键轴，观察所用的密封元件，理解其特点、作用。

其主要步骤如下：

① 拆下上端盖，取出调压螺钉、调压弹簧及弹簧座等。
② 拆下下端盖，取出流量调节螺钉 10 及活塞 11。
③ 拆下前端盖，取出滑块。
④ 拆下连接前泵体和后泵体的螺栓，拆开前泵体和后泵体。
⑤ 拆下右端盖。
⑥ 取出配油盘、转子和定子。

（2）装配要领　装配前，各零件必须仔细清洗干净。装配时，遵循先拆的零部件后安装，后拆的零部件先安装的原则，正确合理地安装。注意配油盘、定子、转子、叶片应保持正确装配方向，安装完毕后应使泵转动灵活，没有卡死现象。

2. 思考题

（1）单作用式叶片泵的密封容积是怎样形成的？
（2）单作用式变量叶片泵的定子与双作用式定量叶片泵的定子有什么不同？
（3）单作用式变量叶片泵的配油盘与双作用式定量叶片泵的配油盘有什么不同？

1.4.4　轴向柱塞泵

以 SCY14-1B 型斜盘式轴向柱塞泵为例，其结构如图 2-24 所示。

1. 拆装步骤

（1）拆解顺序

1）拆解轴向柱塞泵时，先拆下变量机构，取出倾斜盘、柱塞、压盘、套筒、弹簧、钢球,注意不要损伤各零部件,观察、分析其结构特点,搞清它们的作用。

2)轻轻敲打泵体,取出缸体,取出螺栓,将泵体分为中间泵体和前泵体,注意观察、分析其结构特点,搞清楚各自的作用,尤其注意配油盘的结构、作用。

(2)装配要领

1)装配前,各零部件必须仔细清洗干净。装配时,遵循先拆的零部件后安装,后拆的零部件先安装的原则,正确合理地安装。

2)装配时,先装中间泵体和前泵体,注意装好配油盘,之后装上弹簧、套筒、钢球、压盘、柱塞;在变量机构上装好倾斜盘,最后用螺栓把泵体和变量机构连接为一体。

3)装配中,注意把花键轴装入缸体的花键槽中,不能猛烈敲打花键轴,避免花键轴推动钢球顶坏压盘。安装完毕后应使花键轴带动缸体转动灵活,没有卡死现象。

2. 思考题

(1)轴向柱塞泵的密封工作容积是怎样形成的?

(2)中心弹簧的主要作用是什么?

(3)轴向柱塞泵是如何实现配油的?

项目2 液压控制阀拆装实验

2.1 实验目的

液压元件是液压系统的重要组成部分,通过对液压控制阀的拆装实训以达到下列目的:

(1)进一步理解电磁换向阀、单向阀、溢流阀、减压阀、顺序阀、节流阀、二通流量控制阀的组成、结构、工作原理及应用。

(2)掌握正确的拆卸、装配及安装连接方法。

(3)通过拆装实验,熟悉有关液压传动的国家标准,培养学生发现问题、善于思考的能力。

(4)通过拆装实验,加强学生与学生之间的信息交流活动、相互合作的能力。

(5)通过拆装实验,培养学生的质量意识、安全意识和一丝不苟的专业精神。

2.2 实验器材

(1)实验用液压控制阀:建议用电磁换向阀、单向阀、液控单向阀、溢流阀、减压阀、顺序阀、压力继电器、节流阀、二通流量控制阀等。

(2)工具:内六方扳手、固定扳手、螺钉旋具、卡簧钳等。

(3)辅料:铜棒、煤油等。

2.3 实验要求

(1)实验前认真预习,弄清各液压控制阀的工作原理,对其结构组成有一个基本的认识。

(2)针对不同的液压控制阀,利用相应工具,严格按照规范步骤进行拆卸、装配,严禁违反操作规程进行私自拆卸、装配。

(3)弄清楚常用液压控制阀的结构组成、工作原理及主要零件的作用。

(4)在实训教师的指导下,拆解各类液压控制阀,观察、了解各零件在液压控制阀中的作用,分析各种液压控制阀的工作原理,按照规定的步骤装配各类液压控制阀。

2.4 实验步骤

2.4.1 电磁换向阀

以三位四通电磁换向阀（4WE6E-61）为例，其结构如图 5-6 所示。

1. 拆装步骤

（1）拆解顺序

1）观察 4WE6E-61 电磁阀的外观，找出进油口 P、回油口 T 和两个工作油口 A、B。

2）拆解中应用铜棒敲打零部件，以免损坏零部件。将电磁阀的电磁铁和阀体分开，观察并分析工作过程，依次轻轻取出推杆、对中弹簧、阀芯，了解电磁阀阀芯的台肩结构，弄清楚换向阀的工作原理。

（2）装配要领　装配前，各零部件必须仔细清洗干净。装配时，遵循先拆的零部件后安装，后拆的零部件先安装的原则，按原样正确合理地安装，轻轻装上阀芯，使其受力均匀，防止阀芯卡住不能动作。

2. 思考题

（1）电磁换向阀是如何实现换向的？

（2）电磁换向阀的阀芯复位采用的是什么方式？

（3）三位阀的中位机能对换向阀的性能有什么影响？

2.4.2 单向阀

以 S10A1/2 单向阀为例，其结构如图 5-13 所示。

1. 拆装步骤

（1）拆解顺序

1）观察单向阀的外观，找出进油口 P_1、出油口 P_2。

2）观察阀芯结构（钢球式或锥芯式），了解弹簧的刚度及作用，分析其工作原理，理解其结构、特点。

（2）装配要领　装配前，各零部件必须仔细清洗干净。装配时，遵循先拆的零部件后安装，后拆的零部件先安装的原则，按原样正确合理地安装，防止阀芯卡住不能动作。

2. 思考题

（1）单向阀的阀芯结构有哪些？各有什么特点？

（2）单向阀中弹簧起何作用？

2.4.3 溢流阀

以 DB10-1-30B/100 先导式溢流阀为例，其结构如图 5-20 所示。

1. 拆装步骤

（1）拆解顺序

1）观察先导式溢流阀的外观，找出进油口 P、出油口 T 和控制油口 K，从出油口向里窥视，可以看见阀口是被阀芯堵死的。

2）用内六方扳手在对称位置松开阀体上的螺栓，再取出螺栓，用铜棒轻轻敲打，使先导阀和主阀分开，轻轻取出阀芯，注意不要损伤各零部件，搞清楚它们的作用。

3）取出弹簧，观察先导调压弹簧、主阀复位弹簧的大小和刚度的不同。

4）观察、分析其结构特点，掌握溢流阀的工作原理。

（2）装配要领　装配前，各零部件必须仔细清洗干净。装配时，遵循先拆的零部件后安装，后拆的零部件先安装的原则，按原样正确合理地安装。应特别注意小心装配阀芯，防止阀芯卡死。

2. 思考题

（1）先导式溢流阀是由哪两部分组成的？

（2）先导阀和主阀分别是由哪几个重要零件组成的？分析各零件的作用。

2.4.4 减压阀

以 DR10-1-30/100 先导式减压阀为例，其结构如图 5-25 所示。

1. 拆装步骤

（1）拆解顺序

1）观察先导式减压阀的外观，找出进油口、出油口和泄油口，从出油口向里窥视，可以看见阀口是打开的。

2）用内六方扳手在对称位置松开阀体上的螺栓，再取出螺栓，用铜棒轻轻敲打，使先导阀和主阀分开，轻轻取出阀芯，注意不要损伤各零部件，观察、分析其结构特点，搞清楚它们的作用。

3）比较其与溢流阀的不同之处。

（2）装配要领　装配前，各零部件必须仔细清洗干净。装配时，遵循先拆的零部件后安装，后拆的零部件先安装的原则，按原样正确合理地安装。应特别注意小心装配阀芯，防止阀芯卡死。

2. 思考题

（1）先导式减压阀是由哪两部分组成的？

（2）对比先导式减压阀与先导式溢流阀的结构和作用有何异同。

2.4.5 顺序阀

以 DZ10-1-30/100X 先导式顺序阀为例，其结构如图 5-29 所示。

1. 拆装步骤

（1）拆解顺序

1）观察先导式顺序阀的外观，找出进油口、出油口和泄油口，从出油口向里窥视，可以看见阀口是打开的。

2）用内六方扳手在对称位置松开阀体上的螺栓，再取出螺栓，用铜棒轻轻敲打，使先导阀和主阀分开，轻轻取出阀芯，注意不要损伤各零部件。

3）观察、分析其结构特点，搞清楚各零部件的作用，掌握工作原理，比较其与溢流阀的不同之处。

（2）装配要领　装配前，各零部件必须仔细清洗干净。装配时，遵循先拆的零部件后安装，后拆的零部件先安装的原则，按原样正确合理地安装。应特别注意小心装配阀芯，防止阀芯卡死。

2. 思考题

（1）先导式顺序阀是由哪两部分组成的？

（2）对比先导式顺序阀与先导式溢流阀的结构和作用有何异同。

2.4.6 节流阀

以 DV12-1-10/2 节流阀为例，其结构如图 5-36 所示。

1. 拆装步骤

(1) 拆解顺序

1) 观察节流阀的外观，找出进油口、出油口。

2) 用内六方扳手松开阀体上的螺栓，再取出螺栓，轻轻取出阀芯，注意不要损伤各零部件，观察、分析其节流口的形状结构特点。

(2) 装配要领　装配前，各零部件必须仔细清洗干净。装配时，遵循先拆的零部件后安装，后拆的零部件先安装的原则，按原样正确合理地安装。应特别注意小心装配阀芯，防止阀芯卡死。

2. 思考题

(1) 节流阀采用何种形式的节流口？

(2) 如何调节节流口的大小？

2.4.7　二通流量控制阀（调速阀）

以 2FRM5-30/15Q 为例，其结构如图 5-41 所示。

1. 拆装步骤

(1) 拆解顺序

1) 观察二通流量控制阀的外观，找出进油口、出油口，找出节流阀芯、减压阀芯的位置。

2) 用内六方扳手松开阀体上的螺栓，再取出螺栓，轻轻取出阀芯，注意不要损伤各零部件，观察、分析其节流阀芯、减压阀芯的形状结构特点。

(2) 装配要领　装配前，各零部件必须仔细清洗干净。装配时，遵循先拆的零部件后安装，后拆的零部件先安装的原则，按原样正确合理地安装。应特别注意小心装配阀芯，防止阀芯卡死。

2. 思考题

(1) 二通流量控制阀由哪两部分组成？

(2) 二通流量控制阀与节流阀有什么不同？

(3) 二通流量控制阀中减压阀芯的作用是什么？

项目 3　气动元件认识和拆装实验

3.1　实验目的

气动元件是气压系统的重要组成部分，通过对气动元件的认识和拆装实验达到下列目的：

(1) 认识气源装置和各类气动元件，进一步了解认识气源装置和各类气动元件的组成、结构、工作原理及应用。

(2) 掌握气动元件的正确拆卸、装配及安装连接方法。

(3) 通过拆装实验，熟悉有关气压传动的国家标准，培养学生发现问题、解决问题的能力。

(4) 通过拆装实验，加强学生与学生之间的信息交流活动、相互合作的能力，培养学生的质量意识、安全意识和一丝不苟的专业精神。

3.2 实验器材

(1) 气源装置实物:如空气压缩机、后冷却器、油水分离器、气源调节装置、气罐、干燥器等。

(2) 气动辅助装置实物:如过滤器、油雾器等。

(3) 气动控制元件和执行元件:如第十章介绍的各种气缸和各种气动控制阀。

(4) 工具与辅料:内六方扳手、固定扳手、螺钉旋具、卡簧钳、温度计、铜棒、煤油等。

3.3 实验要求

(1) 实验前认真预习,了解各气动元件的组成、工作原理。

(2) 针对不同的气动元件,利用相应工具,严格按照规范步骤进行拆卸、装配,严禁违反操作规程进行私自拆卸、装配。

(3) 弄清楚常用气压控制阀的结构组成、工作原理及主要零件的作用。

(4) 在实训教师的指导下,拆解各种元件,观察、了解各零件在气动系统中的作用。

3.4 实验步骤

3.4.1 空气压缩机

(1) 仔细观察空气压缩机的外观,分析其工作原理。如果条件允许,可按要求进行拆装。

(2) 在教师指导下,连接系统的气管,接通电源,观察空气压缩机的运转情况。

3.4.2 后冷却器

(1) 仔细观察后冷却器的外观,分析其工作原理。

(2) 在教师指导下,在空气压缩机的出口连接后冷却器,运转空气压缩机,观察后冷却器的工作情况。

(3) 使用温度计分别测量连接后冷却器前后的空气温度。

3.4.3 油水分离器

(1) 仔细观察油水分离器的外观,对照图10-4,分析其工作原理。

(2) 在教师指导下,在后冷却器的出口连接油水分离器,运转空气压缩机,观察运转情况。

3.4.4 气罐、干燥器

(1) 仔细观察气罐、干燥器的外观,对照图10-5、图10-6分析其工作原理。

(2) 分析气罐、干燥器的进出口。

3.4.5 过滤器

(1) 仔细观察过滤器的外观,对照图10-7,分析其工作原理。

(2) 分析过滤器的进出口。

3.4.6 油雾器

(1) 仔细观察油雾器的外观,对照图10-8,分析其工作原理。

(2) 分析油雾器的进出口和油液流动情况。

3.4.7 气源调节装置(气动三联件)

(1) 仔细观察气源调节装置的外观,分析其组成、工作原理。

(2) 拆装气源调节装置(气动三联件)并分析各部件(空气过滤器、减压阀、油雾器）的作用。

3.4.8 气动控制元件和执行元件

（1）对照第十章介绍的各种气缸和各种气动控制阀，认识各种气缸和各种气动控制阀。

（2）分析各种气缸、各种气动控制阀的组成和工作原理。

（3）分析各种气缸、各种气动控制阀在系统中的应用和作用，根据具体条件可选择性的拆装气缸和气动控制阀，进一步熟悉气缸和气动控制阀的工作原理和应用。

由于各校的实训设备不同，液压与气压传动的回路及系统实训在此不再列出，编者将液压与气压传动的回路及系统实训内容放在机工教育服务网平台上供学习者下载使用。

参 考 文 献

[1] 张利平. 液压气动系统设计手册 [M]. 北京：机械工业出版社，1997.
[2] 丁问司，丁树模. 液压传动 [M]. 4版. 北京：机械工业出版社，2019.
[3] 李壮云. 液压元件与系统 [M]. 3版. 北京：机械工业出版社，2016.
[4] SMC（中国）有限公司. 现代实用气动技术 [M]. 3版. 北京：机械工业出版社，2008.
[5] 成大先. 机械设计手册单行本：液压传动 [M]. 6版. 北京：化学工业出版社，2017.
[6] 张群生. 液压与气压传动 [M]. 3版. 北京：机械工业出版社，2016.
[7] 左健民. 液压与气压传动 [M]. 5版. 北京：机械工业出版社，2016.
[8] 黄志坚. 挖掘机液压系统维修速查 [M]. 2版. 北京：机械工业出版社，2012.
[9] GB/T 17446—2012/ISO 5598：2012. 流体传动系统及元件 词汇 [S]. 北京：中国标准出版社，2013.
[10] GB/T 786.1—2021/ISO 1219-1：2012. 流体传动系统及元件 图形符号和回路图 第1部分：图形符号 [S]. 北京：中国标准出版社，2021.
[11] GB/T 786.2—2018. 流体传动系统及元件 图形符号和回路图 第2部分 [S]. 北京：中国标准出版社，2018.